危险化学品安全丛书

（第二版）

"十三五"

国家重点出版物出版规划项目

应急管理部化学品登记中心
中国石油化工股份有限公司青岛安全工程研究院 | 组织编写
清华大学

化工过程
本质安全化设计

蒋军成 潘勇 等著

化学工业出版社
·北京·

内容简介

《化工过程本质安全化设计》是“危险化学品安全丛书”的一个分册。本书依据作者研究团队以及国内外化工过程安全评估与设计的最新研究进展，从基础到应用较全面地阐述了化工过程本质安全化设计的相关理论和方法。首先介绍了化工过程安全的基本概念和基础知识，详细叙述了分别针对物料危险性和反应过程危险性的化工过程本质安全度评估方法，重点阐述了基于强化、替代、减弱和限制等本质安全化设计原则的化工过程与化工装置本质安全化设计以及化工装置平面布局安全设计方法与实例。最后，介绍了五个典型危险化学工艺的本质安全化评估与设计实例。

《化工过程本质安全化设计》适合化工行业从事研发、设计、生产和安全等工作的科技和管理人员阅读，也可供高等院校化工、安全工程及相关专业的师生参考。

图书在版编目（CIP）数据

化工过程本质安全化设计/应急管理部化学品登记中心，中国石油化工股份有限公司青岛安全工程研究院，清华大学组织编写；蒋军成等著．—北京：化学工业出版社，2020.12（2023.11 重印）
（危险化学品安全丛书：第二版）
“十三五”国家重点出版物出版规划项目
ISBN 978-7-122-37386-1

Ⅰ.①化…　Ⅱ.①应…②中…③清…④蒋…　Ⅲ.①化工过程-安全设计　Ⅳ.①TQ02

中国版本图书馆 CIP 数据核字（2020）第 123908 号

责任编辑：杜进祥　高　震　孙凤英　　　　装帧设计：韩　飞
责任校对：王　静

出版发行：化学工业出版社（北京市东城区青年湖南街 13 号　邮政编码 100011）
印　　装：北京建宏印刷有限公司
710mm×1000mm　1/16　印张 23¼　字数 408 千字　2023 年 11 月北京第 1 版第 4 次印刷

购书咨询：010-64518888　　　　售后服务：010-64518899
网　　址：http://www.cip.com.cn
凡购买本书，如有缺损质量问题，本社销售中心负责调换。

定　　价：129.00 元　

“危险化学品安全丛书”（第二版）编委会

江桂斌　中国科学院生态环境研究中心，中国科学院院士
姜　威　中南财经政法大学，教授
蒋军成　南京工业大学/常州大学，教授
李　涛　中国疾病预防控制中心职业卫生与中毒控制所，研究员
李运才　应急管理部化学品登记中心，教授级高级工程师
卢林刚　中国人民警察大学，教授
鲁　毅　北京风控工程技术股份有限公司，教授级高级工程师
路念明　中国化学品安全协会，教授级高级工程师
骆广生　清华大学，教授
吕　超　北京化工大学，教授
牟善军　中国石油化工股份有限公司青岛安全工程研究院，教授级高级工程师
钱　锋　华东理工大学，中国工程院院士
钱新明　北京理工大学，教授
粟镇宇　上海瑞迈企业管理咨询有限公司，高级工程师
孙金华　中国科学技术大学，教授
孙丽丽　中国石化工程建设有限公司，中国工程院院士
孙万付　中国石油化工股份有限公司青岛安全工程研究院/应急管理部化学品登记中心，教授级高级工程师
涂善东　华东理工大学，中国工程院院士
万平玉　北京化工大学，教授
王　成　北京理工大学，教授
王　生　北京大学，教授
王凯全　常州大学，教授
卫宏远　天津大学，教授
魏利军　中国安全生产科学研究院，教授级高级工程师
谢在库　中国石油化工集团有限公司，中国科学院院士
胥维昌　中化集团沈阳化工研究院，教授级高级工程师
杨元一　中国化工学会，教授级高级工程师
俞文光　浙江中控技术股份有限公司，高级工程师
袁宏永　清华大学，教授
袁纪武　应急管理部化学品登记中心，教授级高级工程师
张来斌　中国石油大学（北京），教授

赵东风　中国石油大学（华东），教授
赵劲松　清华大学，教授
赵由才　同济大学，教授
郑小平　清华大学，教授
周　炜　交通运输部公路科学研究院，研究员
周伟斌　化学工业出版社，编审
周竹叶　中国石油和化学工业联合会，教授级高级工程师

丛书序言

人类的生产和生活离不开化学品（包括医药品、农业杀虫剂、化学肥料、塑料、纺织纤维、电子化学品、家庭装饰材料、日用化学品和食品添加剂等）。化学品的生产和使用极大丰富了人类的物质生活，推进了社会文明的发展。如合成氨技术的发明使世界粮食产量翻倍，基本解决了全球粮食短缺问题；合成染料和纤维、橡胶、树脂三大合成材料的发明，带来了衣料和建材的革命，极大提高了人们生活质量……化学工业是国民经济的支柱产业之一，是美好生活的缔造者。近年来，我国已跃居全球化学品第一生产和消费国。在化学品中，有一大部分是危险化学品，而我国危险化学品安全基础薄弱的现状还没有得到根本改变，危险化学品安全生产形势依然严峻复杂，科技对危险化学品安全的支撑保障作用未得到充分发挥，制约危险化学品安全状况的部分重大共性关键技术尚未突破，化工过程安全管理、安全仪表系统等先进的管理方法和技术手段尚未在企业中得到全面应用。在化学品的生产、使用、储存、销售、运输直至作为废物处置的过程中，由于误用、滥用，化学事故处理或处置不当，极易造成燃烧、爆炸、中毒、灼伤等事故。特别是天津港危险化学品仓库“8·12”爆炸及江苏响水“3·21”爆炸等一些危险化学品的重大着火爆炸事故，不仅造成了重大人员伤亡和财产损失，还造成了恶劣的社会影响，引起党中央国务院的重视和社会舆论广泛关注，使得“谈化色变”“邻避效应”以及“一刀切”等问题日趋严重，严重阻碍了我国化学工业的健康可持续发展。

危险化学品的安全管理是当前各国普遍关注的重大国际性问题之一，危险化学品产业安全是政府监管的重点、企业工作的难点、公众关注的焦点。危险化学品的品种数量大，危险性类别多，生产和使用渗透到国民经济各个领域以及社会公众的日常生活中，安全管理范围包括劳动安全、健康安全和环境安全，危险化学品安全管理的范围包括从“摇篮”到“坟墓”的整个生命周期，即危险化学品生产、储存、销售、运输、使用以及废弃后的处理处置活动。“人民安全是国家安全的基石。”过去十余年来，科技部、国家自然科学基金委员会等围绕危险化学品安全设置了一批重大、重点项目，取得了示范性成果，愈来愈多的国内学者投身于危险化学品安全领域，推动了危险化学品安全技术与管理方法的不断创新。

自2005年“危险化学品安全丛书”出版以来，经过十余年的发展，危险化学品安全技术、管理方法等取得了诸多成就，为了系统总结、推广普及危险化学品安全领域的新技术、新方法及工程化成果，由应急管理部化学品登记中心、中国石油化工股份有限公司青岛安全工程研究院、清华大学联合组织编写了“十三五”国家重点出版物出版规划项目“危险化学品安全丛书”（第二版）。

丛书的编写以党的十九大精神为指引，以创新驱动推进我国化学工业高质量发展为目标，紧密围绕安全、环保、可持续发展等迫切需求，对危险化学品安全新技术、新方法进行阐述，为减少事故，践行以人民为中心的发展思想和“创新、协调、绿色、开放、共享”五大发展理念，树立化工（危险化学品）行业正面社会形象意义重大。丛书全面突出了危险化学品安全综合治理，着力解决基础性、源头性、瓶颈性问题，推进危险化学品安全生产治理体系和治理能力现代化，系统论述了危险化学品从“摇篮”到“坟墓”全过程的安全管理与安全技术。丛书包括危险化学品安全总论、化工过程安全管理、化学品环境安全、化学品分类与鉴定、工作场所化学品安全使用、化工过程本质安全化设计、精细化工反应风险与控制、化工过程安全评估、化工过程热风险、化工安全仪表系统、危险化学品储运、危险化学品消防、危险化学品企业事故应急管理、危险化学品污染防治等内容。丛书是众多专家多年潜心研究的结晶，反映了当今国内外危险化学品安全领域新发展和新成果，既有很高的学术价值，又对学术研究及工程实践有很好的指导意义。

相信丛书的出版，将有助于读者了解最新、较全的危险化学品安全技术和管理方法，对减少化学品事故、提高危险化学品安全科技支撑能力、改变人们“谈化色变”的观念、增强社会对化工行业的信心、保护环境、保障人民健康安全、实现化工行业的高质量发展具有重要意义。

中国工程院院士 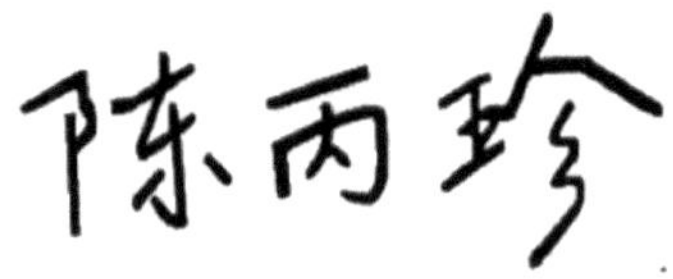

中国工程院院士 

2020年10月

丛书第一版序言

危险化学品，是指那些易燃、易爆、有毒、有害和具有腐蚀性的化学品。危险化学品是一把双刃创，它一方面在发展生产、改变环境和改善生活中发挥着不可替代的积极作用；另一方面，当我们违背科学规律、疏于管理时，其固有的危险性将对人类生命、物质财产和生态环境的安全构成极大威胁。危险化学品的破坏力和危害性，已经引起世界各国、国际组织的高度重视和密切关注。

党中央和国务院对危险化学品的安全工作历来十分重视，全国各地区、各部门和各企事业单位为落实各项安全措施做了大量工作，使危险化学品的安全工作保持着总体稳定，但是安全形势依然十分严峻。近几年，在危险化学品生产、储存、运输、销售、使用和废弃危险化学品处置等环节上，火灾、爆炸、泄漏、中毒事故不断发生，造成了巨大的人员伤亡、财产损失及环境重大污染，危险化学品的安全防范任务仍然相当繁重。

安全是和谐社会的重要组成部分。各级领导干部必须树立以人为本的执政理念，树立全面、协调、可持续的科学发展观，把人民的生命财产安全放在第一位，建设安全文化，健全安全法制，强化安全责任，推进安全科技进步，加大安全投入，采取得力的措施，坚决遏制重特大事故，减少一般事故的发生，推动我国安全生产形势的逐步好转。

为防止和减少各类危险化学品事故的发生，保障人民群众生命、财产和环境安全，必须充分认识危险化学品安全工作的长期性、艰巨性和复杂性、警钟长鸣，常抓不懈，采取切实有效措施把这项“责任重于泰山”的工作抓紧抓好。必须对危险化学品的生产实行统一规划、合理布局和严格控制，加大危险化学品生产经营单位的安全技术改造力度，严格执行危险化学品生产、经营销售、储存、运输等审批制度。必须对危险化学品的安全工作进行总体部署，健全危险化学品的安全监管体系、法规标准体系、技术支撑体系、应急救援体系和安全监管信息管理系统，在各个环节上加强对危险化学品的管理、指导和监督，把各项安全保障措施落到实处。

做好危险化学品的安全工作，是一项关系重大、涉及面广、技术复杂的系统工程。普及危险化学品知识，提高安全意识，搞好科学防范，坚持化害为利，是各级党委、政府和社会各界的共同责任。化学工业出版社组织编写的“危险化学品安全丛书”，围绕危险化学品的生产、包装、运输、储存、营销、使用、消防、事故应急处理等方面，系统、详细地介绍了相关理论知识、先进工艺技术和科学管理制度。相信这套丛书的编辑出版，会对普及危险化学品基本知识、提高从业人员的技术业务素质、加强危险化学品的安全管理、防止和减少危险化学品事故的发生，起到应有的指导和推动作用。

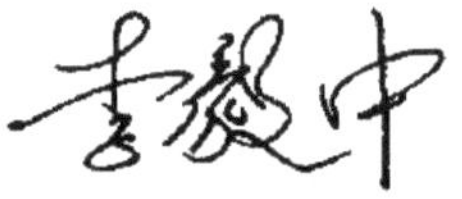

2005 年 5 月

序

随着化学工业的迅猛发展，化工生产过程连续化、装置大型化、产品精细化的特点愈发显著。化工过程日趋复杂，火灾、爆炸、中毒等重特大事故时有发生，造成重大人员伤亡、财产损失、环境生态破坏和深刻的社会负面影响，严重影响和制约了化学工业的健康可持续发展。国内外专家学者、工程技术人员针对化工事故的预防与控制理论及技术做了大量的研究，取得了卓有成效的进步。然而化工过程固有风险的辨识与管控、事故发生发展演化及其防控的复杂性使得化工安全任重而道远。

化学工业从产品开发研究初期，到小型试验、中间试验和放大试验，再经过设计、建设和正式生产，产品储存、运输和使用，无时无刻不涉及安全问题。虽然许多安全问题可能在实验室阶段就已出现，或者可能在小试或中试阶段逐渐呈现，但是这些安全问题往往易被人们所忽视，直至在工业放大阶段发生大的事故之后，才引起重视并逐渐被认识。在化工过程设计阶段开展安全评估与设计，对于从源头上实现化工过程尤其是高危险性化工过程的本质安全具有重要意义，是有效预防化工行业重特大事故的重要途径。

《化工过程本质安全化设计》是在国家自然科学基金等资助下，蒋军成教授领导的课题组多年来在化工过程本质安全化评估与设计研究方面所取得创新性成果的全面总结。全书以化工生产物料、工艺、设备（装置）为对象，以化工过程安全技术为基础，从设计角度出发，从源头上降低化工系统固有危险性，提升化工过程的本质安全度，使其在生命周期内具有更宽的稳定运行条件，降低事故发生概率，同时在事故发生后系统有足够可控性，尽可能地减轻事故后果，控制次生衍生灾害的发生。本书还反映了国内外在该领域的最新进展，根据最新文献吸收了领域相关学者专家的优秀研究成果。全书围绕本质安全化设计的强化、替代、减弱和限制四大基本原则，结合典型案例，详细阐述了化工过程本质安全化设计的内涵、基本原理、方法以及应用，具有较强的系统性。同时，全书围绕化工过程本质安全度评估、化工过程本质安全化设计、化工装置本质安全化设计、化工装置平面布局安全设计的思路，全面介绍了化工过程本质安全化评估与设计的理论、方法与实例，具有较好的完整性。

全书共分六章。第一章为化工过程本质安全化设计绪论，主要阐述化工安全设计的主要内容与概念，重点介绍化工过程本质安全化设计的发展。第二章是化工过程本质安全度评估，首先从物质角度介绍化工物料的固有风险以及热危险性评估方法，然后从反应过程角度介绍化工过程热危险性以及综合安全评估方法。第三章和第四章分别是化工过程本质安全化设计和化工装置本质安全化设计，从"强化""替代""减弱""限制"等本质安全化设计基本原则角度分别介绍化工过程和化工装置的本质安全化设计理论、方法及其应用。第五章是化工装置平面布局安全设计，分别介绍化工装置的外部安全距离设计以及分别基于联锁效应和性能化的平面布局安全设计。第六章重点介绍化工过程本质安全化评估与设计的实例，针对过氧化叔丁酯合成等典型危险化工工艺，介绍其本质安全化评估与设计优化流程与方法，具有较强的实用性。

该书立意新颖，结构清晰，内容丰富，系统完整地介绍了化工过程本质安全化评估与设计领域的研究成果。在此热忱地向读者推荐此书，并期望它能对相关领域的学术研究或工程实践有所启迪、指导与帮助。

中国工程院院士

钱旭红

2020年3月24日

前 言

化学工业是国民经济的基础性、支柱性产业，和人类的生产生活密切相关。现代化学工业的迅猛发展，给经济社会发展做出了巨大贡献。随着化工产业规模日益扩大、化工过程日趋复杂，生产过程连续化、生产装置大型化、化工产品精细化的特点愈发显著。伴随而来，化工过程中的火灾、爆炸、中毒等重特大事故时有发生，事故常常造成重大人员伤亡、财产损失、环境生态污染和社会负面影响，严重影响和制约了化学工业的健康可持续发展。国内外专家学者、工程技术人员针对化工事故的预防与控制理论及技术做了大量的研究与实践应用，取得了卓有成效的进步。然而化工过程固有风险的辨识与管控、事故发生发展演化及其防控的复杂性使得化工安全任重而道远。

化工过程本质安全化设计是从设计的角度出发，以化工过程安全技术为基础，以化学工业生产工艺为对象，降低化工系统的固有危险性，提升化工过程的本质安全度，使其在生命周期内具有更宽的稳定运行条件，降低事故发生概率。一方面，系统在发生异常偏离情况下有良好的韧性与柔性，使系统自身具有一定的“免疫力”；另一方面，在事故发生后系统有足够可控性，尽可能地减轻事故后果，控制次生衍生灾害事故的发生。可见，化工过程本质安全化设计理论与技术是有效预防化工过程重特大事故的治本之策和重要途径。

在国家自然科学基金重点项目（No. 21436006）、面上项目（No. 20976081）和青年项目（No. 21006045，51804167，51904157）的资助下，著者课题组在化工过程本质安全化设计研究方面开展了相关研究，本书主要根据课题组十余年的研究成果编写而成。同时，书稿力争反映近年来国内外在化工过程本质安全化设计领域的最新研究进展，以求全书内容的充实和完善。本书紧紧围绕本质安全化设计的“强化”“替代”“减弱”“限制”四大基本原则，重点通过案例，分别介绍化工过程本质安全化设计的内涵、基本概念、原理与方法、本质安全度评估方法、本质安全化设计方法、典型应用案例及发展趋势等内容。希望能够帮助读者理解化工过程本质安全化设计的基本原理及内涵，并将这些原理与知识应用到实际的化工过程生产实践和研究开发中去，保障化工过程的安全平稳运行，减少重特大安全事故的发生。

本书适合于化工尤其石油化工行业从事研发、设计、生产和安全等工作的科技人员和管理人员阅读参考，也可供高等学校化工和安全等相关专业师生学习参考。

本书由蒋军成、潘勇等著。具体编写人员有：南京工业大学/常州大学蒋军成教授（第一、三、六章部分）、南京工业大学潘勇教授（第一、二、六章部分）、南京工业大学江佳佳博士（第二章部分、第四章）、南京工业大学倪磊博士（第三章部分、第五章）。全书由蒋军成教授统稿。

谨以此书献给同心协力奋力抗击新冠肺炎疫情的全国人民。感谢国家自然科学基金委员会对著者课题组研究项目的资助。感谢著者课题组全体师生所做的研究工作、成果贡献和图文整理。本书在撰写过程中，参阅了大量期刊文献及学术著作，吸纳了国内外本领域相关学者专家的优秀研究成果，在此向他们表示衷心感谢。化工过程本质安全化设计涉及的知识综合性强、学科交叉性强，限于著者的水平，在撰写过程中难免出现疏漏与不足之处，敬请广大读者给予批评指正。

著者

2020 年 4 月 5 日

目 录

第一章

绪 论

第一节 化工安全概述

一、我国化工安全现状

化学工业是我国国民经济的支柱产业之一，2019 年我国化工行业 GDP 占总量的 1/9，化工产品产量占全球的 39%[1]。化学工业直接关系到人类生存和人们日常生活的各个方面，在应对当前世界范围内所面临的人口膨胀、资源匮乏、传染性疾病和环境污染等挑战方面发挥着不可替代的重要作用，为国民经济增长及人类社会进步做出了巨大贡献。

经过多年的发展，我国化学工业逐渐形成以下明显特征[2]：一是产品种类繁多、原料广泛、工艺多样、流程复杂；二是化工装置日益大型化、连续化、自动化；三是化学工业属于资金密集型、资源能源密集型、知识技术密集型工业，技术研发和产品开发费用高；四是传统化学工业污染严重，安全风险高。

因此，化工行业属于高危行业，近年来化学工业的可持续发展也面临着严峻的安全与环境问题的挑战。由于化工过程所具有的固有危险性，如化工物料易燃易爆、有毒有害，反应过程强放热或发生危险副反应，工艺条件高温高压或深冷负压等特点，极易发生重特大火灾、爆炸和泄漏事故，例如，2005 年吉林石化双苯厂爆炸引发松花江特大水污染事件、2012 年河北赵县“2·28”硝基胍装置反应热失控爆炸事故、2017 年江苏连云港“12·9”间二氯苯装置反应失控爆炸事故、2019 年江苏响水“3·21”特大爆炸事故等，造成重大人员伤亡、财产损失和社会负面影响，严重影响和制约了化工行业安全健康发展。究其原因，可能主要包括以下几个方面：

1. 化工生产工艺参数苛刻，设备条件要求日益严格

首先，化工生产通过采用高温、高压、深冷、负压等工艺条件，可以提高生产效率和产品收率，缩短产品生产周期，使生产获得更大的经济效益。然而，这对工艺设备的处理能力、对设备材质材料、对工艺操作提出更为苛刻的要求。如轻油裂解、蒸汽稀释裂解的裂解管壁温要求都在900℃以上，合成氨、甲醇、尿素的合成压力要求都在100atm（1atm=101325Pa，下同）以上，高压聚乙烯压缩机出口压力为3500atm，高速水泵转速达25000r/min，天然气深冷分离在−130～−120℃的条件下进行。这些严苛的高温高压、深冷负压和高转速等生产条件，首先给设备制造和运行安全带来极大的挑战，增加了潜在的系统危险性，对设备的本质安全与可靠性提出了更高的要求；其次，要求操作人员必须具备较为全面的操作知识和高度的责任心，这是现代化工操作人员的基本条件；最后，苛刻的工艺条件要求必须具备完善的安全防护设施，以防工艺波动、误操作等导致的事故，而对这些苛刻条件下的生产进行安全防护，无论是软件，还是硬件，都较为困难。

2. 化工装置日趋大型化，固有风险高

装置大型化存在着设备制造、搬运、安装条件等限制，以及大量原料贮存和处理的困难，同时会带来潜在安全风险的增加。

（1）加工能量大增加了能量外泄的危险性　化工生产所用的原辅材料，大多具有易燃易爆或有毒有害性。生产过程中一旦发生泄漏，就会发生燃烧、爆炸或中毒，给人民生命和财产安全带来巨大的威胁。如1974年英国Flixborough地区化工厂己内酰胺原料环己烷泄漏发生的蒸气云爆炸、1984年印度博帕尔发生的异氰酸甲酯泄漏所造成的中毒事故、2015年天津港危险化学品特大火灾爆炸事故等，都是震惊世界的化工灾难事故。

（2）上下游生产更为普遍　为了提高经济效益，大型化会把上下游原料与产品生产有机地联合起来，一个装置的产品就是另外一个装置的原料，输入输出在管道中进行，多套装置直接关联或结合，形成联合装置，不仅规模变大，而且更为复杂，装置间的相互作用强了，独立运转成为不可能。装置间的管道系统连接又容易形成许多薄弱环节，使系统变得非常脆弱。

（3）生产弹性减弱　放弃了中间贮存装置，使弹性生产能力日益减弱。过去化工生产往往在工序或车间之间设置一定的贮存装置，以调节生产的平衡，大型化必然带来连续化和自动控制操作，不可能也不必要再设置中间贮存能力，但因此也导致生产弹性的减弱。

（4）生产系统复杂化 生产过程自动化控制程度越发提高，如可编程逻辑控制系统（PLC）、分布式控制系统（DSC）和紧急停车系统（ESD）等应用越来越普遍。这一方面提高生产效率，改善人工操作的风险，另一方面使得生产系统复杂化，控制设备和计算机系统也有一定的故障率，如果是开环控制，人是子系统的一员，人的低可靠性也会增大发生事故的可能。美国石油保险协会曾调查过炼油厂火灾爆炸事故原因，其中因控制系统发生故障而造成的事故率达6.1%，因此即使采用自动控制手段，也应加强管理，搞好维护。

（5）大型化给社会带来威胁 工厂大型化基本上是在原有厂区上逐渐扩建，与周围的厂区、居民区、社区距离越来越近，一旦发生事故，便会对社会造成巨大影响。

3. 化工企业安全管理水平有待提升

（1）先天性不足 国内部分化工企业起点低，无论是设备质量，还是工艺水平和安全设施，都较为落后。落后的设备和工艺，必然容易引发事故。

（2）规模型企业少，中小化工企业多 随着经济发展与社会需求扩大，化工企业数量不断增加，导致危险作业总量随之增加，从而不可避免地造成事故数量的上升。尤其是很多中小企业安全投入不足，甚至不具备最基本的安全生产条件，造成重大安全隐患。

（3）从业人员素质不高 化工行业属于高危行业，危险性大，技术含量高，要求操作人员系统掌握防火防爆、防中毒、防坠落等安全知识。然而在许多化工企业中，工人本身素质较低，加上安全培训往往不到位，导致其安全知识无法满足安全生产的需要。

（4）安全管理队伍参差不齐 大型化工企业的安全管理人员大多来自生产骨干，既有理论基础，又有实践经验，安全素质较高，为企业进行科学的安全管理提供了保障。而许多小型化工企业的领导对安全缺少重视，仅配备兼职的安全管理人员，或者虽然是专职但没有接受过系统培训，不具备足够的专业知识和技能，管理水平亟待提升。

上述问题的存在，决定了我国化工安全工作任重而道远。

二、化工生产的危险性及其分类

在美国，通常将化工生产中的危险性分为过程安全危险和人身安全危险两个方面。其中，过程安全危险主要包括火灾、爆炸和有毒物质泄漏。火灾最为常见；爆炸最容易导致人员伤亡和财产损失；有毒物质泄漏虽然很少发生，但最容易导致大规模的人员伤亡。人身安全危害一般包括粉尘危害、物理化学危害、电离辐射危害、非电离辐射危害、机械危害、电气危害和职业健康危害等[3]。

在国内，参照《企业职工伤亡事故分类标准》(GB 6441)，结合化工企业实际，综合考虑起因物、引起事故的诱导性原因、致害物、伤害方式等，将化工生产中的危险性及其导致的事故类别分为：火灾、爆炸（化学品爆炸、锅炉爆炸和容器爆炸)、中毒和窒息、物体打击、车辆伤害、机械伤害、起重伤害、触电、淹溺、灼烫腐蚀、高处坠落、噪声等。

三、化工事故的特征及主要原因

1. 化工事故的特征

化学工业与钢铁冶金、造船、机械、电气设备制造等工业相比，大量使用易燃易爆或有毒有害物质。另外，随着产能增大，设备的大型化，以及操作过程伴随的强放热反应和高温、高压等苛刻的反应条件，决定了化工事故具有如下基本特点。

(1) 火灾爆炸中毒事故易发，且后果严重　统计资料表明[4]：化工厂的火灾爆炸事故死亡人数占因工死亡总人数的13.8%，占第一位；中毒窒息事故致死人数为总人数的12%，占第二位；其他为高空坠落和触电，分别占第三、四位。

化工原料的易燃性、反应性和毒性决定了事故的频繁发生。生产中由于设备密封不严，特别是在间歇操作中泄漏的情况很多，容易造成操作人员的急性和慢性中毒或死亡。据统计[3]，因一氧化碳、硫化氢、氮气、氮氧化物、氨、苯、二氧化碳、二氧化硫、光气、氯化钡、氯气、甲烷、氯乙烯、磷、苯酚、砷化物等16种物质造成中毒、窒息的死亡人数占中毒死亡总人数的87.9%。此外，由于管线破裂或设备损坏，大量易燃气体或液体瞬间泄放，便会迅速蒸发形成蒸气云团，并且与空气混合达到爆炸下限，随风飘移，如遇明火爆炸，后果将极其严重。据估算，50t的易燃气体泄漏，将会形成直径为700m的云团，爆炸火球或扩散的火焰辐射强度将达$14W/cm^2$。而人能承受的安全辐射强度仅为$0.5W/cm^2$。此外，反应器、压力容器的爆炸以及燃烧传播速度超过音速时的爆轰，都会造成破坏力极强的冲击波。如果是在室内爆炸，一般要增加7倍的压力。

（2）生产过程事故多发　据统计，生产活动时发生事故造成死亡的数量占因工死亡总数近 70%，而非生产活动时仅占 10%左右[3]。

① 化工生产中有许多副反应发生，有些机理尚不完全清楚，有些则是在危险边缘如爆炸极限附近进行生产，如乙烯制环氧乙烷、甲醇氧化制甲醛等，生产条件稍有波动就会发生严重事故。间歇生产更是如此。

② 化工工艺中影响各种参数的干扰因素很多，设定的参数很容易发生偏移，而参数的偏移是事故的根源之一，即使在启动调节的过程中也会产生失调或失控现象，人工调节更易发生事故。

③ 由于人的素质或人机工程设计不佳，往往会造成误操作，如看错仪表、开错阀门等，尤其是现代化生产中，人是通过控制台进行操作的，发生误操作的机会更多。

（3）设备材质和加工缺陷以及腐蚀危害突出　化工厂的工艺设备一般是在严酷的生产条件下运行的。腐蚀介质的作用、振动、压力波造成的疲劳，高低温度影响材质的性质等，都容易造成安全隐患。

化工设备的破损与应力腐蚀裂纹有很大关系。设备材质受到制造时的残余应力、运转时拉伸应力的作用，在腐蚀的环境中就会产生裂纹并发展长大，在特定的条件下，如压力波动，严寒天气就会引起脆性破裂，造成重大事故。

制造化工设备时除了选择正确的材料外，还要求正确的加工方法。以焊接为例，如果焊缝不良或未经过热处理，则会使焊区附近材料性能劣化，容易产生裂纹使设备破损。

（4）设备装置疲劳老化，事故集中、多发　化工生产过程常遇到事故多发的情况，给生产带来被动。化工装置中的许多关键设备，特别是高负荷的塔、槽、压力容器、反应釜、经常开闭的阀门等，运转一定时间后，常会出现多发故障或集中发生故障的情况，这是由于设备进入到寿命周期的故障频发阶段。日本在 20 世纪 70 年代初期，石油化工、合成氨等工厂事故频繁发生，火灾爆炸恶性事故连续不断，经过 3 年努力，采取诸多安全措施后逐渐稳定。由此得出教训，即对待多发事故必须采取预防对策，加强设备检验，及时更换使用到期的设备。

2. 化工事故的主要原因

美国保险协会（AIA）对化学工业的 317 起火灾、爆炸事故进行了调查，分析了主要和次要原因，把化学工业危险因素归纳为以下 9 个类型，见表 1-1。

表 1-1　化学工业危险因素的类型

序号	类型	危险因素
1	工厂选址	①易遭受地震、洪水、暴风等自然灾害 ②水源不充足 ③缺少公共消防设施的支援 ④有高湿度、温度变化等气候问题 ⑤临近危险性大的工业装置设施 ⑥临近公路、铁路、机场等运输设施 ⑦在紧急状态下难以把人和车辆疏散至安全地
2	工厂布局	①工艺设备和储存设备过于密集 ②有显著危险性和无危险性的工艺装置间的安全距离不够 ③昂贵设备过于集中 ④对不能替换的装置没有有效的防护 ⑤锅炉、加热器等火源与可燃物工艺装置之间距离太小 ⑥有地形障碍
3	结构	①支撑物、门、墙等不是防火结构 ②电气设备无防护设施 ③防爆通风换气能力不足 ④控制和管理的指示装置无防护设施 ⑤装置基础薄弱
4	对加工物质的危险性认识不足	①在装置中原料混合，在催化剂作用下自然分解 ②对处理的气体、粉尘等在其工艺条件下的爆炸范围不明确 ③没有充分掌握因操作失误、控制不良而使工艺过程处于不正常状态时的物料和产品的详细情况
5	化工工艺	①没有足够的有关化学反应的动力学数据 ②对有危险的副反应认识不足 ③没有根据热力学研究确定爆炸能量 ④对工艺异常检测不够
6	物料输送	①各种单元操作时对物料流动不能进行良好控制 ②产品标示不完全 ③送风装置内的粉尘爆炸 ④废气、废水和废渣的处理 ⑤装置内的装卸设施
7	误操作	①忽略关于运转和维修的操作教育 ②没有充分发挥管理人员的监督作用 ③开车、停车计划不充分 ④缺乏紧急停车的操作训练 ⑤没有建立操作人员和安全人员之间的协作机制
8	设备缺陷	①因选材不当而引起装置腐蚀、损坏 ②设备不完善，如缺少可靠的控制仪表等 ③材料疲劳 ④对金属材料没有进行充分的无损探伤检查或没有经过专家验收 ⑤结构上有缺陷，如不能停车而无法定期检查或进行预防维修 ⑥设备在超时设计极限的工艺条件下运行 ⑦对运转中存在的问题或不完善的防灾措施没有及时改进 ⑧没有连续记录温度、压力、开停车情况及中间罐和受压罐内的压力变动

续表

序号	类型	危险因素
9	防灾计划不充分	①没有得到管理部门的大力支持 ②责任分工不明确 ③装置运行异常或故障仅由安全部门负责,只是单线起作用 ④没有预防事故的计划,或即使有也很差 ⑤遇有紧急情况未采取得力措施 ⑥没有实行由管理部门和生产部门共同进行的定期安全检查 ⑦没有对生产责任人和技术人员进行安全生产的继续教育和必要的防灾培训

瑞士再保险公司统计了化学工业和石油工业的102起事故案例，分析了上述9类危险因素所起的作用，统计结果见表1-2。

表1-2 化学工业和石油工业的危险因素统计结果

类别	危险因素	危险因素的比例/%	
		化学工业	石油工业
1	工厂选址	3.5	7.0
2	工厂布局	2.0	12.0
3	结构	3.0	14.0
4	对加工物质的危险性认识不足	20.2	2.0
5	化工工艺	10.6	3.0
6	物料输送	4.4	4.0
7	误操作	17.2	10.0
8	设备缺陷	31.1	46.0
9	防灾计划不充分	8.0	2.0

第二节 化工过程本质安全化设计内容

一、化工设计

化工设计是根据一个化学反应或过程设计出一个生产流程，并研究流程的合理性、先进性、可靠性和经济可行性，再根据工艺流程以及条件选择合适的生产设备、管道及仪表等，进行合理的工厂布局设计以满足生产的需要，最终使工厂建成投产的全过程。化工设计把化工科学成果从设想变成现实化工生产力，是化学工业工程建设的灵魂，对工程建设起着主导和决定作用。化工设计的整个过程涉及经济、技术、社会，资源、产品、市场、环境，政策、标准、法规，化学、化工、机械、电气、土建、自控、安全卫生、给排水等多方面，是一门综合性很强的技术科学。可以说，化工设计在一定程度上决定了未来化工建设发展的水平。化工设计包括三种设计类型：新建工厂设计；原有工厂的改建和扩建设计；厂房的局部修建设计。

二、化工安全设计

1. 设计和安全

对化学工业来说，安全设计尤其重要。从产品开发研究初期，到小型试验、中间试验和放大试验，再经过设计、建设和正式生产，无时无刻不涉及安全问题。虽然许多安全问题可能在实验室阶段就会出现，或者可能在小试或中试阶段逐渐体现，但是这些安全问题往往被人们所忽视，直至在工业放大阶段发生大的事故之后，才逐渐被认识，引起重视。

然而，工业放大阶段装置规模大，操作条件苛刻，一旦发生火灾、爆炸等事故，其灾害的波及范围大，消防灭火困难，不仅对企业造成严重损失，影响正常生产，还会造成社会灾难，给周围的企业和居民的生命财产带来危险，造成社会恐慌。

《安全生产法》规定："生产经营单位新建、改建、扩建工程项目的安全设施，必须与主体工程同时设计、同时施工、同时投入生产和使用，安全设施投资应当纳入建设项目概算。""建设项目安全设施的设计人、设计单位应当对安全设施设计负责。"安全生产的内容逐渐涉及专业技术领域，各类安全规范、标准逐步完善，有关的安全措施也随之强化。

要贯彻"安全第一，预防为主，综合治理"的方针，就要真正落实安全从设计的源头抓起，从项目前期的可行性研究阶段就认真考虑项目的安全问题，消除隐患，化解风险，将安全设计作为完成设计工作的一个重要内容，坚持将其贯穿于整个设计周期。

（1）在进行项目可行性研究阶段，应根据国家有关标准规定对建设项目的安全条件做出论证，并将论证内容编入可行性研究报告的专门章节。

（2）在进行初步设计或基础设计阶段，应同时编制《安全设施设计专篇》。认真分析建设项目生产过程中的危险、有害因素，严格遵守现行的安全规范、标准，针对依据可行性研究报告编制安全评价报告及其审批意见，详细地说明设计中采取的安全防护设施及措施，对专项投资做出概算，并对预期效果做出评价，保证各项安全设施符合国家现行的安全规范、标准。

（3）在详细设计或施工图设计阶段，应逐条落实初步设计或基础设计中的安全设施设计和初步设计审查中安全设施方面的审查意见，并不断完善，保证不遗漏、不简化。

在上述整个设计周期中，当安全技术措施与经济利益发生矛盾时，应优先考虑安全技术要求。

2. 化工安全设计概述

安全设计是专业化很强的工作，合理地实施安全设计工作尤为重要。

（1）从实验室到工业化　工业产品的发展是新开发的工艺及产品迅速工业化的物化过程。就一种产品而言，一般来说存在一个实用周期，需要更新换代，周期结束后，被具有新的性能的更好的产品替代。

为了达到上述目的，一般要经过实验阶段应用研究、开发研究、改进研究等工业化阶段。这些阶段相应的主要手段是：①研究室的实验及装置；②小试装置；③中试装置；④半工业化装置；⑤工业化装置。

应用研究是使某种已知的现象具有实用性的实验性研究。其中包括：①制造方法研究；②制造条件研究；③物料平衡、能量平衡和生产成本的估算；④原料质量和产品质量研究；⑤产品作用及应用、产品质量的研究等。根据其研究成果决定是否着手下一步的开发研究。

开发研究的目的是使应用研究工业化。它包括两个阶段：使用工业材料、用最小的设备对不同的制造过程进行研究的阶段；设置一系列可以连续运行的设备的阶段。前者称为小试阶段，后者称为中试阶段。许多安全问题可能在实验室阶段就会出现，或者可能在小试或中试阶段才能出现，但其后果的严重性，往往是在工业阶段发生大的事故之后，才会显现。

（2）安全设计重要性　与钢铁冶金、造船、机械、电气设备制造等工业相比，化学工业由于大量使用可燃性或有毒性的物质，由这些物质引起的火灾、爆炸或中毒的危险性较大。另外，随着设备本身的大型化，处理量增大，其操作往往也在高温、高压等苛刻条件下进行。

就操作条件而言，在石油炼制工业中，以往的重整装置高压最高也就是3.0～4.0MPa左右，而目前建设的直接脱硫装置已采用15MPa以上的高压。同样，石油化学工业中的操作条件更为苛刻，使用的温度范围从裂解炉的800～900℃一直到乙烯低温贮罐的－80℃、LNG（Liquefied Natural Gas，液化天然气）贮罐的－160℃，温差范围为1000℃；高压聚乙烯装置已采用100～200MPa的超高压。另外，由于化学工业往往在气液平衡状态下采用气液两相反应，有可能因其操作中的体积膨胀、收缩而使装置产生异常。苛刻的操作条件增加了装置本身造成破坏的危险性。

由于装置规模大，操作条件苛刻，一旦发生火灾、爆炸等事故，灾害波及范围大，救援困难，造成重大损失。因此对化工装置来说，安全设计尤其重要。

化学工业潜在危险性较多，在安全生产上的法规标准也比其他工业多，其内容涉及专业技术领域，且每发生一次大事故，有关的安全措施也会随之强化，执行严格的安全生产法律、法规、规范、标准、规程是强制性的，在化工装置的安全设计过程中更是必不可少。

3. 化工安全设计的思想

安全设计应以系统科学的分析为基础，定性、定量地考虑装置的危险性，同时吸取以往的事故经验和教训，系统地辨识生产过程中潜在的不安全因素。这些不安全因素能够在设计阶段消除的，则在设计中消除；如不能消除，就要在设计中采取相应的预防与控制措施，防范事故发生。对于危险有害因素的辨识，既需要设计人员具体考虑，也需要安全专业人员的参与，还要深入听取一线生产操作人员的意见，最大限度地把不安全因素查清，以便在安全设计中予以消除与控制。

安全设计应首先考虑与法律法规、技术标准的符合性，再总结吸取企业以往经验和教训制定安全技术措施。由于经济、技术等方面原因，将化工装置安全全部依托于前期的安全设计也不切实际，还需要同时依靠装置运转的良好维护管理。因为在实际发生的事故中，由工艺和设备运转及维护管理不当引起的事故比例更高。因此，工艺和设备的安全设计与运转维护管理都非常重要。

安全设计应从以下三个方面重点考虑：

（1）工艺过程安全　要确保工艺的安全性，必须实现以下三个条件：①设计条件和设计内容的确定是在系统危险分析、事故模式与机理研究基础上进行的，在设计条件下能够安全运转；②采用现代控制技术和安全措施，实现过程的自适应性和调控作用，即使有些偏离设计条件也能将其安全处理并恢复到原来的条件；③确立安全的开车或停车系统。

因此，必须评价化工工艺所具有的各种潜在危险性，例如原料、化学反应、操作条件不同，偏离正常运转的变化，工艺设备本身等的危险性，研究排除这些危险性或者用其他适当办法对这些条件加以限制的方法。化工装置一般是由很多高度集中的工艺构成的，有时各工艺的每个阶段也影响其他阶段的操作。因此，一开始就考虑全部工艺过程的安全问题是比较复杂的，有必要将工艺过程进行分类，考虑每类工艺过程对其他工艺过程的影响，以求达到整个工艺过程的安全化。

（2）防止运转中的事故　应防止因运转中发生事故而引起的次生灾害。事故的原因有废物处理不当、停止供给动力、混入杂质、误操作、发生异常状态、外部因素等。

（3）防止扩大受灾范围 一旦发生火灾、爆炸、毒物泄漏灾害，应防止灾害扩大，把灾害局限在某一范围内。考虑到工厂厂址、化工装置的特殊性、企业内组织的不同等情况，还必须具体问题具体分析，补充必要的其他事项。

由于化工安全考虑的不安全因素很多，各项防护措施可概括为“八防”：一是防火防爆，如配置可燃气体报警仪、安全阀、压力表等；二是防中毒和窒息，如配置有毒有害气体监测仪，气体泄漏监测、排风联动装置；三是防机械伤害，如旋转设备加防护罩；四是防物体打击，如加强个体防护、在立体作业区域加装防物体坠落分隔层；五是防高处坠落，如加装防护栏；六是防触电，如装漏电保护器；七是防灼烫，如将管线及可能的泄漏口加装防护层；八是防毒防尘危害，如采取通风除尘等工业卫生措施。

4. 化工安全设计的基本内容

（1）设备材料和结构的安全设计 装置、设备的结构本身应当选择具有能充分承受操作条件的材料、结构强度，其要点如下：

使用的材料应考虑工艺条件：流体、流速、温度、压力以及流体反应特性和腐蚀特性等各种因素，选择满足耐腐蚀性、满足强度要求以及可加工性（特别是可悍性、机械加工性）的材料。

（2）过程安全装置设计 在化工装置中，经常处理不同的原料，或尽管处理同种原料但其组分却不相同。由于催化剂的活性降低等原因，有时必须改变操作条件，操作条件未必固定不变。同样，受气温影响的水冷器、空冷器的制冷设备也是如此。因此，从安全角度考虑，装置、设备的结构需按苛刻的条件设计。设计压力是选择结构最重要的因素。由于以装置、设备的耐压试验规定的设计压力为基础，设计压力因工艺的种类不同而有较大的差异。对于设计温度，只要没有标准规范或其他方面的问题，在石油炼制装置中一般按使用温度加上10～20℃的温度设计。化工装置在进行蒸馏、抽提、反应等化工处理操作时，有时会偏离正常的运转状态而超温、超压。因此，系统要设计安全装置。

安全装置设置包括三类：一是使异常状态恢复的压力控制装置；二是系统工况变化明显偏离正常状态的稳定装置；三是系统异常状态进一步发展时的紧急控制装置。三类安全装置的技术在不断发展，应根据系统的具体危险选择应用。

① 压力控制装置

a. 迅速将过压排放到系统外，避免危险发生，以恢复正常状态而保持在最佳操作条件的装置。

b. 在超过一定压力时自动减少设备内的气体流入量的控制压力的装置。

② 稳定装置。稳定装置是指化学反应引起的温升、压升明显偏离正常状态而有可能致危险时，能使反应恢复正常状态，使工艺过程保持最佳条件的装置。稳定装置有下列两类：

a. 反应控制剂注入装置。应使用对各个反应有抑制效果的反应控制剂。

b. 冷却装置。选择不产生局部高温的冷却方式，在有搅拌机的反应器的冷却装置中是非常重要的。

③ 报警装置和紧急控制装置。紧急控制装置是指异常状态发展到用压力控制装置和稳定装置等不能进行控制时，作为紧急控制使用的装置。紧急控制装置由异常报警装置和与此联锁并用自动或手动进行动作的控制装置组成。

a. 报警装置。报警装置安装在需要对工艺参数的异常变化进行报警的装置上，特别是需要对与安全有关的工艺参数进行检测报警的装置上。例如，为了防止因工艺过程异常而引起的危险，报警装置一般设在易产生故障的系统上，例如冷却水、燃料气的压力下降，燃料气或压缩机入口的分离罐液位上升，加热炉进料管线的流量降低，其他危险等异常状态。

b. 紧急控制装置。在工艺装置与设备发生危险异常情况下，与上述报警装置联锁进行紧急操作而防患于未然的装置。紧急控制装置有下列几种：紧急切断动力的装置；紧急停止流体流入的装置（紧急断流阀等）；使流体旁通的紧急处理装置（三通阀等）；将流体紧急排放到系统外的装置（放空管线、燃烧油或排泄池等）；紧急冷却装置；紧急送入惰性气体装置；紧急送入反应控制剂装置等。根据工艺过程的危险性，选择这些装置，设计成自动或手动式使用。

(3) 引燃、引爆能量的安全设计　化工装置区有易燃性气体、蒸气发生泄漏的危险，附近如果有火源，存在能够引燃、引爆的能量，则很容易发生火灾、爆炸，因此，需要对化工装置区所有可能产生的引燃、引爆能量进行安全控制，避免发生事故。

常见的引燃、引爆能量有下列几种：装置内的火源（加热炉、锅炉、烟囱、高温表面、机械的撞击、摩擦、绝热压缩能等）；电气设备；静电；雷电；杂散电流；作业用火（焊接火花、切割火花、打磨火花、打钻火花）；明火等。

① 装置内的火源。应根据需要将设备本身制成易燃性气体或蒸气难以进入设备内部的结构，同时应设置紧急送入惰性气体的装置。例如，加热炉进气

口设置灭火蒸汽装置（紧急时吹入灭火蒸汽，提高炉内压力，防止易燃性气体进入炉内）。

② 电气设备。电气设备一般按照技术标准，根据易燃性气体、蒸气或粉尘存留的危险性将危险场所分类。根据危险场所气体、蒸气或粉尘种类与危险程度来选择适合的防爆电气设备。防爆电气设备种类有：

a. 耐压防爆结构。耐压防爆结构是全封闭结构，即使容器内部发生爆炸，也能承受爆炸压力，由于结构中隔爆间隙作用，不会将外部的爆炸性气体引爆。

b. 油浸防爆结构。一种将有可能产生火花或电弧的部分浸在油中，不会将油面上的爆炸性气体引爆的结构。

c. 充气防爆结构。一种通过在容器内部充入保护气体而保持内压，防止爆炸性气体侵入的结构。根据内压的保持方式分为通风式、充压式、封闭式三种。

d. 增安防爆结构。一种对在运转中不得产生火花、电弧或过热的部分在温升或结构上特殊增加安全系数的结构。

e. 本安防爆结构。一种经过点火试验及检验确认运转中以及因短路、接地、断路等产生的火花、电弧或热量不会引燃爆炸性气体的结构。

③ 静电。化工装置内液体在配管中流动时，由于摩擦而产生静电，由液体本身输送电荷而产生流动电流。流体的固有电阻率越大产生的静电越多。一般认为在 $10^{10}\sim10^{15}\Omega\cdot cm$ 的液体中会产生危险的静电，在 $10^{13}\Omega\cdot cm$ 时最危险，如果在 $10^{6}\Omega\cdot cm$ 以下，即可视为无静电荷聚集。静电产生的电流大小与液体流速的 1.75 次方成正比。

化工容器内流入石油类物质及溶剂时，电位随时间的变化而发生增减。如果停止流入，则随时间的推移使电荷渐渐分散。分散时间因油品种类、容量及流入量的大小而异。在搅拌或过滤固有电阻率高的液体时，也会发生静电。有压力的气体夹带液滴喷射时和液体成雾沫状同其蒸气一起喷射时也会发生静电，带电量因湿度不同而不同，湿度在 60% 以下时，静电难以分散到大气中，因此电荷量增加而形成危险状态。

在设计方面应考虑的静电防护措施：储罐或塔槽类容器以及所附带的配管等全部金属部分进行电气连接（接线），以防产生电位差。为了分散电荷要进行接地，接地电阻通常为 100Ω 以下。为了避免流入时流体雾化冲击产生静电，储罐的进料管要设置在储罐的下部，并且设在计量口的对面一侧。储罐内液体的搅拌应避免采用空气或蒸汽，而应采用机械搅拌。装置和储罐的进料流速开始应在 1m/s 以下确定安全流速。槽罐车的装卸场所应设置供接线及接地的设备。

④ 雷电。雷电是大气中产生的一种放电现象，雷击所产生的最高温度瞬间可达10000℃左右，其压力最大可达10MPa左右，具有极大的破坏力。高的构筑物容易遭受雷击，周围低的构筑物受到保护免受直接雷击，但是其范围是从最高构筑物的顶点开始与垂直线成60°保护角的圆锥面。为了防止因雷击而破坏构筑物，可用导体将雷电流释放到地下，来防止雷电破坏。有关技术标准对避雷针等防雷措施作了规定，高度超过20m的构筑物应设置避雷针，但对铁构架、塔、钢制储罐等导电性好的构筑物可以不设置避雷针，只进行接地即可。

⑤ 杂散电流。虽然化工装置的电气设备或周围的电缆桥架绝缘很好，但有极微量的电流流入构筑物或大地中，这些电流被称为杂散电流。杂散电流通常是低压，但构筑物大面积与地面接触时，就会造成较高的电压，有可能产生电火花。另外，即使是低压电流，有时也会促进地下管道的电化学腐蚀。目前，虽然对杂散电流还不能避免，也不能进行检验或计算，但作为安全措施和防静电措施，需要进行接地处理。

(4) 危险废物处理的安全设计　在化工厂中除了生产产品以外，还会产生很多废物或泄漏物。这些废物或泄漏物都具有一定的危险性。例如，加热炉及锅炉等排出的燃烧废气、装置本身排出的废气、原料所含的水分、空气或排出的冷却用水等，这些废物必须在运转中进行安全处理。

① 排放设备。排放设备是在运转、停车或紧急停车时，为了安全并迅速地排出废气或内部溶液及其蒸气而设置的设备。其由下列设备组成：排放气体和高挥发性液体蒸气的废气处理设备；抽出可凝蒸气和热油进行冷却，再送往不合格石油产品罐的液体抽出设备。

a. 废气处理设备：使有害且易燃的气体燃烧后排放到大气中的火炬系统、排放无毒而且比空气轻的气体的排气管道系统。

b. 液体抽出设备：是抽出可凝蒸气和热油，冷却后送往不合格石油产品罐的设备。

② 排水器和放空管。排水器和放空管是指在运转中工艺流体中所含的水和空气进入装置，有可能引起突沸和爆炸，因而事前将水和空气排到系统外部的设备。负压系统的工艺设备有可能进入空气，因此应尽量避免设置排水器，防止失效空气进入系统。

a. 排水器是供排除从循环物料中所分离出来的水分、启动加热时而产生的水分、在蒸汽吹扫中冷凝而残留在系统内的水分等的设备。排水器设置在槽类、配管等有可能积存水分的部位的最底部，防止系统积水在热流体作用下相变汽化而发生爆炸。

b. 放空管是为了排放运转过程中工艺流体中所携带的空气和液体物料的蒸气的设备。放空管设置在配管、槽类、储罐等有可能积存空气及蒸气的部位的最高处，放空管道通向大气或与排放系统连接。

③ 废水、废液处理设备的两个系统。

a. 含油污水处理系统用于收集排水时排出的含油污水，做成密封结构设置地下。根据需要可以设置截流井及防爆式疏水器，末端设置油水分离器和挡油池，将油分完全分离、回收后排放清水。含油污水处理系统中的人孔盖为两层封闭式的气密性结构。

b. 排水系统用于收集冷却用水的排水、蒸汽疏水器产生的冷凝水以及雨水，为开式结构。排水系统几乎都排向公共水域内，因此防止水质污染是最重要的。为了防止发生漏油事故，该系统最好也是封闭形式的。

（5）电力及动力系统安全设计　在运转过程中意外停止供给电力、仪表风及蒸汽、惰性气、消防用水等动力源会造成很大的混乱，可能导致二次灾害。因此，在安全设计中需采取下列措施以防备动力源的意外停止：

① 安全的供电系统及自动切换系统；

② 储存仪表风并留有余量；

③ 蒸汽供给系统应设置双路或设置备用锅炉。

（6）防止误操作的安全设计　为了防止人员误操作等引起事故，应进行友好的人机界面设计或是采用完全自动控制、安全装置（即使发生错误也确保安全）或安全自锁装置。但是全面采用这些方式有一定难度，因此通常采取下列措施：

① 危险或重要的操作，应采用全自动控制系统或程序控制装置、联锁机构或联动机械。

a. 程序控制装置。程序控制装置本来是为了使装置正常运转自动化而开发的，先以正确的操作顺序编成程序，使错误的操作顺序无效。因此，对防止误操作极为有效。通常，程序控制装置应用于如果不按顺序操作就会发生故障或导致极大危险的情况，如反应器等的操作中。该装置具有下述功能：不进行前面的操作就不能进行下面的操作。

b. 联锁装置。虽然其目的和程序控制装置相同，其功能是联锁控制。例如：在加热炉的常燃烧嘴不点火时，烧嘴的主燃料阀不打开的机构；物料和空气按照一定的比例联锁进入反应系统等。

c. 联动装置。例如，以一定流量混合两种气体时，在偏离规定值就会产生危险的情况下，为了与流量控制容易发生波动的气体的流量保持一定比例而采用自动控制另一种气体流量的联动装置。波动的允许值范围大时，对异常流量采用联锁装置就足够了，但在允许值范围窄时，则需要采用联动装置。

② 配置的阀等不应混淆不清，需要标示或辨别开闭状况的配管应涂色或作标记。

③ 设备的人机接口和周围的照明等环境条件应安全。

(7) 防止意外事故破坏或扩展的安全设计　能给化工装置带来意外损害的外因除地震、洪水、雷击等自然灾害外，还有外部冲撞和打击。

① 自然灾害的预防措施。抗震设计对防地震措施提出了有关规定，其他自然灾害问题还有：

a. 在抗风灾措施中，设计时应采用法律法规所规定的最高风速；

b. 与排水沟有关的降雨量应采用法律法规所规定的降雨量；

c. 寒冷地区为了防冻，应采取适当的保温措施（采用蒸汽伴热和保温材料），浮顶罐等可采取安装圆顶等特殊措施防止降雪。

② 防止运输工具冲撞的措施

a. 高压气体管道至少在距厂内道路1m以内设置安全标识或安全装置，或设置必要的防护墙，对厂内道路的转弯半径需特别注意。

b. 铁路专用线的末端有配管或设备时，为防备货车的冲撞应采取有效的防护措施。

c. 为防止其他机械材料的意外冲击，装置内的按钮应设置保护罩。

(8) 平面布置安全设计

① 厂内的安全布置。厂内的安全布置原则上是根据功能分区布置设施、设备，即按管理区（办公室、试验研究室、安全室、消防站等），公用工程区（锅炉、给水、发电、变电所、供风及氮气设备等），装置区、罐区（原料及产品罐等），装卸货设备区（码头、产品仓库、灌装场、装货场等）及其他设备区（火炬、污水及废油处理设备、废物处理设备等）等来布置。各功能区的相对位置应考虑功能，防止发生灾害，防止扩大受灾面等。

a. 从各区功能方面考虑，原则上应按从原料进厂到产品制造、储存及出厂的顺序来布置，以防物流互相交错，这与简化连接管线和保证安全有密切关系。

b. 为了防止发生灾害，应考虑易燃性物质的泄漏，注意火源设备的布置应予以避让，例如加热炉等。

c. 为了防止扩大受灾面，除相邻各功能区之间留有安全距离之外，防火活动所需的厂区道路需要全厂统筹考虑，并在各功能区内的危险性设施或设备周围留有适当的安全空地。

② 厂外设施的安全布置。与厂外设施、居民区之间的安全布置是必须考虑的问题。应深入研究火灾（辐射热）、爆炸（爆炸冲击波压力）以及泄漏中毒（扩散浓度）对周边环境或邻近装置的危险，对厂外设施应采取足够的安全距离。必须防止对居民区的灾害波及面扩大，保持足够安全距离。

（9）耐火结构安全设计　化工装置的建筑物、构筑物除应考虑到发生火灾时不燃以外，还必须根据需要具有耐火性能，以防止在火势得到控制之前的时间内，因火灾使建筑物、构筑物的强度降低、变形、破损直至最终倒塌，使受害程度增大，具有这种耐火性能的结构称为耐火结构。

① 需要耐火结构的场所。需要采用耐火结构的场所一般根据该场所发生火灾的危险程度以及发生火灾的情况来确定。发生火灾的危险程度是指发生火灾的频率以及由此而产生的影响（重要程度）。一般来说，危险程度较高的场所如下：

a. 处理易燃物质的大型塔等，如被周围引起的小规模火灾（因泵、换热器等内部流体泄漏而引起的火灾）加热就会引起大规模火灾的设备，其支承部位应采用耐火结构。例如塔的裙座部位、加热炉的支承部位等。

b. 设备或配管的安装框架等如果遭到火灾破坏，往往会发生二次灾害。因此，结构的柱、梁或支承部位应采用耐火结构。例如储罐、换热器等主要钢结构的柱或梁、主管架的支承部位等。

c. 其他紧急操作所需仪表用的配管或配线等的电缆槽或支架。例如紧急用仪表的导线、液压管的支架等。

② 耐火结构的规格。在钢结构中，所用的钢材本身虽然是不燃性材料，但加热后强度会急剧降低，钢材（Q235B）如果达到 55℃，其屈服点就会降低到常温时的一半左右，从而发生变形破坏，如果达到 1400～1500℃就会熔化。普通水泥制成的混凝土结构在 1000℃ 以下不熔化，其热导率是钢材的 1/25～1/20，因此热膨胀也小，其本身就是耐火结构。考虑到必要的耐火时间，通常对钢材的耐火结构除使用水泥之外，还包覆各种耐火被覆材料。

（10）防止火灾蔓延及爆炸扩展的安全设计　在发生火灾、爆炸时，为了减轻受害程度而采取如下措施：

① 防止火灾蔓延的安全设计

a. 防火门是安装在建筑物外墙或防火墙的出入口的门，有钢板卷口、铁门、夹丝玻璃门及其他材料的门。

b. 防火墙是使用混凝土、砖、石棉板、钢材或灰泥等不燃性材料，按照建筑物墙体建造的结构物。防火墙主要目的是防止火焰接触易燃物或遮蔽辐射热。

② 防爆墙指在有爆炸危险的装置、设备周围为了控制爆炸冲击波造成破坏而设置的墙。防爆墙不仅能减轻爆炸冲击波压力，还有屏蔽爆炸产生的飞散物或爆炸火焰的效果。防爆墙结构应能承受爆炸压力，并根据爆炸冲击波的强弱设置在有足够屏蔽效果的位置。

③ 爆炸抑制装置、防爆放空及泄爆结构。爆炸抑制装置是抑制爆炸现象或泄放爆炸冲击波压力使其爆炸力减弱的装置。

a. 爆炸抑制装置在达到最大爆炸压力前，迅速感应压力，释放抑制爆炸的抑制剂，打开压力排放口同时断开装置间的连接。一般适用于燃烧速度和爆炸压力都比较小的粉尘爆炸。

b. 防爆放空设施是指具有能够根据爆炸冲击波压力而打开泄压口功能的装置，靠打开泄压口来减轻爆炸冲击波的压力。加热炉、干燥炉、粉碎装置等使用的防爆门和固定顶储罐所用的气口等属于防爆放空设施。防爆放空设施如果放空面积不适当，就不能达到降低爆炸压力的效果。

c. 泄爆结构。有时采用容易以爆炸冲击波打开而减轻爆炸冲击波压力的结构，这种结构称为泄爆结构。如固定顶储罐的结构和危险品储存室顶盖的结构。

d. 抗爆炸结构是指能承受爆炸冲击波压力的结构，例如仪表室等要求的结构。实际上工业上采用混凝土遮蔽的完全抗爆结构是极少的，一般仅局部加强混凝土墙和窗户的结构，使操作人员不直接处于爆炸冲击波范围中。

④ 阻爆装置。阻爆装置是防止爆炸通过配管传播使受害面扩大的装置。有以下两种：

a. 阻燃器是利用金属网对火焰的冷却以及自由基的湮灭使得燃烧反应链终止，阻止燃烧传播，防止发生爆炸的。其内部装有金属网和细管束，并用填充物和水冷却。常设置在固定顶储罐的放空管上或设置在装置的连接部位上。

b. 阻止爆炸达到爆轰的阻爆装置是在阻燃器不能有效阻燃时，为进一步减弱爆轰波而并设的缓冲器，分为干式（装入硅铁颗粒等）和湿式（装入液体）两种。

（11）防止泄漏扩散的安全设计　该装置是防止易燃性气体、蒸气或液体从装置内泄漏扩散引起二次火灾、爆炸或环境污染的装置。有下列几种：

① 挡油堤。挡油堤是阻止从工艺装置或储罐中流出的液体扩大范围的装置。有关设计规范中对室外储罐规定了结构或堤内容量，对工艺装置还规定了双层围墙。这些挡油堤不仅阻止液体流出，而且在灭火操作时还阻止泡沫灭火剂等扩大流出范围，有助于增加其灭火效果。

② 挡液堤。挡液堤是在高压液化气、冷冻液化气等储罐泄漏时，防止液化气流出面积扩大而迅速蒸发的装置。适用于易燃性气体、有毒气体及氧气。

③ 紧急断流装置。紧急断流装置是在相衔接的装置发生泄漏或火灾等紧急事故时，切断同该装置的联系，防止受害面扩大的装置。主要设置在处理易燃性气体或液体的大容量装置、储罐或穿过公共地区的管道上，使用自动式或手动式的断流阀。

(12) 消防灭火系统的安全设计　消防灭火设备是指防止火灾辐射热引起火灾蔓延的防火设备（冷却用水、喷水设备等）和直接压制火灾的灭火设备的总称，亦称为防火设备和灭火设备。

① 防火设备。包括以防止火灾辐射热引起火灾蔓延为主的设备，以及具有切断气体侵入、稀释气体浓度作用的设备。

a. 前者是靠喷射潜热大的水来冷却装置，防止引起火灾或破坏。根据喷水方法不同，有以微细雾状喷射的水雾喷射装置、使用喷水管或偏向器进行喷射的喷淋装置、从喷嘴喷射柱状水的喷水装置、用喷嘴呈水幕状喷射的水幕喷射装置等。

b. 后者是通过喷射蒸汽形成气幕的蒸汽幕喷射装置。蒸汽幕喷射装置除喷射蒸汽之外，还包括喷射空气、氮气。

② 灭火设备。灭火设备是直接将火焰扑灭的设备，采用切断“燃烧三要素”中的氧气（或者空气）、降低着火温度等灭火手段进行灭火。有喷射粉末、泡沫剂、水雾、不燃性气体、挥发性液体（容易挥发的液态卤烃等）等的灭火器、喷水器、消火栓等。

选用灭火设备时应考虑各种灭火设备的特性，选择适合灭火对象的灭火设备。对于灭火设备的结构、能力及设置方法应符合法律法规的规定。

(13) 报警、通信系统的安全设计　主要包括火灾报警设备、探测气体泄漏的气体探测报警设备、通信设备等。目前多将这些设备组合使用。

① 火灾报警设备。有通过检测火灾产生的热量、烟雾、光线及其他特征进行自动报警的 R 型以及发现火灾手动报警的 P 型。

② 气体探测报警设备。是早期发现气体泄漏并进行报警的设备，关键是选择最有效的位置进行探测。

气体探测报警设备因敏感元件的不同而有各种形式。包括利用燃烧热使铂的电阻率发生变化的接触燃烧式；利用气体浓度变化使光线折射率发生变化的光干扰式；利用气体浓度变化使金属氢化物半导体电阻发生变化的半导体式；利用气体浓度变化而呈现电化学性质变化的电化学式；利用气体浓度变化而使热导率变化的导热式；利用空气和被探测气密度差的密度差式和利用气体浓度不同红外线吸收率也不同的红外线式等。

③ 通信设备。一般是指供联络使用的紧急报警设备，包括下列一些设备：

a. 网络报警系统、扩音器、警报器、警钟。

b. 专用电话、对讲机、专用广播设备、专用广播设备和专用电话组合的呼叫设备等有线通信设备。

c. 无线收发两用机、携带式送话器等无线电通信设备。

5. 化工安全设计的程序

为了规范和指导化工建设项目安全设计管理工作，从设计源头防止和减少化工事故发生，提高本质安全设计质量，《化工建设项目安全设计管理导则》（AQ/T 3033—2010）明确项目安全设计程序一般为：

① 项目安全设计基础资料的收集、评审和确认；

② 项目安全设计应遵守的法规和其他要求；

③ 项目安全设计方针和目标；

④ 项目安全设计策划；

⑤ 过程危险源分析；

⑥ 项目安全对策措施设计；

⑦ 项目安全设计审查；

⑧ 项目安全设计确认；

⑨ 项目安全设计变更。

（1）项目安全设计策划　应对项目安全设计进行全面策划，明确安全设计的方针、目标和要求，确定项目安全设计管理模式、组织机构和职责分工，明确项目安全设计的范围、依据、法律法规、规范标准和有关规定的要求，明确开展过程危险源分析和项目安全设计审查的时间、方法、内容和要求，制定项目安全设计计划。

（2）过程危险源分析　应辨识导致火灾、爆炸和危险化学品重大泄漏的潜在危险源；辨识在同类装置中曾经发生过可能导致工作场所潜在灾难性后果的事件；辨识设备、仪表、公用工程、人员活动（常规的和非常规的）以及来自过程以外的各种危险因素；辨识和评价设计已经采取的安全对策措施的充分性和可靠性；辨识和评价控制事故后果的技术和管理措施；评价事故控制措施失效以后对现场操作人员安全和健康的影响。

分析可以采用预先危险源分析（PHA）、故障假设分析（What-If）、安全检查表分析、故障假设/安全检查表分析、危险与可操作性分析（HAZOP）、故障类型和影响分析（FMEA）、故障树分析（FTA）等基本方法。

不同设计阶段中，分析的目的、重点和结果不同：

① 前期工作阶段。应重点根据危险化学物质安全数据表（MSDS）及有关数据资料，对工艺过程所有物料（既包括原料、中间体、副产品、最终产品，也包括催化剂、溶剂、杂质、排放物等）的危险性进行分析；根据工艺流程图、单元设备布置图、危险化学品基础安全数据以及物料危险性分析的结果等对加工和处理过程的危险源进行分析；根据总平面布置图、周边设施区域图以及搜集、调查和整理建设项目的外部情况，对建设项目的可行性进行分析，得出建设项目存在的危险、有害因素和可能发生的各类事故，对建设项目周边单位生产、经营活动或者居民生活的影响，建设项目周边单位生产、经营活动或者居民生活对建设项目投入生产或者使用后的影响，建设项目所在地的自然条件对建设项目投入生产或者使用后的影响，并提出项目决策建议。

② 基础设计阶段。应包括专业过程危险性分析和系统单元危险性分析。一方面，设计各相关专业对照采用的法规、标准和规范对本专业的基础工程设计进行过程危险分析辨识。另一方面，采用危险与可操作性分析（HAZOP）等分析法，对选定的某个设计装置（单元）进行多专业的、系统的、详细的审查，对系统各部分之间的影响进行评价，并提出采取进一步措施的建议。

③ 详细设计阶段。在基础工程设计过程危险分析的基础上进行补充分析，防止遗漏（包括厂商供货的接口）和设计变更带来的新风险。

（3）项目安全对策措施设计　应严格识别与执行相关技术和管理方面的法规、标准和规范的要求，根据以下三个原则全面考虑：

① 事故预防优先原则。采取本质安全化设计（消除、预防、减弱、隔离等）的方法，将工艺过程危险性降到最低。例如：最大限度地减少危险物质的用量、储存量；选用危险性相对较小的物质及风险系数小的流程，尽可能减少安全措施的使用；通过温和反应条件将危险的状态减到最弱；设计的设备应消除不必要的复杂性，使操作不容易出错，并且容许发生错误。

采取预防事故的设施，防止因装置失效和操作失误导致事故的发生，或者一旦发生事故可及时防止事故危险的加剧和蔓延。例如：探测、报警设施；安全联锁系统；设备安全防护设施；防爆设施；作业场所防护设施；安全警示标志。

② 可靠性优先原则。采取被动性安全技术措施，不需要启动任何主动动作的元件或功能来消除或降低风险。例如：防油防溢堤；防火防爆墙；较高压

力等级的设备和管道。

采取主动性安全技术措施，能够自动启动预防事故发生或减轻事故后果的功能。例如：安全仪表系统（SIS）；泄压装置。

采取程序性管理措施，预防事故的发生。例如：标准操作程序；紧急响应程序；特殊培训程序；安全管理制度。

③ 针对性、可操作性和经济合理性原则。根据化工建设项目特点和风险评价的结论采取有针对性的安全对策措施，并且应在经济、技术、时间上具有可行性和可操作性。当安全技术措施与经济效益发生矛盾时，要统筹兼顾、综合平衡，在优先考虑化工安全技术措施要求时，避免因采取不必要的高标准所造成的工程建设投资和操作运行费用增加。

（4）项目安全设计审查　主要包括设计单位内部的自查、专业审查、多专业会议评审，以及外部的审查、安全监督管理机构审查、预开车安全审查（PSSR）。

不同设计阶段，审查的内容不同。

① 前期工作安全审查。包括工艺设计文件审查、项目选址和总平面布置方案审查。

② 基础设计安全审查。包括总平面布置图、装置设备布置图、危险区域划分图、工艺管道和仪表流程图（Piping and Instrument Diagram，P&ID）、公用工程管道和仪表流程图（Utility and Instrument Diagram，U&ID）、火炬和安全泄放系统设计、消防系统设计、《建设项目安全设施设计专篇》等对安全设计影响重大的设计文件的审查，以及 HAZOP 审查、安全仪表系统（SIS）审查等。

③ 详细设计安全审查。包括修改或新增部分的安全审查、操作手册审查以及 HAZOP 审查。

（5）项目安全设计变更控制　包括基础工程设计文件对安全评价报告及审批意见的变更；详细工程设计对基础工程设计文件安全审批意见的变更；采购订货和施工安装对详细工程设计文件中安全设计的变更。

为确保化工建设项目安全性，应严格按程序进行变更管理。对设计变更应进行评审、验证和确认，变更评审应包括过程危险源辨识和风险再评价，以及更改对已交付设计文件及其组成部分的影响。如有重大安全设计方案变更时，应重新审查。

在安全设计工作中，参与设计的专业人员均要遵循上述程序。了解本工程项目的技术内容，对潜在的风险进行辨识；收集有关安全的法规、标准和规范，并按相应的类别进行整理；广泛查找同样及类似装置中的安全措施及事故案例，并加以科学地分析，从中吸取教训，形成符合本装置安全设计要求的适用参考资料；同时，还要参考有关的安全检查纲要，编写本装置设计过程中的安全检查表，作为在设计工作中安全检查的依据。

6. 化工安全设计的分工

安全问题既要由各个专业设计人员具体考虑所需的安全措施，同时还需要由专业的安全人员进行检查和通盘考虑，才能达到总体安全的目的，消除考虑不周和可能的缺陷。

安全设计因设计的专业侧重点不同，分工也不尽相同，主要内容参见表1-3。

表 1-3 安全设计分工

项目	目的	安全措施的内容	承担的专业
工艺过程的安全	评价物料、反应、操作条件的危险性，研究安全措施	1. 分析由物料特性引起的危险性 (1)燃烧爆炸危险；(2)有毒有害危险；(3)腐蚀灼伤危害 2. 反应危险 3. 控制反应的失控 4. 设定数据监测点 5. 判断引起火灾、爆炸的条件 6. 分析操作条件产生的危险性 7. 材质分析 8. 填充材料 9. 其他危害分析 10. 提出有关专业安全设计的条件或要求	工艺、安全
	选择机器、设备的形式、结构，并研究承受负荷的措施	1. 材质 2. 结构 3. 强度 4. 标准等级	机械设备(包括储罐、加热炉、反应釜、塔设备、泵、压缩机等)
	研究设备、机器偏离正常的操作条件时的安全措施	1. 选择泄压设施的性能、结构、位置 (1)安全阀；(2)爆破片；(3)密封垫；(4)过流防止器；(5)阻火器	工艺、机械
		2. 惰性气体注入设备	工艺、仪表
		3. 爆炸抑制设施	工艺、机械
		4. 其他控制设施(包括程序控制等)	工艺、仪表
		5. 测量仪表	仪表
		6. 可燃、有毒气体检测报警设施	仪表
		7. 通风装置(厂房)	建筑、暖通
		8. 确定危险区和决定电气设备防爆结构	电气
		9. 防静电措施(包括防杂散电流的措施)	电气
		10. 避雷设备	电气
		11. 装置的动火管理	工程管理

续表

项目	目的	安全措施的内容	承担的专业
防止发生运转中的事故	研究防止正常运转中所发生的事故引起灾害的措施	1. 紧急输送设备	工艺、机械
		2. 放空系统	工艺
		3. 排水、排油设备(包括室外装置的地面)	给排水
		4. 动力的紧急停供措施 (1)保安用电力;(2)保安用蒸汽;(3)保安用冷却水	电气、热工、给排水
		5. 防止误操作措施 (1)阀等的联锁;(2)其他	工艺、自控
		6. 安全仪表	仪表
		7. 防止混入杂质等的措施	机械、暖通(洁净)
		8. 防止因外因产生断裂的措施	机械
防止扩大受害范围的措施	防止发生事故时扩大受害范围,研究将受害范围限制在最小限度内的措施	1. 总图布置、设备布置	总图、工艺
		2. 耐火结构	结构、设备
		3. 防油、防液堤	结构
		4. 紧急断流装置	工艺、仪表
		5. 防火、防爆墙	建筑
		6. 防火、灭火设备	消防
		7. 紧急通话设备	电信
		8. 安全避难设备	安全
		9. 抗爆结构	结构、建筑
		10. 其他	安全

三、化工过程本质安全化设计

1. 本质安全化设计概念

本质可以定义为存在于事物中的某一永久的、不可分割的元素、性质或者属性。本质安全化不仅是一种概念,更是一种安全方法,侧重于消除或减少一系列基于某些条件而存在的风险。对于一个化工生产过程,当实现了永久消除或减少物料和操作带来的危险时,即可被称为实现了本质安全化。在特定条件下确定和实现本质安全化的过程被称为本质安全化设计。与仅具有被动、主动和程序控制系统的过程相比,具有较少危险的过程在本质上更加安全。

2. 本质安全化设计思想

化工过程安全需要通过多层次保护来实现,如图 1-1 所示。第一层保护就是过程设计阶段。接下来的层次包括控制系统、报警干预、安全仪表功能、保护系统和应急响应等。本质安全化主要针对的层次为设计阶段。采用本质安全化设计的过程对操作失误和不正常情况往往具有更好的容错能力。

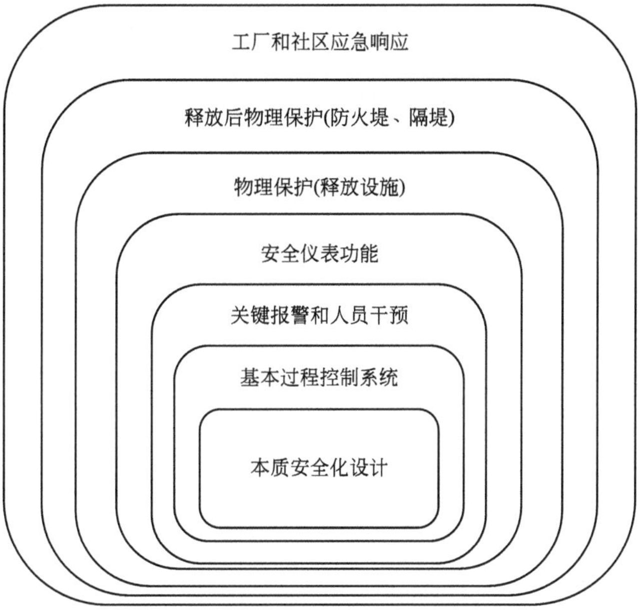

图 1-1 典型化工工程保护层

本质安全化设计通过利用材料或工艺来消除或减少风险。本质安全化寻求从根源上消除危险，而不是接受并试图减轻影响。化工过程风险主要来自两个方面，一方面是所使用的物料固有的危险，另一方面是化学反应或工艺过程所带来的危险。本质安全化设计既可以消除或减少危险物料的使用，也可以改变危险化学工艺过程的进行条件（改变过程变量的特性）。前者被称为一级本质安全化，后者被称为二级本质安全化。

本质安全化设计强调先进的技术手段和物质条件在确保过程安全中的重要作用。实现本质安全化的基本思路是从根本上消除形成事故的条件，这是现代化生产保证安全、预防事故的最理想措施、根本方法和发展方向。本质安全化设计常采用四类优化，即最小化（强化）、代替（替代）、缓和（减弱和限制影响）和简化（简化和容错）。化学工业中常用的本质安全化技术类型见表 1-4。

表 1-4 本质安全化技术[5]

类型	典型技术
最小化(强化)	将较大的间歇反应器改为较小的连续反应器 减少原料的储存量 改进控制以减少危险的中间化学品的用量 减少过程持续时间

续表

类型	典型技术
代替(替代)	使用机械泵密封代替衬垫 使用焊接管代替法兰连接 使用低毒溶剂 使用机械压力表代替水银压力计 使用高沸点、高闪点以及其他低危险性的化学品 使用水替代热油作为热量转移载体
缓和(减弱和限制影响)	用真空方式来降低沸点 降低过程温度和压力 降低储罐温度 将危险性物质溶解于安全的溶剂中 在反应器不可能失控的条件下进行操作 将控制室设置在远离操作区 隔离泵房与其他房间 隔离嘈杂的管线和设备 为控制室和储罐设置防护屏障
简化(简化和容错)	保持管道系统整洁,以便于从视觉上查看 设计易于理解的控制面板 设计容易且能安全维护的设备 挑选需要较少维护的设备 挑选故障率低的设备 增设能抵御火灾和爆炸的防护屏障 将系统和控制划分为易于理解和熟悉的单元 给管道涂上标记以方便巡检 为容器和控制器贴上标记以容易理解

3. 本质安全化与全过程生命周期

一个化工过程需要经历研究、开发、设计、操作/维修/管理和最后的拆除与废弃，这一过程被称为全过程生命周期。见图 1-2。

在化工过程的前期预可研阶段，研究人员在本质安全化思想的应用过程中起着重要作用。他们负责将原料、产物以及工艺过程可能带来的风险降至最低。在预可研阶段，将本质安全化思想纳入工艺流程的改进，不仅较容易完成，且成本相对较低。随着生命周期的前进，实现本质安全化的难度和成本将逐渐增加。为了合理应用本质安全化思想，研究人员必须深入了解化工工艺以及基于该工艺可能出现的其余过程。这一阶段应由来自不同专业，包括商业、工程、安全、环境和化学等专家共同研究讨论。同时为了更好地实现本质安全化，这一阶段应该考虑以下因素：环境、过程风险、操作人员及工人的安全、上下游及附属单元的运行（包括废弃物）、库存及需求、原料和产品的运输等。

在过程开发阶段，由于原料和产物等已经确定，物料的基本风险也确定。在这一阶段，研究人员需要更加关注工艺整体、单元操作和实现本质安全化所

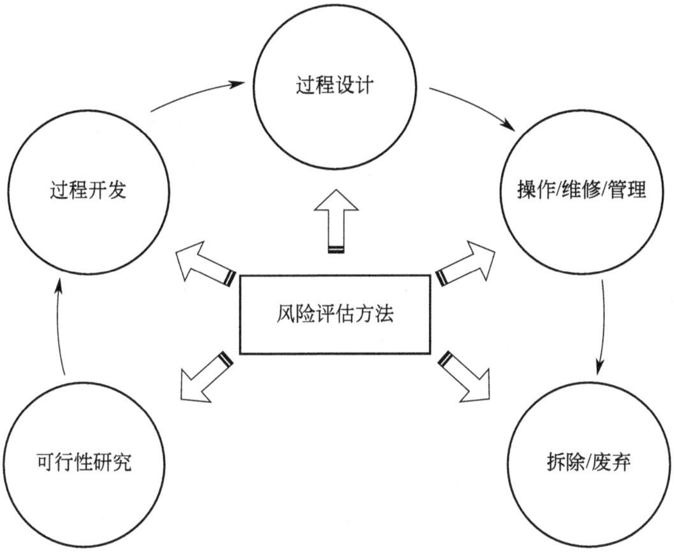

图 1-2　化工全过程生命周期图

需要的设备类型。为了开发有效和安全的工艺过程，研究人员必须深入了解主要流程以及其余辅助流程的操作步骤。

从工艺开发阶段过渡到详细设计和施工阶段时，已经确定了物料组成、单元操作和设备类型。此时主要关注具体的设备规格、管道和仪表的设计及安装细节。虽然这一阶段仍可加强本质安全化设计，但已经存在较大局限。若在早期阶段未明确设备布局，那么这个阶段仍可以采用最小化和简化原则。装置的设计应该基于整体的风险评估，该评估应仔细考虑选址、工艺流程以及所有可能实现本质安全化操作的细节。早期的决策可能会限制设计和施工阶段的选择，但是仍可以采用本质安全化原则来提高整体安全性。这一阶段是投入使用前的最后阶段，由于大多数设备是在设计获得批准后才进行购买，因此可以在这个阶段合理调整成本。一旦设备的制造和购买以及施工完成，由于成本高昂，将很难再进行改造。

全过程生命周期中最长的阶段是操作、维修和管理阶段。这一阶段可能会持续几十年，涉及人员、运营和维护理念等许多变化，甚至还包括所有权的变化。关于本质安全化，有两个问题应该在这一阶段进行处理：一是确保全过程生命周期开发阶段的本质安全化实践；二是继续寻求深入提高本质安全化的机会。

在生命周期的退役阶段应用本质安全化原则同样非常重要，这一阶段不再有人对设备进行日常维护和巡检。对于操作或维修人员而言，退役设备可能会在被“遗弃”多年后，才会被拆除或重新启用。在这一状态下，可以采用本质安全化原则中的替代和减弱原则。

为了确保装置或设备在退役过程中处于安全稳定的状态，必须采取如下措施：

（1）已退役的设备必须完全与正常使用的设备分离，确保其不会成为危险物质泄漏的途径。减弱原则可以应用在这一阶段，例如将退役设备保存于较低的温度压力或常温常压下，并切断其流量。

（2）已退役设备与生产部分完全隔离后，还应切断电力供应和控制系统。

（3）确保退役设备已经吹扫干净，不残余危险物质。基于替代原则，此时可采用空气、惰性液体或气体来进行填充，使设备内部形成一个安全的环境。基于简化原则，对于这些设备，必须清楚记录其退役时的状态，以便将来能够安全地重新启用、改装或拆卸。

4. 化工过程本质安全化设计原则与策略

（1）设计原则　20 世纪 70 年代，Kletz 提出了本质安全化的基本原则，即强化、替代、缓和、限制影响和简化[6-8]。其中强化又分为消除与最小化。不同原则所能达到的本质安全化效果不同，不同原则可应用的危险类型也不同[9-11]。

① 最小化，减少系统中危险物质的数量。系统中危险物质数量或能量越少，发生事故的可能性以及事故可能造成的严重程度就越小。

② 替代，使用安全的或危险性比较小的物质或工艺替代危险的物质或工艺。替代原理主要是在系统中，采用相对安全的材料或工艺替代比较危险的材料或工艺。

③ 缓和，采用危险物质的最小危害形态或最小危险的工艺条件。缓和原理是在进行危险作业时，采用相对更安全的作业条件，或者能减小危险材料或能量释放影响的材料设施，或者用相对更安全的方式存储、运输危险物质。

④ 简化，通过设计，简化操作，优化使用的安全防护装置，并减少人员操作量，从而减少人为失误的机会。简单的工艺、设备和系统往往更具有本质安全性，因为简单的工艺、设备所包含的部件较少，可以减少失误。

（2）设计策略　化工过程开发是由多个阶段组成的，因此，可分别采取强化、替代、衰减、限制、简化等措施[12]，消除或减少化工过程的危害。

① 可行性分析阶段。可行性分析阶段，可通过贯彻执行国家有关安全生产和职业卫生方面的法规、标准实现项目的本质安全化，特别应从气象、地形、地质、水源以及周边环境角度，确立项目选址，减少项目与周边环境之间的相互不良影响[13]。

② 工艺研究阶段。化工过程把原料通过一系列步骤转化为产品，化学反

应处于化工过程的核心地位，化学反应工艺设计在系统集成中具有最本质的重要性。反应系统在较大程度上决定了化工过程的本质安全性。化工工艺本质安全化主要体现在原料路线、反应路线和反应条件三个方面，尤其应对化学反应过程的固有危险性进行深入、透彻的分析，如化学活性物质危险性评估[14]、反应放热预测、反应压力变化、爆炸性气体的形成、爆炸范围的分析、化学不稳定性分析等[15]，其设计策略如表 1-5 所示。

表 1-5 工艺研究阶段本质安全化设计策略

影响因素	设计目标	设计方法	应用工具
反应物选择	减少或限制过程危害	采用无毒或低毒物质代替有毒或高毒物质；采用不燃物质代替可燃物质；采用低腐蚀性物料	化学品理化特性数据库
反应路线	改善过程条件的苛刻度	采用催化剂或更有效的催化剂；采用新的工艺路线以避免危险的原料或产生危险的中间产物；减少副反应的危害	工艺路线本质安全度评估方法
反应条件	缓和反应条件	降低反应介质浓度；降低压力和温度	小试、中试实验过程工艺优化

③ 概念设计阶段。概念设计阶段以往主要注重过程经济最优和环境影响最小。随着经济和社会发展，公众对安全的要求越来越高。因此，不仅要使上述两个目标最优，还应满足过程的本质安全性，即将过程的本质安全性作为新的目标加入到过程设计中。概念设计阶段本质安全化设计策略如表 1-6 所示。

表 1-6 概念设计阶段本质安全化设计策略

影响因素	设计目标	设计方法	应用工具
库存设置	限制或减少库存	减少中间储存设施或限制储存量	工艺流程系统做物料衡算
能量释放	降低热危害性	采用气相进料代替液相进料；采用连续过程等，缓解反应的剧烈程度；采用稀释	分析化工过程动力学、反应机理和反应热的转移之间的关系
流程安全性	简化和优化流程	合理安排工艺流程，注意流程中各工艺步骤间的配合；避免可造成泄漏的无用连接；对流程进行模拟优化	应用流程优化模拟软件

④ 基础设计阶段。基础设计阶段对生产装置形式进行设计，可通过加强设备可靠性增强本质安全性。采用新设备、新技术，缩小设备尺寸，可减少向外释放的危险物料量和设备储存的能量。该阶段应重点考虑物料的腐蚀性，为了保障不因设备腐蚀而造成可靠性下降，应在选择设备材质和防腐措施上作充分考虑。基础设计阶段本质安全化设计策略如表 1-7 所示。

表 1-7 基础设计阶段本质安全化设计策略

影响因素	设计目标	设计方法	应用工具
生产装置形式	减少设备内储存的能量	选择单位容积效率高的设备;用连续反应代替间歇反应,用膜式蒸馏代替蒸馏塔,用闪蒸干燥代替盘式干燥塔,用离心抽提代替抽提塔	根据热稳定性试验、反应速率和动力学参数,进行紧急泄压系统设计;设备性能、特征分析
设备腐蚀	预防设备腐蚀失效	选择合理的设备材料,设备防腐设计	设备、设施防腐相关标准规范
单元操作	改善操作条件	选择技术成熟、可靠的单元操作方式;减少操作环节,形成流畅的作业线路	危险性与可操作性研究

⑤ 工程设计阶段。工程设计阶段，除基础设计的内容外，还应增加说明详细的定型设备型号、规格、零部件及材质的明细表，非定型设备加工制造的图纸和装配图，指导装置安装的详细工艺流程图，带控制点的流程图和管线图，设备的平面布置图和立面布置图。工程设计阶段本质安全化设计策略如表 1-8 所示。

表 1-8 工程设计阶段本质安全化设计策略

影响因素	设计目标	设计方法	应用工具
设备安全	设备的本质安全化	在设备超限运行时自动调节系统排除故障或中断危险;采用安全装置,将危险区完全屏蔽、隔离,实现机械化和自动化等	事故树分析法、设备可靠性评价
测控系统	准确测量和控制操作参数	选用仪表和元件稳定可靠;测控系统灵敏度和可靠性好	故障类型与影响分析
设备平面布置	全面规划、合理布局	原材料、半成品、成品的转运路线短,运输安全;充分考虑作业者的行动空间、协同作业空间;功能相同和相互联系的设备组合在一起	人机工程学原则、安全检查表

5. 化工过程本质安全化设计流程

化工过程本质安全化设计流程如图 1-3 所示[16]。在设计之初，对相同或类似的设备系统在建造及运行中出现的故障及事故，利用基于本质安全化的事故调查方法查找出事故的本质原因[17-19]，并提出本质安全化措施，尽可能在源头消减危险。设计过程中，采用化工过程本质安全化设计及评价方法，尽可能使过程本质安全特性最大化。设计后期，采用多目标本质安全化决策以获得风险最小化的途径和方案[20]。总之，过程设计的各个阶段均应采用化工过程本质安全化设计原则，尽量消减过程中的危险。

当然，化工过程本质安全化设计通常是针对某一具体危险而言，对其他危险因素可能无效，甚至增加其危险性。因此，设计时必须慎重考虑每处改动，尽可能识别所有危险，并权衡各种设计方案[21-24]。

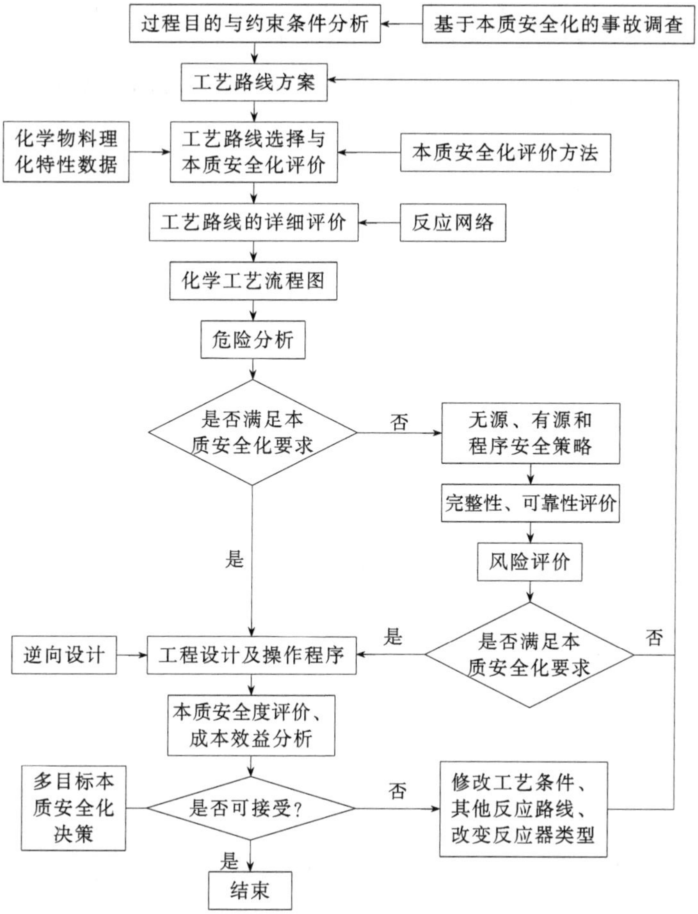

图 1-3 化工过程本质安全化设计流程

6. 化工过程本质安全化设计适用范围

化工过程本质安全化设计主要包括化学路线和工艺设备两大部分。在化学路线中确定所用原料、助剂、催化剂、反应条件等；在工艺设备阶段确定间歇或连续操作、主要设备、控制规程以及管道系统、阀门/设备尺寸、输送等[16]。

7. 化工过程本质安全化设计的效益分析

化工过程开发可以分为多个阶段，如可行性分析、工艺研究、概念设计、基础设计、工程设计等。不同阶段实现本质安全化的方法也不尽相同[13]。在过程开发早期阶段，过程变化的自由度大，实现本质安全化的机会多，投资也较少[25,33]。当装置投入使用后，工艺、设备已经固定，此时实现本质安全化困难大、成本高。因此，实现本质安全化的关键步骤在于化工过程开发的早期，该阶段具有实现本质安全化机会多而成本低的巨大潜力。

就过程的经济性来看，考虑整个周期的费用是重要的。诸如废物处理等长期的环境费用[24]。同样，也需考虑过程循环的安全费用，比如：

（1）安全和环境设备的资金费用；

（2）被动保护层的资金费用；

（3）安全附件、联锁系统、消防系统、人员保护系统及其他安全设施的维修保养费用；

（4）由于特殊的安全要求而产生的过程所增加的维修保养费用；

（5）对操作人员进行的安全培训费用；

（6）保险费用；

（7）潜在的财产损失、产品损失及事故发生带来的商业损失；

（8）事故发生带来的其他潜在损失。

本质上更安全的工艺过程有助于缩减这些长期的费用。

在选择工艺时，必须考虑商业和经济因素，这包括：

（1）基本投资；

（2）产品质量；

（3）总的生产成本；

（4）设备的生产能力；

（5）维护保养修理费用。

这导致本质安全化设计策略可能同时倾向于改善工艺的经济价值。例如，减少设备尺寸或简化工艺通常会减少资金投入和生产费用。但是，综合的工艺经济性很复杂，其受许多因素影响，因此本质安全化的工艺可能在经济性方面没有太大的吸引力。

8. 化工过程本质安全化设计与传统过程设计的比较

传统过程设计的思想是依靠附加的安全系统来提高安全性，如安全阀、压力表等，但该设计思想不仅技术复杂、成本高，而且附加安全系统一旦失效可能造成灾难性事故。化工过程本质安全化的概念提出，旨在确保经济效益的同时，尽可能在源头消减危险。目前已广泛应用于工艺过程的安全设计和管理中[16]。

化工过程本质安全化设计与传统过程设计区别体现在：

（1）化工过程本质安全化的目的是在设计时就要消除过程危害，从而在根源上防止事故发生；而传统过程设计则是以控制过程危害为目的，仅能降低事故发生的概率，无法避免事故发生。

（2）化工过程本质安全化是在设计时从源头消减和末端控制危险；而传统过程设计仅在设计后期分析、评价危险源，或者采用应急响应等安全措施降低事故发生的严重度。

（3）化工过程本质安全化是根据物料或反应的性质采用最小化、替代、缓和及简化原则最小化危险；而传统过程设计则是通过后期增加各种安全设施降低事故发生的概率。

从设计的不同角度而言，化工过程本质安全化设计与传统过程设计的区别如表 1-9 所示[16]。

表 1-9 化工过程本质安全化设计与传统过程设计的比较

比较因素	传统过程设计	化工过程本质安全化设计
设计依据	依据用户提出的功能、质量及成本等要求来设计	将本质安全化特性、功能、质量和成本要求作为设计目标
设计构思	在工艺构思及设计初期较少考虑过程中的危险及对人、环境造成的影响	要求在工艺构思及设计初期，必须考虑工艺本身危险对人、财产和环境的影响，尽量消减危险
设计技术或工艺	采用附加安全系统控制危险	采用本质安全化设计将安全功能融入过程属性
设计目的	以需求为主要设计目的	提高本质安全度，满足可持续性化工要求

第三节 化工过程本质安全化设计的发展

一、化工过程本质安全化设计的由来

基于本质安全化的设计思想早在 1870 年时就出现过，但直到 100 年以后才得到工程师的重视[26]。本质安全化的概念源于 20 世纪 60 年代的电气设备防爆构造设计[27]，这种防爆技术不附加任何安全装置，只利用本身的结构设计，通过限制电路自身的电压和电流来预防产生过热、起弧或火花而引起火灾或引发可燃性混合气的爆炸，它从根本上解决了危险环境下电气设备的防爆问题，因此这样的电气设备被称为本质安全型设备。本质安全化设计能从过程设计、流程开发设计等方面来降低设备的应用损害。不久以后，化工过程开发中本质安全化设计思想与原则随之产生与发展。

20 世纪七八十年代，随着世界化学工业生产规模的扩大，危险物料使用量、储存量的增加，生产工艺、生产装置规模的扩大，化工生产过程的潜在危险性也随之增加，全世界化工企业重大事故频发。这些事故不仅造成了重大人员伤亡和财产损失，同时给环境造成了持久的危害，因此引起了社会对化工生产过程危害的广泛关注，重大事故预防研究成为热点。

化工行业事故多发，促进了化工安全科学的研究，安全理论和安全技术不断发展。传统的安全管理方法和技术手段是通过在危险源与人、物和环境之间的保护层来控制危险。保护层包括对人员的监督、控制系统、警报、保护装置以及应急系统等。这种依靠附加安全系统的传统过程安全方法起到了较好的效果，在一定程度上改善了化学工业的安全状况。但是这种方法也存在很多不利之处：第一，建立和维护保护层的费用很高，包括最初的设备投入、安全培训费用及维修保养费用等；第二，失效的保护层本身可能成为危险源，进而导致事故发生；第三，因为危险依然存在，保护层只是抑制了危险，但系统的固有危险可能通过某种未知的诱因而引发事故，增加了事故发生的突然性。

因此，化工过程迫切需要发展新的安全技术，在确保经济效益的同时，尽可能在源头消减危险。如何从系统生命周期的最起始端设计阶段达到“本质”上的安全化引发了研究者的关注。Kletz 教授首次提出化工过程本质安全化的概念[28]，为过程安全的内涵赋予了新的含义：“预防化学工业中重大事故的频发的最有效手段，不是依靠更多、更可靠的附加安全设施，而是从根源上消除或减小系统内可能引起事故的危险，来取代这些安全防护装置。”经过 40 多年的发展，形成了强化、代替、缓和和简化等原则，并已广泛应用于工艺和产品的安全设计、管理以及事故调查分析。化工过程开发中本质安全化设计主要是从内源方式来控制系统应用安全，而不是从外部来控制系统安全。化工过程本质安全化设计原则见表 1-10 所示。

表 1-10　本质安全化设计原则

原则	释义
最小化	减少系统中危险物质
替换	使用安全或危险性较小的物质或工艺替代危险的物质或工艺
缓和	采用危险物质的最小危害形态或者是危害最小的工艺条件
限制影响	通过改进设计和操作，限制或减小事故可能造成的破坏程度
简化	通过设计简化操作，减少安全防护装置使用，减少人为失误的可能性
容错	使工艺设备具有容错功能，保证设备能够经受扰动，反应过程能承受非正常反应

化工过程本质安全化设计思想的产生是人类对化工灾难性事故反思的结果[25]，是对传统过程设计方法的创新发展，反映了事故预防思想由被动的末端控制到主动的源头消减的客观发展过程。与依靠附加安全系统实现安全防护

的传统过程安全设计思想不同，化工过程本质安全化设计是从源头上改进设计，消减工艺、过程、设备中存在的危险物质和操作的数量，使用安全材料代替危险材料等综合措施，避免生产、服务和产品使用中的危险和事故发生[29,30]。

20 世纪 80 年代以来，美国、加拿大、欧盟等国家和地区已经对本质安全化开展了一系列的研究和应用。1997 年，由欧盟资助 INSIDE（Inherent SHE In Design Project Team）项目研究了本质安全化技术在欧洲过程工业的应用，主要目的是验证本质安全化设计方法在化学工业应用的可行性，鼓励化学工艺和设备本质安全化的应用及研究，提出了乙烯类本质安全化应用技术方法。2000 年，有关本质安全健康环境分析方法工具箱 INSET（The Inherent Safety Health and Environment Evaluation Tools）的研究取得成果。2001 年，Mansfield 整理工具箱的相关理论并发表报告。工具箱收集了 31 种方法，主要是在设计阶段从安全、健康、环境角度分析工艺优化选择问题。工具箱分为 4 个过程，分别是化学路线的选择、化学路线的具体评价分析、工艺过程设计的最优化和工艺设备设计，主要覆盖设备寿命周期的早期设计阶段。欧洲一些化工企业运用 INSET 工具箱的实际情况表明，本质安全化原理是有效的，INSET 工具箱是可行的，在设计早期阶段运用更经济。但在设计的早期阶段由于得不到全面的数据信息，只能采用较为简单的本质安全化分析方法，具有一定的局限性。

二、化工过程本质安全化设计展望

作为实现绿色和可持续化工的关键技术，化工过程本质安全化设计是实现化学工业可持续发展的重要手段，正在得到越来越多的工程技术人员的认同，也日益被工业界重视。但化工过程本质安全化的发展依然存在一些问题亟待解决，未来以下几个方面有待发展。

1. 建立化工过程本质安全化量化标准

目前化工过程本质安全化设计还缺乏具体的设计标准，本质安全程度难以衡量，装置的本质安全水平缺乏统一的评估方法和操作方案，这使得化工过程的本质安全化难以取得实质性进展[31,32]。

2. 将本质安全化设计与现有技术结合

化工企业已采取了很多先进的技术来促进设备的本质安全化，如 RBI 技术、RCM 技术、SIL 技术、DNV 的 RAM 技术（可靠性、可用性、可维护性）等，有效提高了资源的利用率和设备的可靠性，如何把本质安全化理论与这些先进的技术有机结合起来，是目前化工行业亟须解决的问题。

3. 基于过程强化的本质安全化

过程强化是开发本质安全化工过程的一个重要策略。通过减少有害物质的存量或过程中的能量，有害物质或能量失控引起的可能后果就会减少。化工过程的安全是基于减少可能危害的大小，而不是依赖于附加的安全方法，如联动装置、规程和事故后果减缓系统。

具体来说，基于过程强化的本质安全化的策略包括：

（1）更小更安全原则　减小化工过程设备的尺寸可以从两个方面提高安全性。如果设备较小，设备泄漏或破裂时释放出的有害物质的数量显然更少，设备中包含的势能也较小。热能有多种形式，如高温、高压或来自反应性化学品混合物的反应热。如果能量以不可控制的方式释放，易造成火灾、爆炸或设备内物质的泄漏等事故。因此，如果设备可以变得很小，物质或能量的意外释放所造成的可能损失将会减小。

设备较小还更有利于减弱或控制事故后果。例如，可以将一个小的反应器完全套封在一个防爆结构中，但对一个大反应器则不可行，因为防爆结构将会非常大，且封装也需要足够的强度，因为其要承受来自较大反应器的更大爆炸。

（2）传统的库存最小化方法　对化工厂而言，在过程技术没有根本改变的情况下，可以通过很多方法来实现有害物质库存量的最小化。例如，1984年印度 Bhopal 事故释放的异氰酸甲酯，造成了约2000人死亡和数万人受伤，这是迄今为止化学工业历史上最为严重的事故。在 Bhopal 事故后，许多化学品公司都重新审视其装置运转情况，以找到减小有害、易燃物料库存量的方法。在短时间内无法采用新技术重建工厂或无法在现有工厂基础上对过程设备作出更本质的改变的时候，工厂如何减少有害物质的库存量？他们通过仔细评估现有设备和操作，找到操作上的变化，使得现有工厂可以在更少的有害物料库存量的情况下操作。Bhopal 事故使工程师研究如何减少有害物质库存量，以及如何在现有工厂和技术条件下实现这一目标。

此外，本质安全化的相关应用技术专业性强，普通安全技术人员难以掌握和实施。经济效益方面的风险也阻碍化工过程本质安全化设计的应用，因此需要政府、企业、科研院校及其他多学科门类的密切合作，才能实现化工过程本质安全化设计理论和技术的实质性突破，为实现化学工业与经济、生态和社会的可持续性发展提供理论依据和可行方法。

本质安全化设计思想自诞生至今已有100多年的历史。在这100多年间，化工行业事故多发进一步促进了化工过程本质安全化设计思想的完善与发展。针对化工过程本质安全化的技术和方法不断发展，并已经被越来越多地应用于实际生产之中，取得良好成效。然而，由于受化工过程的复杂性、多样性和危险性等因素影响，化工过程本质安全化设计理论与方法仍有很大的进步空间。作为保障化工过程安全运行、实现化工产业可持续发展的重要途径，化工过程本质安全化设计方法与技术必将不断发展，成为未来化工行业发展必不可少的一部分。

参考文献

[1] 中国石油和化学工业联合会信息与市场部．中国石油和化工行业经济运行分析回顾与展望［J］．当代石油石化，2020，28（3）：1-8.

[2] 邓勇，朱军军．从化工三巨头看行业发展趋势［N/OL］．“海通石化”研究报告．2018-06-14［2020-04-08］．https：//www. sohu. com/a/235853163 _ 368279.

[3] Lees F. Lees'loss prevention in the process industries［M］. 4th Edition. Oxford：Butterworth-Heinemann，2004.

[4] 中国安全生产协会．化工事故的特征［N/OL］．2012-12-04［2020-04-08］．http：//www. china-safety. org. cn/caws/Contents/Channel _ 21039/2012/1204/188920/content _ 188920. htm.

[5] Crowl D A，Louvar J F. 化工过程安全基本原理与应用［M］．赵东风，孟亦飞，刘义，等译．东营：中国石油大学出版社，2017：14-15.

[6] 李求进，陈杰，石超等．基于本质安全的化学工艺风险评价方法研究［J］．中国安全生产科学技术，2009，5（2）：45-50.

[7] 桂彬．基于本质安全的化学工艺风险评价方法研究［J］．化工管理，2016（19）：135.

[8] 王杭州，邱彤，陈丙珍等．本质安全化的化工过程设计方法研究进展［J］．化学反应工程与工艺，2014，30（3）：254-261.

[9] 叶君乐，蒋军成，张明广．基于本质安全目标的化工厂装置平面布局优化［J］．安全与环境学报，2011，11（1）：167-171.

[10] Zhang M G，Wang X D，Mannan M S，et al. System dynamical simulation of risk perception for enterprise decision-maker in communication of chemical incident risks［J］. Journal of Loss Prevention in the Process Industries，2017，46：115-125.

[11] Zhang M G，Dou Z，Jiang J C，et al. Study of optimal layout based on integrated probabilistic framework（IPF）：case of a crude oil tank farm［J］. Journal of Loss Prevention in the Process Industries，2017，48：305-311.

[12] Gupta J P，Hendershot D C，Mannan M S. The real cost of process safety -a clear case for inherent safety. process safety and environmental protection［J］. Transactions of the Institute of Chemical Engineers，2003，81（6）：406-413.

[13] 田震．化工过程开发中本质安全化设计策略［J］．中国安全科学学报，2006，16（12）：4-8.

[14] Leggett D. Chemical reaction hazard identification and evaluation：taking the first steps［J］.

Process Safety Progress，2004，23（1）：21-55.

[15] 巫志鹏．物理化学方法在安全评价中的应用研究［J］．中国安全科学学报，2006，16（3）：114-118.

[16] 樊晓华，吴宗之，宋占兵．化工过程的本质安全化设计策略初探［J］．应用基础与工程科学学报，2008，16（2）：191-199.

[17] Goraya A，Amyotte P R，Khan F I. An inherent safety-based incident investigation methodology［J］. Process Safety Progress，2004，23（3）：197-205.

[18] Kletz T A. Accident investigation：keep asking "why?"［J］. Journal of Hazardous Materials，2006，130：69-75.

[19] Goraya A. An inherent safety-based incident investigation methodology［D］. Nova Scotia，Canada：Dalhousie University，2003.

[20] Meel A，Seider W D. Game theoretic approach to multiobjective designs：focus on inherent safety［J］. AIChE Journal，2006，52（1）：228-246.

[21] Edwards D W. Export inherent safety not risk［J］. Journal of Loss Prevention in the Process Industries，2005，18：254-260.

[22] Edwards D W. Special topic issue-inherent safety are we too safe for inherent safety?［J］. Process Safety and Environmental Protection，2003，81（6）：399-400.

[23] Kletz T A. Constraints on inherently safer design and other innovations［J］. Process Safety Progress，1999，18（1）：170-171.

[24] 胡冠华，高振山．化学制程本质较安全设计——化学危害分析与路径选择［J］．化学工业，2001，48（4）：40-52.

[25] Hurme M，Rahman M. Implementing inherent safety throughout process life cycle［J］. Journal of Loss Prevention in the Process Industries，2005，18：238-244.

[26] Lutz W K. Advancing inherent safety into methodology［J］. Process Safety Progress，1997，16（2）：86-88.

[27] 江涛．论本质安全［J］．中国安全科学学报，2000，10（5）：4-11.

[28] Kletz T A. What you don't have，can't leak［J］. Chemistry and Industry，1978，6：287-292.

[29] Hua M，Qi M，Pan X H，et al. Inherently safer design for synthesis of 3-methylpyridine-*N*-oxide［J］. Process Safety Progress，2018，37（3）：355-361.

[30] Hua M，Pan X H，Jiang J C，et al. Inherent safer design for chemical process of 1,4-dioldiacetate-2-butene oxidized by ozone［J/OL］. Chemical Engineering Communications，DOI：10.1080/00986445.2019.1657420.

[31] 魏丹，蒋军成，倪磊等．基于未确知测度理论的化工工艺本质安全度研究［J］．中国安全科学学报，2018，28（05）：117-122.

[32] Jiang J C，Wei D，Ni L，et al. Inherent thermal runaway hazard evaluation method of chemical process based on fire and explosion index［J/OL］. Journal of Loss Prevention in the Process Industries，https：//doi.org/10.1016/j.jlp.2020.104093.

[33] 叶君乐，蒋军成，张明广．设计初期化工过程本质安全化设计策略［J］．中国安全生产科学技术，2010（3）：129-133.

第二章

化工过程本质安全度评估

第一节　基本概念及基础知识

一、化学反应热效应

1. 反应热

化工行业中的大部分化学反应是放热反应，即在反应期间有热能的释放。一旦发生事故，能量的释放量与潜在的损失（严重度）有着直接的关系。因此，反应热是其中的一个关键数据，这些数据是进行化学反应风险评估的参考依据。用于描述反应热的参数有摩尔反应焓 ΔH_r(kJ/mol) 以及比反应热 Q_r(kJ/kg)[1]。

(1) 摩尔反应焓　摩尔反应焓是指在一定状态下发生了 1mol 化学反应的焓变。如果在标准状态下，则为标准摩尔反应焓。表 2-1 列出了一些典型反应焓值。

表 2-1　典型反应焓值

反应类型	摩尔反应焓 ΔH_r/(kJ/mol)	反应类型	摩尔反应焓 ΔH_r/(kJ/mol)
中和反应(HCl)	−55	环氧化反应	−100
中和反应(H_2SO_4)	−105	聚合反应(苯乙烯)	−60
重氮化反应	−65	加氢反应(烯烃)	−200
磺化反应	−150	加氢(氢化)反应(硝基类)	−560
胺化反应	−120	硝化反应	−130

反应焓也可以根据生成焓 ΔH_f 得到，生成焓可以参见有关热力学性质表：

$$\Delta H_r^{\ominus} = \sum_{产物} \Delta H_{f,i}^{\ominus} - \sum_{反应物} \Delta H_{f,i}^{\ominus} \tag{2-1}$$

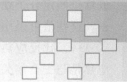

生成焓可以采用 Benson 基团加和法计算得到。采用该方法计算得到的生

成焓是假定分子处于气相状态中，因此，对于液相反应须通过冷凝潜热加以修正，这些值可以用于初步的、粗略的近似估算。

(2) 比反应热　比反应热是单位质量反应物料直接反应时放出的热。比反应热是与安全相关的具有重要实用价值的参数。比反应热和摩尔反应焓的关系如下：

$$Q_r = \rho^{-1} c(-\Delta H_r) \tag{2-2}$$

式中，ρ 为反应物料的密度，kg/m^3；c 为反应物的浓度，mol/m^3；ΔH_r 为摩尔反应焓，kJ/mol。

显然，比反应热取决于反应物的浓度，不同的工艺、不同的操作方式均会影响比反应热的数值。对于有的反应来说，式(2-1) 和式(2-2) 的摩尔反应焓也会随着操作条件的不同在很大范围内变化。例如，当磺化剂的种类和浓度不同，磺化反应的反应焓会在－60～150kJ/mol 的范围内变动。此外，反应过程中的结晶热和混合热也可能对实际热效应产生影响。因此，建议尽可能根据实际条件通过量热设备测量反应热，一旦获得该参数，在工艺放大过程可以直接采用。

2. 分解热

化学反应过程中所涉及的反应物料通常处于亚稳定状态。一旦有一定外界能量的输入（如通过热作用、机械作用等），可能会使这样的反应物料变成高能和不稳定的中间状态，这个中间状态通过能量释放转化成更稳定的状态。图 2-1 显示了一个反应路径。沿着反应路径，能量首先增加，然后降到一个较低

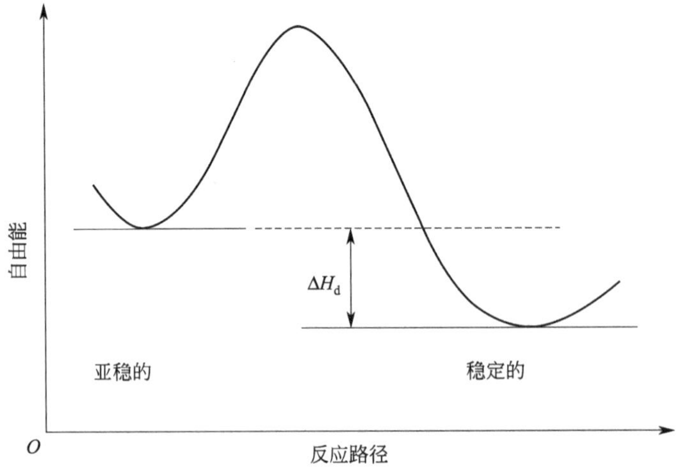

图 2-1　自由能沿反应路径的变化

的水平，分解热（ΔH_d）沿着反应路径释放。它通常比一般的反应热数值高，但比燃烧热低。分解产物往往未知或者不易确定，这意味着很难由标准生成焓估算分解热。

3. 热容

体系的热容是指体系温度上升 1K 时所需要的能量，单位 J/K。工程上常用单位质量物料的热容即比热容来分析计算。比热容的量纲为 kJ/(K · kg)，用 c'_p 表示。典型物质的比热容见表 2-2。相对而言，水的比热容较高，无机化合物的比热容较低，有机化合物比较适中。

混合物的比热容可以根据混合规则由不同化合物的比热容估算得到：

$$c'_p = \frac{\sum_i M_i c'_{pi}}{\sum_i M_i} \tag{2-3}$$

式中，M_i 为第 i 种物料的质量；c'_{pi} 为第 i 种物料的比热容；c'_p 为混合物的比热容。

表 2-2 典型物质的比热容

化合物	比热容 c'_p/[kJ/(K · kg)]	化合物	比热容 c'_p/[kJ/(K · kg)]
水	4.2	甲苯	1.69
甲醇	2.55	对二甲苯	1.72
乙醇	2.45	氯苯	1.3
2-丙醇	2.58	四氯化碳	0.86
丙酮	2.18	氯仿	0.97
苯胺	2.08	10%的 NaOH 水溶液	1.4
正己烷	2.26	100% H_2SO_4	1.4
苯	1.74	NaCl	4.0

比热容随着温度升高而增加，例如液态水在 20℃时比热容为 4.182kJ/(K · kg)，在 100℃时为 4.216kJ/(K · kg)。它的变化通常用多项式来描述：

$$c'_p(T) = a + bT + cT^2 + dT^3 + eT^4 \tag{2-4}$$

式中，a，b，c，d，e 为经验系数，可以查阅相关手册获得[2]。为了获得精确的结果，当反应物料的温度可能在较大的范围内变化时，需采用此方程。而对于凝聚相物质，比热容随温度的变化较小。此外，出于安全考虑，比热容应当取较低值，即忽略比热容的温度效应。通常采用在较低工艺温度下的热容值进行绝热温升的计算。

4. 绝热温升

反应或分解产生的热量直接关系事故的严重程度，也就是说关系到失控后的潜在损失。如果反应体系不能与外界交换能量，将成为绝热状态。在这种情况下，反应所释放的全部能量用来提高体系自身的温度。因此，温升与释放的能量成正比。通常能量大小的数量级难以直观判断反应热失控的严重程度。因此，利用绝热温升来评估失控反应的严重度是一个比较方便的做法，它可以由反应热除以比热容得到[1]：

$$\Delta T_{\rm ad}=\frac{(-\Delta H_{\rm r})c_{\rm A0}}{\rho c_p'}=\frac{Q_{\rm r}'}{c_p'} \tag{2-5}$$

式中，ρ 为反应物料的密度；$\Delta H_{\rm r}$ 为反应热；$c_{\rm A0}$ 为反应物浓度；c_p' 为比热容；$Q_{\rm r}'$ 为放热量。中间项着重指出绝热温升是反应物浓度和摩尔焓的函数，因此，它取决于工艺条件，尤其是加料方式和物料浓度。式(2-5) 的右边项涉及比反应热，这对量热结果的解释尤其有用，因为这些结果常以比反应热来表示。因此，对量热实验的结果进行解释，必须考虑其工艺条件，尤其是浓度。当量热实验结果用于评估不同工艺条件时，常常要考虑这方面的因素。冷却系统失效时，绝热温升越高，则体系达到的最终温度将越高，这可能引起反应物料进一步发生分解（二次分解），一旦发生二次分解，所放出的热量将远远超过目标反应，从而大大增加了失控反应的风险。为了估算反应失控的潜在严重度，表 2-3 给出了某目标反应及其失控后二次分解反应的典型能量以及可能导致的后果（体系绝热温升的量级和与之相当的机械能，其中机械能是以 1kg 反应物料来计算的）。

表 2-3 目标反应和分解反应典型能量

反应	目标反应	分解反应
比反应热/(kJ/kg)	100	2000
绝热温升/K	50	1000
每千克反应混合物导致甲醇汽化的质量/kg	0.1	1.8
转化为机械势能，相当于把 1kg 物体举起的高度/km	10	200
转化为机械动能，相当于把 1kg 物体加速到的速度/(km/s)	0.45(1.5 马赫数)	2(6.7 马赫数)

显然，目标反应本身可能危险性不大，但分解反应却可能导致严重后果。为了说明这点，以溶剂（如甲醇）的蒸发量进行计算，因为失控时当体系温度达到沸点时溶剂将蒸发。在表 2-3 举的例子中，就经过适当设计的工业反应器而言，仅来自目标反应的反应热不易产生不良影响。一旦发生反应物料的分解反应，其结果将比较严重。因此，溶剂蒸发可能导致的二次效应就在于反应容器内压力增长，容器破裂并形成可燃性蒸气云，如果蒸气云被点燃，会导致严重爆炸。

二、化学反应热平衡

考虑工艺热风险时，须充分理解热平衡的重要性，这方面的知识对于反应器或储存装置的工业放大非常重要。首先介绍反应器热平衡中的不同表达项，然后介绍热平衡关系。

1. 热平衡项

(1) 热生成　热生成对应于反应的反应速率（r_A）。因此，放热速率与摩尔反应焓成正比：

$$q_{rx}=(-r_A)V(-\Delta H_r) \tag{2-6}$$

对反应器安全来说，热生成非常重要，因为控制反应放热是反应器安全的关键。对于简单的 n 级反应来说，反应速率可以表示为：

$$-r_A=k_0 e^{\frac{-E_a}{RT}} c_{A0}^n (1-X)^n \tag{2-7}$$

式中，k_0 为频率因子，也称指前因子；E_a 为反应的活化能，J/mol；R 为摩尔气体常量，取 8.314J/(mol·K)；X 为反应转化率；n 为反应级数。

放热速率是转化率的函数，因此，在非连续反应器或储存过程中，放热速率随时间发生变化。放热速率为：

$$q_{rx}=k_0 e^{\frac{-E_a}{RT}} c_{A0}^n (1-X)^n V(-\Delta H_r) \tag{2-8}$$

从这个表达式可以看出：

① 反应的放热速率是温度的指数函数；

② 放热速率与体积成正比，随反应物料容器线尺寸的立方值（L^3）而变化。

就安全问题而言，上述两点是非常重要的。

(2) 热移出　反应介质和载热体之间的热交换存在几种可能的途径：热辐射、热传导、强制或自然热对流。这里只考虑热对流，通过强制对流，载热体通过反应器壁面的热交换 q_{ex} 与传热面积及传热驱动力成正比，这里的驱动力就是反应介质与载热体之间的温差。

$$q_{ex}=US(T_c-T_r) \tag{2-9}$$

式中，U 是综合传热系数；S 是传热面积；T_r 为反应介质的温度；T_c 为载热体的温度。

需要注意的是，如果反应混合物的物理化学性质发生显著变化，综合传热系数 U 也将发生变化，成为时间的函数。热传递特性通常是温度的函数，反应物的黏度变化起着主导作用。就安全问题而言，这里必须考虑两个方面：

(1) 热移出是温度(差)的线性函数。

(2) 由于热移出速率与热交换面积成正比，因此它正比于设备线尺寸的平方值(L^2)。这意味着当反应器尺寸必须改变时(如工艺放大)，热移出能力的增加远不及热生成速率。因此，对于较大的反应器来说，热平衡问题是比较严重的。假定圆柱形搅拌釜式反应器的高度与直径比大约为1∶1，表2-4给出了典型搅拌釜式反应器的尺寸参数[1]。尽管不同几何结构的容器设计，其换热面积可以在有限的范围内变化，但对于搅拌釜式反应器而言，这个范围比较小。

表 2-4 不同反应器的热交换比表面积

规模	反应器体积/m^3	热交换面积/m^2	比表面积/m^{-1}
研究实验	0.0001	0.01	100
实验室规模	0.001	0.03	30
中试规模	0.1	1	10
生产规模(≥1m^3)	1	3	3
生产规模(≥1m^3)	10	13.5	1.35

因此，从实验室规模按比例放大到生产规模时，反应器的比冷却能力大约相差2个数量级，在实验室规模中没有发现热效应，并不意味着在更大规模的情况下反应是安全的。实验室规模情况下，冷却能力可高达1000W/kg，而生产规模时大约只有20～50W/kg(表2-5)[1]。这也意味着反应热只能通过量热设备测试获得，而不能仅仅根据反应介质和冷却介质的温差来推算得到。

表 2-5 不同规模反应器典型的冷却能力

规模	反应器体积/m^3	比冷却能力/[W/(kg·K)]	典型的冷却能力/(W/kg)
研究实验	0.0001	30	1500
实验室规模	0.001	9	450
中试规模	0.1	3	150
生产规模(≥1m^3)	1	0.9	45
生产规模(≥1m^3)	10	0.4	20

(3) 热累积速率 q_{ac} 体现了体系能量随温度的变化：

$$q_{ac}=\frac{\mathrm{d}\sum_i (M_i c'_{p,i} T_i)}{\mathrm{d}t}=\sum_i\left(\frac{\mathrm{d}M_i}{\mathrm{d}t}c'_{p,i}T_i\right)+\sum_i\left(M_i c'_{p,i}\frac{\mathrm{d}T_i}{\mathrm{d}t}\right) \tag{2-10}$$

计算总的热累积时，要考虑到体系的每一个组成部分，既要考虑反应物料，也要考虑设备。因此，反应器或容器至少与反应体系直接接触部分的热容是必须要考虑的。对于非连续反应器，热累积可以用如下考虑质量或容积的表达式来表述：

$$q_{\mathrm{ac}}=M_{\mathrm{r}}c_p'\frac{\mathrm{d}T_{\mathrm{r}}}{\mathrm{d}t}-\rho V_p'\frac{\mathrm{d}T_{\mathrm{r}}}{\mathrm{d}t} \tag{2-11}$$

由于热累积源于产热速率和移热速率的不同（前者大于后者），导致反应器内物料温度发生变化。因此，如果热交换不能准确平衡反应的放热速率，温度将发生如下变化：

$$\frac{\mathrm{d}T_{\mathrm{r}}}{\mathrm{d}t}=\frac{q_{\mathrm{rx}}-q_{\mathrm{ex}}}{\sum_i M_i c_{p,i}'} \tag{2-12}$$

式(2-10) 和式(2-12) 中，i 代表反应体系的第 i 个组分。实际过程中，相比于反应物料的热容，搅拌釜式反应器的热容常可以忽略，为了简化表达式，设备的热容可以忽略不计。下面用一个例子来说明这样处理的合理性。对于一个 $10\mathrm{m}^3$ 的反应器，反应物料热容的数量级大约为 20000kJ/K，而与反应介质接触的金属质量大约为 400kg，其热容大约为 200kJ/K，即大约为总热容的 1%。另外，这种误差会导致更保守的评估结果，这对安全评估而言是有利的。然而，对于某些特定的应用场合，容器的热容是必须要考虑的，如连续反应器，尤其是管式反应器，可以增大反应器本身的热容，从而增大总热容，实现反应器的安全。

(4) 物料流动引起的对流热交换　在连续体系中，加料时原料的入口温度并不总是和反应器出口温度相同，反应器进料温度（T_0）和出料温度（T_{f}）之间的温差导致物料间的对流热交换。热流与比热容、体积流率（$\dot{v}$）成正比：

$$q_{\mathrm{ex}}=\rho\dot{v}c_p'\Delta T=\rho\dot{v}c_p'(T_{\mathrm{f}}-T_0) \tag{2-13}$$

(5) 加料引起的显热　如果加入反应器物料的入口温度（T_{fd}）与反应器内物料温度（T_{r}）不同，那么进料的热效应必须在热平衡的计算值中予以考虑。这个效应被称为“显热效应”。

$$q_{\mathrm{fd}}=\dot{m}_{\mathrm{fd}}c_{p\mathrm{fd}}'(T_{\mathrm{fd}}-T_{\mathrm{r}}) \tag{2-14}$$

此效应在半间歇反应器中尤其重要。如果反应器和原料之间温差大，或加料速率很高，加料引起的显热可能起主导作用，显热明显有助于反应器冷却。在这种情况下，一旦停止进料，可能导致反应器内温度突然升高。这一点对量热测试也很重要，必须进行适当的修正。

(6) 搅拌装置搅拌产生的机械能耗散变成黏性摩擦能，最终转变为热能。大多数情况下，相对于化学反应释放的热量，这可忽略不计。然而，对于黏性较大的反应物料，如聚合反应，这点必须在热平衡中考虑。当反应物料存放在一个带搅拌的容器中时，搅拌器的能耗（转变为体系的热能）可能会很重要。

可以由式(2-15) 估算：

$$q_s = N_e \rho n^3 d_s^5 \tag{2-15}$$

式中，q_s 为搅拌引入的能量流率；N_e 为搅拌器的功率数（也称为牛顿数或湍流数），不同形状搅拌器的功率数不一样；n 为搅拌器的转速；d_s 为搅拌器的叶尖直径。表 2-6 列举了一些常用搅拌器的功率数。

表 2-6　一些常用搅拌器的功率数及几何特征

搅拌器类型	功率数 N_e	流动类型
桨式搅拌器	0.35	轴向流动
推进式搅拌器	0.20	容器底部的径向及轴向流动
锚式搅拌器	0.35	近壁面的切向流动
圆盘式搅拌器	4.6	强烈剪切效应的径向流动
斜叶桨涡轮搅拌器	0.6～2.0	轴向流动但具有强烈径向流动
Mig 式搅拌器	0.55	轴向、径向和切向的复合流动
Intermig 式搅拌器	0.65	带径向的复合流动，且在壁面处局部有强烈的湍流

(7) 热散失　出于安全原因（如考虑设备热表面可能引起人体的烫伤）和经济原因（如设备的热散失），工业反应器都是隔热的。然而，在温度较高时，热散失可能变得比较重要。热散失的计算比较烦琐，因为热散失通常要考虑辐射热散失和自然对流热散失。工程上，为了简化，热散失流率（q_{loss}）可利用总的热散失系数 α 来简化估算：

$$q_{loss} = \alpha (T_{amb} - T_r) \tag{2-16}$$

式中，T_{amb} 为环境温度。

表 2-7 中列出了一些热散失系数 α 的数值，并列出了实验室设备的热散失系数[1]。可见，工业反应器和实验室设备的热散失可能相差 2 个数量级。这就解释了为什么放热化学反应在小规模实验室设备中的热效应不显著，而在大规模设备中却可能变得很危险。1L 的玻璃杜瓦瓶具有的热散失与 10m^3 工业反应器相当。

表 2-7　工业容器和实验室设备的典型热散失系数[1]

容器容量	热散失系数/[W/(kg·K)]	容器容量	热散失系数/[W/(kg·K)]
2.5m^3 反应器	0.054	10mL 试管	5.91
5m^3 反应器	0.027	100mL 玻璃烧杯	3.68
12.7m^3 反应器	0.020	DSC-DTA	0.5～5
25m^3 反应器	0.005	1L 杜瓦瓶	0.018

2. 热平衡数学表达式

如果考虑到上述所有因素，可建立如下的热平衡方程：

$$q_{ac} = q_{rx} + q_{ex} + q_{fd} + q_s + q_{loss} \tag{2-17}$$

在大多数情况下，式(2-17) 右边前两项热平衡表达式对于安全问题来说已经足够。忽略搅拌器带来的热输入或热散失等因素，则间歇反应器热平衡可简化为

$$\rho V c_p' \frac{dT_r}{dt} = (-r_A)V(-\Delta H_r) - US(T_r - T_c) \tag{2-18}$$

对于一个 n 级反应，着重考虑温度随时间的变化，于是：

$$\frac{dT_r}{dt} = \Delta T_{ad} \frac{-r_A}{c_{A0}^{n-1}} - \frac{US(T_r - T_c)}{\rho V c_p'} \tag{2-19}$$

式中，$\frac{US}{\rho V c_p'}$项是反应器热时间常数的倒数。利用该常数可以方便地估算出反应器从室温升温到工艺温度（加热时间）以及从工艺温度降温到室温（冷却时间）。

三、失控反应

1. 绝热条件下的反应速率

绝热条件下进行放热反应，导致温度升高，并因此使反应加速，但同时反应物的消耗导致反应速率的降低。因此，这两个效应相互对立：温度升高导致速率常数和反应速率指数性增加，而反应物的消耗减慢反应。这两个相反变化因素作用的综合结果将取决于两个因素的相对重要性。

假定绝热条件下进行的是一级反应，速率随温度的变化如下：

$$-r_A = \underbrace{k_0 e^{\frac{-E_a}{RT}}}_{\text{温度因素}} \underbrace{c_{A0}(1 - X_A)}_{\text{物料转化因素}} \tag{2-20}$$

绝热条件下温度和转化率成线性关系。反应热不同，一定转化率导致的温升有可能支配平衡，也有可能不支配平衡。为了说明这点，分别计算两个反应的速率与温度的函数关系：第一个反应是弱放热反应，绝热温升只有 20K，而第二个反应是强放热反应，绝热温升为 200K，结果列于表 2-8 中。

表 2-8　不同反应热的反应绝热条件下的反应速率

温度/K	100	104	108	112	116	120	200
速率常数/s^{-1}	1.00	1.27	1.61	2.02	2.53	3.15	118
反应速率 $\Delta T_{ad}=20K$	1.00	1.02	0.96	0.81	0.51	0.00	—
反应速率 $\Delta T_{ad}=200K$	1.00	1.25	1.54	1.90	2.33	2.84	59

对于第一个已有 20K 绝热温升的反应，反应速率仅仅在第一个 4K 过程中缓慢增加，随后反应物的消耗占主导，反应速率下降，这不能视为热爆炸，而

是一个自加热现象。对于第二个 200K 绝热温升的反应来说，反应速率在很大的温度范围内急剧增加。反应速率是反应物消耗的速率，在高温时急剧增加，表明在高温时反应物消耗很快，即反应物的消耗仅仅在较高温度时才有明显的体现。这种行为称为热爆炸。

图 2-2 显示了一系列具有不同反应热，但具有相同初始放热速率和活化能的反应绝热条件下的温度变化。对于较低反应热的情形，即 $\Delta T_{ad}<200K$，反应物的消耗导致一条 S 形曲线的温度-时间关系，这样的曲线并不体现热爆炸的特性，而只是体现了自加热的特征。很多低转化率放热反应不存在这种效应，意味着反应物的消耗实际上对反应速率没有影响。事实上，只有在高转化率情形时才出现速率降低。对于总反应热高（绝热温升高于 200K）的反应，即使大约 5%的转化率就可导致 10K 的温升或者更多。因此，由温升导致的反应加速远远大于反应物消耗带来的影响，这相当于认为它是零级反应。基于这样的原因，从热爆炸的角度出发，常常将反应级数简化成零级。这也代表了一个保守的近似，零级反应比具有较高级数的反应有更短的热爆炸形成时间（或诱导期）。

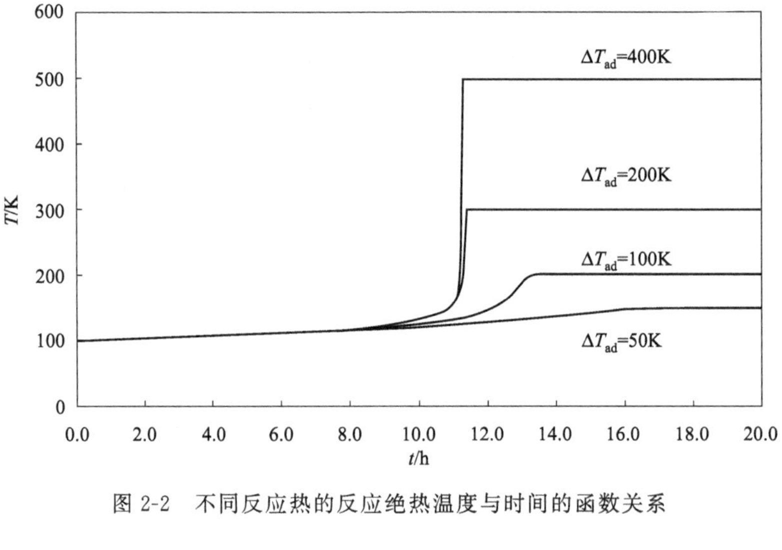

图 2-2 不同反应热的反应绝热温度与时间的函数关系

2. Semenov 热温图

考虑一个涉及零级动力学（即强放热反应）的简化热平衡，反应放热速率 $q_{rx}=f(T)$ 随温度呈指数关系变化。热平衡的第二项，用牛顿冷却定律式 (2-9) 表示，通过冷却系统移去的热量流率 $q_{ex}=g(T)$ 随温度呈线性变化，直线的斜率为 US，与横坐标的交点是冷却介质的温度 T_c。热平衡可通过

Semenov 热温图体现出来[3]。热平衡是指产热速率等于移热速率（$q_{rx}=q_{ex}$）的平衡状态，这发生在 Semenov 热温图（图 2-3）中指数放热速率曲线 q_{rx} 和线性移热速率曲线 q_{ex} 的两个交点上，较低温度下的交点（S）是一个温度平衡点。

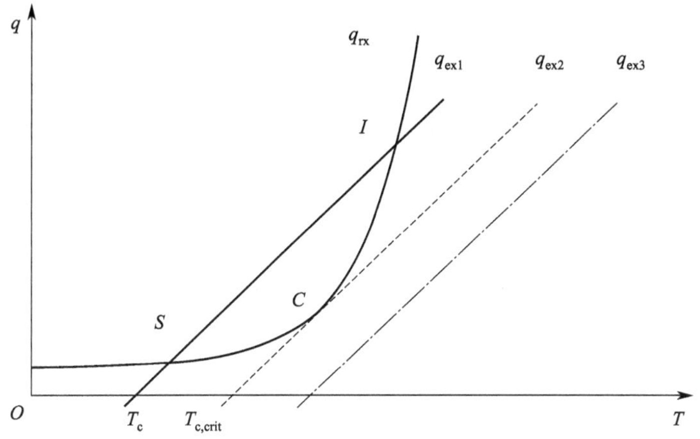

图 2-3　Semenov 热温图

反应的热释放速率和冷却系统移热速率的交点 S 和 I 代表平衡点。交点 S 是一个稳定工作点；I 点代表一个不稳定的工作点；C 点对应于临界热平衡。当温度由 S 点向高温移动时，热移出占主导地位，温度降低直到热生成速率等于移热速率，系统恢复到其稳态平衡。反之，温度由 S 点向低温移动时，热生成占主导地位，温度升高直到再次达到稳态平衡。因此，这个较低温度处的交点 S 对应于一个稳定的工作点。对较高温度处的交点 I 作同样的分析，发现系统变得不稳定，从这点向低温方向的一个小偏差，冷却占主导地位，温度降低直到再次到达 S 点，而从这点向高温方向的一个小偏差导致产生过量热，因此形成失控条件。

冷却线 q_{ex1}（实线）和温度轴的交点代表冷却系统（介质）的温度 T_c。因此，当冷却系统温度较高时，相当于冷却线向右平移（图 2-3 中虚线 q_{ex2}）。两个交点相互逼近直到它们重合为一点。这个点对应于切点，是一个不稳定工作点，相应的冷却系统温度称为临界温度（$T_{c,crit}$），相应的反应体系的温度为不回归温度（T_{NR}）。当冷却介质温度大于 $T_{c,crit}$ 时，冷却线 q_{ex3}（点划线）与放热曲线 q_{rx} 没有交点，意味着热平衡方程无解，失控难以避免。

3. 参数敏感性

若反应器在临界冷却温度运行，冷却温度的一个无限小增量也会导致失控状态。这就是所谓的参数敏感性[4]，即操作参数的一个小的变化导致状态由受控变为失控。此外，除了冷却系统温度改变会产生这种情形外，传热系数的变化也会产生类似的效应。由于散热曲线的斜率等于US，综合传热系数U的减小会导致q_{ex}斜率的降低，从q_{ex1}变化到q_{ex2}，从而形成临界状态，如图2-4中点C，这可能在热交换系统存在污垢、反应器内壁结垢或固体物沉淀的情况下发生。在传热面积A发生变化如放大时，也可以产生同样的效应。即使在操作参数如U、S和T_c发生很小变化时，也有可能产生由稳定状态到不稳定状态的“切换”。其后果就是反应器稳定性对这些参数具有较高的潜在敏感性，实际操作时反应器很难控制。因此，化学反应器的稳定性评估需要了解反应器的热平衡知识，从这个角度来说，临界温度的概念也很有用。

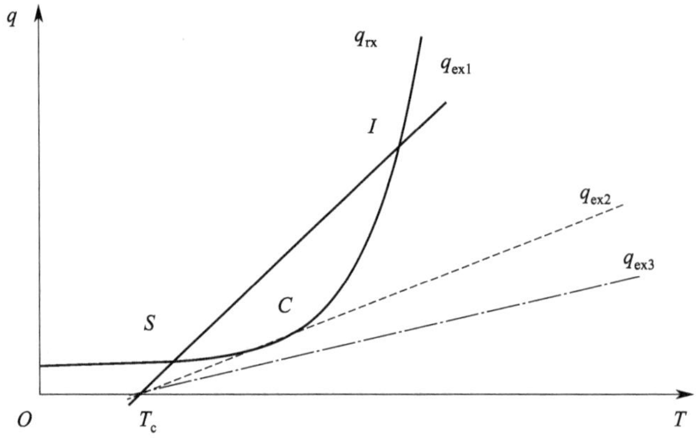

图 2-4 Semenov 热温图：反应器传热参数US发生变化的情形

4. 临界温度

正如上文所述，如果反应器运行时的冷却介质温度接近其临界温度，冷却介质温度的微小变化就有可能会导致过临界的热平衡，从而发展为失控状态。因此，为了评估操作条件的稳定性，反应器运行时冷却介质温度是否远离或接近临界温度就显得很重要了。可以利用 Semenov 热温图（图 2-5）来评估[3]。考虑零级反应的情形，其放热速率表示为温度的函数[4]：

$$q_{rx}=k_0 e^{\frac{-E_a}{RT_{NR}}} Q_r \tag{2-21}$$

式中，T_{NR}为上述的不回归温度；E_a为活化能；R为理想气体常数；k_0为反应速率常数；Q_r为比反应热。

考虑临界情况，则反应热放热速率与反应器的冷却能力相等：

$$q_{rx}=q_{ex} \Leftrightarrow k_0 e^{\frac{-E_a}{RT_{NR}}} Q_r = US(T_{NR}-T_{c,crit}) \tag{2-22}$$

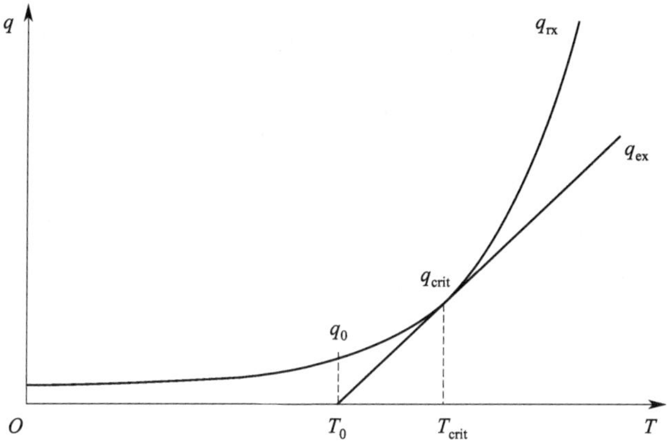

图 2-5　Semenov 热温图：临界温度的计算

由于两线相切于此点，则其导数相等：

$$\frac{\mathrm{d}q_{rx}}{\mathrm{d}T}=\frac{\mathrm{d}q_{ex}}{\mathrm{d}T}\Leftrightarrow k_0 e^{\frac{-E_a}{RT_{NR}}}\frac{E_a}{RT_{NR}^2}=US \tag{2-23}$$

两个方程同时满足，得到临界温度的差值（即临界温差 ΔT_{crit}）：

$$\Delta T_{crit}=T_{NR}-T_{c,crit}=\frac{RT_{NR}^2}{E} \tag{2-24}$$

由此可见，临界温差实际上是保证反应器稳定所需的最低温度差（注意：这里的温度差是指反应体系温度与冷却介质温度之间的差值）。因此，在一个给定的反应器（指该反应器的热交换系数 U 与 S、冷却介质温度 T_0 等参数已知）中进行特定的反应（指该反应的热力学参数 Q_r 及动力学参数 k_0、E_a 已知），只有当反应体系温度与冷却介质温度之间的差值大于临界温差时，才能保持反应体系（由化学反应与反应器构成的体系）稳定。

反之，如果需要对反应体系的稳定性进行分析，必须知道两方面的参数：反应的热力学、动力学参数和反应器冷却系统的热交换参数。可以运用同样的原则来分析物料储存的热稳定状态，即需要知道分解反应的热力学、动力学参数和储存容器的热交换系数，根据式(2-24)，$T_{c,crit}$ 为 Semenov 模型下满足式(2-22) 和式(2-23) 的环境温度，即自加速分解温度 SADT（Self Accelerating Decomposition Temperature）。

5. 绝热条件下热爆炸形成时间

失控反应的另一个重要参数就是绝热条件下热爆炸形成时间，或称为绝热条件下最大反应速率到达时间 TMR_{ad}（Time to Maximum Rate under adiabatic conditions)，有的文献也称为绝热诱导期[5]。

对于一个零级反应，绝热条件下的最大反应速率到达时间为：

$$\mathrm{TMR_{ad}}=\frac{c_p' R T_0^2}{q_{T_0}' E_a} \tag{2-25}$$

$\mathrm{TMR_{ad}}$ 是一个反应动力学参数的函数，如果初始条件 T_0 下的反应比热速率 q'_{T_0} 已知，且知道反应物料的比热容 c'_p 和反应活化能 E_a，那么 $\mathrm{TMR_{ad}}$ 可以计算得到。由于 q'_{T_0} 是温度的指数函数，因此 $\mathrm{TMR_{ad}}$ 随温度呈指数关系降低，且随活化能的增加而降低。

假定反应为 n 级简单反应，可以进一步得到最大反应速率到达时间遵循以下公式[3]：

$$\mathrm{TMR_{ad}}=\frac{RT^2}{AE\phi\Delta T_{ad}\left(\frac{T_f-T}{\Delta T_{ad}}\right)^n}\exp\left(\frac{E_a}{RT}\right) \tag{2-26}$$

代入 E_a、A、ΔT_{ad} 等参数的数值，即可获得不同温度下的 $\mathrm{TMR_{ad}}$。

6. 绝热诱导期为 24h 时引发温度

工艺热危险评价时，还需要用到一个很重要的参数，即绝热诱导期为 24h 时引发温度[6]，T_{D24}。该参数常常作为制定工艺温度的一个重要依据。绝热诱导期随温度呈指数关系降低，如图 2-6 所示。通过实验测试等方法得到绝热诱导期与温度的关系，可以由图解或求解有关方程获得 T_{D24}。

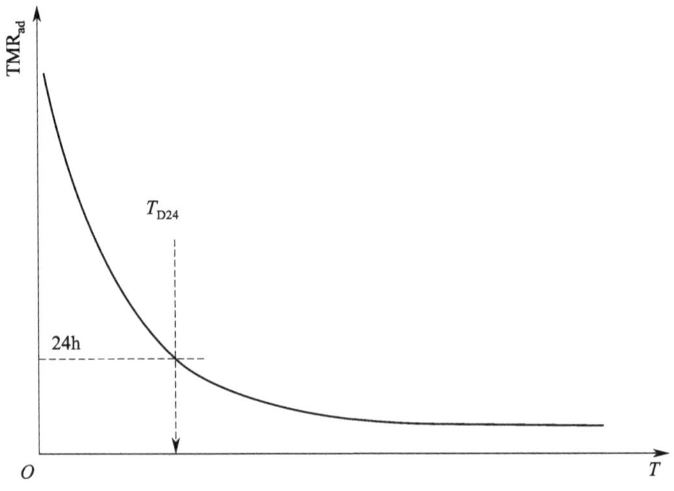

图 2-6　绝热诱导期与温度的变化关系

四、反应热失控风险评估

通常，风险被定义为潜在事故的严重度和发生可能性的组合。因此，反应风险评价必须既评估其严重度，又分析其可能性。

实际上，化学反应热风险是指由反应失控及其相关后果（如引发的二次效应）带来的风险。因此，必须搞清楚一个反应如何由正常过程“切换”到失控状态。这意味着为了进行严重度和可能性的评估，必须对事故情形，包括其触发条件及导致的后果进行辨识、描述。通过定义和描述事故的引发条件和导致结果，分别对其严重度和发生可能性进行评估。对于热风险，最坏的情形是发生反应器冷却失效，或通常认为的反应物料或物质处于绝热状态。这里考虑冷却失效的情形。

1. 反应热失控后果严重度

所谓反应热风险的严重度，即指失控反应未受控的能量释放可能造成的破坏。由于化工行业的大多数反应是放热的，反应失控的后果与释放的能量有关，而绝热温升与反应的放热量成正比，因此，常采用绝热温升作为严重度评估的一个非常直观的判据。

最终温度越高，失控反应的后果越严重。如果温升很高，反应混合物中一些组分可能蒸发或分解产生气态化合物，因此，体系压力将会增加。这可能导致容器破裂和其他严重破坏。例如，以丙酮作为溶剂，如果最终温度达到200℃就可能具有较大危险性。

绝热温升不仅是影响温度水平的重要因素，而且对失控反应的动力学行为也有重要影响。通常而言，如果活化能、初始放热速率和起始温度相同，释放热量大的反应会导致快速失控或热爆炸，而放热量小的反应（绝热温升低于100K）导致较低的温升速率。如果目标反应和二次分解反应在绝热条件下进行，则可以利用所达到的温度水平来评估失控严重度。

表 2-9 给出了一个四等级分级的严重度评价准则。该评价准则基于这样的事实：如果绝热温升达到或超过 200K，则温度-时间的函数关系将产生急剧的变化，导致剧烈的反应和严重的后果。另外，对应于绝热温升为 50K 或更小的情形，反应物料不会导致热爆炸，这时的温度-时间曲线较平缓，相当于体系自加热而不是热爆炸，这种情形的严重度是“低的”。

四个等级的评价准则由苏黎世保险公司在其推出的苏黎世危险性分析法 ZHA（Zurich Hazard Analysis）中提出[1]，通常用于精细化工行业。如果按照严重度三等级分级准则进行评价，则可以将位于四等级分级准则顶层的两个等级（“灾难性的”和“危险的”）合并为一个等级（“高的”）。

表 2-9　失控反应严重度的评价准则

三等级分级准则	四等级分级准则	ΔT_{ad}/K	Q'的数量级/(kJ/kg)
高的(High)	灾难性的(Catastrophic)	>400	>800
	危险的(Critical)	200～400	400～800
中等的(Medium)	中等的(Medium)	50～200	100～400
低的(Low)	可忽略的(Negligible)	<50 且无压力	<100

需要强调的是，当目标反应失控导致物料体系温度升高后，影响严重度的因素除了绝热温升、体系压力外，还应该考虑溶剂的蒸发速率、有毒气体或蒸气的扩散范围等因素，这样建立的严重度判据才比较全面、科学，但相对而言，这样的判据体系比较复杂，本章仅考虑将绝热温升作为严重度的判据。

2. 反应热失控可能性

应该说，目前还没有可以对事故发生可能性进行直接定量的方法，或者说还没有能直接对反应发生失控的可能性进行定量的方法。然而，如果考虑如图 2-7 所示的失控曲线，则发现这两个案例的差别是明显的。在案例 1 中，由目标反应失控导致温度升高后，将有足够的时间来采取措施，从而实现对工艺的再控制，或者说有足够的时间使系统恢复到安全状态。如果比较两个案例发生失控的可能性，显然案例 2 比案例 1 引发二次分解失控的可能性大。因此，尽管不能严格地对发生可能性进行定量，但至少可以采用半定量化的方法进行评价。

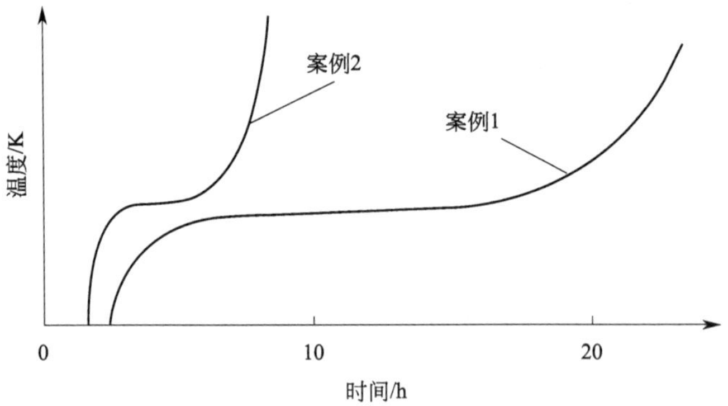

图 2-7　评价可能性的时间尺度

因此，可以采用时间尺度对事故发生的可能性进行评价，也就是说如果在冷却失效后，有足够的时间在失控变得剧烈之前采取应急措施，则失控演化为严重事故的可能性就降低了。

对于可能性的评价，通常使用由 ZHA 法提出的六等级分级准则，参见表

2-10 所示[1]。如果使用三等级分级准则，则可以将等级“频繁发生的”和“很可能发生的”合并为同级“高的”，而等级“很少发生的”“极少发生的”“几乎不可能发生的”合并为同一级“低的”，中等等级“偶尔发生的”变为“中等的”。对于工业规模的化学反应（不包括存储和运输），如果在绝热条件下失控反应最大速率到达时间超过 1d，则认为其发生可能性是“低的”。如果最大速率到达时间小于 8h，则发生可能性是“高的”。这些时间尺度仅仅反映了数量级的差别，实际上取决于许多因素，如自动化程度、操作者的培训情况、反应器大小等。

表 2-10 失控反应发生可能性评价判据

三等级分级准则	六等级分级准则	TMR_{ad}/h
高的(High)	频繁发生的(Frequent)	<1
	很可能发生的(Probable)	1～8
中等的(Medium)	偶尔发生的(Occasional)	8～24
低的(Low)	很少发生的(Seldom)	24～50
	极少发生的(Remote)	50～100
	几乎不可能发生的(Almost Impossible)	>100

需要注意的是，这种关于热风险可能性的分级评价准则仅适合于反应过程，而不适用于物料的储存过程。

第二节 化工物料的固有风险评估

一、易燃易爆化工物料的固有结构危险性及致灾机理

易燃易爆化工物料的危险特性与其分子结构间的关系较为复杂，如何从基团和结构参数角度揭示影响危险特性的特征结构因素及其影响规律较为困难。同时，化工物料的危险特性包括易燃性、易爆性、热不稳定性，燃爆性又分为闪燃、自燃和爆燃，需要从化工物料不同危险特性角度分别揭示其不同特征结构影响因素，明确特征结构因素对危险特性的影响程度及规律，从而为反应物料的快速鉴别与筛选提供指导，为物料的安全设计及筛选提供支撑。

1. 化工物料危险特性的特征结构影响基团及其致灾机理

（1）针对硝基化合物、有机过氧化物等典型危险化工物料，爆炸性化合物特有的爆炸性基团以及易形成过氧化物基团等特征危险性基团分别见表 2-11 和表 2-12。表 2-11 中的基团大多具有较弱的键且可放出较大能量，因此具有上述

基团的化合物较低温度下就开始反应，放出大量热量使温度上升导致火灾和爆炸。表 2-12 中的基团具有弱的 C—H 键及易引起附加聚合的双键，因此具有上述基团的化合物易与空气中的氧发生反应，形成不安定的有机过氧化物。

表 2-11 典型爆炸性基团

基团	分类	基团	分类
—C≡C—	乙炔衍生物	$>C-O-NO_2$	硝酸酯或硝酰
$>CN_2$	重氮化合物	—C≡C—M	乙炔金属盐
$>N-NO_2$	*N*-硝基化合物（硝胺）	$>C-N=N-C<$	偶氮化合物
—O—O—M	金属过氧化物	$>C-O-O-C<$	过氧化物，过氧酸酯
$>C-C<$（C、C 间以 O 相连的三元环）	1，2-环氧乙烷		

表 2-12 典型易形成过氧化物基团

基团	分类	基团	分类
$>CH-O-$	缩醛类、酯类、环氧	$>C=C(H)-X$	卤代链烯类
$>C=C(H)-$	乙烯化合物（单体、酯）	$>C=C(H)-C(H)=C<$	二烯类
$-C(H)=O$	醛类	$>C=C(H)-C(H_2)-$	烯丙基化合物

（2）特征基团的类型、数目及排列方式等对化学品的结构危险性存在协同作用机制。以硝基芳香含能化合物冲击感度为例，芳环上—NH_2 和—NO_2 基团是影响硝基芳香含能化合物冲击感度的特征基团；氨基能减弱苯环上硝基的吸电子作用，增加分子稳定性；硝基是强吸电子基团，降低分子稳定性；硝基越多，稳定性越差；并列或集中排列都可使安定性降低。芳香性指数、分子内活泼氢原子的质子化程度以及分子对称性是决定冲击感度的特征结构因素；苯环大π键的超共轭结构使其比一般链式结构更稳定；分子内活泼氢原子质子化程度越大，越容易发生转移，稳定性越低；对于同类含能化合物，具有对称结构的分子稳定性一般较好。

2. 化工物料危险特性的特征结构影响因素及其影响作用机制

化工物料的燃爆危险特性一般包括闪燃、自燃和爆燃三个方面。其中，分子的大小、形状以及分子的氢键效应等是决定化工物料闪燃危险性的特征结构因素。分子越小，支化程度越高，分子中元素差异程度越大，都会导致化工物料闪燃危险性的增加；分子中氢键形成的可能性越大，其闪燃危险性越低；脂肪酯类物质所包含的酯基越多，其闪燃危险性越大；与氢键效应相比，分子的大小和形状等空间结构特征对化工物料闪燃危险性的影响更为显著。

分子的静电效应和空间效应是决定化工物料自燃危险性的特征结构因素。分子支化程度越高，原子电负性及分子活性越小，自燃危险性越小；芳香性分子的自燃危险性一般小于同碳原子数的脂肪分子；对于含酮基类或脂肪醚类物质，分子中酮基或醚基越多，其自燃危险性越大。

分子的大小、形状等空间效应和静电效应是决定化工物料爆燃危险性的特征结构因素。分子复杂度越高，体积越大，支化程度越低，爆炸下限增大，爆燃危险性降低；分子复杂度对化工物料爆炸下限的影响较分子体积和形状更为显著，分子静电效应对化工物料爆炸下限的影响程度较空间效应低。分子越大，原子极化率越高，爆炸上限浓度减小，爆燃危险性降低；分子参与偶极-偶极、偶极-诱导偶极相互作用的能力越强，爆燃危险性越大；分子大小对化工物料爆炸上限的影响较静电效应更为显著[7,8]。

3. 自反应性物料热危险性的特征结构影响因素及其影响作用机制

自反应性物料一般包括有机过氧化物、硝基化合物等，其热危险性衡量参数一般包括放热反应开始温度（T_0）、自加速分解温度（SADT）等。分子的大小、体积以及复杂度等空间效应是决定自反应性物料热危险性的特征结构因素；活性基团 R—O—O—R 数量是影响其热危险性的特征基团因素。分子越小，分子体积越大，分子复杂度越高，放热反应开始温度（T_0）越低，热危险性增大；分子大小对自反应性物料热敏感性的影响较分子体积和复杂度更为显著。有机过氧化物中活性基团 R—O—O—R 数量越多，放热反应开始温度越低，热危险性增大。同时，有机过氧化物分别存在自反应致灾（过氧基自分解）和热致灾（过氧基受热分解）两种不同的结构致灾机理（图 2-8）[9]。

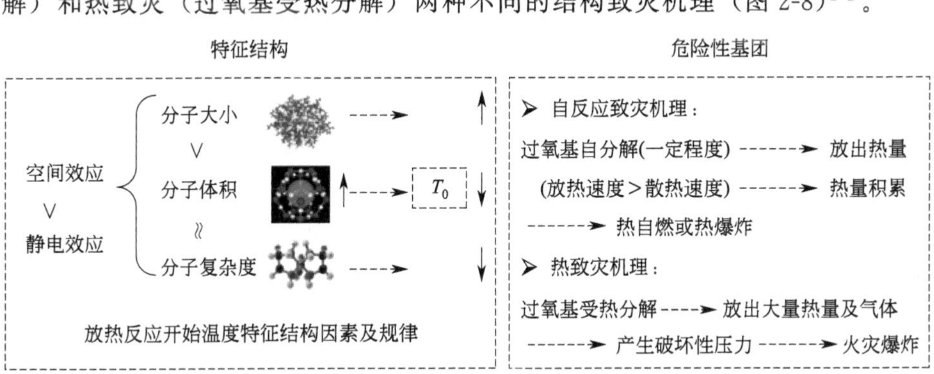

图 2-8　有机过氧化物热危险性的特征结构因素及结构致灾机理

二、易燃易爆化工物料危险特性的定量预测

易燃易爆化工物料危险特性实验测试难，基础数据缺乏，有必要基于定量构效关系（QSAR）研究，从分子结构角度建立根据分子结构信息预测其危险特性的定量预测模型与方法，为化工过程物料筛选、流程模拟与优化设计提供数据支撑。

1. 化工物料微观分子结构特征的定量描述

如何实现化工物料分子结构的量化描述，精确表征尽可能全面的微观分子结构特征，是定量构效关系研究中的难点问题。一方面，综合考虑分子中基团的特性及其连接性（化学键），提出基团键贡献法，能够同时表征基团和化学键等信息并有效区分同分异构体。另一方面，以电性拓扑状态指数为基础，考虑原子所受分子环境的影响，提出改进原子类型电性拓扑状态指数（ETSI），能够同时表征原子的电子性质和拓扑性质。两种分子描述符成功应用于化学品闪点、自燃点、燃烧热及撞击感度等危险特性的定量构效关系研究，实现微观分子结构特征的定量描述[10-13]。

2. 特征结构描述符的优化筛选

如何在实现分子结构的量化描述后，从众多的分子结构参数中实现特征变量选择与模型优化，用尽可能少的描述符表征尽可能多的结构信息，是定量构效关系研究中的关键。

一方面，结合遗传算法 GA 的全局优化搜索能力和多元线性回归 MLR 简便直观的建模能力，提出兼具变量筛选及模型优化性能的改进 GA-MLR 组合算法，其适应度函数综合考虑模型的拟合效果和预测能力且可自由调节所占比例，具有较强的稳健性[14]。相关研究表明，在 MLR 建模时，随着模型中变量的增加模型的拟合能力会随之增加，拟合效果的表征参数 R^2 不断增加而逐渐接近于 1，而模型预测能力的表征参数 Q_{CV}^2 则先增加后降低。图 2-9 给出了它们随模型复杂度增加而变化的一般规律。

由图 2-9 可知，R^2 随模型中变量数的增加不断增加，以其为判据倾向于选择过多的变量，常会导致模型的“过拟合”；而 Q_{CV}^2 随模型中变量数的增加先增加后降低，有一个择优的过程，因此可以根据其变化趋势选择到合适的变量数。目前许多研究者建议使用交互验证得到的 Q_{CV}^2 作为评价 MLR 模型性能的判据。但在实际研究中发现，某些情况下模型的 Q_{CV}^2 刚开始时并不随着变量数的增加而增大，而是呈现与图 2-9 不同的变化规律。这样，就很难根据 Q_{CV}^2 的变化趋势选定模型中应包含的变量数，对模型的评价也无从谈起。

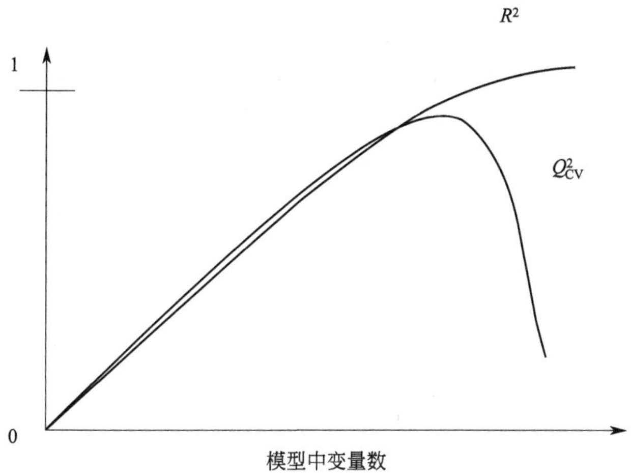

图 2-9　模型参数 R^2 和 Q^2_{CV} 随模型中变量数增加的变化图

因此，综合考虑模型的拟合效果和预测能力，提出了一种新的模型性能评价参数，其具体定义为：

$$\overline{Q}^2=\frac{m+n}{\dfrac{m}{R^2}+\dfrac{n}{Q^2_{CV}}} \tag{2-27}$$

式中，R^2 为模型复相关系数，用于表征 MLR 模型的拟合能力；Q^2_{CV} 为模型交互验证的复相关系数，用于表征 MLR 模型的预测能力；m 和 n 是可调节性参数，用于调节 R^2 和 Q^2_{CV} 在 $\overline{Q}^2$ 中所占的比例，其取值范围为 [0.5，1.5]。

由于 $\overline{Q}^2$ 综合考虑了模型的拟合效果和预测能力，并使它们相互协调，因此它不像 R^2 那样不断增加而逐渐接近于 1，也不像 Q^2_{CV} 那样趋势变化较大，因而可以根据其值的变化趋势来确定模型中应包含的变量数；同时，$\overline{Q}^2$ 还可以方便地调节拟合效果和预测能力在该参数中所占的比例，满足不同研究者的不同需求，因此可选为模型性能的有效评价参数，作为改进 GA-MLR 算法中的适应度函数。

改进 GA-MLR 算法的优势主要体现在：

(1) 结合了 GA 的全局优化搜索能力和 MLR 简便直观的建模能力，具有较好的变量选择及模型优化效果。

(2) 其采用的适应度函数综合考虑了模型的拟合效果和预测能力，并使它们相互协调，从而可以使算法根据适应度值的变化趋势来确定模型中应包含的变量数，同时克服传统算法适应度函数对模型评价存在偏失而往往得不到综合效果好的最佳模型这一缺陷。

（3）其采用的适应度函数可以方便地调节拟合效果和预测能力在该参数中所占的比例，满足不同研究者的不同需求。

另一方面，结合遗传算法 GA 的全局优化搜索能力和支持向量机 SVM 强大的非线性拟合能力，提出全面描述化学品危险特性与分子结构间非线性关系的 GA-SVM 组合算法，实现对变量的非线性筛选，具有优异的预测及泛化性能[15]。

GA-SVM 算法将 GA 与 SVM 相结合，以 GA 进行变量选择，以 SVM 进行非线性回归建模。其中，GA 的具体实施需要以下四个步骤：染色体的编码、初始化操作、染色体适应度的计算和遗传操作。在这四个步骤中，初始化操作和遗传操作是通用的，而染色体的编码和适应度的计算则根据具体的研究对象而定。

（1）染色体编码和适应度的确定

① 染色体的编码和形成。针对一个具体应用问题，应用 GA 的一个难点是如何设计一种完美的编码方案。因此根据变量选择问题的特点，采用二进制编码，把样本中的每个结构参数表示为一个 0、1 代码，样本所包含的结构参数数目就是 GA 中染色体的长度。每个染色体代表一个特征子集。在优化过程中，如果二进制编码的某一位代码为 1，则表示这一位代码所代表的结构参数被选中，否则这一位所代表的结构参数就被去除。如图 2-10 所示，自变量 X 是 1 个 $m \times n$ 维的矩阵，每个个体含有 n 个二进制代码，分别与 $D_1 \sim D_n$ 分子结构参数相对应。因此，根据编码规则，由第 i 个个体的染色体结构可以确定其对应的自变量 X_i，其示意图见图 2-10。

第 i 个个体染色体结构：

1　0　1　…　1　1　0

（n 个二进制编码）

D_1　D_2　D_3　…　D_{n-2}　D_{n-1}　D_n

（n 个分子结构参数）

$$\text{自变量：}\boldsymbol{X}=\begin{pmatrix} X_{1,1} & X_{1,2} & X_{1,3} & \cdots & X_{1,n-2} & X_{1,n-1} & X_{1,n} \\ X_{2,1} & X_{2,2} & X_{2,3} & \cdots & X_{2,n-2} & X_{2,n-1} & X_{2,n} \\ X_{3,1} & X_{3,2} & X_{3,3} & \cdots & X_{3,n-2} & X_{3,n-1} & X_{3,n} \\ & & & & & & \\ X_{m,1} & X_{m,2} & X_{m,3} & \cdots & X_{m,n-2} & X_{m,n-1} & X_{m,n} \end{pmatrix}\Bigg\} m \text{ 个样本}$$

$$\Downarrow$$

$$\text{第 } i \text{ 个个体对应的自变量：}\boldsymbol{X}_i=\begin{pmatrix} X_{1,1} & X_{1,3} & \cdots & X_{1,n-2} & X_{1,n-1} \\ X_{2,1} & X_{2,3} & \cdots & X_{2,n-2} & X_{2,n-1} \\ X_{3,1} & X_{3,3} & \cdots & X_{3,n-2} & X_{3,n-1} \\ & & & & \\ X_{m,1} & X_{m,3} & \cdots & X_{m,n-2} & X_{m,n-1} \end{pmatrix}$$

图 2-10　个体染色体结构示意图

② 染色体适应度的确定。GA 算法在求解问题时从多个解开始，然后通过一定法则进行逐步迭代以产生新的解，在该过程中，个体的适应度值起了至关重要的作用。GA 算法中度量个体适应度值的函数称为适应度函数，它是演化过程的驱动力，也是进行自然选择的唯一依据。

在 GA-SVM 算法中，每个个体的适应度值就是 SVM 模型的预测能力。目前对 SVM 预测能力的评价还没有统一标准。因此采用如下方法对模型的预测能力进行评价：

在 SVM 建模过程中，首先根据 GA 选择出来的特征子集及其对应的因变量重建样本集，然后选取其中的部分样本作为训练集，其余样本作为测试集，利用训练集建立 QSPR 模型，再将测试集代入模型中，计算模型的预测值。然后根据式(2-28)，求出预测值与目标值间的平均方差，作为 GA 中第 i 个个体的适应度值。

$$f(y,\hat{y})=\sum_{i=1}^{n}(y-\hat{y})^2/n \tag{2-28}$$

式中，$f(y,\hat{y})$ 为适应度函数；y 为目标值；$\hat{y}$ 为模型预测值；n 为预测样本数。

(2) GA-SVM 算法流程　GA-SVM 算法的具体步骤如下：

① 对特征（自变量）进行编码；

② 用随机方法来初始化种群，指定最大遗传代数、交叉率和变异率；

③ 利用 SVM 根据式(2-28) 计算种群各个个体的适应度值，用赌轮方法从当前种群中选择出优良的个体，使它们随机两两配对；

④ 根据指定的交叉率，对以上各对染色体进行交叉处理；同时，根据指定的变异率对染色体进行变异处理，从而生成新个体，与父代保留个体组成子代种群；

⑤ 如果循环终止条件满足，则算法结束，否则转到第③步；

⑥ 输出最优个体对应的最优自变量，利用 SVM 建立相应的定量构效关系模型。

GA-SVM 算法的计算流程见图 2-11。

(3) GA-SVM 算法的优势　GA-SVM 组合算法在理论上具有许多明显优点。首先，该算法以 SVM 为基础，能较好地解决小样本、非线性、过拟合、维数灾难和局部极小等问题，泛化性能优异；其次，它能够实现对变量的非线性筛选；最后，其所建立的预测模型是纯非线性模型，能够克服传统模型对分子性质与结构间存在的非线性关系描述不足的缺陷，具有较高的预测精度和稳定性[7]。

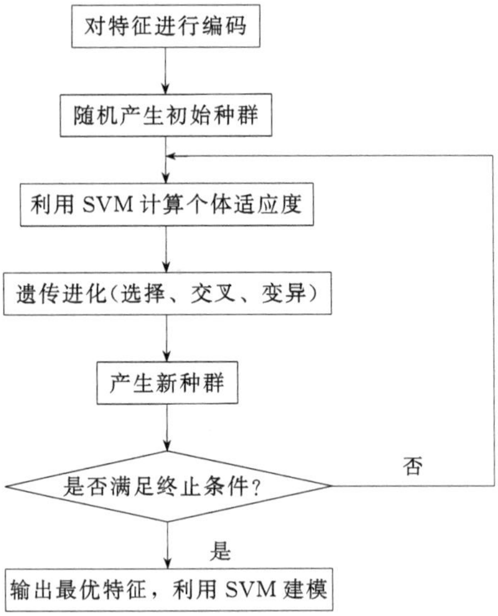

图 2-11 GA-SVM 算法的计算流程图

3. 基于分子结构的定量预测模型与方法

在化工物料微观分子结构定量描述与特征结构优化筛选的基础上，通过提出“排除混合物”和“排除化学品”两种模型评价验证方法，结合“平均影响值法”和“描述符重要度分析法”等模型机理解释方法，建立了化工物料定量结构-危险特性相关性研究体系，有效解决模型全面性、评价验证及机理解释等关键问题。应用该体系分别针对液态烃、醇、醛、酮、醚、酸、卤代烷、有机过氧化物等 10 类典型危险化工物料的自燃温度、爆炸极限、闪点、热分解温度、燃烧热、最小点火能量、静电感度等 12 种危险特性参数，建立了线性、非线性和混合性等理论预测模型，实现根据分子结构预测化工物料危险特性的功能，解决危险特性基础数据缺乏的难题，应用于易燃易爆化工物料风险评估及化工过程优化模拟与监测预警[16-22]。以有机过氧化物放热反应开始温度（T_0）为例，其线性预测模型见式(2-29)，模型预测残差图见图 2-12 所示。

$$T_0=577.881-15.261\text{X5v}-393.210\text{ATS3e}+70.256\text{MATS6e}+59.731\text{H3m}-397.373\text{O}-063$$

$$(R^2=0.988,\ Q^2_{\text{LOO}}=0.963,\ n=51,\ s=3.123,\ F=165.061) \quad (2\text{-}29)$$

式中，R^2 为复相关系数；Q^2_{LOO} 为“留一法”交互验证的复相关系数；s 为模型标准误差；n 为样本数。5 个自变量（特征结构描述符）的类型和定义见表 2-13。

表 2-13 特征结构描述符的类型及其定义

描述符	类型	定义
X5v	连接性指数	原子价连接指数 chi-5
ATS3e	2D 自相关描述符	按照原子 Sanderson 电负性加权的拓扑结构 Broto-Moreau 自相关系数—lag 3
MATS6e	2D 自相关描述符	按照原子 Sanderson 电负性加权的 Moran 自相关系数—lag 6
H3m	GETAWAY 描述符	按照原子量加权的 H 自相关系数—lag 3
O-063	基团描述符	活性基团 R—O—O—R 数

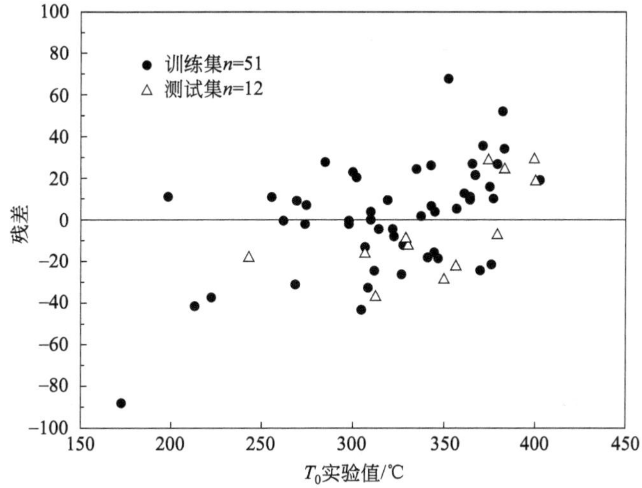

图 2-12 有机过氧化物 T_0 预测残差图

三、易燃易爆化工物料的固有安全风险评估

易燃易爆化工物料的固有安全风险由事故概率与事故后果两方面组成，首先需要确定其权重及综合风险分级标准。同时，化工物料的热危险性又分为热分解危险性及动态热失控危险性两个方面，需要有效区分并合理评估。

上述研究中，建立的基于危险特性参数的易燃易爆化工物料固有安全风险综合评估指标及风险判别准则能实现易燃易爆化工物料固有安全风险的快速精确评估与分级，提出的易燃易爆化工物料热分解危险性及动态热失控危险性综合风险评估指数与方法可实现化工物料热危险性的全面评估，提出的化工物料综合评估指数可实现易燃易爆化工物料固有安全风险的全面、可靠和有效评估。

1. 基于危险特性参数的化工物料固有安全风险评估指数

从危险特性参数角度，分别提出化工物料闪燃、自燃、爆炸等固有安全风险评估指数与分级方法[23]。

(1) 爆炸品爆炸危险性综合评估指数与分级方法。综合考虑爆炸品热感度、撞击感度、摩擦感度、冲击波感度等4种感度参数，建立爆炸品综合感度特征值α，表示爆炸品的爆炸可能性；以爆热换算成TNT当量系数作为爆炸品爆炸能量输出的表征参数，表征爆炸品的爆炸后果严重度，建立爆炸危险性综合评估指数ERI$=\alpha \cdot$TNT当量系数，ERI的值越小，爆炸危险性就越小。

随后，采用等区间划分方法将爆炸危险性按ERI值初步划分为5个等级，即低危险性（ERI<2.4）、中危险性（$2.4\leqslant$ERI<4.8）、高危险性（$4.8\leqslant$ERI<7.2）、很高危险性（$7.2\leqslant$ERI<9.6）、极高危险性（ERI$\geqslant 9.6$），再采用非线性模糊处理模型（效益型指标模型）对5个等级进行修正，使特征值区间划分更合理，修正后的危险性等级见表2-14。

表2-14 爆炸危险性综合评估指数（ERI）分级标准

分级	1	2	3	4	5
ERI指数	<1.55	1.55～3.43	3.43～5.74	5.74～8.56	>8.56
爆炸危险性	低	中	高	很高	极高

随后，首先采用等区间划分方法分别将综合感度特征值α和TNT当量系数划分为5个等级，同样根据非线性模糊处理模型分别对5个等级进行修正，获得爆炸危险可能性和严重度分级标准分别见表2-15和表2-16。将爆炸品的综合感度（爆炸危险可能性）从小到大用大写英文字母A、B、C、D、E表示，输出能量（爆炸危险严重度）从小到大用小写英文字母a、b、c、d、e表示。例如，某种爆炸品送检，检测机构测出各种感度和输出能量参数，经综合评估后，报出试验结果为Eb，则表示该爆炸品较敏感，但输出能量不大。爆炸品的综合感度及其输出能量组成的风险矩阵图见图2-13。

表2-15 爆炸危险可能性分级标准

综合感度特征值α	0～1.289	1.289～2.862	2.862～4.785	4.785～7.132	7.132～10
爆炸危险可能性分级	A	B	C	D	E
爆炸危险可能性大小	低	中	高	很高	极高

表 2-16　爆炸危险严重度分级标准

TNT 当量系数	0～0.232	0.232～0.515	0.515～0.861	0.861～1.284	≥1.284
爆炸危险严重度分级	a	b	c	d	e
爆炸危险严重度大小	低	中	高	很高	极高

结合综合感度与输出能量，将爆炸危险性评估等级分为五个等级，见表2-17。

表 2-17　爆炸危险性风险矩阵图分级标准

爆炸危险性等级	范围	爆炸危险性等级	范围
1(危险性较小)	Aa;Ab;Ba	4(危险性很高)	Be;Cd;Ce;Dc;Dd;Eb;Ec
2(危险性中)	Ac;Ad;Bb;Bc;Ca;Cb;Da	5(危险性极高)	De;Ed;Ee
3(危险性高)	Ae;Bd;Cc;Db;Ea		

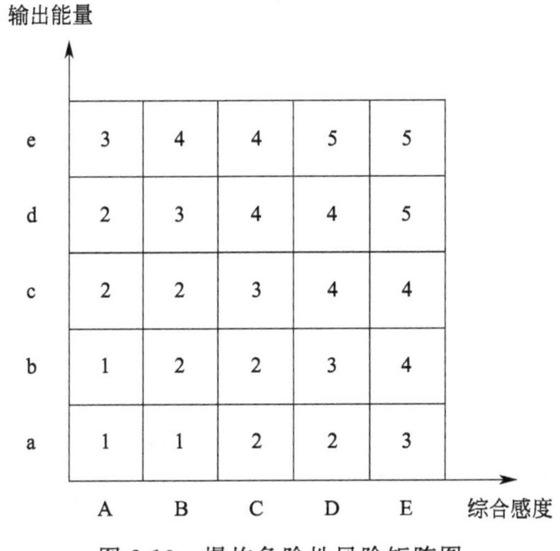

图 2-13　爆炸危险性风险矩阵图

（2）易燃液体闪燃危险性综合评估指数与分级方法。综合考虑闪点（温度指标）、爆炸危险度（浓度指标）和饱和蒸气压（压力指标）作为易燃液体闪燃可能性表征参数，采用熵权法分别获得三个指标参数的权重为 0.6137、0.2390、0.1473，定义可能性指数 PI 为：

$$PI=0.6137f_1(x_1)+0.2390f_2(x_2)+0.1473f_3(x_3) \tag{2-30}$$

式中，$f_1(x_1)$ 为闪点的无量纲化值；$f_2(x_2)$ 为爆炸危险度的无量纲化值；$f_3(x_3)$ 为闪点下饱和蒸气压的无量纲化值。

采用燃烧热作为易燃液体闪燃严重度表征参数，定义严重度指数 SI 为：

$$SI=f_4(x_4) \tag{2-31}$$

式中，$f_4(x_4)$ 为燃烧热的无量纲化值。

随后，建立基于风险的易燃液体闪燃危险性综合评估指数 FRI＝PI・SI，FRI 值越大，易燃液体闪燃危险性越大。采用等区间划分方法将闪燃危险性按 FRI 值初步划分为 5 个等级，即低危险性（FRI＜0.08）、中危险性（0.08≤FRI＜0.16）、高危险性（0.16≤FRI＜0.24）、很高危险性（0.24≤FRI＜0.32）、极高危险性（FRI≥0.32）。然后，采用非线性模糊处理模型（效益型指标模型）对五个等级的分级标准进行修正，使特征值区间划分更合理，修正后的危险性分级标准见表 2-18。

表 2-18 闪燃危险性综合评估指数（FRI）分级标准

分级	1	2	3	4	5
FRI 指数	＜0.052	0.052～0.114	0.114～0.191	0.191～0.285	＞0.285
闪燃危险性	低	中	高	很高	极高

分别将 PI 指数和 SI 指数分为五个等级并根据非线性模糊处理模型对评估指数进行非线性模糊处理。首先采用等区间划分方法将 PI 值初步划分为 5 个等级，即低危险性（PI＜0.2）、中危险性（0.2≤PI＜0.4）、高危险性（0.4≤PI＜0.6）、很高危险性（0.6≤PI＜0.8）、极高危险性（PI≥0.8），然后采用非线性模糊处理模型对 PI 值进行修正。使用同样方法对 SI 指数进行修正，修正后的闪燃危险可能性及严重度分级标准分别见表 2-19 和表 2-20。

表 2-19 闪燃危险可能性分级标准

可能性指数 PI	＜0.129	0.129～0.286	0.286～0.478	0.478～0.713	＞0.713
闪燃危险可能性分级	1	2	3	4	5
闪燃危险性可能性大小	低	中	高	很高	极高

表 2-20 闪燃危险严重度分级标准

严重度指数 SI	＜0.103	0.103～0.229	0.229～0.383	0.383～0.571	＞0.571
闪燃危险严重度分级	1	2	3	4	5
闪燃危险严重度大小	低	中	高	很高	极高

根据上述两个指数的分级标准建立易燃液体闪燃危险性的风险矩阵图，将易燃液体闪燃危险性分成危险性不同的若干区域，根据这些区域将危险性共划分成五个等级：Ⅰ级——低危险性，Ⅱ级——中危险性，Ⅲ级——高危险性，Ⅳ级——很高危险性，Ⅴ级——极高危险性。详见图 2-14。

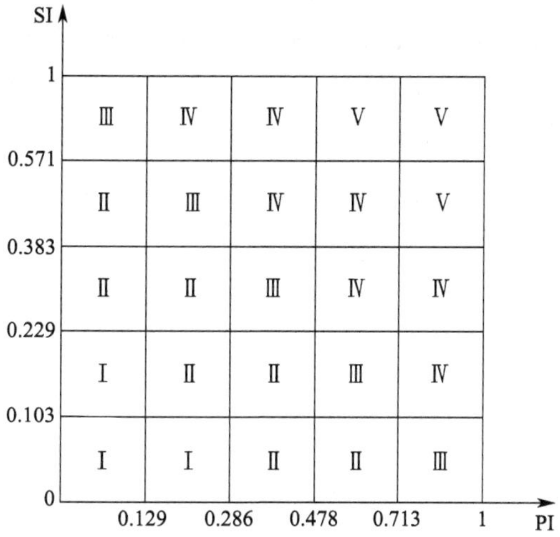

图 2-14　闪燃危险性风险矩阵图

（3）化学品自燃危险性综合评估指数与分级方法。分别将自燃温度与燃烧热作为自燃可能性与后果严重度表征参数，采用半正态分布函数针对研究样本集，对两个指标参数进行标准化处理，并分别定义自燃温度标准化值为自燃危险可能性指数 $PI=e^{-0.00000079474(AIT-21.9482)^{2.2213}}$，燃烧热的标准化值作为自燃危险严重度指数 $SI=1-e^{-0.00000047435(-\Delta H_c+722.4939)^{1.6853}}$。在此基础上，建立化学品自燃危险性综合评估指数 SCRI，其公式如下：

$$SCRI=PI\cdot SI=e^{-0.00000079474(AIT-21.9482)^{2.2213}}\cdot\left[1-e^{-0.00000047435(-\Delta H_c+722.4939)^{1.6853}}\right] \tag{2-32}$$

SCRI 的值越小，自燃危险性越小。

随后，采用等区间划分方法将自燃危险性按 SCRI 值初步划分为 5 个等级，即低危险性（SCRI＜0.12）、中危险性（0.12≤SCRI＜0.24）、高危险性（0.24≤SCRI＜0.36）、很高危险性（0.36≤SCRI＜0.48）、极高危险性（SCRI≥0.48）。采用非线性模糊处理模型（效益型指标模型）对评估指数 5 个等级进行修正，修正后的危险性等级见表 2-21。

表 2-21　自燃危险性综合评估指数分级标准

分级	1	2	3	4	5
SCRI 指数	＜0.077	0.077～0.171	0.171～0.287	0.287～0.428	＞0.428
自燃危险性	低	中	高	很高	极高

分别将 PI 指数和 SI 指数分为五个等级并采用非线性模糊处理模型对评估指

数五个等级进行修正，计算得到的自燃危险可能性和严重度分级标准分别见表2-22和表2-23，并根据这两个指数的分级标准建立化学品自燃危险性风险矩阵图，将自燃危险性划分成5个等级：Ⅰ级——低危险性，Ⅱ级——中危险性，Ⅲ级——高危险性，Ⅳ级——很高危险性，Ⅴ级——极高危险性。详见图2-15。

表2-22 自燃危险可能性分级标准

可能性指数PI	0～0.129	0.129～0.286	0.286～0.478	0.478～0.713	0.713～1
自燃危险可能性分级	1	2	3	4	5
自燃危险可能性大小	低	中	高	很高	极高

表2-23 自燃危险严重度分级标准

严重度指数SI	0～0.129	0.129～0.286	0.286～0.478	0.478～0.713	0.713～1
自燃危险严重度分级	1	2	3	4	5
自燃危险严重度大小	低	中	高	很高	极高

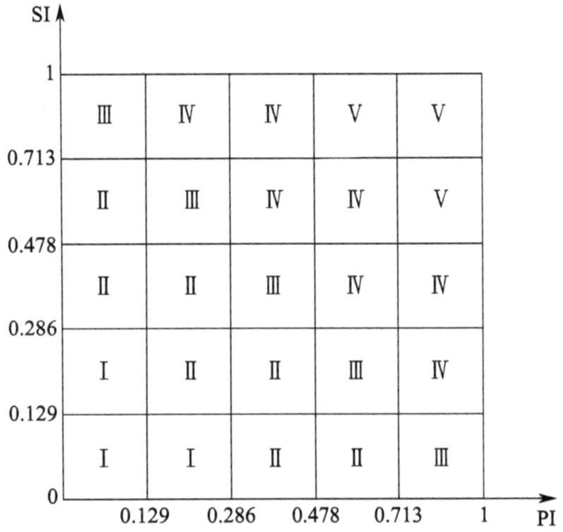

图2-15 自燃危险性风险矩阵图

2. 化工物料热危险性综合风险评估指数与方法

（1）基于危险特性参数的化工物料热危险性综合风险评估指数 分别选取放热反应初始温度 T_0 和反应热 ΔH_d 作为热分解可能性与后果严重度表征参数，建立基于危险特性参数的化学品热危险性综合风险评估指数THI及其分级标准与风险矩阵图[24]。与美国学者Wang等[25]提出的RHI、TRI指数相比，THI指数直接采用危险特性实验参数代替拟合推导参数，计算过程未耦合系统误差；同时，THI指数将热危险性在传统3个等级基础上进一步细分为5个等级，结果更为精确。

（2）基于绝热量热参数的化工物料热失控综合风险评估方法　将反应初始温度表征热失控可能性，综合选取最大功密度、绝热温升、最大压力上升速率和总压力变化（Δp）表征热失控严重度，基于模糊层次分析法进行权重分析，构建风险分级矩阵，建立化学品热失控综合风险评估方法 OPIC 与风险判别准则[26]。与经典 NFPA 432 方法相比[27]，具有以下优点：①采用最大功密度代替瞬时功密度；②综合考虑了热分解可能性和反应严重度两方面；③考虑了压力因素，指标更全面。

（3）易燃易爆化工物料热失控危险度综合评估指数　分别建立了物质热危险系数 MF 和热失控风险指数 RI，借鉴道化学火灾爆炸危险指数法思路，将 MF 与 RI 结合，提出了热失控危险度指数 ITHI，建立了 ITHI 热失控危险度分级标准，评估易燃易爆化工物料热失控危险度，风险等级进一步细化，提高了评估结果的精准度[28]。

第三节　化工物料的热危险性评估

一、热危险性评价的理论模型

1. 热危险性

化学反应常伴随有热效应，有的为放热反应，有的为吸热反应。利用化学反应的热效应来造福于人类的必要条件是必须要能控制该类反应。何时使反应开始、何时结束、反应的规模需要多大、热释放速率为多大等都必须能有效控制，一旦这类反应失控，往往会酿成灾难性事故。在化学反应过程中，化工物料的稳定性对反应安全条件的选择起着重要作用。

不稳定的化工物料不仅在外界能量（热能、冲击能等）作用下容易发生火灾、爆炸等安全事故，而且即便没有外界能量的作用，在自然储存的条件下可能会发生化学反应，放出热量。通常，放热反应的不稳定性往往表现为热量不能平衡，放热反应在反应过程中不断释放热量，提高温度，同时和它的周围环境发生热量传递。由于热量产生的速率和温度的关系是强非线性的指数关系（通常取 Arrhenius 关系式），而热量损失的速率和温度的关系通常是接近线性或线性的关系，例如 Newton 冷却定律，一旦系统产生的热量不能够全部从系统中传递出去或损失掉，系统就会出现热量的积累，使系统的温度有所上升。这就是热平衡的破坏，或称为热失衡。热失衡的结果，是热产生速率随着温度的提高指数增加，释放更多的热量，热量积累和热量损失的失衡更加恶化，系统里出现更多的热量积累，温度进一步提高。如此循环，整个系统处于自加热状态。因此，这个过程称为自热过程，相应地系统称为自热系统。如果自热过程未被控制，势必使系统达到温度很高的状态，一旦超过物料的分解温度，极易导致系统的热自燃或热爆炸，学术界将此现象称为反应热失控[29]。

2. 热失控临界判据理论模型

从化学动力学的观点看，所有的化学反应热失控都是由缓慢反应突然变成快速反应，这种现象是否发生存在临界拐点，称为临界点。由临界点的物理定义出发，推导出来的数学表达，称为临界条件。由临界条件，经数学运算而得到系统的物理的、化学的和热参数量值，称为（热）失控判据或（热）爆炸临界判据。热失控临界判据发展至今，主要包含了如下三类：第一类是基于温度变化轨迹的热失控临界判据模型；第二类是基于参数敏感性的热失控临界判据；第三类是基于系统散度的热失控临界判据。以下就对这三种临界判据进行介绍。

（1）基于温度变化轨迹的热失控临界判据模型　基于温度变化轨迹的热失控临界判据模型主要包括 Semenov 模型、Thomas 和 Bowes（TB）判据、Adler 和 Enig（AE）判据、van Welsenaere 和 Froment（VF）判据[30]。其中最经典的是 Semenov 热失控临界判据模型[3,29]。

Semenov 模型是一个理想化的模型，它主要适用于气体反应物、具有流动性的液体反应物或是导热性非常好的固体反应物。该模型的假设是：体系内温度均匀一致，不具有任何温度梯度，各处的温度均为 T，且体系的温度大于环境的温度 T_0，体系和环境的温度是不连续的有温度突跃。体系与环境的热交换全部集中在体系的表面。

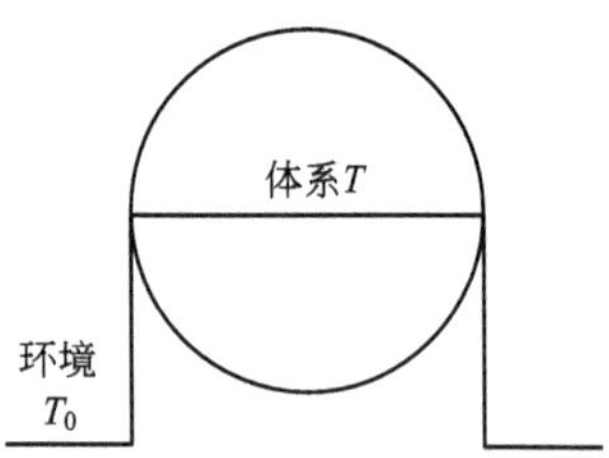

图 2-16　Semenov 模型温度分布示意图

如果一个体系内的温度分布可用 Semenov 模型来描述它，那么该体系内的温度分布可用图 2-16 来表示。在实际反应过程中，要达到 Semenov 模型所提出的各点温度均匀是很难实现的，但是由于 Semenov 模型处理问题比较简单，较易被接受。许多科学家也对 Semenov 模型进行了研究，并且证实了不少实际系统可用这种均温假设来处理。

如果一个由质量为 M 的反应物组成的体系，体系的温度为 T 时的质量反应速率表达式为

$$-\frac{\mathrm{d}M}{\mathrm{d}t}=M^{n}A\exp[-E_{\mathrm{a}}/(RT)] \tag{2-33}$$

式中，M 为反应物的质量；n 为反应级数；A 是指前因子；E_a 是活化能；R 是摩尔气体常数；T 是热力学温度。

如果单位质量反应物的反应发热量为 ΔH，则体系的反应放热速率为

$$q_G = \frac{dH}{dt} = \Delta H M^n A \exp[-E_a/(RT)] \tag{2-34}$$

由于 Semenov 模型所描述的体系内温度均一，体系与环境的热交换全部集中在表面，体系向环境的散热速率为

$$q_L = US(T - T_0) \tag{2-35}$$

式中，U 为表面传热系数；S 为表面积；T_0 为环境温度。

那么该体系的热平衡方程为

$$M_0 c_p \frac{dT}{dt} = \Delta H M^n A \exp[-E_a/(RT)] - US(T - T_0) \tag{2-36}$$

式中，c_p 为反应性化学物质的比定压热容。

将式(2-34) 对温度作图可得如图 2-17 所示的 q_G 曲线，将式(2-36) 对不同环境温度 T_{01}、T_{02}、T_{03} 作图可得如图 2-17 所示的 q_L'、q_L、q_L'' 三条直线。图 2-17 是 Semenov 模型下的体系的热平衡示意图。当环境温度 $T_0 = T_{01}$ 时，发热曲线和散热曲线有两个交点 A 和 B，体系间处于稳定状态。

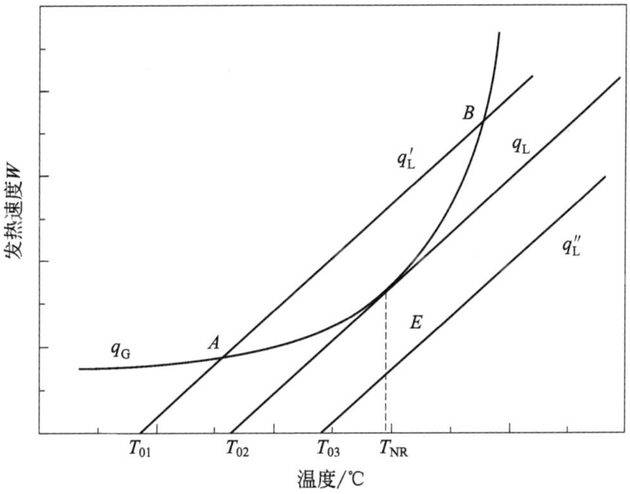

图 2-17　Semenov 模型下的体系的热平衡示意图

当环境温度升高至 $T_0 = T_{02}$ 时，发热曲线和散热曲线有一个切点 E，该切点所对应的温度为不回归温度 T_{NR}。此时散热曲线与温度轴的交点所对应的环

境温度 T_{02} 即为自反应性物质发生自加速分解（热失控）的最低环境温度(SADT)。此时的体系处于热失控的临界状态。也就是说：只要当环境温度略小于 T_{02}，体系将处于稳定状态；只要当环境温度略大于 T_{02}，体系将不断升温直至发生热失控或热爆炸。当环境温度 $T_0=T_{03}>T_{02}$ 时，永远有 $q_G>q_L$，体系经不断升温直至发生热失控或热爆炸。

进一步对 Semenov 模型下的热平衡方程进行分析，得到发生热失控临界条件，即当环境温度升高至 $T_0=T_{02}$ 时，发热曲线和散热曲线有一个切点 E，E 点所对应的温度为 T_{NR}，此时的体系处于临界状态。在切点 E 处有

$$\Delta HM^n A\exp[-E_a/(RT_{NR})]=US(T_{NR}-T_0) \tag{2-37}$$

将式(2-37) 两边对 T_{NR} 进行微分，得

$$\Delta HM^n A\exp[-E_a/(RT_{NR})]\frac{E}{RT_{NR}^2}=US \tag{2-38}$$

将式(2-37) 和式(2-38) 相除，得

$$\frac{RT_{NR}^2}{E_a}=T_{NR}-T_0 \tag{2-39}$$

式(2-39) 为一元二次方程，其解为

$$T_{NR}=\frac{E_a}{2R}\pm\frac{E_a}{2R}\left(1-\frac{4RT_0}{E_a}\right)^{1/2} \tag{2-40}$$

对于所得到的两个解，应当取较小的那个根。因为对于大多数具有热失控特性的反应性化学物质其 RT_0/E_a 均很小，通常不超过 0.05（T_0 通常不超过 1000K，而活化能 E_a 通常大于 160kJ/mol，因此 $RT_0/E_a\approx0.05$）。如果取较大的那个根，则 T_{NR} 的值会达到 10000K 以上，因此应当取较小的那个根，则式(2-40) 为

$$T_{NR}=\frac{E_a}{2R}-\frac{E_a}{2R}\left(1-\frac{4RT_0}{E_a}\right)^{1/2} \tag{2-41}$$

由于 RT_0/E_a 的数值较小，故可以用级数展开的方法求其近似解：

$$\begin{aligned}T_{NR}&=\frac{1-(1-4RT_0/E_a)^{1/2}}{2R/E_a}\\&=\frac{(2R/E_a)[T_0+(RT_0^2/E_a)+2(R^2T_0^3/E_a^2)+\cdots]}{2R/E_a}\\&=T_0+RT_0^2/E_a+2R^2T_0^3/E_a^2+5R^3T_0^4/E_a^3+\cdots\end{aligned} \tag{2-42}$$

通常由于 $RT_0/E_a\approx0.05$，较小，可以忽略第二项以后的各项，则

$$T_{NR}=T_0+RT_0^2/E_a \tag{2-43}$$

由此而造成的误差为

$$\frac{2R^2T_0^3/E_a^2+5R^3T_0^4/E_a^3+\cdots}{T_0+RT_0^2/E_a}\times 100\%$$

$$=\frac{2(RT_0/E_a)^2+5(RT_0/E_a)^3+\cdots}{1+RT_0/E_a}\times 100\%$$

$$\approx 0.5\%$$

发生热失控的临界温升为

$$\Delta T_{cr}=T_{NR}-T_0\approx RT_0^2/E_a \tag{2-44}$$

式(2-44) 可作为反应物体系是否会发生热失控的临界判据。如果反应物体系的温升大于临界温升，即满足式(2-45) 时，体系将发生热失控；反之，热失控则不会发生。

$$\Delta T>\Delta T_{cr}\approx RT_0^2/E_a \tag{2-45}$$

由于 $\Delta T_{cr}\approx RT_0^2/E_a$，对于不同的环境温度 T_0 及反应性化学物质的活化能 E_a，体系发生热失控前的温升将不同，一般 ΔT_{cr} 不会很大，一般不会超过几十开尔文。例如，当 $T_0=700\text{K}$、$E_a=150\text{kJ/mol}$ 时，$\Delta T_{cr}=27.1\text{K}$。再如，当 $T_0=720\text{K}$、$E_a=250\text{kJ/mol}$ 时，$\Delta T_{cr}=17.2\text{K}$。由此可见，$\Delta T_{cr}/T_0=RT_0/E_a$ 的值应该比较小，一般在百分之几的范围。

(2) 基于参数敏感性的热失控临界判据　基于温度变化轨迹的热失控临界判据是根据操作参数不断变化条件下反应温度随时间或转化率的几何特征来定义，这类判据最大的不足是无法给出反应温度对操作参数的敏感程度。因此，有学者提出采用参数敏感度来描述反应温度对操作参数的敏感程度。Bilous 和 Amudson[31] 首次提出了反应系统参数敏感度的概念，指出当操作参数处于参数敏感区域时，操作参数的微小变化将引起反应温度的急剧变化，但是并没有给出明确的热失控临界判据具体数学表达式。此后，大量学者开展了进一步研究，主要形成了三种热失控临界判据模型。

① Morbidelli 和 Varma (MV) 判据。Boddington 等人[32]结合参数敏感性的概念和热爆炸理论的思想，定义了敏感度为反应最高温度 θ_m 对 Semenov 数 ψ 的一阶导数，当一阶导数达到最大值时对应临界 Semenov 数 ψ_{cr}，即

$$\frac{d\theta_m}{d\psi}=\max \tag{2-46}$$

当 $\psi<\psi_{cr}$ 时，反应系统处于参数不敏感状态；当 $\psi>\psi_{cr}$ 时，反应系统处于热失控或参数敏感状态。

此后，Morbidelli 和 Varma[33,34]在此基础上进一步提出了标准敏感度的概念，即

$$S_{\phi}^{*}=\frac{\phi}{\theta_{\mathrm{m}}}\left(\frac{\partial\theta_{\mathrm{m}}}{\partial\phi}\right) \tag{2-47}$$

式中，ϕ 代表操作参数，如 Semenov 数 ψ，无量纲反应热 B，反应级数 n，无量纲活化能 γ，初始温度 θ_0 等。临界操作参数对应于 S_{ϕ}^{*}-ϕ 曲线的最大值点，并采用数值计算反推出临界操作参数。标准敏感度的数值大小反映了反应温度对操作参数的敏感度。常把 MV 判据称为通用判据。

② Vajda 和 Rabitz（VR）判据。Vajda 和 Rabitz[35] 根据 MV 判据的研究思路，通过温度轨迹的最大值处施加一小扰动，观察小扰动的发展，指出当扰动发展到最大值时所对应的初始条件为临界初始条件。Vajda 和 Rabitz 通过分析扰动方程雅克比矩阵特征值的实部与反应系统参数敏感性的关系，建立了基于雅克比矩阵特征值最大实部的热失控临界判据。VR 判据可以根据矩阵最大实部值的大小较直观反映反应温度对操作参数的敏感度。

③ Strozzi 和 Zaldivar（SZ）判据。在最近的研究中，Strozzi 和 Zaldivar 等[36]提出了基于混沌理论的热失控临界判据，混沌行为最本质特征是非线性系统对初始条件的极端敏感性。如果系统是混沌的，只要初始条件有微小的变化，系统演变的轨线就会以指数速度分离，即随着时间的推移，混沌运动将把初始条件的微小变化迅速放大，对初始条件敏感性常用的特征量是 Lyapunov 指数。Strozzi 和 Zaldivar 采用局部 Lyapunov 指数来计算间歇式反应系统的参数敏感度：

$$S_{\phi}^{*}=\frac{\Delta\max\limits_{t}2^{[\lambda_1(t)+\lambda_2(t)+\cdots+\lambda_n(t)]t}}{\Delta\phi} \tag{2-48}$$

λ 为 Lyapunov 指数，当 S_{ϕ}^{*} 达到极值时的操作参数 ϕ 对应于临界操作参数。

（3）基于系统散度的热失控临界判据　Strozzi 和 Zaldivar 等[37,38] 通过进一步考察 Lyapunov 指数与反应系统散度的关系，定义反应热失控出现的临界条件：div>0。该判据又称为散度判据（Divergence criterion，Div 判据），系统散度为：

$$\mathrm{div}F[x(t)]=\frac{\partial F_1[x(t)]}{\partial x_1}+\frac{\partial F_2[x(t)]}{\partial x_2}+\cdots+\frac{\partial F_n[x(t)]}{\partial x_n} \tag{2-49}$$

对于 n 级化学反应系统，系统散度为物料与能量平衡方程对各自变量（反应温度、转化率）的偏导数之和，即：

$$\mathrm{div}[F(\theta,x)]=\frac{\partial\left(\frac{\mathrm{d}\theta}{\mathrm{d}t}\right)}{\partial\theta}+\frac{\partial\left(\frac{\mathrm{d}x}{\mathrm{d}t}\right)}{\partial x}=(1-x)^{n-1}\exp\left(\frac{\theta}{1+\theta/\gamma}\right)\left(\frac{B(1-x)}{(1+\theta/\gamma)^2}-n\right)-\frac{B}{\psi}>0 \tag{2-50}$$

（4）基于热点雅克比矩阵迹的热失控临界判据模型　蒋军成等对物料及能量

守恒方程积分求解。在反应系统进入参数敏感区域前，操作参数在一定范围内的波动不会引起热点的显著变化，可以认为热点是稳定的，在此反应条件下反应系统的操作是稳定的。而达到临界值之后，反应系统呈现完全不同的热行为，反应系统热点温度会突然急剧升高，这种温度突变是瞬间完成的，此时反应系统瞬间放出的热量超出了反应系统的移热能力，温度急剧升高导致反应速率呈瞬间的指数增加，如图 2-18。因此，临界操作参数将反应系统分为两个性质截然不同的区域：参数非敏感区和参数敏感区，也称为反应稳定区和反应热失控区[39]。

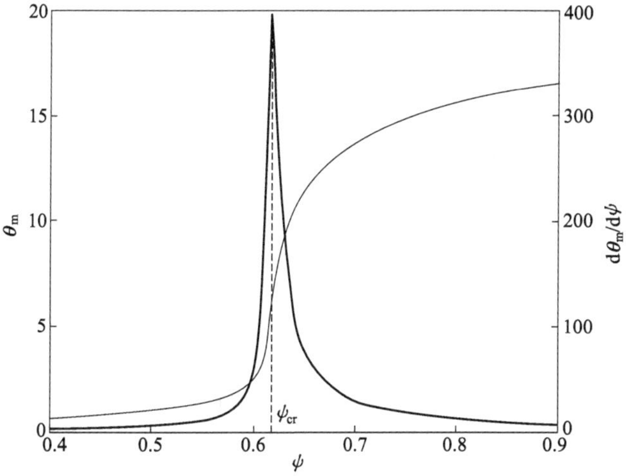

图 2-18　热点温度及热点梯度随 Semenov 数的变化历程

从数学角度来看，参数敏感点是数学上的奇点，分析奇点稳定性的常用方法是小扰动分析。小扰动分析法是把描述化学反应系统动态行为的非线性微分方程组在平衡点附近作局部线性化处理，通过系统矩阵的性质用线性系统理论来分析系统在小扰动下的稳定性方法。Rabitz 等[35]首次将该思想应用到反应系统的参数敏感性上，并分析了扰动方程与反应参数敏感性的关系。蒋军成等以此为出发点，采用小扰动分析，提出基于热点雅克比矩阵迹的热失控临界判据（Jacobian Matix criterion），简称 J-M 判据[39]。

考察 n 维非线性微分方程组，由物料守恒和能量守恒方程组构成：

$$\frac{\mathrm{d}y(t)}{\mathrm{d}t}=F[y(t)] \tag{2-51}$$

式中，$y(t)=[y_1(t),y_2(t),\cdots,y_n(t)]$，$F=[F_1,F_2,\cdots,F_n]$为 y 的连续可微函数。若把 y 看成运动质点 M 在时间 t 的坐标，F 看作是速度向量，则式(2-51) 为质点 M 的运动方程。

系统受到小扰动时，系统的变化规律可以用线性系统的动态特性来描述。为了分析反应系统演化的动态特性，将原动态方程在系统平衡点采用局部线性化处理，引入线性扰动方程：

$$\frac{\mathrm{d}\delta y}{\mathrm{d}\tau}=J(y)\delta y\delta y(0)=\delta y^0 \tag{2-52}$$

式中，$y=[y_1 y_2]=[x\theta]$，$\delta y=0$ 为扰动方程的常数解，称为平衡点或稳定点。在稳定点的邻域内，原非线性微分方程可以由线性方程来近似。研究反应系统的参数敏感性转化为研究系统在平衡点 $\delta y=0$ 的邻域内操作参数的变化引起平衡点的变化。通常有两种情况：一是平衡点是稳定的，经过小扰动后重新回到平衡点，系统恢复到稳定状态，此时平衡点为局部稳定点；二是扰动后系统不会回到平衡点，微小的扰动导致系统出现很大的波动，平衡点附近的扰动随时间指数增加，此平衡点为不稳定点。

$J(y)$ 是雅克比矩阵。其每个元素为 $a_{ij}=\partial F_i/\partial y_j$，根据式(2-51) 有：

$$a_{11}=\frac{\partial F_1}{\partial x}=-\frac{nF_1}{1-x} \tag{2-53a}$$

$$a_{12}=\frac{\partial F_1}{\partial \theta}=\frac{F_1}{(1+\theta\gamma)^2} \tag{2-53b}$$

$$a_{21}=\frac{\partial F_2}{\partial x}=-\frac{nBF_1}{1-x} \tag{2-53c}$$

$$a_{22}=\frac{\partial F_2}{\partial \theta}=\frac{BF_1}{(1+\theta\gamma)^2}-\frac{B}{\psi} \tag{2-53d}$$

雅克比矩阵的特征方程：

$$\lambda^2-a_1\lambda+a_2=0 \tag{2-54}$$

式中：

$$a_1=\mathrm{tr}J(y)=a_{11}+a_{22} \tag{2-55a}$$

$$a_2=\det J(y)=a_{11}a_{22}-a_{12}a_{21} \tag{2-55b}$$

随着反应的进行，$y(\tau)$ 随时间 τ 变化，因此雅克比矩阵并不是一个常数矩阵。雅克比矩阵行列式的值为：

$$\det J(y)=\frac{nB\exp\left(\frac{\theta}{1+\theta\gamma}\right)(1-x)^{n-1}}{\psi} \tag{2-56}$$

在整个反应过程 $0\leqslant\tau\leqslant\infty$ 中，$0\leqslant x\leqslant 1$，因此 $\det J(y)>0$。

雅克比矩阵的迹：

$$\mathrm{tr}J(y)=(1-x)^{n-1}\exp\left(\frac{\theta}{1+\theta\gamma}\right)\left[\frac{B(1-x)}{(1+\theta\gamma)^2}-n\right]-\frac{B}{\psi} \tag{2-57}$$

从式(2-57) 可以看出，雅克比矩阵的迹的表达式与 Strozzi 等提出的散度判据表达式一致。

根据前面分析可以看出，反应系统呈现参数敏感性的标志是热点温度随操作参数的微小变化出现突变。因此考察在热点出现时刻 τ_m 施加一小扰动 $\delta y(\tau_m)$，观察 $\tau>\tau_m$ 时扰动的发展。扰动方程将会出现两种情形：一是扰动方程的平衡点 $\delta y=0$ 是稳定的，系统在 $\tau>\tau_m$ 时回复到稳定轨迹；二是扰动方程的平衡点 $\delta y=0$ 是不稳定的，在 $\tau>\tau_m$ 的某个时刻扰动 $\delta y(\tau_m)$ 被放大，当扰动被放大到最大时定义为临界值。

考察时刻 τ_m 后非常小的时间间隔 $\delta\tau(\delta\tau=\tau-\tau_m)$内，对式(2-57) 两边积分有：

$$\int_{\tau_m}^{\tau}\frac{\mathrm{d}\delta y}{\delta y}=\int_{\tau_m}^{\tau}J(y)\mathrm{d}\tau \tag{2-58}$$

上述方程左边：

$$\int_{\tau_m}^{\tau}\frac{\mathrm{d}\delta y}{\delta y}=\ln\frac{\delta y(\tau)}{\delta y(\tau_m)} \tag{2-59}$$

方程右边：

$$\int_{\tau_m}^{\tau}J(y)\mathrm{d}\tau=\int_{\tau_m}^{\tau_m+\delta\tau}J(y)\mathrm{d}\tau\approx J(y(\tau_m))\delta\tau \quad (当\ \delta\tau\rightarrow 0) \tag{2-60}$$

因此，

$$\frac{\delta y(\tau)}{\delta y(\tau_m)}=\exp[J(y(\tau_m))\delta\tau] \tag{2-61}$$

两边取行列式，

$$\left|\frac{\delta y(\tau)}{\delta y(\tau_m)}\right|=|\exp[J(y(\tau_m))\delta\tau]| \tag{2-62}$$

根据行列式定理，对于任何 $n\times n$ 矩阵 $\mathbf{A}$，都有：

$$\det\exp(\mathbf{A})=\exp(\mathrm{tr}\mathbf{A}) \tag{2-63}$$

则式(2-63) 可化为：

$$\left|\frac{\delta y(\tau)}{\delta y(\tau_m)}\right|=\exp[\mathrm{tr}J(y(\tau_m))\delta\tau] \tag{2-64}$$

从式(2-64) 可以看出：当 $\mathrm{tr}J(y(\tau_m))<0$ 时，$|\delta y(\tau)|<|\delta y(\tau_m)|$，即在时刻 τ_m 施加扰动后，扰动会逐步消散，此时的反应系统本质上不存在参数敏感性。当 $\mathrm{tr}J(y(\tau_m))>0$ 时，$|\delta y(\tau)|>|\delta y(\tau_m)|$，施加的扰动被放大，此时的反应体系存在参数敏感性。当扰动被放大到最大时的操作参数即为临界操作参数，有：

$$H_{\max}=\left|\frac{\delta y(\tau)}{\delta y(\tau_{\mathrm{m}})}\right|_{\max}=\exp[\mathrm{tr}J(y(\tau_{\mathrm{m}}))_{\max}\delta\tau] \tag{2-65}$$

也就是当热点雅克比矩阵的迹（矩阵对角元素之和）$\mathrm{tr}J(y(\tau_{\mathrm{m}}))$达到最大值时所对应的参数值即为临界操作参数。

3. 热失控临界判据计算结果对比

（1）热失控临界判据理论模型计算结果对比　图 2-19 为判据模拟计算得到的不同反应级数下无量纲活化能分别为 $\gamma=\infty$ [图 2-19(a)]和 $\gamma=10$ [图 2-19(b)] 的临界 Semenov 数，并与 MV 判据计算结果相比较，实线为 J-M 判据的计

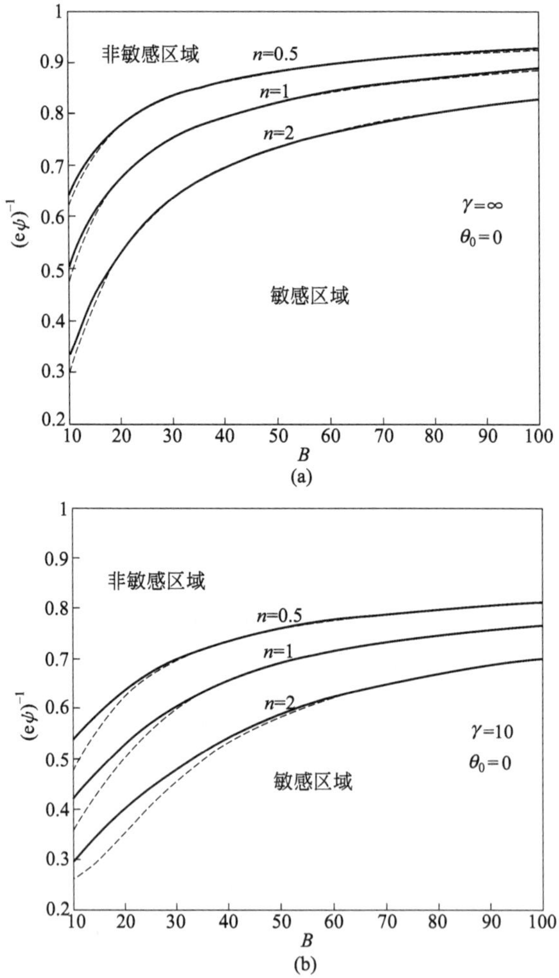

图 2-19　不同反应级数下 J-M 判据（实线）与 MV 判据（虚线）预测的热失控临界区域的比较。(a) $\gamma=\infty$；(b) $\gamma=10$

算结果，虚线为 MV 判据的计算结果。结果表明无量纲反应热 B 值较大时，J-M 判据与 MV 判据的计算结果基本吻合；而当无量纲反应热 B 值较小时，J-M 判据与 MV 判据的计算结果出现了偏离。这是因为无量纲反应热越小，反应温升越小，反应热点温度变化并不显著，此时的反应系统不呈现参数敏感性或者参数敏感性不显著。相比于 $\gamma=10$，$\gamma=\infty$时 J-M 判据的计算结果与 MV 判据更吻合，这是因为 γ 越大，反应系统的参数敏感性越强，计算结果越趋于一致。

表 2-24 和表 2-25 进一步给出了反应级数为 1 级、无量纲活化能分别为 $\gamma=10$ 和 $\gamma=\infty$时，不同判据所预测的临界 Semenov 数值，其中 MV 判据是以 Semenov 数作为输入参数计算得到的临界 Semenov 数。当无量纲反应热 B 值较小时，不同判据计算得到的临界 Semenov 数偏差较大。从前面的理论分析可知当 $\mathrm{tr}J\ (y(\tau_m))_{max}<0$ 时，反应系统不呈现参数敏感性，模拟计算结果也证实了此时不同临界判据计算得到的临界 Semenov 数值偏差较大。

表 2-24 中，当 $B=7$ 和 10 时，无论 Semenov 数取何值，反应系统均不呈现参数敏感性。从模拟计算结果还可以看出，J-M 判据与 AE 判据、VR 判据和 MV 判据计算结果较接近，尤其是无量纲反应热 B 值越大，计算结果越趋于一致，而 Div 判据的模拟计算结果相差较大，证实了前面的分析，Div 判据并不是从热点温度出发，导致预测结果保守。

表 2-24 不同无量纲反应热下的临界 Semenov 数 ($\gamma=10$)

B	$\mathrm{tr}J\ (y(\tau_m))_{max}$	临界 Semenov 数 ψ_{cr}				
		J-M 判据	AE 判据	MV 判据	VR 判据	Div 判据
7	−2.524	0.966	10.5	1.3	1.02	0.842
10	−0.690	0.880	1.48	1.08	0.933	0.712
20	12.910	0.700	0.721	0.731	0.709	0.575
30	34.196	0.608	0.607	0.614	0.611	0.531
40	58.601	0.560	0.560	0.562	0.560	0.508
50	85.566	0.533	0.533	0.533	0.533	0.494

表 2-25 不同无量纲反应热下的临界 Semenov 数 ($\gamma=\infty$)

B	$\mathrm{tr}J\ (y(\tau_m))_{max}$	临界 Semenov 数 ψ_{cr}				
		J-M 判据	AE 判据	MV 判据	VR 判据	Div 判据
5	−1.929	0.953	2.38	1.13	0.97	0.826
7	0.572	0.865	1.09	1.01	0.907	0.677
10	8.194	0.737	0.758	0.779	0.756	0.583
20	58.874	0.545	0.545	0.545	0.545	0.487
30	81.227	0.490	0.490	0.490	0.490	0.455

(2) 热失控临界判据理论模型计算与实验结果对比

① 硝酸甲酯的热分解爆炸临界压力。Gray 等[40]在半径 $R_v=0.064\mathrm{m}$ 的

球形容器中测得硝酸甲酯在不同温度下的热分解爆炸临界压力。球形反应器的传热系数 $U=3.0\text{W}/(\text{m}^2\cdot\text{K})$，反应物的比热容 $c_V=104.3\text{J}/(\text{K}\cdot\text{mol})$。$T=298\text{K}$ 时，反应热 $\Delta H=-1.505\times10^5\text{J/mol}$，并假定反应热不随温度变化。

硝酸甲酯的热分解为一级不可逆反应，反应动力学如下：

$$r=3.30\times10^{13}\exp\left(-\frac{1.51\times10^5}{RT}\right)C \tag{2-66}$$

假定硝酸甲酯蒸气为理想气体，有：

$$pV=nRT \tag{2-67}$$

同时假设反应体系环境温度等于反应初始温度，根据一级反应 Semenov 数 ψ 的定义：

$$\psi=\frac{EVkT_0C_0(-\Delta H)}{USRT_0^2} \tag{2-68}$$

对于球形容器，传热面积 S 可通过半径近似计算：

$$S=\frac{3}{R_v} \tag{2-69}$$

根据式(2-67)～式(2-69)，可得到爆炸临界压力的计算公式：

$$p_c=\psi_{cr}\frac{3UT_0{}^3R^2}{R_v(-\Delta H)kT_0E} \tag{2-70}$$

根据热失控临界判据可求出临界 Semenov 数 ψ_{cr}，进而求出爆炸临界压力 p_c。

表 2-26　不同温度下硝酸甲酯热分解实验爆炸临界压力及各判据的预测结果

T_0/K	510	520	530	540	550	560	570
$p_{c,exp}$/kPa	2.26	1.09	0.66	0.36	0.22	0.11	0.0625
$p_{c,Div}$/kPa	2.10	1.13	0.62	0.35	0.20	0.12	0.07
$p_{c,Gray}$/kPa	2.09	1.12	0.62	0.35	0.20	0.12	0.07
$p_{c,Semenov}$/kPa	1.90	1.02	0.56	0.31	0.18	0.11	0.06
$p_{c,MV}$/kPa	2.17	1.16	0.64	0.36	0.21	0.12	0.07
$p_{c,J\text{-}M}$/kPa	2.17	1.16	0.64	0.36	0.21	0.12	0.07

表 2-27　硝酸甲酯热分解爆炸临界压力的实验值与预测值之间的偏差分析

单位：%

T_0/K		510	520	530	540	550	560	570	平均
$\frac{\lvert p_{c,exp}-p_c\rvert}{p_{c,exp}}\times100\%$	Div 判据	7.08	3.67	6.06	2.78	9.09	9.09	12.00	7.11
	Gray 显示判据	7.52	2.75	6.06	2.78	9.09	9.09	12.00	7.04
	Semenov 判据	15.93	6.42	15.15	2.78	18.18	0	4.00	8.92
	J-M 判据	3.98	6.42	3.03	0	4.55	9.09	12.00	5.58

表 2-26 和表 2-27 进一步比较了 J-M 判据、Div 判据、Gray 显式判据、Semenov 判据及 MV 判据预测的爆炸临界压力。从表 2-27 可以看出，相比于 Div 判据、Gray 显式判据、Semenov 判据，J-M 判据预测的爆炸临界压力与实验结果偏差最小，仅为 5.58%，Semenov 判据偏差最大。从表 2-26 可以看出，本判据的预测结果与 MV 判据完全一致，这是因为硝酸甲酯热分解爆炸的反应热和活化能均很大，反应系统参数敏感性很强，且本判据与 MV 判据均是以热点温度的突变作为反应热失控的特征点，判据的内在本质一致，导致预测结果趋于一致。

② 偶氮甲烷的热分解爆炸临界压力。Allen 和 Rice 于 1935 年研究测得了不同初始温度下偶氮甲烷的爆炸临界压力[41]。实验在一个半径为 $R_v=0.0363\text{m}$、容积为 200mL 的球形容器中进行。假定反应初始温度等于周边环境温度，球形反应器的传热系数 $U=7.31\text{W}/(\text{m}^2\cdot\text{K})$，偶氮甲烷分解反应热 $\Delta H=-1.8\times10^5\text{J/mol}$，反应物的比热容 $c_V=107.6\text{J}/(\text{K}\cdot\text{mol})$。

偶氮甲烷热分解反应动力学如下：

$$r=7.41\times10^{15}\exp\left(-\frac{2.13\times10^5}{RT}\right)C \tag{2-71}$$

表 2-28 和表 2-29 进一步比较了不同临界判据预测的爆炸临界压力，预测的爆炸临界压力与实验的平均偏差是 16.14%，且与 MV 判据预测结果一致，相比于 Div 判据、Gray 显式判据、Semenov 判据，J-M 判据与实验结果偏差更小，可以更好地预测偶氮甲烷热分解爆炸临界压力。

表 2-28　不同温度下偶氮甲烷热分解实验爆炸临界压力及各判据的预测结果

T_0/K	620	626.5	631	636.5	643.5	645	651	659
$p_{c,exp}$/kPa	13.6	8.93	7.33	5.07	4.13	3.73	3.00	2.48
$p_{c,Div}$/kPa	12.79	8.61	6.58	4.76	3.18	2.92	2.08	1.34
$p_{c,Gray}$/kPa	12.76	8.59	6.56	4.75	3.17	2.91	2.08	1.34
$p_{c,Semenov}$/kPa	11.66	7.83	5.98	4.32	2.88	2.64	1.88	1.21
$p_{c,MV}$/kPa	13.14	8.84	6.76	4.89	3.27	3.00	2.14	1.38
$p_{c,J\text{-}M}$/kPa	13.14	8.84	6.76	4.89	3.27	3.00	2.14	1.38

表 2-29　偶氮甲烷热分解爆炸临界压力的实验值与预测值之间的偏差分析

单位：%

T_0/K		620	626.5	631	636.5	643.5	645	651	659	平均
$\frac{\lvert p_{c,exp}-p_c\rvert}{p_{c,exp}}\times100\%$	Div 判据	5.96	3.58	10.23	6.11	23.00	21.72	30.67	45.97	18.40
	Gray 显示判据	6.18	3.81	10.51	6.31	23.25	21.98	30.67	45.97	18.58
	Semenov 判据	14.27	12.32	18.42	14.79	30.27	29.22	37.33	51.21	25.98
	J-M 判据	3.38	1.01	7.78	3.55	20.82	19.57	28.67	44.36	16.14

二、基于实验测试的化工物料热危险性评估

化工物料的热危险性评价通常采用实验模拟评价方法。实验模拟评价又有全尺寸模拟实验和小尺寸模拟试验。评价指标主要有反应开始温度、自加速分解温度、活化能以及放热量等[42]。

化学反应速率主要受该物质的活化能、指前因子、反应温度等因素的影响。作为化工物料热危险性的另外两个评价指标——反应发热开始温度及放热量，虽是化学物质的自身特性，但其值的大小，特别是反应发热开始温度的确定，不仅与该化学物质的自身性质有关，还与测定仪器的特性以及确定方法有关。此外，在工业生产、运输、储存及使用等过程中，化工物料热危险性不仅与该物质的自身性质有关，还与包装材料的性质及尺寸有关。因为包装材料热导率的大小以及厚度直接影响到物质与包装材料组成的体系向环境的散热，即在某一温度下，体系是否会产生热积累，其热积累的速度如何，这不仅与体系内的物料反应发热特性有关，还与其包装材料的特性直接相关，同时还与该物料所处的环境有关。另外，由于包装尺寸的大小直接影响到体系的比表面积的大小，即散热的比表面积，也直接影响化学物质的热危险性。

化工物料热危险性实验模拟评价根据其实验规模的大小可分为全尺寸实验模拟和中小尺寸实验模拟。虽然全尺寸实验模拟是评价其危险特性的最有效的方法和手段，其评价结果也最准确、可靠，能够很好地反映化工物料在其生产、储存、使用等过程中的实际情况，但是由于化工物料的特殊性，在实验过程中不仅会产生大量的热，更有一些物质会产生大量的气体。如果这些热和大量的气体在瞬间释放出来，有可能发生重大安全事故。为了确保实验过程中的安全性，必须对实验装置、仪器和实验室采取严格措施进行全面防护。因此，大药量实际规模全尺寸的实验模拟从安全角度来考虑是不可取的。另外，许多化工物料具有毒性和腐蚀性，大药量实验会对环境及人类的健康带来一定的影响，同时，由于实验成本高，也难以实现。因此，常用中小尺寸、小药量实验来代替全尺寸、大药量实验。

1. 中小尺寸实验评估

中小尺寸模拟实验用以评价化工物料热危险性虽然有一定的局限性，但实验用料少，成本低，实验过程简单、快速、安全，故中小尺寸模拟实验被研究者广泛采用。

化工物料小药量实验模拟，其样品量一般在 0.01～10g，实验过程安全、易于控制（如可以通过实验程序进行等速升温实验、台阶升温实验、恒温实验

等)，这也是小尺寸实验的特点。小样品、小药量模拟实验常用的热分析仪器有差示扫描量热仪 DSC (Differential Scanning Calorimetry)、差热分析 DTA (Differential Thermal Analysis)、加速度量热仪 ARC (Accelerating Rate Calorimeter)、C80 微量量热仪 (C80 Calorimeter) 等。这些热分析仪的研制成功，极大地推动了化学反应动力学和化学反应热力学的研究进展，同时在化工工艺危险性评估、物料危险性评价方面也发挥了重大的作用。

(1) 差示扫描量热仪 (DSC)　DSC 以其性能可靠、用途广泛，为广大化学科技工作者所熟知和使用。它不仅可以测定化学反应动力学特性和热力学特性，同时还能提供化学物质的玻璃化转变温度 (T_g)、相转变和反应焓、熔点和沸点、结晶和结晶度、氧化稳定性、纯度、比热容和热稳定性等信息，广泛应用于塑料工业、橡胶工业、医药和食品工业、生物有机体、过程安全工程等研究领域。

DSC 有一个样品池和一个参比池，样品池内存放被测试样 (实验药量通常在 1～20mg)。参比池内放置与样品池同等质量的惰性物质 (一般为热力学性能稳定的 α-三氧化二铝)。实验在程序温度控制下，测量输入到被测物质和参比物之间的能量差 (或功率差) 随温度的变化规律。实验时一般采用等速升温程序，升温速率一般控制在 1～10℃/min。DSC 的可测温度范围根据仪器的不同而不同，普通 DSC 的可测温度范围大都在室温至 800℃。但是有些特殊用途的 DSC 其可测温度的上下限有很大的变化，如高温 DSC 的最高可测温度达 1600℃，普通低温 DSC 的最低可测温度达－120℃，有的甚至可以达到－180℃以下。由于 DSC 的实验可测温度范围很广，为了避免被测物质在高温下与空气中的氧气进行反应，经常采用通入惰性气体 (通常为氮气) 的办法来消除活性气体的氧化作用。

差示扫描量热仪的典型产品见图 2-20。差示扫描量热仪测得的某化工物料热流速与温度关系的典型图谱见图 2-21。

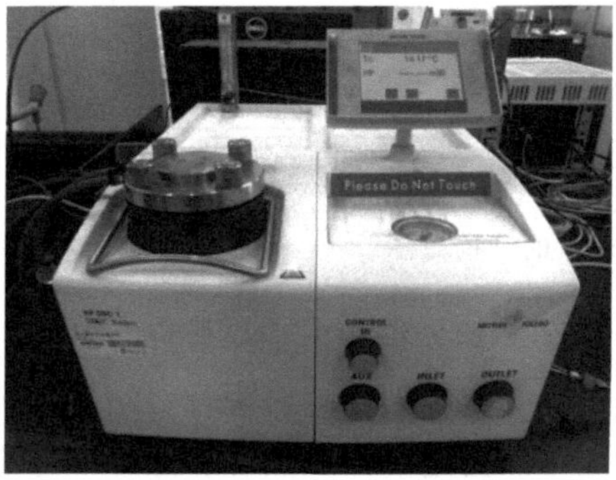

图 2-20　差示扫描量热仪

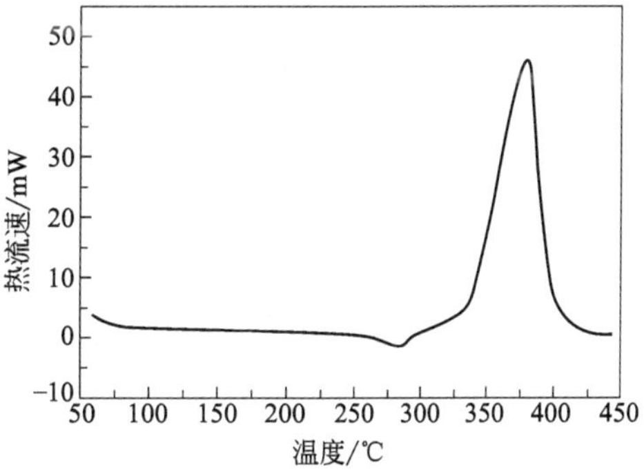

图 2-21　DSC 实验的典型图谱

通过对诸如图 2-21 所示的图谱进行解析，不仅可以得到一系列表征化工物料物理特性的参量（结晶和熔解的温度、热量、相转变温度等），同时还可以得到表征其化学反应特性的化学反应动力学参数和热力学参数，可以得到表征化工物料危险性的各种参量，如反应开始温度 T_{onset}。通过对曲线进行积分，可以得到单位质量化工物料的放热量 Q；通过对曲线解析，还可以得到用以描述化学反应特性的参量，如活化能 E_a、指前因子 A、反应级数 n 等。

（2）C80 微量量热仪　C80 微量量热仪是法国 SETARAM 公司于 20 世纪 80 年代研制开发出的，它的特点是可测参量多、测试精度高、测试样品量大。

图 2-22 是 C80 微量量热仪的结构简图。它主要由 CS32 控制器、反应炉、稳压电源和计算机组成。其核心部件是 CS32 控制器和反应炉。C80 微量量热仪的反应炉内有一个样品池（通常叫反应容器）和一个参比池，样品池内存放被测试样，实验药量通常在几百毫克到几克之间（通常根据被测样品的反应剧烈程度和生成气体的量来确定，一般反应越剧烈，生成的气体量越大，实验样品量应该越少）。参比池内放与样品池同等质量的惰性物质（一般为热力学性能稳定的 α-三氧化二铝）。C80 微量量热仪的测定原理与 DSC 一致，即实验在程序温度控制下，测量输入到被测物质和参比物之间的能量差（或功率差）随温度的变化规律。

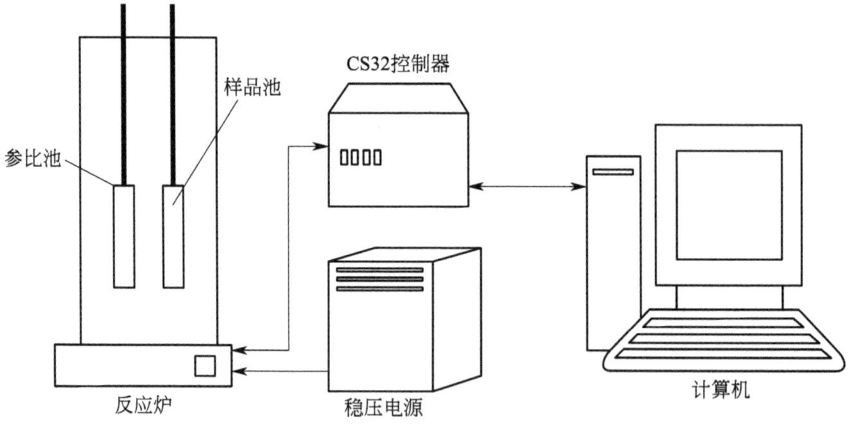

图 2-22　C80 微量量热仪的结构简图

C80 微量量热仪可以通过设置不同的实验程序（等速升温、台阶升温、变速升温、恒温等）测定各类化学以及物理过程（溶解、熔解、重合、结晶、吸附和脱吸、化学反应等）的热效应，同时还可以测定诸如比热容、热导率等热物性参数。通过解析测定得到的实验结果，可以求得各类反应物料化学反应过程的化学动力学参数（化学反应级数、活化能及指前因子）和热力学参数（化学反应热、比热容等)，从而求解其化学反应动力学机理。

(3) 加速度量热仪 加速度量热仪(ARC)是反应物料热危险性评价的重要工具之一。它是一种绝热量热计，该仪器通过确保反应物体系和环境之间有最小的热交换来达到绝热的条件。这种最小热交换可以通过使反应物样品与环境间保持最小的温度差来实现。利用该仪器可以得到近似绝热条件下反应物的发热特性和压力特性等随温度的变化规律。

加速度量热仪的实验程序通常如下。先设定一个初始温度(该温度一般要比反应开始温度低 20℃以上)，仪器在该温度恒温 10～20min 后进入自动搜索阶段，如果仪器在该温度下探测不到放热现象或放热速率较小，样品和容器的升温速率小于 0.02℃/min，则仪器自动进入下一个升温程序，以一定的升温速率升至下个设定的温度，在该温度执行与前一个温度同样的程序，直至探测到的升温速率达 0.02℃/min 后，仪器将进入自动跟踪的程序，直至反应完毕。加速度量热仪测得的温度-时间关系的典型曲线的示意图见图 2-23。由加速度量热仪测得的自加速升温速率与温度关系的典型曲线见图 2-24。加速度量热仪不仅能测定各类物质在不同温度下反应时的自加速升温情况，并据此分析得到自加速升温速率和温度的关系，同时还可以测定各类化学反应过程的压力变化规律等关系曲线。

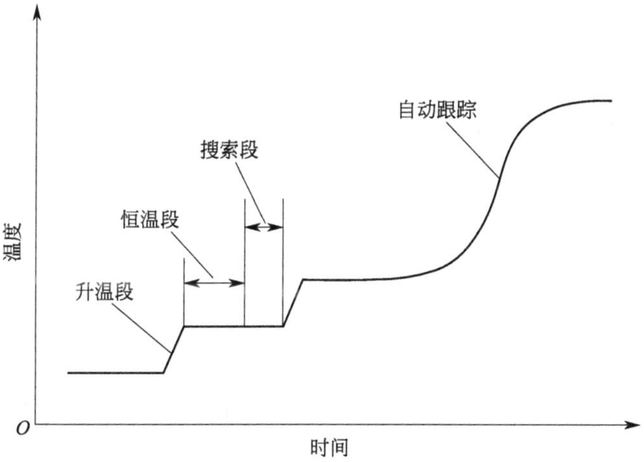

图 2-23 加速度量热仪的典型实验结果

加速度量热仪的反应容器为球形，最大样品量可装到 10g。容器的材料主要有两种：一种是不锈钢；另一种是金属钛。由于不锈钢相对密度较大，则反应容器的自身质量和热容量都较大，即实验样品和反应容器的热惯性较大(Φ 值大)。其结果使得仪器的测量敏感度有所下降。金属钛不仅具有较高的机械

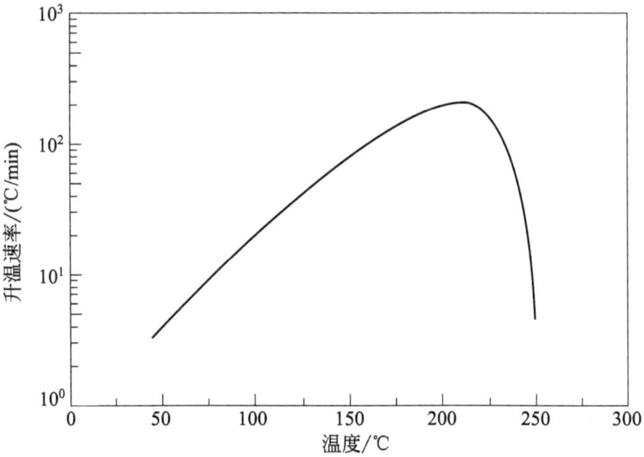

图 2-24 自加速升温速率与温度关系的典型曲线

强度、良好的导热性能，而且质量轻、热容量小，因此金属钛的反应容器优于不锈钢反应器，但其缺点是成本太高。

（4）低热惯性绝热量热仪 经过多年的研究开发，针对加速量热仪测试体系热惯性较大及温升速率较慢的劣势，逐步开发出低热惯性（Φ 接近 1）、高升温速率的绝热量热仪，常称为全自动压力跟踪绝热量热仪。它的测量原理与ARC基本相同，同样可以测定化学反应过程的自加速升温速率和温度、压力和温度等关系曲线。通过分析这些实验曲线可以得到被测物质的反应开始温度、最大自加速升温速率、最大压力、最大压力上升速度等。图 2-25 为三款常见的全自动压力跟踪绝热量热仪，与传统 ARC 不同之处在于：①实验药量较大，最大药量可达 100g 以上，介于小药量实验与工业实验之间；②具备压

APTAC　PHI-TEC Ⅱ　VSP2

图 2-25 全自动压力跟踪绝热量热仪

力平衡系统，当样品在反应容器中发生分解反应导致反应容器内外出现压差时，压力平衡系统通过控制反应容器外部的惰性气体压力来平衡压差，因此实验过程能够确保体系与反应容器内部的压力一致，即整个实验过程实现全自动压力跟踪。全自动压力跟踪绝热量热仪的实验药量较加速度量热仪（ARC）大得多，且使用壁薄的反应容器进行实验，此测试系统的热惯性因子较小，接近 1.0，获得的数据可以准确预测化工物料的热危险性。

2. 基于实验测试特征参数的化工物料热危险性评估

在获得化工物料热分解动力学特性基础上，可以对化工物料热危险性进行评价。在评价过程中，可以选用多种评价指标，如反应热、放热反应开始温度、表观反应活化能、自加速分解反应温度等[43]。应用不同特征指标进行热危险性评价各有其优缺点，下面分别予以介绍。

(1) 反应热　反应热（ΔH）是反应产物生成热与反应物生成热的差值，也即消耗单位反应产物所能释放的热量。当反应产物所含能量比反应物所含能量低时，反应就会放出热量，这一热量是导致反应系统温度升高、反应速率增大、引起气体膨胀和压力升高的根本原因。反应热与反应物料热危险性密切相关，反应热的大小反映了整个反应所能释放出的热量的总和，通常反应热越大，系统的温升越高，反应物可能就越不稳定。然而，反应热给出的是整个反应过程中放热量的积分值，不能描述在反应过程中放热随温度变化的情况，仅仅使用反应热来描述反应性化学物质的热危险性是不完善的。图 2-26 给出了根据热流速曲线获得反应热。

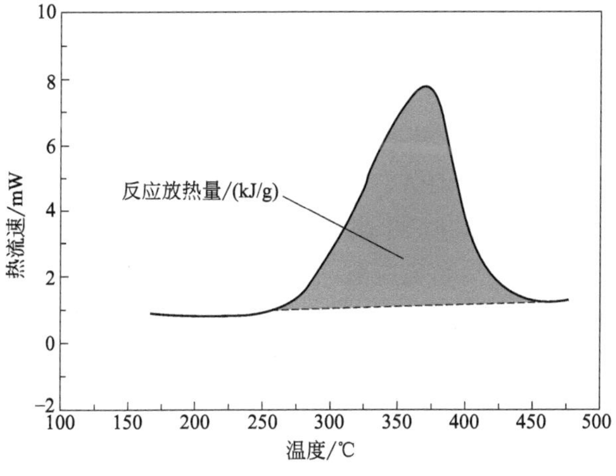

图 2-26　由热流速曲线求反应放热量的示意图

需要注意的是，用加速度量热仪的测量结果来计算反应放热量时有一定的误差，特别是对于一些快速化学反应其误差较大。其原因是理论上加速度量热仪是绝热量热计。在实际的测量过程中，当反应物的自升温速率很大时（如具有爆炸性的化学物质），炉体的升温远远跟不上反应物的升温，使得绝热条件被破坏，也就是说，反应不是在绝热条件下完成，故不能用绝热的条件来计算反应放热量。另外，加速度量热仪不能测定诸如溶解等过程的吸热现象，故它不适合作为所有物理化学过程热量测量的仪器。

（2）放热反应开始温度　放热反应开始温度（T_{onset}）是指在一定条件下发生放热反应的最低温度，该参数反映了反应物料发生放热反应的难易程度，放热反应开始温度越高，发生放热反应越困难。关于放热反应开始温度的确定方法一般是以放热曲线的切线与基线的交叉点所对应的温度来表示的，见图2-27。它在一定程度上能定性或半定量地评价反应物料的热危险性。

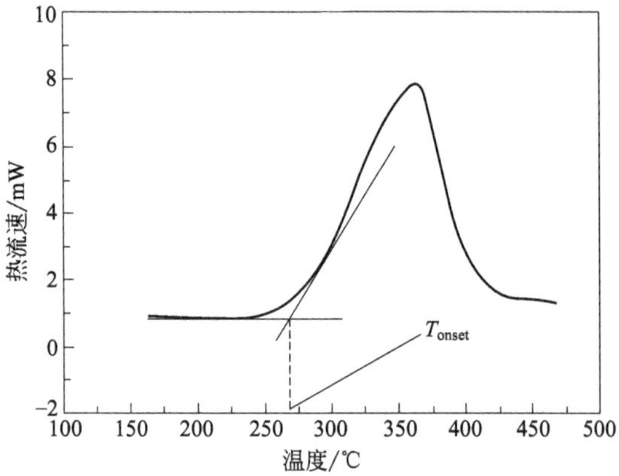

图 2-27　放热反应开始温度确定方法图例

张洋等[44,45] 对 O,O-二甲基磷酰氨基硫代酸酯（DMPAT）的热危险性进行了研究，图 2-28 为 DMPAT 在不同升温速率 1℃/min，2℃/min，4℃/min，8℃/min，16℃/min 时热流和温度的曲线，放热反应开始温度（T_{onset}）、峰值温度（T_p）和反应热（ΔH）随着升温速率的增加均有明显的上升趋势，并且出现滞后效应。该图属于典型的 DSC 实验数据图，由于该曲线是 DSC 实验仪器所得图形和基线围成图形积分所得，因此当升温速率增加时，DSC 的灵敏度被削弱，较低温度的时候未能及时反应便进入更高的反应温度环境。

表 2-30 列出了根据 DSC 实验仪器得到的 DMPAT 的热危险性参数。由表可知，DMPAT 的放热反应开始温度随升温速率的增加而增加，由 1℃/min

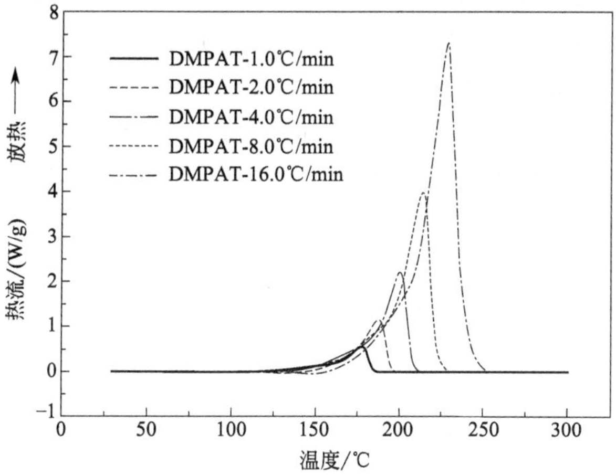

图 2-28 DMPAT 在不同加热速率下的 DSC 曲线

时的 127.1℃ 增加至 16℃/min 时的 159.7℃，放热峰值由 179.1℃ 增加至 228.2℃。

表 2-30 DSC 中 DMPAT 的热危险性参数

序号	测试物料质量/mg	升温速率/(℃/min)	T_{onset}/℃	T_p/℃	反应热/(J/g)
1	3.5±0.5	1.0	127.1	179.1	626.0±12.0
2		2.0	136.4	188.5	666.6±13.0
3		4.0	142.8	200.7	677.9±10.0
4		8.0	145.4	213.9	677.2±15.0
5		16.0	159.7	228.2	707.2±23.0

放热反应开始温度不仅与被测化学物质有关，还与实验条件以及所使用的测试仪器的特性参数有关。对相同测试仪器而言，由量热仪测得的放热反应开始温度与测定条件有关，一般而言，升温速率越低，使用的样品量越大，测得的放热反应开始温度就越低。

对于不同测试仪器，由于仪器的灵敏度不同，即使对同一种化工物料，得到的放热反应开始温度也会不同，通常所用量热仪敏感度越高，测得的放热反应开始温度就越低。另外，当一个反应的反应机理很复杂时，例如，在反应初期发生物理性相变或者其化学反应机理发生变化时，采用放热反应开始温度来评价反应物料热危险性会带来较大的偏差。

(3) 表观反应活化能　表观反应活化能是引发化学反应所需要的外部能量输入。活化能越低，反应越容易发生。一般来讲，最危险的放热反应系统应是具有较低反应活化能且反应热很大的系统。反应活化能可以用简单碰撞理论来解释，其本质相当于分子发生碰撞所必须具有的最低相对动能，然而这一解释一般仅对基元反应适用，对复杂的化学反应，分析计算得到的反应活化能是个表观值。反应活化能的高低决定了反应发生的难易程度，在一定程度上表明了反应速率常数的大小，对评价化学反应的热危险性具有重要意义。

计算表观活化能的方法有很多种，总体可以分为积分法和微分法[46]。常用的方法是等转化率计算方法，如 Flynn-Wall-Ozawa 法、Friedman 法、Kissinger 法、Starink 法等。Flynn-Wall-Ozawa 法是在不同的升温速率 β 下记录峰值温度，利用 $\lg\beta$-$1/T$ 呈线性关系来确定活化能 E_a 的数值，这种方法避免了因反应机理函数假设不同而可能带来的误差。因此，它常被用来检验假设反应机理函数的方法求出的活化能值。Friedman 法通过不同转化率下对应的温度 T_α，对 $\ln(\beta d\alpha/dT)$-$1/T$ 作图，用最小二乘法拟合，由斜率求出 E_a 的数值。

Jiang 等人[47] 采用 Flynn-Wall-Ozawa 法和 Friedman 法对过氧化苯甲酸叔丁酯（TBPB）及加入不同质量比的两种离子液体的 TBPB 等五种样品进行的 DSC 测试数据进行了处理分析，计算出每种样品的活化能数值。表 2-31 为 Flynn-Wall-Ozawa 法分别计算得到五种样品的活化能值，可以看出，加入 [PMIM] [I] 和 [BMIM] [BF_4] 后，活化能值增大。

表 2-31 Flynn-Wall-Ozawa 法计算得到 TBPB 五种样品的活化能值

样品		E_a/(kJ/mol)	相关系数 R^2	标准偏差
样品 1	TBPB	69.61	0.96927	1.8909
样品 2	TBPB+1%(质量分数)[PMIM][I]	118.24	0.98616	1.3267
样品 3	TBPB+5%(质量分数)[PMIM][I]	76.01	0.97023	1.4361
样品 4	TBPB+1%(质量分数)[BMIM][BF_4]	77.15	0.97334	1.3501
样品 5	TBPB+5%(质量分数)[BMIM][BF_4]	107.25	0.99200	0.5200

采用 Friedman 法计算五种样品活化能 E_a 值的计算结果如图 2-29 所示。可以看出，加入两种离子液体后，在不同转化率下活化能值均增大。

表 2-32 两种方法计算活化能值的对比

样品	平均活化能 E_a/(kJ/mol)	
	Flynn-Wall-Ozawa 法	Friedman 法
TBPB	69.61	76.23
TBPB+1%(质量分数)[PMIM][I]	118.24	122.87
TBPB+5%(质量分数)[PMIM][I]	76.01	88.82
TBPB+1%(质量分数)[BMIM][BF_4]	77.15	89.02
TBPB+5%(质量分数)[BMIM][BF_4]	107.25	94.56

表 2-32 对比了两种方法计算的平均活化能值，可以看出，两种方法计算

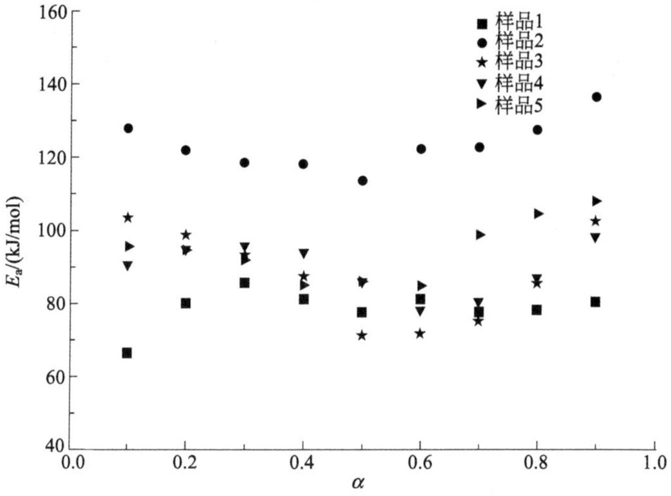

图 2-29 五种样品的活化能 E_a 值随转换率 α 的变化

的活化能接近，计算方法可靠。以上研究表明：加入两种离子液体后的 TBPB 热分解活化能值相比纯 TBPB 样品有所增加，一定程度上表明这两种离子液体对 TBPB 的热分解具有一定抑制作用。

但需要注意的是，反应活化能只是影响反应速率常数的参数之一，指前因子的影响没有被考虑进去。另外，由前所述，反应物料热危险性不仅与其反应速率有关，还与反应过程中的反应热有关，若反应物料在低温下反应速率很快，但其反应放出的热量较小，那么它的热危险性也不高。仅仅使用表观反应活化能来评价反应物料热危险性是不完善的。

(4) 最大反应速率到达时间 最大反应速率到达时间（TMR_{ad}）是物质热危险性评价中一个非常重要的参数，常用于评估绝热条件下物质发生热失控反应的可能性，也可用于表征当化学反应处于危险状态下能够采取保护措施的时间。

江佳佳等采用加速度量热仪对间氯过氧苯甲酸（MCPBA）的热分解危险性进行了分析[48,49]，计算了反应活化能、指前因子、绝热温升等参数，并假定该分解反应为 n 级简单反应，根据 n 级简单反应最大反应速率到达时间计算式(2-26)，对最大反应速率到达时间进行模拟推算，同时与绝热量热仪实验测得的任意温度到达最大反应速率到达时间进行对比，对比结果如图 2-30。从图可以看出，两条曲线差异较小，且推算曲线始终低于实验曲线，说明推算出的 TMR_{ad} 是保守值，推算结果具有一定的参考价值。

在工业应用上，常用 T_{D8}、T_{D24} 来表征分解温度，也就是 TMR_{ad} 为 8h、

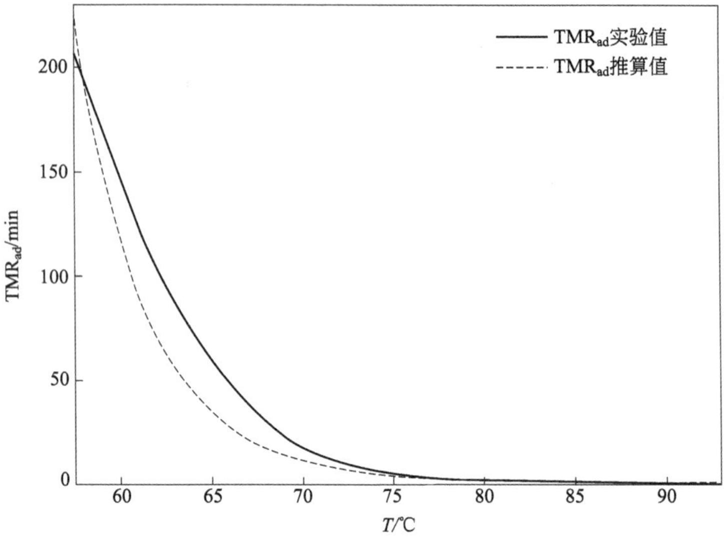

图 2-30 TMR_{ad} 推算曲线和实验曲线对比

24h 所对应的绝热温度。表 2-33 是推算得出的 TMR_{ad} 及其对应温度。从表中可以看出，推算得到 T_{D8}、T_{D24} 对应的温度分别为 54.7℃、50.9℃，即当 MCPBA 的温度达到 54.7℃（50.9℃）时，在绝热条件下经过 8h（24h）后反应所达到的最大反应速率。

表 2-33 TMR_{ad} 的推算值及其对应温度

TMR_{ad}/h	48	24	12	8	4	2
T/℃	48.6	50.9	53.3	54.7	57.2	59.8

TMR_{ad} 的计算公式见式(2-26)，推导过程见文献［3］。公式假定反应级数为 n 级反应，而对于复杂反应机理的反应采用 n 级模型分析计算可能会引起较大偏差，甚至得到错误的评估结果。

（5）自加速分解温度　目前国际上普遍采用物质的自加速分解温度（SADT）来评价反应物料热危险性。现实中，自加速分解温度（SADT）的数值不仅考虑了物质有关化学及物理特性，而且还考虑了包装材料的尺寸和材料的热物性。它能很好地反映化学物质在实际的生产、运输、储存及使用等过程中的热危险性。因此，SADT 作为反应物料热危险性评价的特性参数得到了联合国危险货物运输、分类协调专家委员会的极力推荐[50]。

关于反应物料 SADT 的获取方法，目前主要有实验测定法和推算法两种。实验测定法是通过测定标准包装或模拟标准包装的反应性化学物质的反应发热特性来确定。一般以标准包装或模拟标准包装的反应性化学物质在一周内，在某一环境温度下，该物质自反应发热使其温度升高而超过环境温度某一特定值时的最低环境温度来表示。推算法是利用热分析实验手段，测定化学物质在不同温度下的反应发热特性或自加速升温特性，求出化学反应动力学特性和热力学特性（反应级数、活化能、指前因子、单位质量的反应发热量等），再根据包装材料的特性参数和尺寸来推算该物质在特定包装材料和尺寸下的SADT[51]。

张洋[45]对 O,O-二甲基硫代磷酰胺（DMPAT）的自加速分解温度进行了模拟计算。假定采用 200L 闭口储罐，储罐的材质为塑料，直径为 53cm，桶高 87cm。在模拟计算中所需要输入的参数及输出结果如表 2-34 所示。计算可得 DMPAT 的 SADT 为 66℃，这对于 DMPAT 的储存和运输具有重要的作用，通常情况下，当物质的 SADT 高于 35℃时，对其安全的温度控制宜采取比 SADT 低 10℃的方案，其报警温度宜采用比 SADT 低 5℃的方案。因此，可根据 SADT 值，设置控制温度和报警温度应分别为 56℃和 61℃。

表 2-34 DMPAT 相关参数

m	H	D	λ	ρ	c_p
250kg	0.87m	0.53m	0.1W/(m·K)	1.264g/cm^3	2.0J/(g·K)

然而，反应物料的 SADT 并非恒定值，并不是反应物料固有危险性的表征参数，它随其包装材料的热导率的降低以及包装尺寸的增大而降低。

第四节 化学反应过程热危险性评估

一、基于特征温度的反应热危险性评估

1. 基于特征温度的单步反应热危险性评估模型

在化工生产中可以利用温度尺度来评价热风险的严重度，利用时间尺度来评价发生失控的可能性。一旦发生冷却故障，温度将从工艺操作温度（T_p）出发。如果反应混合物中累积有未转化的反应物，则这些未转化的反应物将在不受控的状态下继续反应并导致绝热温升，上升到合成反应的最高温度（MTSR）。在该温度点必须确定是否会发生由二次反应引起的进一步升温。为此，二次分解反应的绝热诱导期 $TMR_{ad,d}$ 很有用。因为它是温度的函数。从 $TMR_{ad,d}$ 随温度的变化关系出发，可以寻找一个温度点使 $TMR_{ad,d}$ 达到一个

特定值如 24h 或 8h，对应的温度为 T_{D24} 或 T_{D8}。因为这些特定的时间参数对应于不同的可能性评价等级（从热风险发生可能性的等级分级准则来看，诱导期超过 24h 的可能性属于“低的”级别，少于 8h 的属于“高的”级别）。而 MTSR 的计算则需要研究反应物的转化率和时间的函数关系，以确定未转化反应物的累积度 X_{ac}。由此可以得到合成反应的最高温度（MTSR）[2,52]：

$$MTSR = T_p + X_{ac}\Delta T_{ad,rx} \tag{2-72}$$

这些数据可以通过反应量热测试获得。反应量热仪可以提供目标反应的反应热，从而确定物料累积度为 100%时的绝热温升 $\Delta T_{ad,rx}$。对放热速率进行积分就可以确定热转化率和累积度 X_{ac}，当然，累积度也可以通过其他测试获得。

除了温度参数 T_p、MTSR 及 T_{D24}，还有另外一个重要的温度参数：设备的技术极限温度 MTT（Maximum Temperature for Technical reasons）。这取决于结构材料的强度、反应器的设计参数如压力或温度等。在开放的反应体系里，即在标准大气压下，常常把沸点看成是这样的一个参数。在封闭体系中，即带压运行的情况，常常把体系达到压力泄放系统设定压力所对应的温度看成是这样的一个参数。

因此，考虑到温度尺度，对于放热化学反应，以下 4 个温度可以视为反应热风险评价的特征温度：

① 工艺操作温度（T_p）：目标反应出现冷却失效情形的温度，对于整个失控模型来说，是一个初始引发温度。

② 合成反应的最高温度（MTSR）：这个温度本质上取决于未转化反应物料的累积度。因此，该参数强烈地取决于工艺设计。

③ 二次分解反应的绝热诱导期为 24h 的温度（T_{D24}）：这个温度取决于反应混合物的热稳定性。

④ 技术极限温度（MTT）：对于开放体系而言即为沸点，对于封闭体系是最大允许压力（安全阀或爆破片设定压力）对应的温度。

根据这 4 个温度参数出现的不同次序，可以对工艺热风险的危险度进行分级，对应的危险度指数为 1～5 级，如图 2-31 所示[52]。该指数不仅对风险评价有用，对选择和确定足够的风险降低措施也非常有帮助。

需要说明的是，根据图 2-31 对合成工艺进行的热风险分级体系主要基于 4 个特征温度参数，没有考虑到压力效应、溶剂蒸发速率、反应物料液位上涨等更加复杂的因素，因而是一种初步的反应热风险分级体系。

(1) 1 级危险度情形　在目标反应发生失控后，没有达到技术极限（MTSR<MTT），且由于 MTSR 低于 T_{D24}，不会触发分解反应。只有当反应

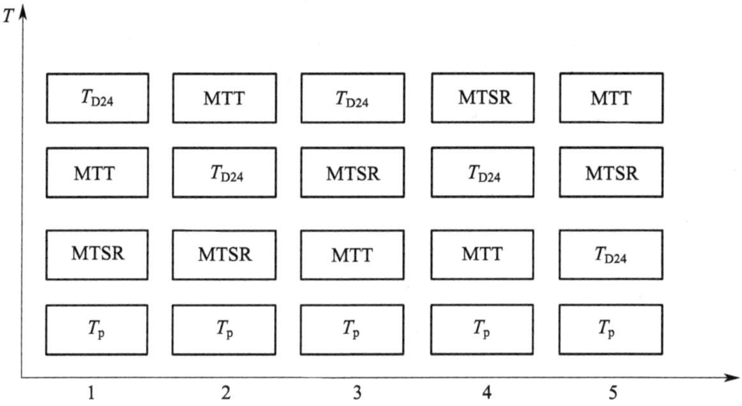

图 2-31　根据 T_p、MTSR、T_{D24} 和 MTT 四个温度水平对危险度分级

物料在热累积情况下停留很长时间，才有可能达到 MTT，且蒸发冷却能充当一个辅助的安全屏障。这样的工艺是热风险低的工艺。

对于该级危险度的情形不需要采取特殊的措施，但是反应物料不应长时间停留在热累积状态。只要设计恰当，蒸发冷却或紧急泄压可起到安全屏障的作用。

(2) 2 级危险度情形　目标反应发生失控后，温度达不到技术极限（MTSR<MTT），且不会触发分解反应（MTSR<T_{D24}）。情况类似于 1 级危险度情形，但是由于 MTT 高于 T_{D24}，如果反应物料长时间停留在热累积状态，会引发分解反应，达到 MTT。在这种情况下，如果 MTT 时的放热速率很高，到达沸点可能会引发危险。只要反应物料不长时间停留在热累积状态，则工艺过程的热风险较低。对于该级危险度情形，如果能避免出现热累积，不需要采取特殊措施。如果不能避免出现热累积，蒸发冷却或紧急泄压最终可以起到安全屏障的作用。因此，必须依照这个特点来设计相应的措施。

(3) 3 级危险度情形　目标反应发生失控后，温度达到技术极限（MTSR>MTT），但不触发分解反应（MTSR<T_{D24}）。这种情况下，工艺安全取决于 MTT 时目标反应的放热速率。

第一个措施就是利用蒸发冷却或减压来使反应物料处于受控状态。必须依照这个特点来设计蒸馏装置，且即使是在公用工程发生失效的情况下，该装置也必须能正常运行。还需要采用备用冷却系统、紧急放料或骤冷等措施。也可以采用泄压系统，但其设计必须能处理可能出现的两相流情形，为了避免反应物料泄漏到设备外，必须安装一个集料罐。当然，所有的这些措施的设计都必须保证能实现这些目标，而且必须在故障发生后立即投入运行。

（4）4 级危险度情形　在合成反应发生失控后，温度将达到技术极限（MTSR＞MTT），并且从理论上说会触发分解反应（MTSR＞T_{D24}）。这种情况下，工艺安全取决于 MTT 时目标反应和分解反应的放热速率。蒸发冷却或紧急泄压可以起到安全屏障的作用。情况类似于 3 级危险度情形，但有一个重要的区别：如果技术措施失效，则将引发二次反应。

因此，需要一个可靠的技术措施。它的设计与 3 级危险度情形一样，但还应考虑到二次反应附加的放热速率，因为放热速率加大后的风险更大。

需要强调的是，对于该级危险度情形，由于 MTSR 高于 T_{D24}，这意味着如果温度不能稳定于 MTT 水平，则可能引发二次反应。因此，二次反应的潜能不可忽略，且必须包括在反应严重度评价中，即应采用体系总的绝热温升（$\Delta T_{ad}=\Delta T_{ad,rx}+\Delta T_{ad,d}$）进行严重度分级。

（5）5 级危险度情形　在目标反应发生失控后，将触发分解反应（MTSR＞T_{D24}），且温度在二次反应失控的过程中将达到技术极限。这种情况下，蒸发冷却或紧急泄压很难再起到安全屏障的作用。这是因为温度为 MTT 时二次反应的放热速率太高，会导致一个危险的压力增长。因此，这是一种很危险的情形。另外，其严重度的评价同 4 级危险度情形一样，需同时考虑到目标反应及二次反应的潜能。

对于该级危险度情形，目标反应和二次反应之间没有安全屏障。因此，只能采用骤冷或紧急放料措施。由于大多数情况下分解反应释放的能量很大，必须特别关注安全措施的设计。为了降低严重度或至少是减小触发分解反应的可能性，非常有必要重新设计工艺。作为替代的工艺设计，应考虑到下列措施的可能性：降低浓度，将间歇反应变换为半间歇反应，优化半间歇反应的操作条件从而使物料累积最小化、转为连续操作等。

在 3 级和 4 级危险度情形中，技术极限温度（MTT）发挥了重要的作用。在开放体系中，这个极限可能是沸点，这时应该按照这个特点来设计蒸馏或回流系统，其能力必须足够以至于能完全适应失控温度下的蒸气流率。尤其需要注意可能出现的蒸气管溢流问题或反应物料的液位上涨问题，这两种情况都会导致压头损失加剧。冷凝器也必须具备足够的冷却能力，即使是在蒸气流速很高的情况也必须如此。此外，回流系统的设计必须采用独立的冷却介质。

在封闭体系中，技术极限温度（MTT）为反应器压力达到泄压系统设定压力时的温度。这时，在压力达到设定压力之前，可以对反应器采取控制减压的措施，这样可以在温度仍然可控的情况下对反应进行调节。如果反应体系的压力升高到紧急泄压系统（安全阀或爆破片）的设定压力，压力增长速率可能足够快，从而导致两相流和相当高的释放流率。

2. 基于改进特征温度的单步反应热危险性评估模型

之前所提到的反应热危险性评估模型中存在 4 种特征温度，用来判断事故发生的可能性。然而在实际应用中发现，只考虑这 4 种特征温度会使得评估结果出现偏差。举个例子，当 MTSR 高于 T_{D24} 且小于 MTT 的时候，反应体系的温度会因为发生二次反应而升高。在这种情况下，如果只考虑 4 种特征温度，那么评估结果为最危险的第 5 等级。然而，如果发生二次反应之后反应体系所能达到的最高温度小于 MTT，则蒸发冷却或紧急泄压可以作为最终的安全屏障，降低事故风险。相应地，反应本身的热危险性也就没有那么高了。

根据上述分析，可以选择添加一个特征温度——绝热条件下的最终温度（T_f）来改进评估方法。改进后的危险等级分级如图 2-32 所示[53]。

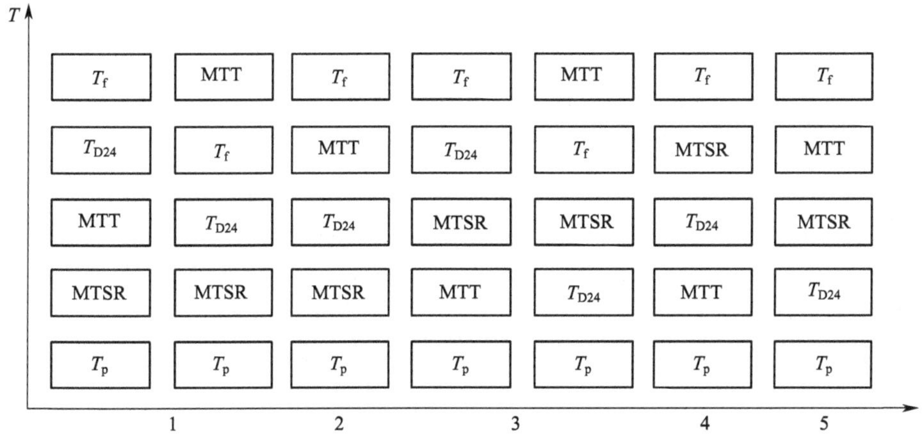

图 2-32　根据 T_p、MTSR、T_{D24}、MTT 和 T_f 五个温度水平对危险度分级

由图 2-32 可知，改进后的危险等级 1 和危险等级 3 都存在两种情景。在危险等级为 1 的第一种情景下，T_{D24} 高于 MTT，这同改进前的分级情况类似。在第二种情景下，T_f 高于 T_{D24} 却低于 MTT。因为绝热条件下的最终温度（T_f）无法达到 MTT，就使得蒸发冷却或紧急泄压可以作为最终的安全屏障。因此，这种情景下的反应热危险性并不算大。同理，危险等级为 3 的第二种情景也是一样。如果不考虑 T_f 这个因素，其反应热危险性将会被定为第 5 等级，这使得反应热危险性被高估。

那么如何来确定 T_f 呢？

如果 MTSR 小于 T_{D24}，则表示很难引发二次反应。在这种情况下，T_f 是合成反应的绝热温升与 T_p 之和。这里的合成反应绝热温升是指假设反应在开始的瞬间就进入绝热模式，其放出的全部热量可以使反应体系升高的温度。

这个值一般可以通过反应量热仪（RC1e）测得。

如果 MTSR 大于等于 T_{D24}，则表示可能引发二次反应。在这种情况下，T_f 是合成反应的绝热温升、T_p 以及二次反应的绝热温升之和。

3. 多步反应热危险性评估模型

涉及特征温度的反应热风险评估方法都是针对单步反应的。而在实际生产过程当中，大多数的工艺都不止一步，属于多步反应。在这种情况下，使用这些评估方法对多步反应的热风险进行评估就不能得到准确的结果。如果想要得到更加准确、全面的评估结果，需要对现有的评估方法进行改进，使其可以更好地应用在多步反应工艺上。下面主要介绍一种针对两步合成反应的热失控风险评估流程。将其与现有的单步评估方法相结合，便可以得到针对两步合成反应的新的热失控风险评估方法。

针对两步合成反应的热失控风险评估流程，考虑了两步合成反应中不同步骤之间的联系对合成过程热失控风险的影响，描述了两步合成反应中可能出现的冷却失效情况。其中最特殊的情况即：反应开始后，第一步反应发生失控。与此同时，反应装置的温度监测、压力监测等监测系统也出现故障。这意味着操作人员并不知道反应系统中发生了什么，无法及时进行应急处理。在这种情况下，反应体系达到第一步反应的最大合成温度（MTSR）。操作人员按照操作流程向反应器中加入第二步反应的物料。这将导致第二步反应在冷却失效的前提下继续进行，可能进一步引发二次分解反应。具体的评估流程如图 2-33 所示[54]。

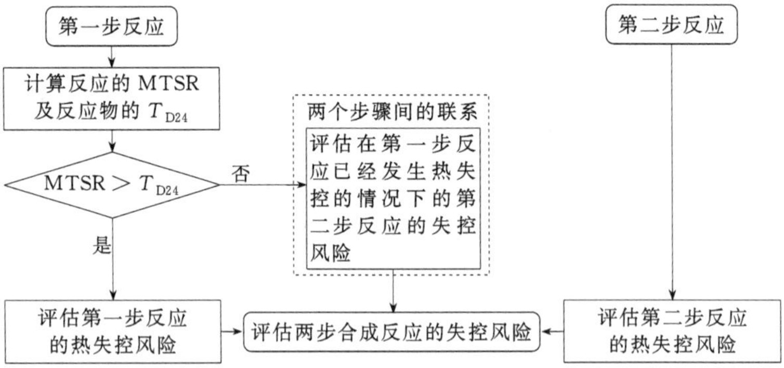

图 2-33 针对两步合成反应的热失控风险评估流程

首先，计算第一步反应的 MTSR 和实际反应产物的 T_{D24}。然后比较两个温度之间的大小关系。如果 MTSR 大于 T_{D24}，则说明在反应系统发生冷却失效后，反应体系的温度可能引发二次分解反应。在这种情况下，发生二次分解后的产物不再具备同第二步反应的物料发生反应的能力。因此，在评估流程中不需要考虑两个反应步骤之间的联系对整个合成过程的热失控风险的影响。如果 MTSR 小于 T_{D24}，则意味着第一步反应即使发生失控也很难引发二次分解反应。在这种情况下，第一步反应的产物还是具备同第二步反应的物料发生反应的能力的。为了反映这两个步骤之间的联系对合成过程热失控风险的影响，对在第一步反应发生热失控的情况下还继续进行的特殊的第二步反应的热失控风险进行了评估。最后，将两个单步反应的热失控风险评估结果与特殊的第二步反应的热失控风险评估结果相结合，对整个合成过程的热失控风险进行评估，就可以得到更加全面、准确的评估结果。

4. 反应热危险性评估流程

（1）评估参数的实验获取　对一个具体工艺的反应热风险进行评价，必须获得相关的放热速率、放热量、绝热温升、分解温度等参数，而这些参数的获取必须通过量热测试。

① 量热仪的运行模式。常见量热仪的温控模式如下：

等温模式：采用适当的方法调节环境温度，从而使样品温度保持恒定。这种模式的优点是可以在测试过程中消除温度效应，不出现反应速率的指数变化，直接获得反应的转化率。缺点是如果只单独进行一个实验不能得到有关温度效应的信息，如果需要得到这样的信息，必须在不同的温度下进行一系列这样的实验。

动态模式：样品温度在给定温度范围内呈线性（扫描）变化。这类实验能够在较宽的温度范围内显示热量变化情况，且可以缩短测试时间。这种模式非常适合反应放热情况的初步测试。对于动力学研究，温度和转化率的影响是重叠的。因此，对于动力学问题的研究还需要采用更复杂的评价技术。

绝热模式：样品温度源于自身的热效应。这种模式可直接得到热失控曲线，但是测试结果必须利用热修正系数进行修正，因为样品释放的热量有部分用来升高样品池温度。

② 常用的量热设备。常用的量热设备主要有反应量热仪（RC1e）、绝热量热仪以及差示扫描量热仪。其中绝热量热仪以及差示扫描量热仪在前面已经详细介绍过，下面主要介绍反应量热仪。以 Mettler-Toledo 公司的反应量热仪为例，说明反应量热仪的工作原理。

如图 2-34 所示，该型量热仪以实际生产的间歇、半间歇反应釜为模型，可在实际工艺条件的基础上模拟工艺具体过程及详细步骤，并能准确地监控和测量化学反应的过程参量，例如温度、压力、加料速率、混合过程、反应热流、热传递数据等。所得出的结果可较好地放大至实际工厂的生产条件。其工作原理示意见图 2-35。

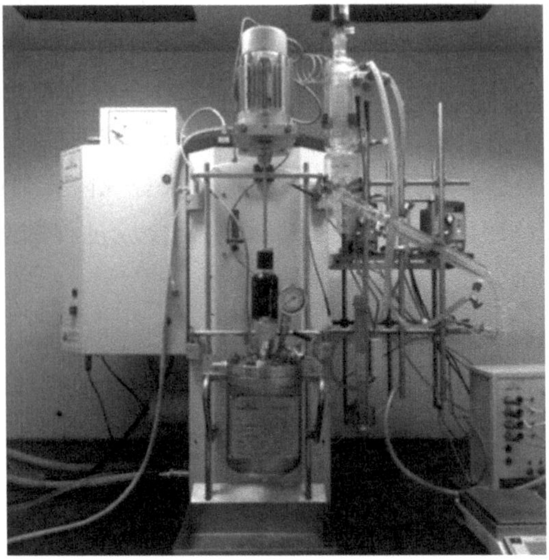

图 2-34 RC1e 实验装置图

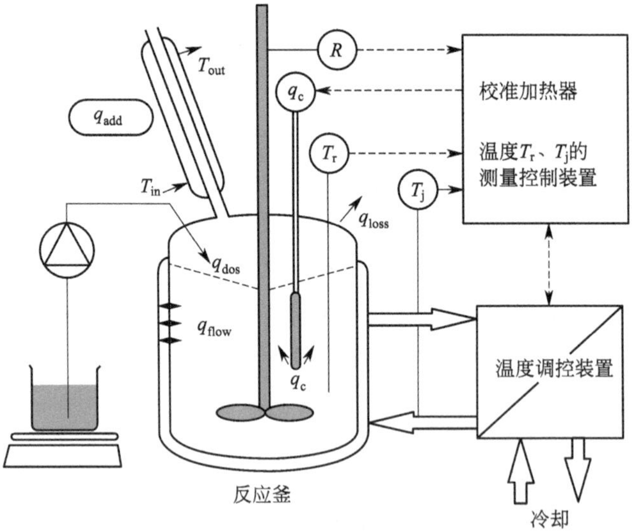

图 2-35 RC1e 的测量原理示意图

RC1e 的测试系统主要由 6 部分组成：RC1e 主机、反应釜、RD10 控制器、最终控制部件、PC 机以及各种传感器。实验过程中，计算机根据热传感器所测得的反应物料的温度 T_r、夹套温度 T_j（也可以用 T_c 表示）等参数来控制 RC1e 主机运行，RD10 根据相应传感器所测数据（例如压力、加料等），按照计算机设定的程序控制系统的加料、电磁阀、压力控制器等部件，这样可实现对反应体系的在线检测和控制。

RC1e 的测试基于如下热平衡理论，热量输入＝热累积＋热量输出：

$$q_{rx}+q_c+q_s=(q_{acc}+q_i)+(q_{ex}+q_{fd}+q_{loss}+q_{add}) \tag{2-73}$$

式中，q_{rx} 为化学反应过程中的放热速率，W；q_c 为校准功率，即校准加热器的功率，W；q_s 为搅拌装置导入的热流速率，W；q_{acc} 为反应体系的热累积速率，W：q_i 为反应釜中插件的热积累速率，W；q_{ex} 为通过夹套传递的热流率，W，$q_{ex}=US(T_r-T_j)$；U、S 分别为传热系数［$W/(m^2 \cdot K)$］和传热面积（m^2），用热量已知的校正加热器加热一定时间后，通过记录 T_r 和 T_j 变化经计算可求得 $US=q_c/(T_r-T_j)$；q_{fd} 为半间歇反应物料加入所引起的加料显热，W；q_{loss} 为反应釜的釜盖和仪器连接部分等的散热速率，W；q_{add} 为自定义的其他一些热量流失速率，W。可能的热量流失速率有回流冷凝器中散发的热流速率（q_{reflux}）、蒸发的热流速率（q_{evap}）等。

当反应无需回流，且忽略搅拌、反应釜釜盖和仪器连接部分等的散热时，反应放热速率可以由式(2-74) 求得：

$$q_{rx}=q_{acc}+q_i+q_{ex}+q_{fd}-q_c \tag{2-74}$$

对式(2-74) 积分便可以得到反应过程中总的放热：

$$Q_r=\int_{t_0}^{t_{end}} q_{rx}\,dt \tag{2-75}$$

式中，t_0 为反应开始时刻；t_{end} 为反应结束时刻。

反应热使目标反应在绝热状态下升高的温度 $\Delta T_{ad,rx}$ 可由式(2-76) 得到：

$$\Delta T_{ad,rx}=Q_r/(M_r c'_p)=\int_{t_0}^{t_{end}} q_{rx}\,dt/(M_r c'_p) \tag{2-76}$$

由任意时刻反应已放出热量和反应总放热的比可得到反应的热转化率 X_{th}：

$$X_{th}=\frac{\int_{t_0}^{t} q_{rx}\,dt}{Q_r}=\frac{\int_{t_0}^{t} q_{rx}\,dt}{\int_{t_0}^{t_{end}} q_{rx}\,dt} \tag{2-77}$$

如反应物的实际转化率较高或完全转化为产物时，任意时刻的热转化率 X_{th} 即可认为是目标反应的实时转化率。

(2) 反应热风险评估流程　首先要构建一个发生冷却失效的情形，并以此作为评估的基础。图 2-36 提出的评估程序将严重度和可能性分开考虑，并考虑到实验过程的经济性。其次，在所构建情形的基础上确定危险度等级，从而有助于选择和设计风险降低措施。

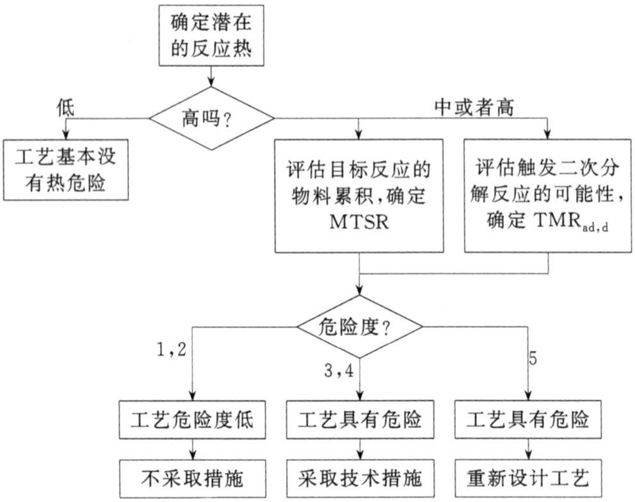

图 2-36　简化法的评估程序

如果采用的简化评估法评估的结果为负结果，则需要开展进一步的深入评估。为了保证评估工作的经济性，即只对所需的参数进行测定，可以采用如图2-37所示的评估程序。在程序的第一部分假定了最坏条件，例如对于一个反应，假设其物料累积度为100%，这可以认为是基于最坏情况的评估。

评估的第一步是对反应物料所发生的目标反应进行鉴别，考察反应热的大小、放热速率的快慢，对反应物料进行评估，考察其热稳定性。这些参数可以通过对不同阶段——反应前、反应期间和反应后的反应物料样品进行DSC实验获得。显然，在评估样品的热稳定性时，可以选择具有代表性的反应物料进行分析。如果没有明显的放热效应，如绝热温升低于50K，且没有超压，那么在此阶段就可以结束研究工作。

如果发现存在显著的反应放热，必须确定这些放热是来自目标反应还是二次分解反应：如果来自目标反应，必须研究放热速率、冷却能力和热累积，即MTSR有关的因素；如果来自二次反应，必须研究其动力学参数以确定MTSR时的$TMR_{ad,d}$。

具体评估步骤如下：

① 首先考虑目标反应为间歇反应，此时物料累积度为100%，按照最坏情况考虑问题。计算间歇反应的MTSR。

② 计算$TMR_{ad,d}$为24h的温度T_{D24}。如果所假设的最坏情况的后果不可接受（这样的结论必须基于准确的参数），则采用下述步骤。

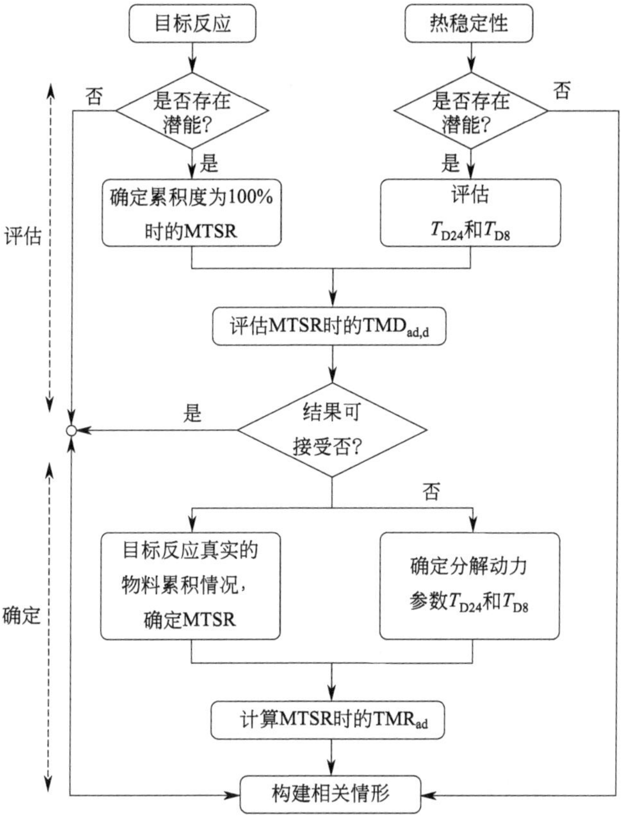

图 2-37　基于参数准确性递增原则的评估流程

③ 采用反应量热的方法确定目标反应中反应物的累积情况。反应量热法可以确定物料的真实累积情况，因此可以得到真实的 MTSR。反应控制过程中要考虑最大放热速率与反应器冷却能力相匹配的问题、气体释放速率与洗涤器气体处理能力相匹配的问题等。

④ 根据二次反应动力学确定 $TMR_{ad,d}$ 与温度的函数关系，由此可以确定诱导期为 24h 的温度 T_{D24}。

然后，将这些数据概括成如图 2-38 所示的形式。通过该图可以对给定工艺的热风险进行快速的检查与核对。

二、基于事故概率与临界判据的反应热失控定量风险评估方法

间歇及半间歇式反应器被广泛应用于工业生产中，通常其都有相应的安全装置用于防止失控事故的发生，但是如果安全装置失效或者紧急处置装置不能

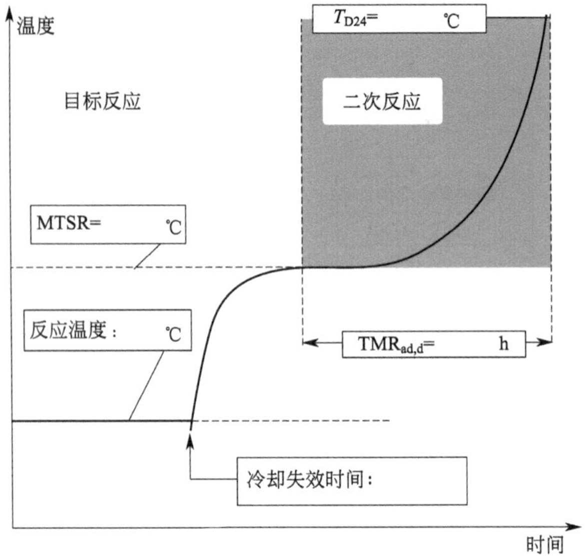

图 2-38　与工艺过程相关的热风险的图形描述

工作，都有可能导致反应失控。前面提到的反应热危险性评估方法是更偏向于定性的评估方法，而下面着重介绍两种分别针对间歇式反应器与半间歇式反应器的反应热失控定量风险评估方法[55]。

1. 间歇式反应热失控风险评估

（1）间歇式反应数学模型。对于一个简单均相放热反应，其化学反应模型如下所示：

$$\upsilon_A A + \upsilon_B B \xrightarrow{\text{催化剂}, r_1} \upsilon_C C + \upsilon_D D \tag{2-78}$$

式中，A、B 为反应物；C、D 是产物。

假设产物 C 能够发生分解，则分解反应式如下：

$$\upsilon_m C \xrightarrow{r_2} \upsilon_e E + \upsilon_f F \tag{2-79}$$

式(2-78)、式(2-79) 中，υ_A，υ_B，ν_C，ν_D，υ_m，υ_e 和υ_f 分别是组分 A、B、C、D、C、E 和 F 的化学计量数。

反应速率 r_1 和 r_2 分别定义为：

$$r_1 = k_1 c_A^n c_B^m [\text{催化剂}]^y \tag{2-80}$$

$$r_2 = k_2 c_C^w \tag{2-81}$$

式中，k_1 和 k_2 是反应速率常数；[催化剂] 是催化剂浓度；n，m，w 和 y 是反应级数。如果反应没有催化剂，则 [催化剂]^y 等于 1。

为了简化间歇式反应模型，做出如下假设：

① 反应物料充分混合，反应是均相反应系统；

② 反应热的产生只是由于反应自身放热；

③ 热量的移除只和夹套冷却条件有关；

④ 理想气体状态。

基于以上假设，能量方程表示如下：

$$\rho V c_p' \frac{dT_r}{dt} = \sum_{j=1}^{2} r_j(-\Delta H_{rj})V - UA(T_r - T_j) \tag{2-82}$$

式中，T_r 是反应温度，K；T_j 是夹套温度，K；ρ 是密度，kg/m^3；V 是总的反应体积，m^3；c_p' 是比热容，J/(kg·K)；U 是传热系数，W/(m^2·K)；A 是传热面积，m^2；ΔH_{rj} 是第 j 个反应的反应热，J/mol。

(2) 危险性评估。热失控事故的冷却失效模型是一种常用的评估放热反应热安全的方法。如图 2-39 所示。

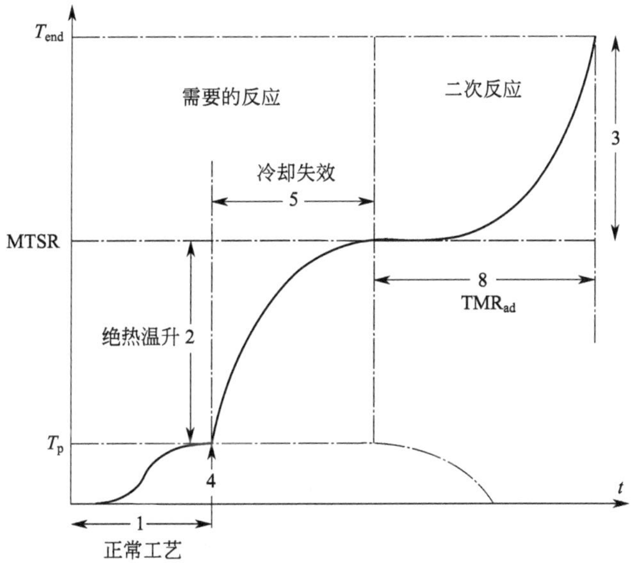

图 2-39　反应热失控情景示意图

从图 2-39 可以看出，在热失控场景中，主要有三个阶段：正常工艺阶段、冷却失效阶段和二次反应阶段。在二次反应阶段反应温度有可能会超过反应最大允许温度（T_{MAT}），从而导致事故的发生。

有些学者已经研究了间歇式反应及其热失控事故情况，L. Hub 和 J. D. Jones[56] 提出了基于能量平衡的反应热失控的判断方法。

$$\frac{dQ_r}{dt}=\rho Vc'_p\frac{dT_r}{dt}+UA(T_r-T_j) \tag{2-83}$$

式中，Q_r 是反应热，J/mol。

从图 2-39 可以看出，当温度对时间的一阶和二阶导数都大于 0 时，反应发生热失控，如图 2-40 所示。

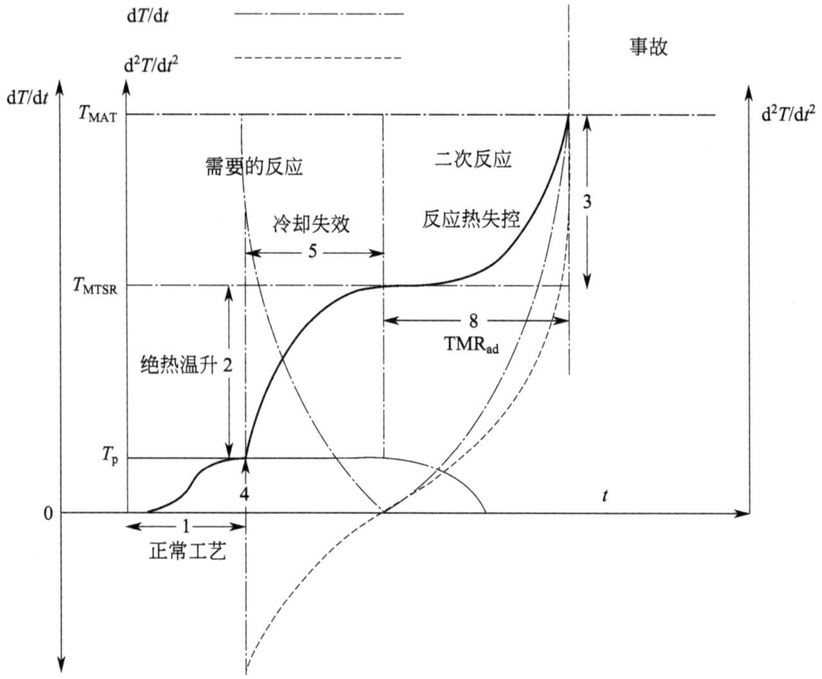

图 2-40 冷却失效图和温度的一阶和二阶导数

因此，能量方程的导数如下所示：

$$d^2Q_r/dt^2>0 \tag{2-84}$$

式中，对应的温度导数如下：

$$\frac{d^2T_r}{dt^2}>0 \quad 和 \quad \frac{d(T_r-T_j)}{dt}>0 \tag{2-85}$$

实际上，从图 2-40 可以看出，热失控对应另外一个条件，即反应温度要超过临界阈值。

$$T_r>T_{MAT} \tag{2-86}$$

式中，T_{MAT} 在开口系统中假设为反应物料的沸点温度，K。

在冷却失效模型中，正常工艺时间（t_{TNP}）也是一个关键因素。如果反应热失控发生的初始时间大于正常工艺时间，则热失控事故还未发生，反应就停止了，此时便不会发生热失控事故，反之，如果反应热失控发生的最大允许时间（t_{MAT}）小于正常工艺时间（t_{TNP}），则可能会发生热失控事故。结合以上分析，提出热失控引发第一次事故的关键标准如下：

$$\begin{cases} \dfrac{d^2 T_r}{dt^2}>0 \\ \dfrac{dT_r}{dt}>0 \\ T_r>T_{MAT} \\ t_{MAT}<t_{TNP} \end{cases} \tag{2-87}$$

当反应的冷却装置发生故障时，有可能发生热失控事故，此时公式(2-82)变成如下形式：

$$\rho V c'_p \frac{dT_r}{dt}=\sum_{j=1}^{2} r_j(-\Delta H_{rj})V \tag{2-88}$$

根据式(2-88)可以看出，当反应发生热失控后，反应温度继续上升导致事故发生，催化剂的浓度和发生冷却失效时的反应温度是两个重要参数。实际上，对于给定的催化剂浓度，在冷却失效情况下，不同的反应起始温度会导致不同的最终反应温度，如果最终反应温度超过 T_{MAT}，则有可能导致灾害事故发生。

（3）间歇式反应热失控风险评估方法。在工厂平面的最优化设计和布置中，基于风险的最小化投入是一个重要的设计策略。如式(2-89)所示：

$$\min\{C_g\}\text{with}C_g=C_0+\Delta C_0+\sum(P_f-\Delta P_f)C_f \tag{2-89}$$

式中，C_g 是整个工厂的投入；C_0 是工厂的初始投入（例如设计和施工）；P_f 是工厂的初始风险；C_f 是事故的社会经济后果；ΔC_0 是为了降低事故后果而进行的投入，例如增加安全围挡、更新安全设施等；ΔP_f 是增加投入后降低的风险值。

目前理论优化主要有两个目的：

① 基于概率风险的优化设计，主要依靠先验的参数敏感性分析；

② 已有储罐或反应器的事故发生概率的评估。

本节的热失控风险评估研究主要针对已有反应器事故发生概率的评估。目前评估反应器发生事故概率主要根据历史数据统计获得。实际上，反应器首次发生事故可能会引发一些联锁反应导致多米诺效应，因此评估反应器发生事故的风险具有重要的意义。许多学者根据历史数据和实验研究建立了相应的风险评估模型[25-27]。但是反应器发生事故的历史数据由于一些原因非常难获得，因此目前通过理论评估反应器风险仍然是一个巨大的挑战。同时，对于设备可靠性研究发现，设备发生事故的概率一般服从泊松分布，这就为基于热失控事故机理进行反应器失控事故的概率预测提供了可能性。

对于热失控事故 E_{TR}，定义如下：

$$E_{TR}=(E_{CF})\cap\{[(E_{T>T_{crit}})\cup(E_{t_{TNP}>t_{crit}})]\cap(E_{d^2T_r/dt^2>0})\cap(E_{dT_r/dt>0})\} \tag{2-90}$$

式中，$\cap$是两个概率事件的交集符号；$\cup$是两个概率事件的和级符号；(E_{CF}) 是冷却失效对应的概率事件；$(E_{T>T_{crit}})$ 是温度超过临界温度阈值的概率事件；$(E_{t_{TNP}>t_{crit}})$ 是正常工艺时间大于失控临界时间的概率事件；$(E_{d^2T_r/dt^2>0})$ 和 $(E_{dT_r/dt>0})$ 分别是反应温度对时间的二阶和一阶导数大于0的概率事件。

间歇式反应热失控事故概率定义为：

$$P(E_{TR})=P(E_{CF})P(E_{TR}|E_{CF}) \tag{2-91}$$

$$P(E_{TR}|E_{CF})=P\{(E_{T>T_{crit}})\cap(E_{t_{TNP}>t_{crit}})\cap(E_{d^2T_r/dt^2>0})\cap(E_{dT_r/dt>0})\} \tag{2-92}$$

式中，$P(E_{TR}|E_{CF})$是在冷却失效前提下的热失控事故概率。

冷却器的失效主要和各种条件有关，例如冷却组分的量、冷却器运行年限和运行状况等。

为了说明冷却器失效情况，对其进行一些假设，包括与冷却器相关联的间歇式反应器内的组分都是均匀的，反应器类型相同，运行年限和运行状况也都相似，假设在 N 个反应器中，每个反应器的冷却器发生失效的概率为：

$$P_{CF}=P(E_{CF}(i)),i\in[1,N] \tag{2-93}$$

相关研究发现[28]，K 个反应器的冷却器同时发生失效的概率服从二项分布：

$$P(E_{CF}(i=1,\cdots,k))=\frac{N!}{(k!)(N-k)!}(P_{CF})^k(1-P_{CF})^{N-k} \tag{2-94}$$

对于单个冷却器失效每年发生的概率 λ，可以通过过去的事故统计或者是理论研究获得。在给定时间段内 t_{Ref}，冷却器发生失效的概率假定符合泊松分布[57]：

$$P(E_{CF}(i))=(\lambda t_{Ref})(e^{-\lambda t_{Ref}}) \tag{2-95}$$

因此，在一个间歇式反应中，发生热失控事故的概率如式(2-96) 所示：

$$P(E_{TR})=(e^{-\lambda t_{Ref}})(\lambda t_{Ref})P(E_{T>T_{crit}})P(E_{t_{TNP}>t_{crit}})P(E_{d^2T_r/dt^2>0})P(E_{dT_r/dt>0}) \tag{2-96}$$

式中，$P(E_{T>T_{crit}})$ 是 $E_{T>T_{crit}}$ 的概率；$P(E_{t_{TNP}>t_{crit}})$ 是 $E_{t_{TNP}>t_{crit}}$ 的概率；$P(E_{d^2T_r/dt^2>0})$ 是 $E_{d^2T_r/dt^2>0}$ 的概率；$P(E_{dT_r/dt>0})$ 是 $E_{dT_r/dt>0}$ 的概率。

（4）间歇式反应热失控风险评估基本流程。通过以上研究提出一个间歇式反应热失控风险评估的基本流程，如图 2-41 所示：

① 确定间歇式反应器的初始反应条件和反应组分；

② 确定控制热失控发生的关键参数及其临界值；

③ 将热失控反应的模拟结果与实验结果比较验证；

④ 建立基于反应热失控的概率风险模型；

⑤ 评估工艺热失控风险，并优化工艺过程。

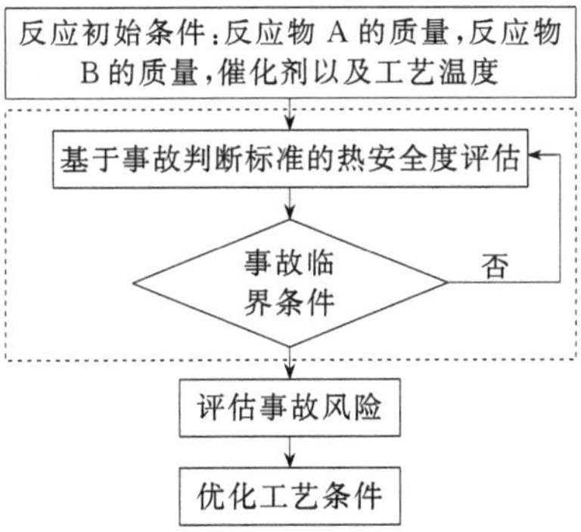

图 2-41　间歇式反应热失控风险评估流程图

2. 半间歇式反应热失控风险评估

（1）半间歇式反应（SBR）数学模型。下面主要研究半间歇式反应中的液-液放热反应。假设如下反应：

$$\upsilon_A A+\upsilon_B B \longrightarrow \upsilon_C C+\upsilon_D D \tag{2-97}$$

式中，υ_A，υ_B，υ_C 和 υ_D 分别是组分 A、B、C 和 D 的化学计量数。

对于此反应做一些重要的假设：

① 反应器内体积的改变只是由于反应物料的加入；

② 在反应过程中没有相变发生；

③ 组分 A 是在反应过程中添加，反应开始前添加组分 B，组分 A 和组分 C 几乎都在扩散相 d 中，组分 B 和组分 D 几乎都在连续相 c 中；

④ 反应速率是反应物 A 和 B 浓度的一级反应；

⑤ 化学反应只发生在一个相态当中；

⑥ 反应物 C 是需要的产物；

⑦ 传热系数和传热面积的乘积 UA 正比于液体体积的变化；

⑧ 反应初始温度与冷却夹套温度相同；

⑨ 反应是慢速反应；

⑩ 初始反应体积为：

$$V_{\mathrm{ro}}=\frac{n_{\mathrm{B0}}}{c_{\mathrm{B0}}} \tag{2-98}$$

组分 B 的质量平衡方程可以写成如下无量纲形式：

$$\frac{\mathrm{d}\zeta_{\mathrm{B}}}{\mathrm{d}\vartheta}=\frac{t_{\mathrm{D}}}{n_{\mathrm{B0}}}\upsilon_{\mathrm{B}}rV \tag{2-99}$$

式(2-98)、式(2-99) 中，n_{B0} 是组分 B 在反应开始时的摩尔质量，g/mol；c_{B0} 是组分 B 在反应开始时的物质的量浓度，mol/m^3；ζ_{B} 是组分 B 的无量纲转化率；t_{D} 是组分 A 加料达到化学计量比时的时间，s；r 是反应速率，mol/(m^3 · s)；υ_{B} 是组分 B 的化学计量数；V 是反应体积，m^3。

根据动力学机理和以上假设，把方程（2-99）改写成如下形式：

$$\frac{\mathrm{d}\zeta_{\mathrm{B}}}{\mathrm{d}\vartheta}=\frac{\upsilon_{\mathrm{A}}}{\upsilon_{\mathrm{C}}}Da\,\mathrm{RE}_{\mathrm{slow,c/d}}f_{\mathrm{slow,c/d}}\kappa \tag{2-100}$$

式中，$\mathrm{RE}_{\mathrm{slow,c/d}}$ 是反应增强因子；$f_{\mathrm{slow,c/d}}$ 是与动力学机理相关的函数；$\kappa=\exp\left[\gamma\left(1-\frac{1}{\gamma}\right)\right]$ 是无量纲反应速率常数；$\gamma=\frac{E}{RT_{\mathrm{r}}}$ 是无量纲活化能；γ 是无量纲温度；$Da=k_{\mathrm{R}}t_{\mathrm{D}}c_{\mathrm{B0}}$ 是 Damköhler 数；T_{r} 是参考温度，K。

$\mathrm{RE}_{\mathrm{slow,c/d}}$ 和 $f_{\mathrm{slow,c/d}}$ 的方程式有以下几种，如表 2-35 所示：

表 2-35　$\mathrm{RE}_{\mathrm{slow,c/d}}$ 和 $f_{\mathrm{slow,c/d}}$ 的一级反应方程式

项目	分散相中的反应	连续相中的反应
$\mathrm{RE}_{\mathrm{slow,c/d}}$	m_{B}	m_{A}
$f_{\mathrm{slow,c/d}}$	$(\vartheta-\zeta_{\mathrm{B}})(1-\zeta_{\mathrm{B}})$	$(\vartheta-\zeta_{\mathrm{B}})(1-\zeta_{\mathrm{B}})/(\varepsilon\vartheta)$

注：式中 $\varepsilon=\frac{\Phi_{\mathrm{VD}}t_{\mathrm{D}}}{V_{\mathrm{ro}}}=\frac{\upsilon_{\mathrm{A}}}{\upsilon_{\mathrm{B}}}\frac{c_{\mathrm{B0}}}{c_{\mathrm{AD}}}$ 是相对体积增加量；$\vartheta=t\frac{\upsilon_{\mathrm{B}}}{\upsilon_{\mathrm{A}}}\frac{\Phi_{\mathrm{VD}}c_{\mathrm{AD}}}{c_{\mathrm{B0}}V_{\mathrm{ro}}}$ 是无量纲时间；Φ_{VD} 是恒定加料速率。

SBR 的能量平衡方程如下所示：

$$\frac{\mathrm{d}\gamma}{\mathrm{d}\vartheta}=\frac{1}{1+\varepsilon\vartheta R_{\mathrm{H}}}\left\{\Delta\gamma_{\mathrm{ad,0}}\frac{\mathrm{d}\zeta_{\mathrm{B}}}{\mathrm{d}\vartheta}-\left[\varepsilon R_{\mathrm{H}}+U^{*}Da(1+\varepsilon\vartheta)\right](\gamma-\gamma_{\mathrm{cool}}^{\mathrm{eff}})\right\} \tag{2-101}$$

式中，$R_{\mathrm{H}}=\rho_{\mathrm{D}}c_{p,\mathrm{D}}/(\rho_0 c_{p,0})\approx\rho_{\mathrm{d}}c_{p,\mathrm{d}}/(\rho_{\mathrm{c}}c_{p,\mathrm{c}})$ 是两相的比热容之比；$\gamma_{\mathrm{cool}}^{\mathrm{eff}}=\frac{U^{*}Da(1+\varepsilon\theta)\gamma_{\mathrm{c}}+\varepsilon R_{\mathrm{H}}\gamma_{\mathrm{D}}}{UDa(1+\varepsilon\theta)+\varepsilon R_{\mathrm{H}}}$ 是有效的无量纲化冷却温度；$\Delta\gamma_{\mathrm{ad,0}}=$

$\frac{-\Delta H_r n_{B0}}{\upsilon_B(\rho c_p)_0 V_{r0} T_r}$是无量纲化初始绝热温升；$U^*=(UA)_0/[k_R(c_B\rho c_p V_r)_0]$是冷却能力；$k_R$ 是参考温度下的反应速率常数。

从表 2-35 可以看出，在扩散项中的慢反应转化速率如式(2-102) 所示：

$$\frac{d\zeta_B}{d\vartheta}=\upsilon_A/\upsilon_C\kappa Dam_B(\vartheta-\zeta_B)(1-\zeta_B) \tag{2-102}$$

为了获得由于物料累积导致的热失控界限图，相关学者提出了反应数 (Ry) 和放热数 (Ex) 所构成的界限图：

$$Ry=\left.\frac{(m_A \text{ 或} m_B)(\upsilon_A/\upsilon_C)Da\exp(\gamma(1-1/\gamma_{cool}^{eff}))}{\varepsilon(Co+R_H)}\right|_{\vartheta=0} \tag{2-103}$$

$$Ex=\left.\frac{\gamma}{\gamma_{cool,eff}^2}\frac{\Delta\tau_{ad,0}}{\varepsilon(Co+R_H)}\right|_{\vartheta=0} \tag{2-104}$$

式中，$Co=U^*Da/\varepsilon$，是冷却数。

式(2-103) 中选择 m_A 或 m_B 根据反应区域在连续相还是扩散相。根据相关文献提供的例子[58]，$R_H=1$，$\frac{U^*Da}{\varepsilon}=10$，$0.3<\varepsilon<0.55$，$0.29<\Delta\gamma_{ad,0}<0.7$，$32<\gamma<42$，$\upsilon_A/\upsilon_C=1$，$T_r=300K$ 和 $0.025<Dam_B<14$，画出相应的界限图，如图 2-42 所示。

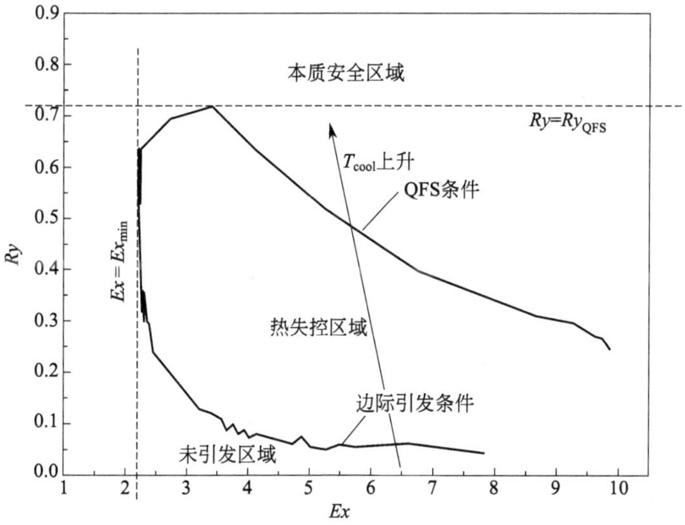

图 2-42　慢反应界限图

在图 2-42 中，未引发区域和热失控区域以及热失控区域和 QFS 区域的边界条件是：

$$T_{max}=T_{ta} \tag{2-105}$$

式中，T_{max} 是最大反应温度；T_{ta} 是目标温度。

无量纲化目标温度如下所示：

$$\gamma_{ta}=\frac{T_{ta}}{T_r}=\gamma_{cool}^{eff}+1.05\frac{\Delta\gamma_{ad,0}}{U^* Da(1+\varepsilon\vartheta)+\varepsilon R_H} \tag{2-106}$$

目标温度是物料累积行为的特征温度，因此，图 2-42 中因累积行为不同可分为五个不同区域：

——未引发区域（$Ex>Ex_{min}$ 的右边区域，并且在边际引发区域的下面）；

——边际引发区域；

——热失控区域（在边际引发区域和 QFS 区域的中间）；

——QFS 区域（$Ex>Ex_{min}$ 的右边，并且在 QFS 线的上部）；

——本质安全区域（$Ex<Ex_{min}$ 区域和 $Ry>Ry_{QFS}$ 区域）。

（2）改进界限图方法

① 半间歇式热失控事故临界条件的案例研究。当冷却温度 T_{cool} 增加，反应最高温度 T_{max} 有可能达到 T_{ta}，从而导致二次反应。案例模拟研究条件如下：

$R_H=1$，$Co=\dfrac{U^* Da}{\varepsilon}=10$，$\varepsilon=0.4$，$\Delta\gamma_{ad,0}=0.6$，$\gamma=38$，$\upsilon_A/\upsilon_C=1$，$283K<T_{cool}<367K$，$T_r=300K$ 和 $Dam_B=1.8$。

式中，Co 是冷却数或者是 Westerterp 数；γ 是无量纲活化能；υ_A 和 υ_C 分别是组分 A 和 C 的化学计量数；T_{cool} 是冷却温度。

因此，需要找到满足如下约束条件的临界情况：

$$TT(T_c)=\gamma_{max}(T_c)-\min[\gamma_{ta}(T_c),\gamma_{MAT}(T_c)]|_{\vartheta(\gamma_{max})}=0 \tag{2-107}$$

对应方程（2-107）T_c 的根和四个区域如图 2-43 所示。

图中 $TT(T_c)>0$ 对应热失控区域或者二次反应区。

从图中可以得到三个临界温度：$T_{crit}(1)=286K$；$T_{crit}(2)=302K$ 和 $T_{crit}(3)=340K$。

② 改进的界限图方法。从图 2-43 可以看出，在 SBR 热失控临界判据中，不应只考虑 T_{ta}，还应该考虑二次反应所对应的临界温度 T_{MAT}。因此研究提出一个新的热失控临界判据条件：

$$T_{max}=\min(T_{ta},T_{MAT}) \tag{2-108}$$

因此改进后的界限图公式如下所示：

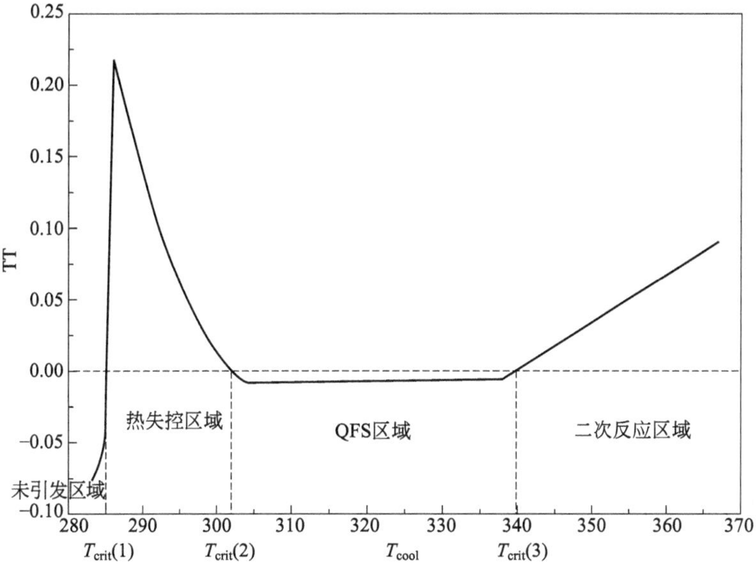

图 2-43 慢反应 SBR 的 TT 函数

$$\begin{cases} Ex=\dfrac{\gamma}{\gamma_{\text{cool,eff}}^{2}}\dfrac{\Delta\tau_{\text{ad},0}}{\varepsilon(Co+R_{\text{H}})}\Bigg|_{\vartheta=0} \\ \ln Ry=\ln\dfrac{(m_{\text{A}}\text{或}m_{\text{B}})(\upsilon_{\text{A}}/\upsilon_{\text{C}})Da}{\varepsilon(Co+R_{\text{H}})}+\exp(\gamma(1-1/\gamma_{\text{cool}}^{\text{eff}}))\Bigg|_{\vartheta=0} \end{cases} \tag{2-109}$$

为了说明改进的结果，进行相关案例研究，假设 T_{MAT} 是水的沸点。案例参数如下：

$R_{\text{H}}=1$；$0.3<\varepsilon<0.55$；$0.29<\Delta\gamma_{\text{ad},0}<0.7$；$32<\gamma<42$；$\upsilon_{\text{A}}/\upsilon_{\text{C}}=1$；$283\text{K}<T_{\text{cool}}<367\text{K}$；$Co=5$；$0.025<Dam_{\text{B}}<14$。

改进的界限图如图 2-44 所示。

图 2-44 中有一些特征点[A(1.2,5.58)，B(1.2,3.75)，C(7.24,−1)，D(9.4,−0.97)，E(1.98,−1.2)，F(9.29,−2.57)，G(7.96,−2.88)，H(1.98,0)，J(0,−1.2)，K(1.2,0)]和相应的区域：

临界值点 T_{crit}（1），T_{crit}（2）和 T_{crit}（3）（图 2-43 对应点）；

未引发区域（HEG）在 EG 线下方（EG 线表示边际引发条件）；

热失控区域位于 EG 和 EF 曲线之间（EF 曲线是 QFS 条件的临界曲线）；

QFS 区域位于 EF 和 $ABCD$ 曲线之间；

二次反应区域在 $ABCD$ 曲线以上（$ABCD$ 曲线是临界二次反应区域）；

本质安全区域在 EH 曲线左边或者是 JE 曲线的上部，$ABCD$ 曲线的下部。

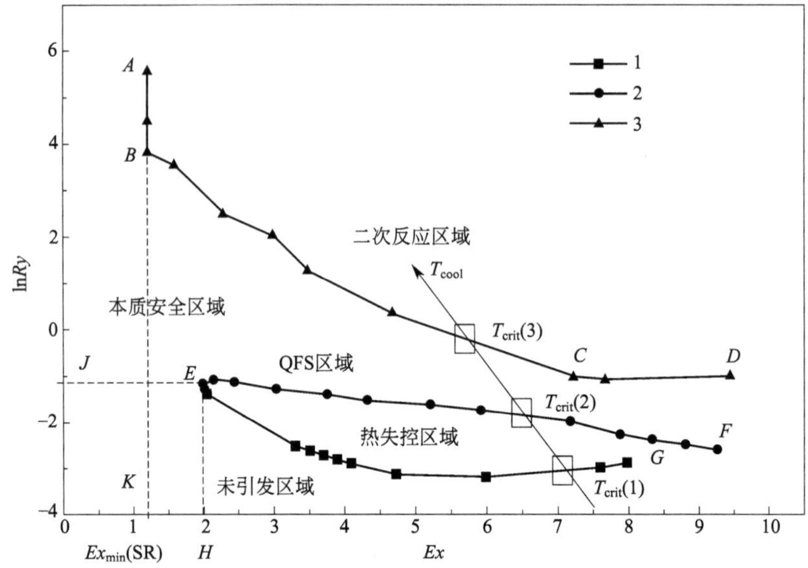

图 2-44　改进的界限图

(3) 冷却温度的影响。对于半间歇式反应热失控，加料时间和冷却温度是两个独立的控制变量，但实际上，这两个变量之间并不是完全独立。在不同的加料时间情况下，改变冷却温度能够控制反应不发生热失控，因此将冷却温度作为热失控时唯一独立控制参数。为了说明此情况，设置如下半间歇式反应参数：

$R_H=1$；$0.3<\varepsilon<0.55$；$0.29<\Delta\gamma_{ad,0}<0.7$；$32<\gamma<42$；$\upsilon_A/\upsilon_C=1$；$Co=3$；$0.025<Dam_B<14$。

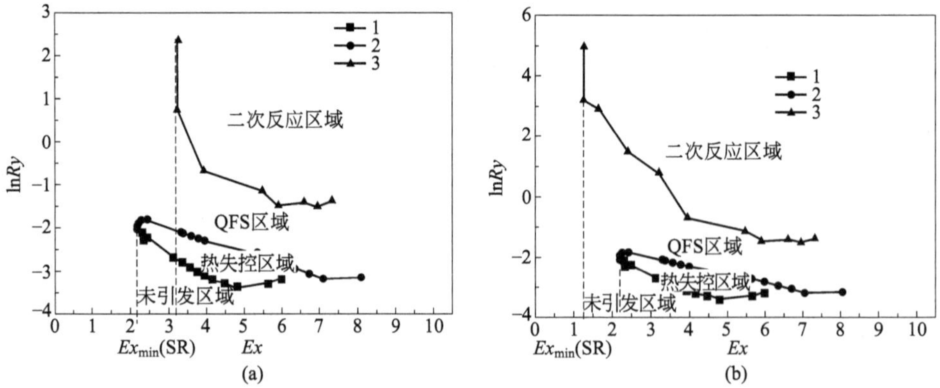

图 2-45　改进的慢反应界限图。(a) $283K<T_{cool}<317K$；(b) $283K<T_{cool}<367K$

从图 2-45 可以看出，图（b）中 $Ex_{\min}$(SR) 小于图（a）中的 $Ex_{\min}$(SR)，同时，图（b）的二次反应区域大于图（a）的二次反应区域。

从以上分析可以看出，冷却温度对于热失控有着重要的影响。因此，对于冷却温度微小变化导致反应热失控的影响的研究有着重要的意义。为了对此进行研究，对反应系统的参数敏感性进行分析。

归一化的冷却温度敏感性定义如下：

$$S(\gamma;T_{\text{cool}})=\frac{T_{\text{cool}}}{\gamma}\frac{\partial\gamma}{\partial T_{\text{cool}}}=\frac{T_{\text{cool}}}{\gamma}s(\gamma;T_{\text{cool}}) \tag{2-110}$$

式中，$s(\gamma;\ T_{\text{cool}})$ 是局部敏感性。

对于半间歇式热失控反应，敏感性分析主要考虑冷却温度对反应最高温度 $\gamma_{\max}$ 的影响，因此，方程（2-110）改写成：

$$S^*(\gamma_{\max};T_{\text{cool}})=\frac{T_{\text{cool}}}{\gamma_{\max}}\frac{\partial\gamma_{\max}}{\partial T_{\text{cool}}}=\frac{T_{\text{cool}}}{\gamma_{\max}}s^*(\gamma_{\max};T_{\text{cool}}) \tag{2-111}$$

根据方程(2-110)和方程(2-111)，局部敏感性方程如下：

$$\frac{\mathrm{d}s(\zeta_{\mathrm{B}};T_{\text{cool}})}{\mathrm{d}\theta}=\frac{\partial F_1}{\partial\gamma}s^*(\gamma_{\max};T_{\text{cool}})+\frac{\partial F_1}{\partial\zeta_{\mathrm{B}}}s(\zeta_{\mathrm{B}};T_{\text{cool}})+\frac{\partial F_1}{\partial T_{\text{cool}}} \tag{2-112}$$

$$\frac{\mathrm{d}s^*(\gamma_{\max};T_{\text{cool}})}{\mathrm{d}\theta}=\frac{\partial F_2}{\partial\gamma}s^*(\gamma_{\max};T_{\text{cool}})+\frac{\partial F_2}{\partial\zeta_{\mathrm{B}}}s(\zeta_{\mathrm{B}};T_{\text{cool}})+\frac{\partial F_2}{\partial T_{\text{cool}}} \tag{2-113}$$

式中，$s(\zeta_{\mathrm{B}};\ T_{\text{cool}})$ 是转化率的局部敏感性；F_1 是方程（2-102）的右边；F_2 是方程（2-101）的右边。

此处研究的模拟条件如下：

$R_{\mathrm{H}}=1$，$Co=\dfrac{U^*Da}{\varepsilon}=10$，$\varepsilon=0.4$，$\Delta\gamma_{\text{ad},0}=0.6$，$\gamma=38$，$\upsilon_{\mathrm{A}}/\upsilon_{\mathrm{C}}=1$，$283\mathrm{K}<T_{\text{cool}}<317\mathrm{K}$，$T_{\mathrm{r}}=300\mathrm{K}$ 和 $Dam_{\mathrm{B}}=1.8$。

如图 2-46 所示，当 T_{cool} 从 283K 到 286K 增加 1%时，$S^*(\gamma_{\max};\ T_{\text{cool}})$ 从 965 增加到 37935，增加了近 40 倍，可以看出，冷却温度对反应最高温度有着巨大的影响，因此在半间歇式反应中，冷却温度是热失控事故风险高低的关键因素。

（4）半间歇式反应热失控风险评估方法

① 概率方法。热失控事故不仅能引起一次事故，也有可能引发一些联锁反应导致多米诺效应，从而导致严重的事故后果。

如图 2-43 所示，当冷却温度升高后，有三个临界冷却温度，通常 $T_{\text{crit}}(1)<T_{\text{crit}}(2)<T_{\text{crit}}(3)$，因此热失控事故 E_{TR} 定义如下：

$$E_{\mathrm{TR}}=(E_{\mathrm{CP}})\cap[(E_{T_{\text{crit}}(2)>T_{\text{cool}}>T_{\text{crit}}(1)})\cup(E_{T_{\text{cool}}>T_{\text{crit}}(3)})] \tag{2-114}$$

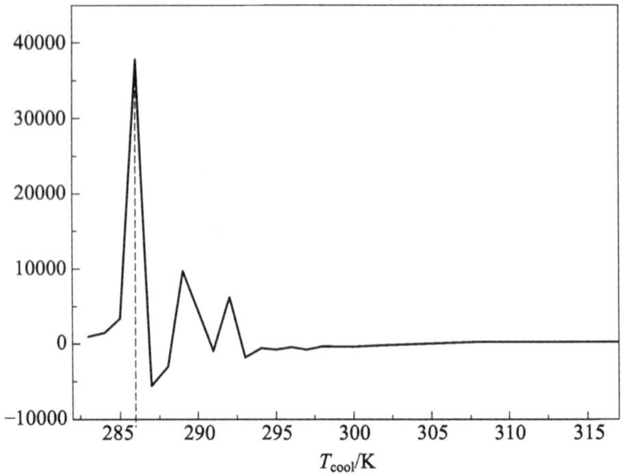

图 2-46 归一化的冷却温度敏感性

式中，(E_{CP}) 是冷却发生故障的概率事件；$(E_{T_{crit(2)}>T_{cool}>T_{crit(1)}})$是冷却温度在第一临界温度和第二临界温度之间的概率事件；$(E_{T_{cool}>T_{crit(3)}})$是冷却温度超过第三临界温度的概率事件。

根据公式(2-114) 得到半间歇式反应的热失控事故概率方程如下：

$$P(E_{TR})=P(E_{CP})P(E_{TR}|E_{CP}) \tag{2-115}$$

$$P(E_{TR}|E_{CP})=P[(E_{T_{crit(2)}>T_{cool}>T_{crit(1)}})\cup(E_{T_{cool}>T_{crit(3)}})] \tag{2-116}$$

式中，$P(E_{TR})$ 是热失控事故概率；$P(E_{TR}|E_{CP})$为发生冷却事故从而导致热失控的条件概率。

冷却事故的发生和多种因素有关，例如冷却器组件的质量、工作时间、工作条件等。因此，对冷却事故的概率进行简化，认为工厂的冷却设备质量相同、类型相同、建设服务年限相同、操作条件也相同，因此假设有 N 台相似的反应器，则 1 台半间歇式反应器发生热失控事故概率为：

$$P_{CP}=P(E_{CO}(i)) \quad i\in[1,N] \tag{2-117}$$

则 k 台半间歇式反应器同时发生热失控事故的概率假设服从二项分布：

$$P(E_{CP}(i=1,\cdots,k))=\frac{N!}{(k!)(N-k)!}(P_{CP})^k(1-P_{CP})^{N-k} \tag{2-118}$$

为了说明此目的，根据过去事故统计或者相关模拟，设置冷却失效每年失效率为 λ。冷却器发生失效也可能服从其他概率分布，比如极值分布，或者是根据最大熵原则的分布，但是泊松分布也是一种被广泛接受的方法，尤其在缺少相关事故数据的情况下，因此对于给定的参考时间内 (t_{Ref})，冷却事故发生的概率为：

$$P(E_{CP}(i))=(\lambda t_{Ref})(e^{-\lambda t_{Ref}}) \tag{2-119}$$

因此，半间歇式反应发生热失控事故的概率如下所示：

$$P(E_{TR})=(e^{-\lambda t_{Ref}})(\lambda t_{Ref})\{1-[(1-P(E_{T_{crit}(2)>T_{cool}>T_{crit}(1)}))(1-P(E_{T_{cool}>T_{crit}(3)}))]\} \tag{2-120}$$

式中，$P(E_{T_{crit}(2)>T_{cool}>T_{crit}(1)})$是 $E_{T_{crit}(2)>T_{cool}>T_{crit}(1)}$ 的概率；$P(E_{T_{cool}>T_{crit}(3)})$是 $E_{T_{cool}>T_{crit}(3)}$ 的概率。

② 条件概率。根据式(2-119)，半间歇式反应热失控事故条件概率为：

$$P(E_{TR}|E_{CP})=1-[(1-P(E_{T_{crit}(2)>T_{cool}>T_{crit}(1)}))(1-P(E_{T_{cool}>T_{crit}(3)}))] \tag{2-121}$$

假设 T_{cool} 服从正态分布。采用蒙特卡洛方法计算 $P(E_{T_{crit}(2)>T_{cool}>T_{crit}(1)})$和 $P(E_{T_{cool}>T_{crit}(3)})$。

由于缺乏相关历史数据，因此对 T_{cool} 进行了正态分布假设，也可以假设其他分布，具体的正态分布参数如表 2-36 所示。

表 2-36 正态分布参数

项目	最小值	最大值	均值	标准差
T_{cool}/K	283	367	325	14

表 2-37 条件概率

项目	结果
$T_{crit}(1)$	286K
$T_{crit}(2)$	302K
$T_{crit}(3)$	340K
$P(E_{T_{crit}(2)>T_{cool}>T_{crit}(1)})$	0.0475
$P(E_{T_{cool}>T_{crit}(3)})$	0.1416
$P(E_{TR}\|E_{CP})$	0.1824
$P(E_{CP})$	P_{CP}
$P_F=P((E_{TR})\|(E_{CP})\cap E_{CP})$	0.1824P_{CP}
$P(E_{T_{crit}(2)>T_{cool}>T_{crit}(1)})/P(E_{TR}\|E_{CP})$	0.26

注：$P(E_{CP})$ 被假设为 P_{CP}；$P_F=P((E_{TR})|(E_{CP})\cap E_{CP})$ 是热失控事故发生的概率。

半间歇式反应热失控条件概率的结果和最终控制参数的值有关，因此提出的风险评估方法的可靠性仍然需要通过历史数据进行相关验证。从表 2-37 可以看出，$P(E_{T_{crit}(2)>T_{cool}>T_{crit}(1)})/P(E_{TR}|E_{CP})$ 比值是 0.26，这意味着，如果仅仅考虑 $T_{max}=T_{ta}$，则有 74%的热失控风险被忽略了。

这些结果证明了改进的界限图对于半间歇式反应热失控的风险评估有着重要的作用。

(5) 半间歇式反应热失控风险评估基本流程。半间歇式液液反应热安全度和事故风险评估流程如图 2-47 所示。

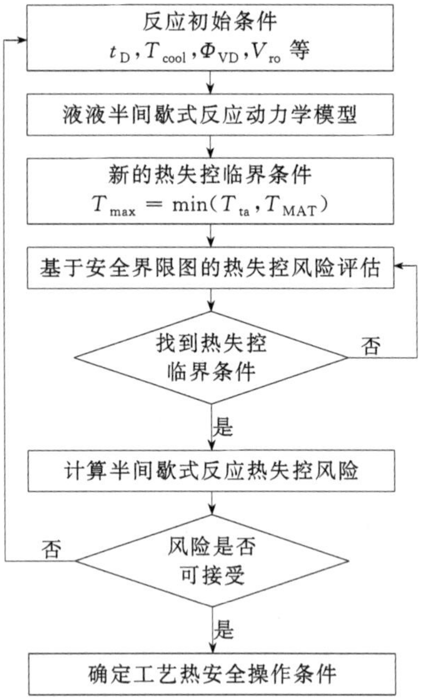

图 2-47 半间歇式液液反应热失控风险评估流程图

评估流程主要包括以下几个步骤：

① 确定半间歇式反应器的初始操作条件；

② SBR 液液反应的动力学确定；

③ 对界限图方法进行改进；

④ 确定热失控事故的关键参数及其临界值；

⑤ 评估半间歇式反应器在冷却失效情况下的热失控事故概率。

3. 间歇式反应风险评估案例

以过氧乙酸合成为例介绍间歇式反应风险评估。过氧乙酸（PAA）是一种强氧化剂，被广泛用在消毒、纺织品和纸浆漂白以及有机合成中[59]。但是 PAA 是一种非常不稳定的物质，在常温下容易发生分解，在高温下甚至引起爆炸事故。目前主要有两种制备方法：

最广泛使用的制备方法是乙酸（AA）和过氧化氢（HP）合成：

$$CH_3COOH + H_2O_2 \xrightleftharpoons{H_2SO_4} CH_3COOOH + H_2O \qquad (2\text{-}122)$$

第二种方法是乙醛氧化法[60]。

目前，许多学者对于 PAA 的合成主要关注其合成机理[61-63]，但是 PAA 在硫酸的催化下是一个可逆放热反应，热安全度评估也同样重要。

(1) PAA合成反应　本节主要研究采用乙酸和过氧化氢在硫酸催化下制备过氧乙酸的PAA合成反应。相关机理研究可以从文献中获得[64]。虽然过氧化氢也有过氧键，但是其在PAA合成反应溶液中的键能相对较高（约51kcal/mol），过氧化氢在PAA合成反应中需要达到120℃才发生分解[65]，因此在PAA合成反应中不考虑过氧化氢发生热分解的情况。PAA合成反应如下：

$$CH_3COOH(A)+H_2O_2(B)\xrightleftharpoons[k_{2obs}]{H_2SO_4,k_{1obs}}CH_3COOOH(C)+H_2O(D) \tag{2-123}$$

$$2CH_3COOOH\xrightarrow{k_{3obs}}2CH_3COOH+O_2 \tag{2-124}$$

式中，k_{1obs}，k_{2obs}和k_{3obs}是反应速率常数，L/(mol·h)。

(2) 模拟结果与讨论

① 模拟结果。在间歇式PAA合成反应模拟研究中，AA、30%质量分数的HP和H_2SO_4都是事先加入到反应器中，HP和AA的摩尔比是1∶2。反应时间是24h。对不同硫酸浓度和不同初始温度情况分别进行正常工艺条件和绝热条件下的模拟。模拟采用ASPEN PLUS软件进行[66]，如图2-48所示。最大计算时间是28h，计算间隔是10min，相平衡计算采用NRTL方法，具体模拟条件见表2-38。

表2-38　模拟数据条件

<table>
<tr><th rowspan="2">样品</th><th rowspan="2">质量/g</th><th colspan="2">模拟情况一</th><th colspan="2">模拟情况二</th><th colspan="2">模拟情况三</th><th colspan="2">模拟情况四</th><th colspan="2">模拟情况五</th></tr>
<tr><th>H_2SO_4浓度/(mol/L)</th><th>$T_0$①/℃</th><th>H_2SO_4浓度/(mol/L)</th><th>$T_0$①/℃</th><th>H_2SO_4浓度/(mol/L)</th><th>$T_0$①/℃</th><th>H_2SO_4浓度/(mol/L)</th><th>$T_0$①/℃</th><th>H_2SO_4浓度/(mol/L)</th><th>$T_0$①/℃</th></tr>
<tr><td rowspan="2">30%质量分数的双氧水溶液</td><td rowspan="2">743.75(HP:223.15)</td><td rowspan="5">0.00625</td><td>20</td><td rowspan="5">0.0313</td><td>20</td><td rowspan="5">0.0625</td><td>20</td><td rowspan="5">0.15625</td><td>20</td><td rowspan="5">0.3125</td><td>20</td></tr>
<tr><td>30</td><td>30</td><td>30</td><td>30</td><td>30</td></tr>
<tr><td rowspan="3">乙酸</td><td rowspan="3">787.5</td><td>40</td><td>40</td><td>40</td><td>40</td><td>40</td></tr>
<tr><td>50</td><td>50</td><td>50</td><td>50</td><td>50</td></tr>
<tr><td>60</td><td>60</td><td>60</td><td>60</td><td>60</td></tr>
</table>

① T_0是正常反应的工艺温度，同时也是绝热反应的初始温度。

在以上模拟中，绝热条件对应冷却失效情况，反应最坏的情况是从反应一开始就冷却失效，因而，本案例模拟整个反应过程都是绝热情况。

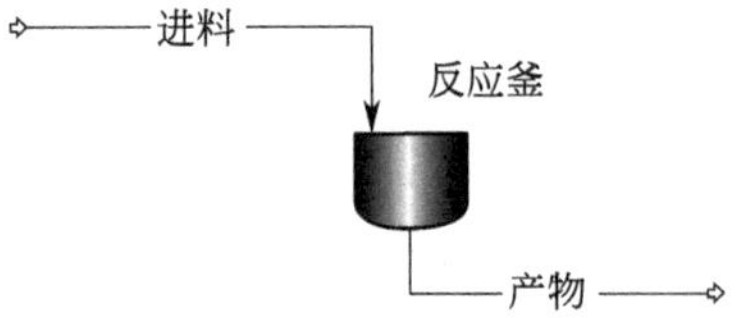

图 2-48 ASPEN PLUS 中间歇式反应器示意图

模拟结果如图 2-49～图 2-58 所示。其中图 2-49、图 2-51、图 2-53、图 2-55、图 2-57 是绝热反应模拟结果，图 2-50、图 2-52、图 2-54、图 2-56、图 2-58 是正常反应模拟结果。

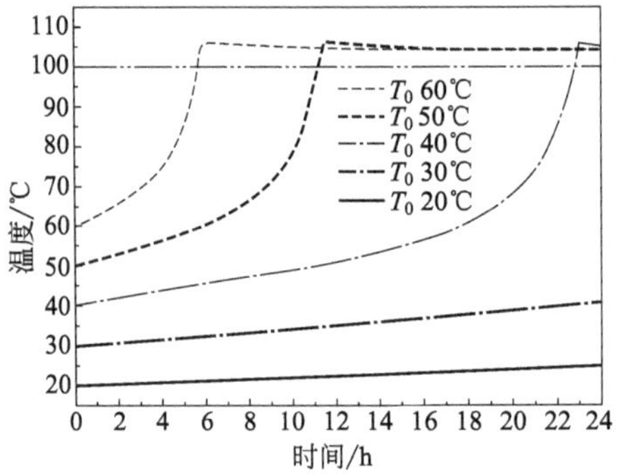

图 2-49 0.00625mol/L 硫酸浓度情况下绝热温升

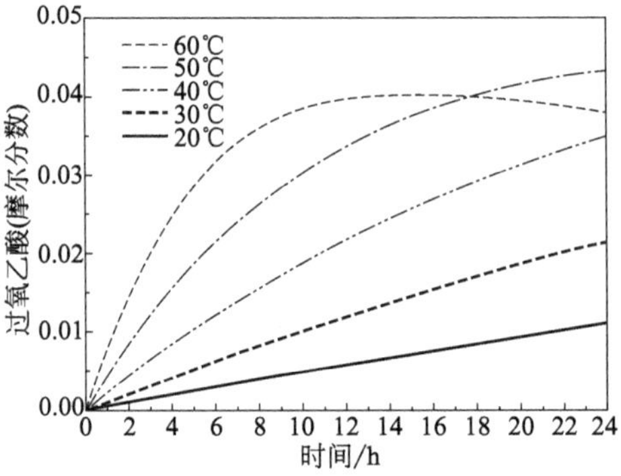

图 2-50 0.00625mol/L 硫酸浓度情况下过氧乙酸摩尔分数

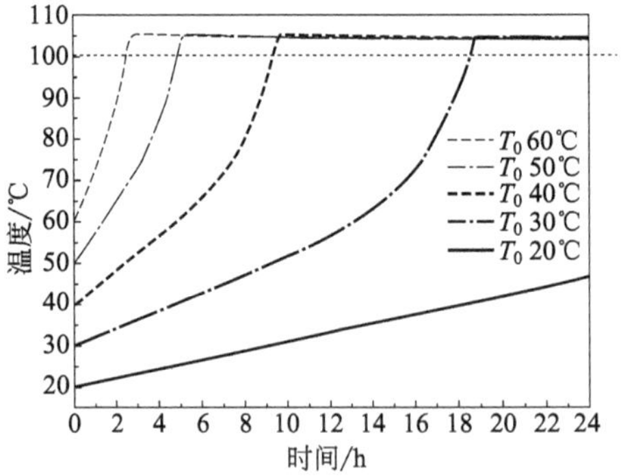

图 2-51 0.0313mol/L 硫酸浓度情况下绝热温升

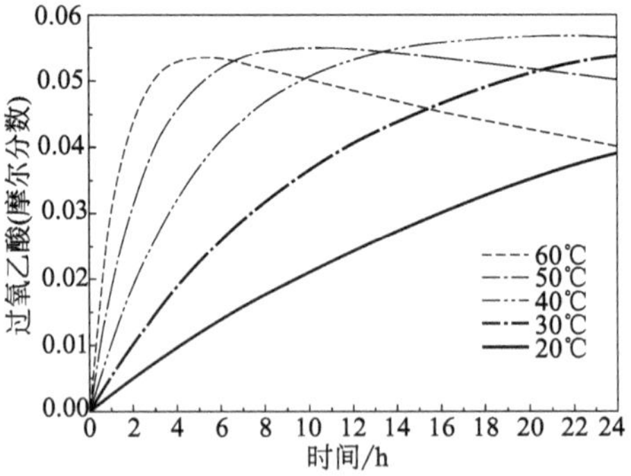

图 2-52 0.0313mol/L 硫酸浓度情况下过氧乙酸摩尔分数

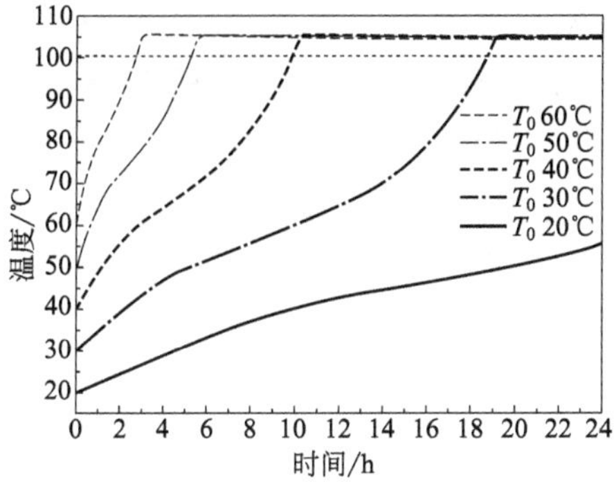

图 2-53　0.0625mol/L 硫酸浓度情况下绝热温升

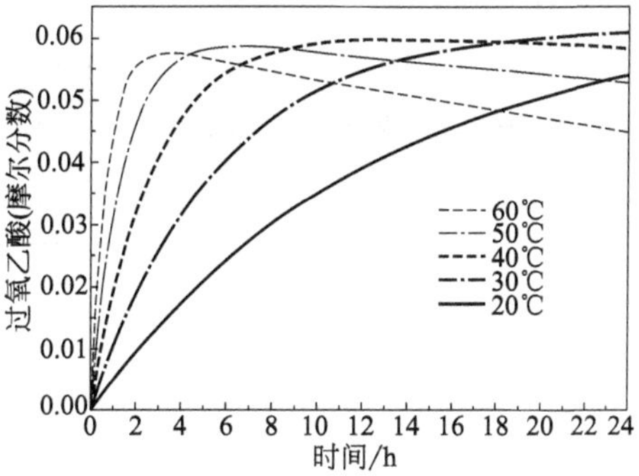

图 2-54　0.0625mol/L 硫酸浓度情况下过氧乙酸摩尔分数

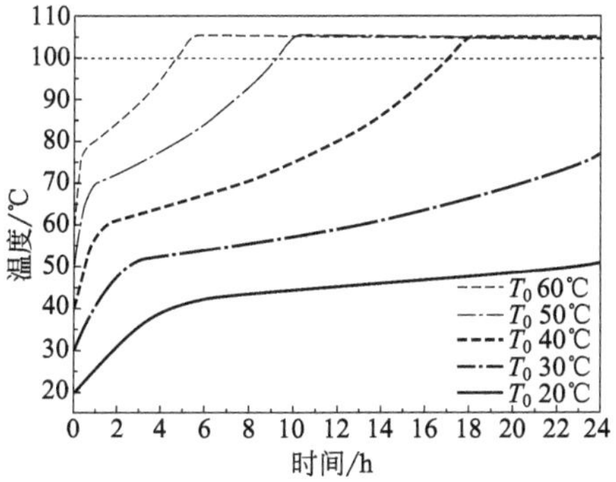

图 2-55　0.15625mol/L 硫酸浓度情况下绝热温升

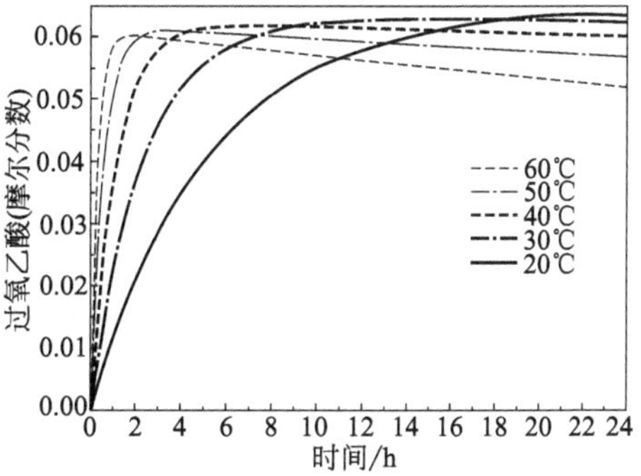

图 2-56　0.15625mol/L 硫酸浓度情况下过氧乙酸摩尔分数

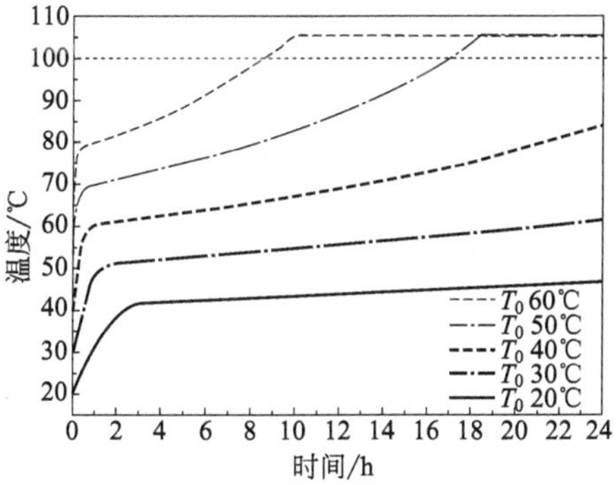

图 2-57　0.3125mol/L 硫酸浓度情况下绝热温升

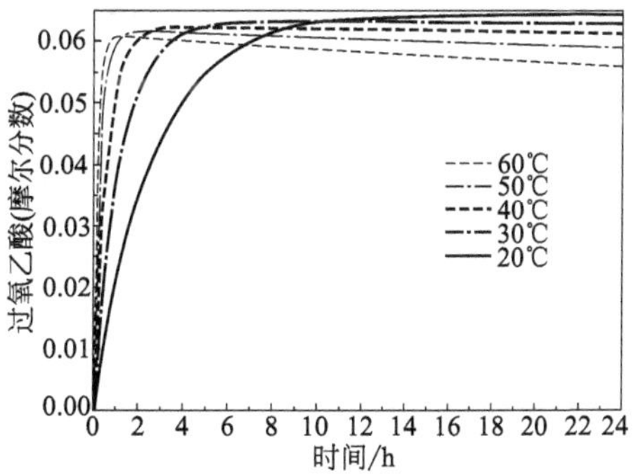

图 2-58　0.3125mol/L 硫酸浓度情况下过氧乙酸摩尔分数

② 结果讨论。对于 PAA 合成，最大允许温度（T_{MAT}）是水的沸点（100℃）。正常工艺的反应时间是 24h。对于绝热反应，不同的起始温度（T_0）会导致最终反应温度（T_f）不同，有可能超过 100℃。如表 2-39 所示。

表 2-39 不同硫酸浓度下超过 T_{MAT} 的初始温度临界值和时间

项目	模拟情况一	模拟情况二	模拟情况三	模拟情况四	模拟情况五
T_{crit}/℃	40	30	30	40	50
t_{MAT}/h	22.8	18.5	18.8	17.1	17

为了解释反应最终温度超过最大允许温度，必须研究硫酸浓度和初始温度对反应的影响。因此式(2-123)、式(2-124) 的动力学常数 k_{1obs}，k_{2obs} 和 k_{3obs} 如表 2-40～表 2-42 所示。

表 2-40 不同工艺温度和硫酸浓度情况下的 k_{1obs} 值

H_2SO_4 浓度/(mol/L)	T/℃				
	20	30	40	50	60
0.00625	0.000416	0.000911	0.001896	0.003774	0.007207
0.0313	0.002083	0.004561	0.009498	0.018902	0.036093
0.0625	0.004159	0.009107	0.018966	0.037743	0.072070
0.15625	0.010399	0.022767	0.047415	0.094358	0.180176
0.3125	0.020798	0.045536	0.094830	0.188717	0.360352

表 2-41 不同工艺温度和硫酸浓度情况下的 k_{2obs} 值

H_2SO_4 浓度/(mol/L)	T/℃				
	20	30	40	50	60
0.00625	0.000143	0.000325	0.000698	0.001433	0.002815
0.0313	0.000717	0.001626	0.003497	0.007175	0.0141
0.0625	0.001432	0.003246	0.006984	0.014328	0.028154
0.15625	0.00358	0.008116	0.017459	0.03582	0.070385
0.3125	0.007161	0.016231	0.034918	0.07164	0.14077

表 2-42 不同工艺温度和硫酸浓度情况下的 k_{3obs} 值

H_2SO_4 浓度/(mol/L)	T/℃				
	20	30	40	50	60
0.00625	0.000196	0.000871	0.00337	0.01145	0.034435
0.0313	0.000454	0.001565	0.004626	0.011995	0.027907
0.0625	0.000463	0.00139	0.003638	0.008528	0.018312
0.15625	0.000336	0.000868	0.002025	0.004358	0.008788
0.3125	0.000215	0.000516	0.001146	0.002381	0.004687

对于绝热反应：

$$q_{re}=[k_{1obs}c_Ac_B(-\Delta H_{r1})+k_{2obs}c_Cc_D(-\Delta H_{r2})+k_{3obs}c_C^2(-\Delta H_{r3})]V \tag{2-125}$$

式中，q_{re} 是总放热量，J。

由于 PAA 合成反应是可逆反应，正向反应是放热反应，逆向反应是吸热反应，假设放热为正，吸热为负，则方程（2-125）变成：

$$q_{re}=[k_{1obs}c_A c_B(\Delta H_{r1})+k_{2obs}c_C c_D(-\Delta H_{r2})+k_{3obs}c_C^2(\Delta H_{r3})]V \quad (2\text{-}126)$$

式中，ΔH_{r1}，ΔH_{r2} 和 ΔH_{r3} 都是正值。

对于表 2-38 中的第一种情况，当初始温度 T_0 小于 40℃时，k_{1obs}，k_{2obs} 和 k_{3obs} 的值非常小。因此 q_{re} 非常小，绝热温升上升过程缓慢。但是当 T_0 大于 40℃时，k_{1obs}，k_{2obs} 和 k_{3obs} 的值都增加，k_{1obs} 和 k_{3obs} 的增长率显著高于 k_{2obs}。因此，q_{re} 增加非常迅速导致反应最终温度超过 T_{MAT}，进一步导致失控事故。

表 2-38 中第二和第三种情况下的硫酸浓度高于第一种情况，当 $T_0=30$℃，第二和第三种情况下的 k_{1obs} 大于第一种情况下 $T_0=40$℃时的 k_{1obs}。当 $T_0=30$℃，第二和第三种情况下的 k_{3obs} 小于第一种情况下 $T_0=40$℃时的 k_{3obs}，但是大于第一种情况下 $T_0=30$℃时的 k_{3obs}，因此当 $T_0=30$℃，第二和第三种情况下的 q_{re} 大于第一种情况下 $T_0=30$℃时的 q_{re}，有可能和第一种情况 $T_0=40$℃时相同。这有可能是第二和第三种情况下导致反应发生事故的临界温度是 30℃的原因。

当硫酸浓度增加，k_{3obs} 显著减小，只有通过增加温度，k_{3obs} 才能增大，这可能是第四和第五种情况下导致反应发生事故的临界温度分别是 40℃和 50℃的原因。

当硫酸浓度保持不变，正常工艺温度增加，PAA 的摩尔比先增加后减小，如图 2-50、图 2-52、图 2-54、图 2-56、图 2-58 所示，这表明 PAA 的分解在高温情况下不能忽略。

（3）PAA 反应过程温度导数计算　引发 PAA 事故的临界条件如表 2-39 所示[67]。然后计算表 2-39 所列反应条件情况下的一阶和二阶温度导数，如图 2-59～图 2-63 所示。

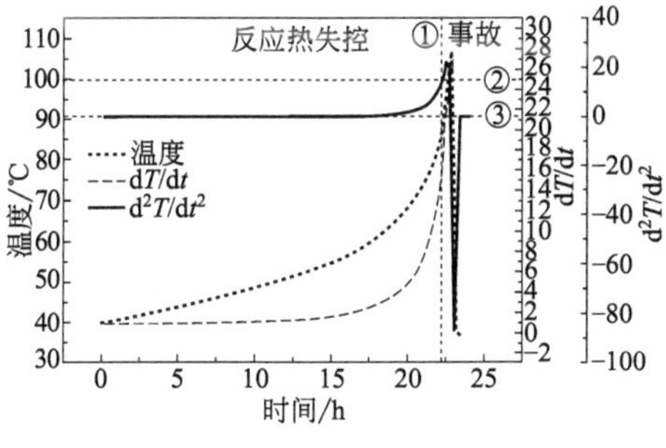

图 2-59　$T_0=40$℃时第一种情况下的绝热温升、温度的一阶二阶导数

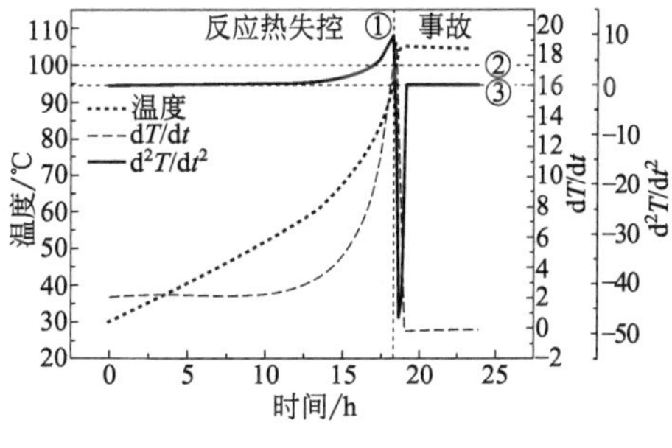

图 2-60　$T_0=30$℃时第二种情况下的绝热温升、温度的一阶二阶导数

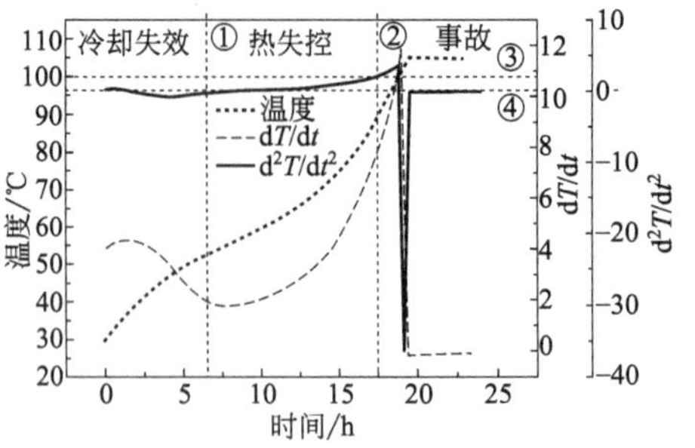

图 2-61 $T_0=30$℃时第三种情况下的绝热温升、温度的一阶二阶导数

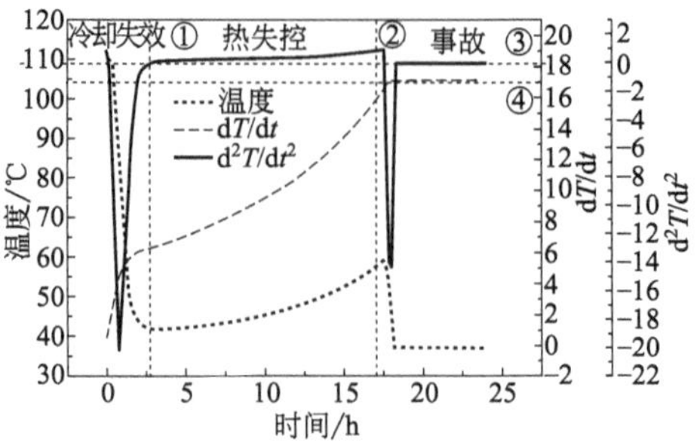

图 2-62 $T_0=40$℃时第四种情况下的绝热温升、温度的一阶二阶导数

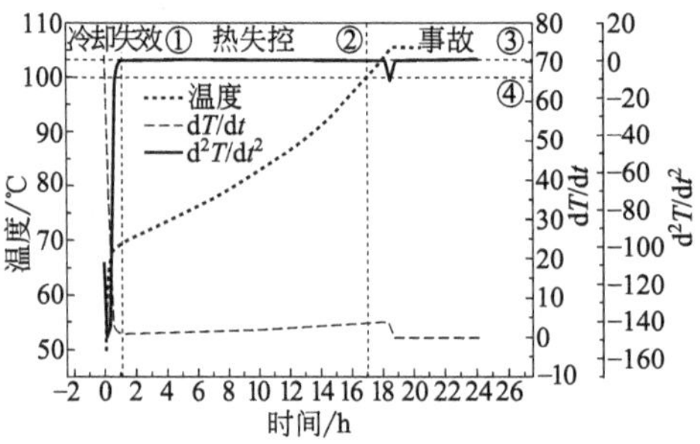

图 2-63 $T_0=50$℃时第五种情况下的绝热温升、温度的一阶二阶导数

在图 2-59、图 2-60 中，热失控区域对应着线②的上部和线①的左边。事故区域在线②的上部和线①的右边，线③是$\frac{d^2T_r}{dt^2}=0$。

在图 2-61～图 2-63 中，冷却失效区域位于线③的上部和线①的左边，失控区域在线③的上部和线①、线②的中间，事故区域在线③的上部和线②的右边。线④是$\frac{d^2T_r}{dt^2}=0$。

（4）热失控事故风险　根据前文提出的风险评估方法，PAA 合成事故风险定义如下：

$$P(E_{TR})|[(E_{CF})\cap(E_{d^2T_r/dt^2>0})\cap(E_{dT_r/dt>0})]=P(E_{T>T_{crit}})P(E_{t_{TNP}>t_{crit}}) \tag{2-127}$$

假设正常工艺温度和反应时间服从正态分布，如图 2-64 和图 2-65 所示。

为了说明风险评估的过程，任意选择 PAA 的合成工艺参数分布，这些工艺参数值并非实际生产过程中的工艺参数值[68]，如表 2-43 所示。采用蒙特卡洛方法计算 PAA 合成工艺风险，结果如表 2-44 所示。

表 2-43　控制参数的高斯分布

项目	最小值	最大值	均值	标准差
T_0/℃	20	60	40	6.67
t_{crit}/h	6	24	15	3

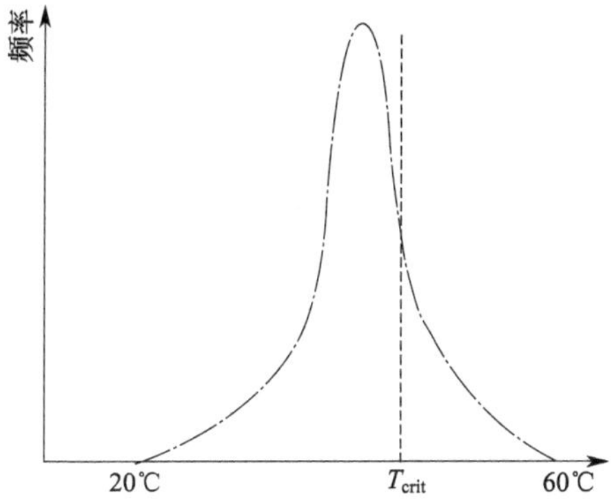

图 2-64 正常工艺温度的正态分布

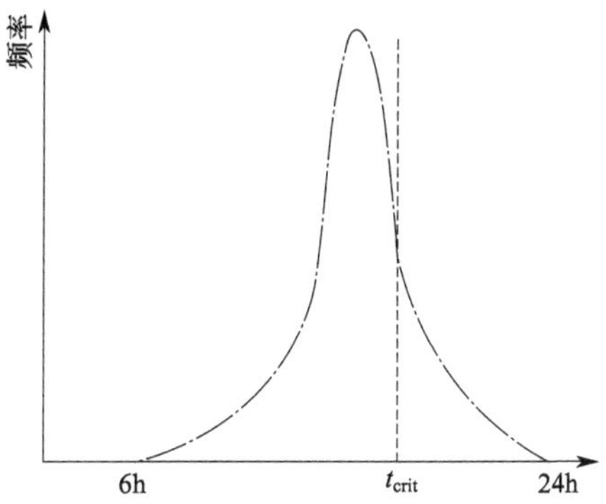

图 2-65 正常反应时间的正态分布

表 2-44 热失控事故的条件概率

项目	模拟情况一	模拟情况二	模拟情况三	模拟情况四	模拟情况五
T_{crit}/℃	40	30	30	40	50
t_{crit}/h	22.8	18.5	18.8	17.1	17
$P(E_{T>T_{crit}})$	0.5015	0.9334	0.9343	0.5004	0.0655
$P(E_{t_{TNP}>t_{crit}})$	0.0047	0.1209	0.1042	0.2428	0.2545
$P(E_{TR}\|E_{CF})$	0.0023	0.1128	0.0974	0.12150	0.01667
$P(E_{CF})$	P_0	P_0	P_0	P_0	P_0
$P_F=P(E_{TR}\cap E_{CF})$	$0.002P_0$	$0.113\ P_0$	$0.097\ P_0$	$0.1220\ P_0$	$0.017\ P_0$

从表 2-44 可以看出，第一和第五种情况下的反应事故风险最低，是最安全的条件，当冷却失效发生的情况下，其他三种情况比较容易发生事故。

(5) 本质安全化工艺条件筛选 从表 2-44 可以看出，虽然第一和第五种情况下反应发生事故的风险较低，但是依然有发生事故的可能性，按照前面建立的事故标准，如果反应起始温度低于表 2-39 中的临界值，则反应不会导致事故，从而实现本质安全化。列出每种情况下的安全工艺条件上限值，如表 2-45 所示。

表 2-45 每种情况下不会导致事故的初始温度值

项目	模拟情况一	模拟情况二	模拟情况三	模拟情况四	模拟情况五
T_0/℃	30	20	20	30	40

表 2-45 所列在各自情况下都是本质安全化的工艺条件，同时还应该考虑 PAA 的产率，在本质安全化的前提下，产率最高的工艺条件为最优工艺条件。如图 2-66 所示，第五种情况 T_0＝40℃和第四种情况 T_0＝30℃有较高的 PAA 产率，但是由于第五种情况 T_0＝40℃时反应温度较高，导致 PAA 分解，进

而降低了 PAA 产率。因而，第四种情况 $T_0=30$℃是最优的本质安全化工艺。

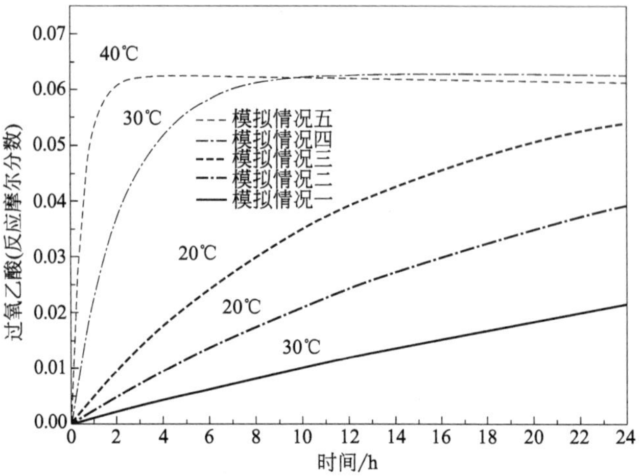

图 2-66 不同反应温度情况下的 PAA 摩尔分数

4. 半间歇式反应风险评估案例

以丙酸仲丁酯合成为例介绍半间歇式反应热风险评估。通过 RC1e 反应量热实验，研究浓硫酸作为催化剂条件下，酯化反应的半间歇式反应热危险性。设置夹套温度为 10℃、30℃、50℃、60℃和 63℃等不同情况，通过滴加丙酸酐，获取反应温度。从图 2-67 可以看出，当夹套温度为 283.15K 时，反应温度几乎保持不变，这意味着反应未被引发。当夹套温度为 303.15K 或者 323.15K 时，反应速率刚开始较慢，因此未能降低反应物料累积，反应发生热失控。当夹套温度升高到 333.15K 或者 336.15K 时，反应速率刚开始就非常快，使得物料累积保持在很低的水平，因此未发生反应热失控。

根据结合最高允许温度的界限图方法，获得其热失控临界温度。半间歇式酯化反应的结合最高允许温度的界限图如图 2-68 所示。

根据热失控临界判据的研究结果，其三个临界温度分别为 303.15K、323.15K 和 333.15K。

半间歇式丙酸仲丁酯酯化热失控条件概率定义如下：

$$P(E_{TR}|E_{CP})=1-[(1-P(E_{T_{crit(2)}>T_{cool}>T_{crit(1)}}))(1-P(E_{T_{cool}>T_{crit(3)}}))] \tag{2-128}$$

式中，(E_{TR}) 为热失控事件；(E_{CP}) 为冷却失效事件；$P(E_{TR}|E_{CP})$ 为冷却失效条件下的热失控事故概率；($E_{T_{crit(2)}>T_{cool}>T_{crit(1)}}$) 为冷却温度超过第一个临界阈值、小于第二个临界阈值的概率事件；($E_{T_{cool}>T_{crit(3)}}$)为冷却温度超过第

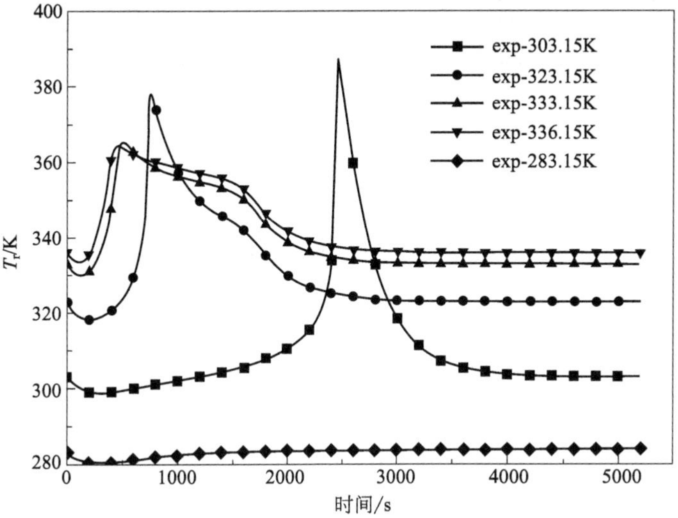

图 2-67 酯化半间歇式反应实验温度

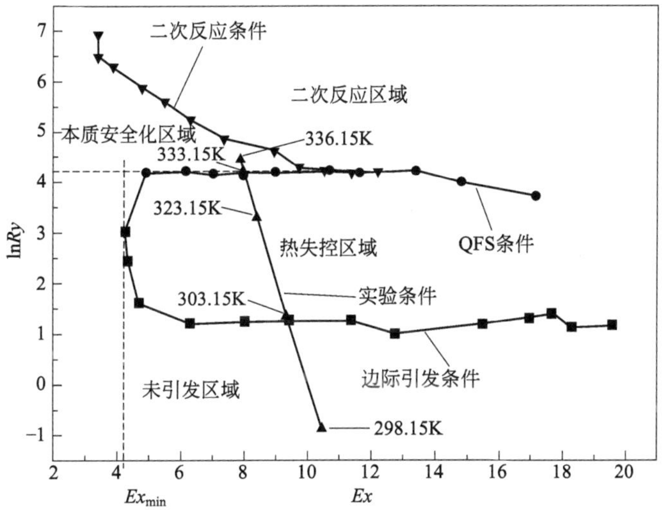

图 2-68 结合最高允许温度的半间歇式酯化反应界限图

三个临界阈值的概率事件；$P(E_{T_{crit}(2)>T_{cool}>T_{crit}(1)})$为（$E_{T_{crit}(2)>T_{cool}>T_{crit}(1)}$）的概率；$P(E_{T_{cool}>T_{crit}(3)})$为（$E_{T_{cool}>T_{crit}(3)}$）的概率。

假设冷却温度呈正态分布。分布参数是任意假设，只是为了说明计算方法的可行性，没有任何的实际工艺意义，见表 2-46。

表 2-46 半间歇式酯化反应冷却温度正态分布参数

项目	最小值	最大值	均值	标准差
T_{cool}/K	283.15	400.15	341.65	19.5

从表 2-47 可以看出 $P(E_{T_{crit}(2)>T_{cool}>T_{crit}(1)})/P(E_{TR}|E_{CP})$是 0.9794。如果只考虑 $T_{max}=T_{ta}$ 的情况，则半间歇式酯化反应有 2.06%的其他热失控情况被忽略。

表 2-47 条件概率

项目	结果
$T_{crit}(1)$	302.5K
$T_{crit}(2)$	332.5K
$T_{crit}(3)$	387.5K
$P(E_{T_{crit}(2)>T_{cool}>T_{crit}(1)})$	0.2943
$P(E_{T_{cool}>T_{crit}(3)})$	0.0088
$P(E_{TR}\|E_{CP})$	0.3005
$P(E_{CP})$	P_{CP}
$P_F=P((E_{TR})\|(E_{CP})\cap E_{CP})$	$0.3005P_{CP}$
$P(E_{T_{crit}(2)>T_{cool}>T_{crit}(1)})/P(E_{TR}\|E_{CP})$	0.9794

第五节 化工过程安全评估

正确认知化工过程危害是控制危害的前提，国内外学者围绕如何全面、准确地评估化工过程安全水平开展了大量研究。目前已有的化工过程安全评估方法大致可分为两类：一类是指数型方法；另一类是基于数学模型的评估方法。

一、指数型安全评估方法

1. 道化学火灾爆炸指数法

道化学火灾爆炸指数 F&EI (Fire & Explosion Index) 法是目前最早记录的评估过程安全的指数法[69]。较强的可操作性使其得以广泛应用于化工装置火灾爆炸危险评估。道化学火灾爆炸指数法评价程序如图 2-69 所示。

其计算程序如下，其中具体取值方法需要参阅道化学方法指南。

(1) 选取恰当的工艺单元。化工企业通常由许多工艺单元组成，各单元又包括多种设备、装置。在进行火灾爆炸危险性评价时，首先要确定恰当的工艺单元作为评价对象。主要基于以下参数：潜在化学能，工艺单元中危险物质的数量，资金密度，操作压力和操作温度，导致火灾、爆炸事故的历史资料，对工厂运行的重要程度。这些参数的数值越大，则该工艺单元就越需要评价。

(2) 确定物质系数（MF)。确定被评价的工艺单元后，关键是确定该单元的物质系数，因为物质的本质危害属性决定了该工艺单元的整体危害水平。物质系数是物质在燃烧或其他化学反应引起的火灾、爆炸中所释放能量大小的表征参数，由物质的燃烧性和化学反应性共同确定。常见化学物质的物质系数可以查表求得。当被评估单元的温度大于 60℃时，需要依据物质温度修正表对物质系数加以修订。当单元中的物质为混合物时，应根据各组分的危险性及含量确定 MF。如无可靠数据，选择单元实际操作过程中存在的最危险物质确定物质系数，计算工艺单元可能的最大危险。

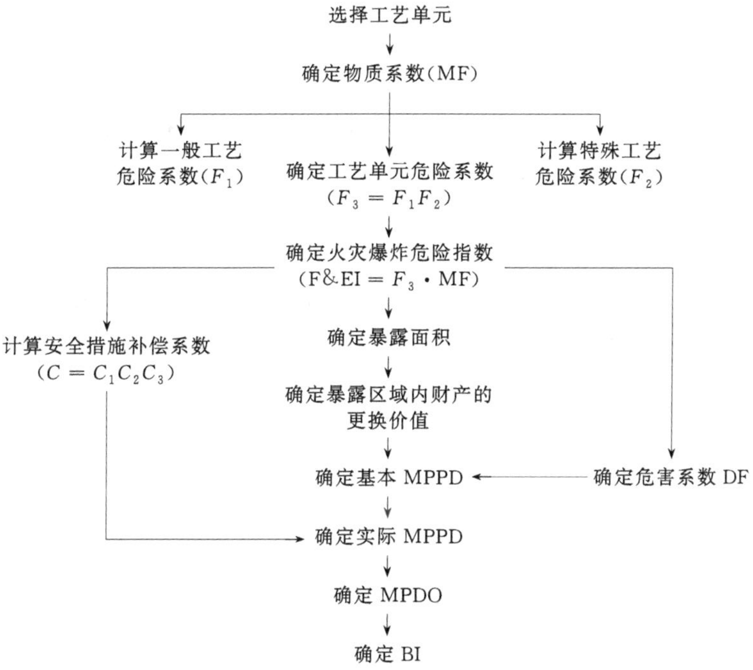

图 2-69　道化学火灾爆炸指数法评价程序

(3) 一般工艺危险系数（F_1）和特殊工艺危险系数（F_2)。一般工艺危险涉及 6 项内容，包括“放热化学反应”“吸热反应”“物料处理与输送”“封闭单元或室内单元”“通道”和“排放和泄漏控制”。根据工艺单元的具体情况得到危险系数后，将各危险系数相加再加上基本系数“1”后即为一般工艺危险系数（F_1）。

特殊工艺危险系数决定于“毒性物质”“负压操作”“燃烧范围或其附近的操作”“粉尘爆炸”“释放压力”“低温”“易燃和不稳定物质的数量”“腐蚀”“泄漏”“明火设备的使用”“热油交换系统”“转动设备”等12项参数。与一般危险工艺系数的算法类似，可得到特殊工艺危险系数（F_2）。

(4) 计算工艺单元危险系数 F_3。一般工艺危险系数 F_1 和特殊工艺危险系数 F_2 的乘积即为工艺单元危险系数 F_3。F_3 的数值范围为1～8，超过8时按8计。

(5) 确定火灾爆炸危险指数及其危险等级。火灾爆炸危险指数F&EI代表了单元的火灾爆炸危险性的大小，它由物质系数MF与工艺危险系数 F_3 相乘得到，即火灾爆炸危险指数 $F\&EI=MF \cdot F_3$。

对照“F&EI及危险等级”表确定该单元固有的危险等级。依次分为“最轻”“较轻”“中等”“很大”“非常大”五个等级。

(6) 确定危害系数DF。危害系数代表了发生火灾爆炸事故的综合效应，根据物质系数MF和工艺危险系数 F_3 确定，通过查“单元危害系数计算图”确定危害系数。如果 F_3 数值超过8.0，按 $F_3=8.0$ 来确定危害系数。

(7) 计算安全措施补偿系数 C。危化企业都会针对自身的实际危险性采取一定的安全措施以降低危险性。根据所采取的安全措施确定补偿系数，对F&EI进行修正，以评估采取安全措施后的危险状态。

安全措施补偿系数分为3种：“工艺控制补偿系数 C_1”“物质隔离补偿系数 C_2”和“防火措施补偿系数 C_3”。C_1、C_2、C_3 三者相乘即得到总的安全措施补偿系数 C。

① 工艺控制补偿系数（C_1）。C_1 为9个因素所取系数的乘积，包括应急电源；冷却；抑爆；紧急停车装置；计算机控制；惰性气体保护；操作指南或操作规程；活性化学物质检查；其他工艺过程危险分析。

② 物质隔离补偿系数（C_2）。C_2 为4个因素所取系数的乘积，包括远距离控制阀；备用卸料装置；排放系统；连锁装置。

③ 防火措施补偿系数（C_3）。C_3 为9个因素所取系数的乘积，包括泄漏检测装置；钢质结构；消防水供应；特殊系统；喷洒系统；水幕；泡沫装置；手提式灭火器/水枪；电缆保护。

(8) 计算暴露面积。暴露区域是指单元发生火灾爆炸时可能受到影响的区域。在道化学指数法中，假定影响区域是一个以被评价单位为中心的圆面积。用已计算出来的F&EI乘以0.84就可以得到暴露区域半径（单位ft，1ft=0.3048m，下同），并可由此计算暴露区域面积。

事实上，发生火灾爆炸时其影响区域不可能是个标准的圆，但是这个圆的大小可以大致表征影响范围的大小。具体划分暴露区域时，还应考虑防火防爆隔离等问题。如果被评价工艺单元是一个小设备，就可以以该设备的中心为圆心，以暴露半径为半径画圆；如果单元较大，则应从单元外沿向外量取暴露半径，暴露区域加上评价单元的面积才是实际暴露区域的面积。

(9) 暴露区域内财产的更换价值（RV）。暴露区域内财产的更换价值主要可以用以下两种方法来确定：

① 采用暴露区域内设备（包括内容物料）的更换价值。如果经济数据比较完整，能够知道各主要设备的价值，可以使用本方法。

② 用整个装置的更换价值推算单位面积的设备费用，再用暴露区域的面积与之相乘就可得到区域的更换价值。

(10) 确定基本最大可能财产损失（基本 MPPD）。指数危险分析方法的一个目的是确定单元发生事故时，可能造成的最大财产损失（MPPD），以便从经济损失的角度出发，分析单元的危险能否接受。

暴露区域内的财产更换价值与危害系数相乘就是基本最大可能财产损失。即：

$$基本\ MPPD = RV \cdot DF$$

(11) 计算实际最大可能财产损失（实际 MPPD）。用基本 MPPD 和安全措施补偿系数 C 相乘就可以得到经安全措施补偿后的实际 MPPD。这就是道化学方法中考虑安全措施对单元危险程度补偿作用的方法。

(12) 估算最大可能工作日损失（MPDO）和停产损失（BI）。一旦发生事故，除了造成财产损失外，还会因停工而带来更多的损失。为了确定可能造成的停工损失，需要先确定最大可能工作日损失（MPDO）。根据提供的图表，可由 MPPD 结合“最大可能停工天数计算图”，并考虑物价等因素修正后得到 MPDO。

最大可能工作日损失（MPDO）确定后，停产损失（BI）根据公式计算：$BI = MPDO/30 \times VPM \times 0.7$（美元）（式中，VPM 为每月产值；0.7 代表固定成本和利润）。

2. 蒙德指数法

1974 年英国帝国化学工业公司（ICI）蒙德部在现有装置及计划建设装置的危险性研究中，对道化学公司火灾爆炸危险性指数评价法在必要的几个方面做了重要改进和补充：①增加了毒性的概念和计算；②改进了某些补偿系数；③增加了几个特殊工程类型的危险性；④能对较广范围的工程及储存设备进行研究。由此提出了蒙德法[70]，其主要评价程序如图 2-70 所示。

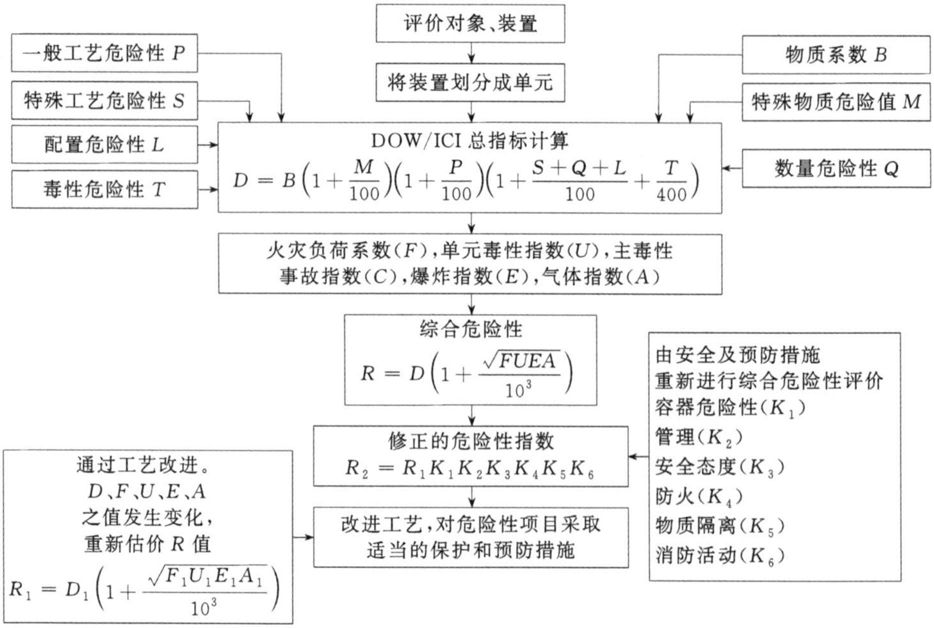

图 2-70 蒙德法评价程序

道化学火灾爆炸指数法和蒙德指数法是开发较早的、用于评价过程安全性的定量方法，广泛应用于化工过程风险评价领域。它们所包含的评价指数为后来开发的其他本质安全指数型方法提供了重要参考，而它们本身也可以粗略地用于评价过程的本质安全水平。DOWF&EI 指数法和蒙德指数法能较好地覆盖化工厂中已存在的风险和危害，但需要工艺过程的详细信息，如工厂平面布置图、工艺流程图、过程类型、操作条件、设备及损失保护等。由于在过程设计早期阶段许多信息未知，因此这两种方法只能粗略应用于概念设计阶段的本质安全评价[71]。

3. 本质安全指数法

Heikkila[72] 在 1996 年提出了本质安全指数法 ISI（Inherent Safety Index)，其评估结果由化学本质安全指数（I_{CI}）和过程本质安全指数（I_{PI}）共同决定。化学本质安全指数考虑了反应物质的燃烧性、爆炸性、毒性、腐蚀性、反应性，及主、副反应的放热情况。而过程本质安全指数主要是评估了过程工艺条件，如库存量、工艺温度、工艺压力；并对设备的危险性以及设备发生事故概率进行半定量评估。ISI 选取了在概念设计阶段可以得到并且能够代表本质安全性的参数进行评估。

化学物质本质安全指数中，影响工艺本质安全的化学物质因素包括工艺中化学物质的活性、可燃性、爆炸性、毒性和腐蚀性。工艺中每种化学物质的可燃性（I_{FL}）、爆炸性（I_{EX}）、毒性（I_{TOX}）和腐蚀性（I_{COR}）都需要分别确定，而化学物质的活性为主副反应热的最大指数值和化学物质相互作用的最大值。

$$I_{CI}=I_{RM,max}+I_{RS,max}+I_{INT,max}+(I_{FL}+I_{EX}+I_{TOX})_{max}+I_{COR,max} \tag{2-129}$$

工艺过程本质安全指数中，影响工艺过程自身本质安全性能的子指数有：存储量（I_I）、过程温度（I_T）、过程压力（I_P）、设备安全指数（I_{EQ}）和工艺结构安全指数（I_{ST}）。工艺过程本质安全指数和其子指数之间的关系如下：

$$I_{PI}=I_I+I_{T,max}+I_{P,max}+I_{EQ,max}+I_{ST,max} \tag{2-130}$$

I_{ISI} 是化学物质本质安全指数 I_{CI} 和工艺过程本质安全指数 I_{PI} 之和。

$$I_{ISI}=I_{CI}+I_{PI} \tag{2-131}$$

该方法由于评估指标覆盖面较宽，使得分析结果的准确性得到相应提高，因此成为后续指数法评估体系的基础。但是，在项目初期设计阶段有些子指标的获取比较困难，更依赖于专家的经验。

Khan 和 Amyotte 提出了一套新的指数体系[73]——综合本质安全指数 I2SI（Integrated Inherent Safety Index）。I2SI 是可以通用于过程整个生命周期的评价方法，I2SI 由危害指数（HI）和本质安全潜力指数（ISPI）构成，其关系如式(2-132)。

$$\text{I2SI}=\frac{\text{ISPI}}{\text{HI}} \tag{2-132}$$

为了比较生产某产品的不同工艺过程，需要计算该过程包含的所有单元的 I2SI 值，以得到该工艺过程的系统 I2SI 值，如式(2-133)。

$$\text{I2SI}_{\text{system}}=\left(\prod_{i=1}^{N}\text{I2SI}_i\right)^{1/2} \tag{2-133}$$

式中，i 为第 i 个工艺单元；N 为总的工艺单元数。

I2SI 方法将本质安全原理的适用程度，及附加安全设施的需求进行了量化处理。其结果说明了应用本质安全原理对过程安全水平的影响，从而选择本质安全潜力更高的工艺过程，以实现本质安全。I2SI 的缺陷在于指标的确定存在主观性，不同的评估人员可能会得出不同的结果。

4. 化工过程热失控危险指数法

上述指数评估法的评估对象多为化工过程的燃烧爆炸危险性及毒性，但无法评估化工过程的热失控危险性。而如何全面准确地评估化工过程热失控危险度是化工安全领域亟须解决的问题。目前用于评估热失控风险的方法多为仅适用于物质或反应，却较少将反应涉及物质的热分解危险与反应阶段的失控风险结合评估。而结合物质及反应过程的热失控风险评估化工过程热失控危险度，对于提升评估结果全面性及准确性具有重要意义。

火灾爆炸危险指数（F&EI）是基于物质系数（MF）和过程单元危险系数（F_3）两个主要参数的指数方法，为物质系数和单元危险系数的乘积。MF 主要表征某种危险物质的火灾爆炸危险性以及反应性，其取值为区间［1，40］上的离散值。F_3 描述的是工艺条件的危险性，由一般工艺危险系数（F_1）和特殊工艺危险系数（F_2）的乘积确定。F_1 表征的是事故损害大小，即后果严重度。F_2 描述的是影响事故发生概率的主要因素。因此，F_3 为该单元发生火灾爆炸事故的风险大小，其取值区间为［1，8］。根据 MF 和 F_3 的取值范围，可以得出 MF 对评估结果起决定性作用，这体现了物质的本质危害属性对过程危害的重要影响。F&EI 提供了一种将物质危险与单元过程风险结合的思路。因此，为了将反应涉及物质的热分解危险与反应阶段的失控风险结合评估化工过程的热失控危险度，在借鉴 F&EI 思路的基础上，建立了评估化工过程热失控危险的评估方法——热失控危险指数 ITHI（Inherent Thermal-runaway Hazard Index）法[27]。

ITHI 由物质系数（MF）与反应失控风险指数（RI）构成。物质系数反映了过程涉及的物质的热分解危险大小，反应失控风险指数反映了反应阶段发生热失控的风险，ITHI 评估流程如图 2-71 所示。

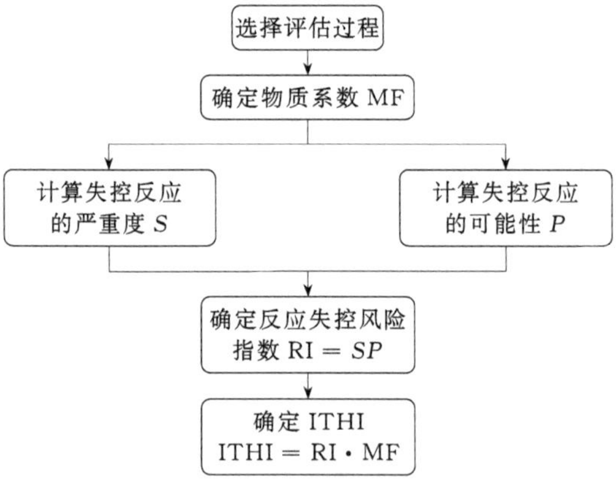

图 2-71　ITHI 评估程序

MF 由物质的起始分解温度（T_{onset}）和最大放热功率密度（MPD）确定。实际评估过程中选择原料中热稳定性最差的物质确定 MF。起始分解温度和 MPD 的分级方法如表 2-48 所示，$I_{T_{onset}}$ 指根据初始分解温度确定的等级系数，I_{MPD} 指根据 MPD 确定的等级系数。最终 MF 通过式式(2-134) 得到。

$$MF=1+I_{T_{onset}}I_{MPD}/16 \tag{2-134}$$

表 2-48　物质系数（MF）确定表

指标		取值范围	系数
$I_{T_{onset}}$	T_{onset}/℃	>300	0
		(200,300]	1
		(100,200]	2
		(50,100]	3
		≤50	4
I_{MPD}	MPD/(W/mL)	<0.01	0
		[0.01,10)	1
		[10,100)	2
		[100,1000)	3
		≥1000	4
MF		$1+I_{T_{onset}}I_{MPD}/16$	

RI 为反应阶段发生热失控反应的严重度（S）和可能性的乘积，即 RI=SP。

（1）失控反应的严重度（S）。同时选取反应热和绝热温升作为失控严重度指标以相互验证，并且以两者较大值确定失控反应的严重度 S。具体方法为，分别求得目标反应的严重度系数 S_{rx} 和二次反应的严重度系数 S_{dec}，最终得到失控反应的严重度 S（表 2-49），计算公式如下：

$$S_{rx}=\max(I_{H,rx},I_{\Delta T_{ad,rx}}) \tag{2-135}$$

$$S_{dec}=\max(I_{H,dec},I_{\Delta T_{ad,dec}}) \tag{2-136}$$

$$S=S_{rx}+S_{dec} \tag{2-137}$$

式中，$I_{H,rx}$ 为目标反应的反应热系数；$I_{\Delta T_{ad,rx}}$ 为目标反应的绝热温升系数；S_{rx} 为目标反应的严重度系数，S_{rx} 以 $I_{H,rx}$ 和 $I_{\Delta T_{ad,rx}}$ 中的最大值确定；$I_{H,dec}$ 为二次反应的反应热系数；$I_{\Delta T_{ad,dec}}$ 为二次反应的绝热温升系数；S_{dec} 为二次反应的严重度系数，S_{dec} 以 $I_{H,dec}$ 和 $I_{\Delta T_{ad,dec}}$ 中的最大值确定。

表 2-49　严重度（S）确定表

指标		取值范围	系数
I_H	反应热/(kJ/kg)	≤100	1
		(100,400]	2
		(400,800]	3
		>800	4
$I_{\Delta T_{ad}}$	ΔT_{ad}/℃	≤50	1
		(50,200]	2
		(200,400]	3
		>400	4
S_{rx}		$\max(I_{H,rx},I_{\Delta T_{ad,rx}})$	
S_{dec}		$\max(I_{H,dec},I_{\Delta T_{ad,dec}})$	
S		$S_{rx}+S_{dec}$	

(2) 失控反应的可能性（P）。发生失控反应的可能性由最大反应速率到达时间（TMR_{ad}）和基于改进特征温度的失控情景危险度等级确定。TMR_{ad} 是时间维度指标，其值越大，说明发生二次反应所需的时间越长。为补充验证，还选择了从温度尺度上推断发生失控可能性的判据，即基于改进特征温度的失控情景危险度等级，失控情景危险度描述了失控发生的条件，级别越高，发生二次反应的可能性越高。P 为绝热诱导期等级系数（$I_{TMR_{ad}}$）和失控情景危险度等级系数（I_{CC}）之和（具体参数取值参照表 2-50），即

$$P = I_{TMR_{ad}} + I_{CC} \tag{2-138}$$

表 2-50 可能性（P）确定表

指标		取值范围	系数
$I_{TMR_{ad}}$	TMR_{ad}/h	>50	1
		(24,50]	2
		(8,24]	3
		(1,8]	4
		≤1	5
I_{CC}	危险度等级	$T_p<MTSR<MTT<T_{D24}<T_f$	1
		$T_p<MTSR<T_{D24}<T_f<MTT$	1
		$T_p<MTSR<T_{D24}<MTT<T_f$	2
		$T_p<MTT<MTSR<T_{D24}<T_f$	3
		$T_p<T_{D24}<MTSR<T_f<MTT$	3
		$T_p<MTT<T_{D24}<MTSR<T_f$	4
		$T_p<T_{D24}<MTSR<MTT<T_f$	5
P		$I_{TMR_{ad}}+I_{CC}$	

将反应阶段发生热失控的严重度与可能性相乘得到 RI，再乘以 MF 得到最终的 ITHI 指数值：

$$\mathrm{ITHI} = \mathrm{MF} \cdot \mathrm{RI} \tag{2-139}$$

表 2-51 的分级标准用于分析反应阶段的热失控风险和整个过程的热失控危险度。等级从Ⅰ级到Ⅴ级逐级升高，等级Ⅰ、Ⅱ的危险度为可接受的，等级Ⅲ、Ⅳ为一定条件下可接受危险，等级Ⅴ为不可接受的。具体分级如表 2-51 所示。

表 2-51 ITHI 分级标准

ITHI 指数范围	等级	危险度
<16	Ⅰ	很低
[16,32)	Ⅱ	较低
[32,48)	Ⅲ	中等
[48,64)	Ⅳ	较高
≥64	Ⅴ	很高

下面结合实例对 ITHI 作进一步详细的阐述。

环己酮过氧化[74] 的反应原料是环己酮 210g、浓度≥30%的过氧化氢与硝酸混合溶液 60g，反应条件为温度 12℃，搅拌桨转速 250r/min，产物为过氧化环己酮；其反应公式如下：

$$2C_6H_{10}O+2H_2O_2 \longrightarrow C_{12}H_{22}O_5+H_2O \qquad (2\text{-}140)$$

首先，通过实验测试或查阅文献资料获取环己酮过氧化工艺过程所涉及的原料、产物热分解数据，以及反应过程的热失控风险特征数据；其次，确定环己酮过氧化工艺过程的物质系数 MF。通过实验和文献获取反应原料环己酮、过氧化氢溶液的热分解数据，如表 2-52。发现过氧化氢溶液的热危险性高于环己酮，故以过氧化氢溶液的热分解数据确定物质系数，最后根据式(2-134)确定 MF 为 1.75。

表 2-52 环己酮过氧化工艺物质系数 MF 取值表

指标		取值范围	系数	环己酮	H_2O_2 溶液
$I_{T_{onset}}$	T_{onset}/℃	>300	0		
		(200,300]	1		
		(100,200]	2	128	
		(50,100]	3		
		≤50	4		34.5
I_{MPD}	MPD/(W/mL)	<0.01	0	0	
		[0.01,10)	1		
		[10,100)	2		
		[100,1000)	3		340
		≥1000	4		
MF		$1+I_{T_{onset}}I_{MPD}/16$		1	1.75

然后确定反应失控风险指数 RI。依次将环己酮过氧化反应的热失控危险指标参数代入，得到失控的严重度 S、可能性 P 分别为 5、8，如表 2-53、表 2-54。最后得到环己酮过氧化反应失控风险指数 RI 为 40。

表 2-53 环己酮过氧化工艺失控严重度 S

指标		取值范围	系数	目标反应	二次反应
I_H	反应热/(kJ/kg)	≤100	1		
		(100,400]	2	324	288.12
		(400,800]	3		
		>800	4		
$I_{\Delta T_{ad}}$	ΔT_{ad}/℃	≤50	1		
		(50,200]	2	54.15	
		(200,400]	3		337.15
		>400	4		
S_{rx}		$\max(I_{H,rx},I_{\Delta T_{ad,rx}})$	[1,4]	2	

续表

指标	取值范围	系数	目标反应	二次反应
S_{dec}	$\max(I_{H,dec}, I_{\Delta T_{ad,dec}})$	[1,4]		3
S	$S_{rx}+S_{dec}$		5	

表 2-54 环己酮过氧化工艺失控可能性 *P*

指标		取值范围	系数	环己酮过氧化
$I_{TMR_{ad}}$	TMR_{ad}/h	>50	1	
		(24,50]	2	
		(8,24]	3	20.7
		(1,8]	4	
		≤1	5	
I_{CC}	危险度等级	T_p<MTSR<MTT<T_{D24}<T_f	1	
		T_p<MTSR<T_{D24}<T_f<MTT	1	
		T_p<MTSR<T_{D24}<MTT<T_f	2	
		T_p<MTT<MTSR<T_{D24}<T_f	3	
		T_p<T_{D24}<MTSR<T_f<MTT	3	
		T_p<MTT<T_{D24}<MTSR<T_f	4	
		T_p<T_{D24}<MTSR<MTT<T_f	5	5
P		$I_{TMR_{ad}}+I_{CC}$		8

最后根据式(2-139) 得到 ITHI 为 70，按照表 2-51 热失控危险度分级标准，认为环己酮过氧化工艺过程的热失控危险度是极高的，是不可接受的。

ITHI 将物质与反应的热失控风险结合评估工艺过程的热失控危险度，提升了评估结果的全面性与准确性。并且从物质与反应两方面评估，使不同化工过程的热失控危险度更具区分性，提升了热失控危险度评估结果的辨识度，有利于实现工艺优选及本质安全化。此外，ITHI 简单易理解，评估所需的数据在早期均可通过实验获得，可操作性较强。因此，可用于设计初期阶段的热失控危险度评估，为工艺优选及危害辨识提供了参考依据。

二、基于数学模型的安全评估方法

指数型方法简单易操作，但其评估过程受主观因素影响较大；为提高评估的客观性，许多学者尝试将数学模型与安全评估结合。

1. 基于模糊理论的本质安全指数法

安全本身就是一个模糊的概念，很难明确定义什么样的状态是安全的。安全通常指相对安全，无法消除工厂内所有的危害，也就是说工厂具有一定程度的不安全性。这种性质无法使用传统的布尔逻辑函数（如：安全/危险，是/

否）来描述。需要一种描述安全度大小的方法，模糊集理论和模糊逻辑提供了这样一种理论方法，以对模糊和不明确的概念进行建模和分析。Gentile 等提出了基于模糊集理论的本质安全指数法[75]，提供了一种考虑本质安全评估中的不确定性的系统方法。针对指数分析中得分的不灵敏性，如一般性分析方法中将指数的分数划为若干子区间，而每个子区间都设定为固定的分数，但相邻区间的边界值差异很小却被划为不同的等级。如压力区间［100，200］kPa 分数为 0，［201，300］kPa 分数为 1，200kPa 和 201kPa 间差异很小，但其所属等级却不同。另外，对于语言描述性指数，如与水反应程度可分为非常剧烈、剧烈、温和及不反应，在等级划分时会存在一定的人为主观性和不确定性。基于模糊理论的本质安全指数方法着重改良了这些问题，通过运用模糊逻辑和概率理论，采用隶属度函数评估安全度水平，将指标分数的子区间设置为连续的，从而一定程度上降低了指标分析中存在的主观性和不确定性。

叶君乐[76] 在此研究基础上进行简化，提出了基于模糊综合评价的化工工艺本质安全评价指数模型，用于指导早期选择本质安全型工艺。

基于模糊理论的本质安全指数方法，其创新主要体现在两个方面。首先，它将指标分析的区间边界模糊化，因为安全和不安全在指标中的体现是不能清晰分割的，因此应用模糊边界的方法更符合实际。其次，运用 If-then 规则能够系统地将定量数据与定性信息相结合，使指标分析具有逻辑性。该方法的缺点在于，隶属度函数形式和参数的选择不合理会导致结果的偏离；区间划分不合理会导致函数的复杂化而不易分析；当评估体系中有大量评估指标时，建立隶属度函数的工作量较大[77]。

2. 基于未确知测度理论的安全评估方法

未确知测度理论是一种处理不确定信息的方法，可有效进行风险分析、预测、决策和设计。纯主观的、认识上的不确定性信息为未确知信息，即研究者所掌握的信息不足以确定事物的真实状态。可以用主观隶属度分布和主观概率分布来描述未确知信息。与模糊数学一样，未确知测度理论的提出是为了更好地处理不确定信息。但模糊数学中的取大取小运算可能会造成中间值的信息损失，影响评估结果的合理性；且安全评价空间是“有序的”。而未确知测度理论所使用的“置信度识别准则”适用于安全有序评价空间，不会损失中间信息。未确知测度理论应用熵权理论确定指标权重，有利于降低人为主观因素对指标权重的影响，提高评估的客观程度。

现有的化工安全评估方法中，多以化学反应放热量评估反应危险性，但这不足以体现反应危险性对整个过程的影响。因此基于未确知测度理论的安全评估方法除了关注物质与过程条件的安全之外[78]，还建立了反应安全指标，选取了目标反应绝热温升、最大反应速率到达时间、热失控危险度及二次反应绝热温升以评估反应的危险性，提升了评估的全面性。评价体系详见图 2-72。

- 化工过程本质安全
  - 物质安全
    - 燃烧性
    - 爆炸性
    - 毒性
  - 反应安全
    - 目标反应绝热温升
    - 最大反应速率到达时间
    - 热失控危险度
    - 二次反应绝热温升
  - 过程条件安全
    - 工艺温度
    - 反应压力
    - 反应单元物料量

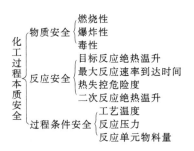

图 2-72　基于未确知测度理论的安全评价体系

评价对象空间记为 X，$X=(X_1, X_2, \cdots, X_n)$，其中 X_i（$i=1, 2, \cdots, n$）为第 i 个评价对象。评价对象的指标空间记为 I，$I=(I_1, I_2, \cdots, I_m)$，其中 I_j（$j=1, 2, \cdots, m$）为第 j 个评价指标。评价对象 X_i 的第 j 个评价指标的测量值记为 x_{ij}，则评价对象 X_i 可表示为 $X_i=(x_{i1}, x_{i2}, \cdots, x_{im})$。设 x_{ij} 有 p 个评价等级，评价等级空间记为 U，则有 $U=(U_1, U_2, \cdots, U_p)$，其中 U_k（$k=1, 2, \cdots, p$）为第 k 个评价等级。若第 k 级优于第 $k+1$ 级，则记为 $U_k>U_{k+1}$。若满足 $U_1>U_2>\cdots>U_p$ 或 $U_1<U_2<\cdots<U_p$，则称 $(U_1, U_2, \cdots, U_p)$ 是评价等级空间 U 的一个有序分割类。$\mu_{ijk}=\mu(x_{ij}\in U_k)$ 表示测量值 x_{ij} 属于第 k 个评价等级的程度，若 μ 满足非负有界性、归一性和可加性准则，则称 μ 为单指标未确知测度。

（1）计算未确知测度向量　根据未确知测度的定义，构造单指标未确知测度函数 $\mu(x_{ij}\in U_k)$，以求出某对象 X_i 的各指标测度值 μ_{ijk}。各指标测度值构成的矩阵 $(\mu_{ijk})_{m\times p}$ 称为单指标未确知测度评价矩阵，即

$$(\mu_{ijk})_{m\times p}=\begin{bmatrix}\mu_{i11} & \mu_{i12} & \cdots & \mu_{i1p}\\ \mu_{i21} & \mu_{i22} & \cdots & \mu_{i2p}\\ \vdots & \vdots & \vdots & \vdots\\ \mu_{im1} & \mu_{im2} & \cdots & \mu_{imp}\end{bmatrix} \tag{2-141}$$

若 w_{ij} 表示对象 X_i 的评价指标 I_j 与其他指标相比所具有的相对重要程度，且满足：$0\leqslant w_{ij}\leqslant 1$，$\sum_{j=1}^{m} w_{ij}=1$，则称 w_{ij} 为对象 X_i 的评价指标 I_j 的权重。指标权重通过熵权理论确定，v_{ij} 表示指标 I_j 提供的信息对识别 X_i 等级起作用大小的度量，即

$$v_{ij}=1+\frac{1}{\lg p}\sum_{k=1}^{p}\mu_{ijk}\cdot\lg\mu_{ijk} \tag{2-142}$$

$$w_{ij}=v_{ij}/\sum_{j=1}^{m}v_{ij} \tag{2-143}$$

$W_i=(w_{i1},\ w_{i2},\ \cdots,\ w_{im})$ 称为对象 X_i 的指标权重向量。

μ_{ik} 表示对象 X_i 属于第 k 个评价等级 U_k 的程度，μ_{ik} 满足：$0\leqslant\mu_{ik}\leqslant1$，

$$\mu_{ik}=\sum_{j=1}^{m}w_{ij}\cdot\mu_{ijk} \tag{2-144}$$

称 $\boldsymbol{u}_i=(\mu_{i1},\ \mu_{i2},\ \cdots,\ \mu_{ip})$ 为某对象 X_i 的多指标未确知测度向量。

（2）识别安全等级　通过置信度识别准则，判别工艺过程的安全水等级，设 $(U_1,\ U_2,\ \cdots,\ U_p)$ 是评价空间 U 的一个有序分割类，λ 为置信度 $(0.5\leqslant\lambda\leqslant1)$：

当 $U_1>U_2>\cdots>U_p$ 时，

$$k_0=\min\left|\,k:\sum_{l=1}^{k}\mu_{il}\geqslant\lambda,k=1,2,\cdots,p\,\right| \tag{2-145}$$

当 $U_1<U_2<\cdots<U_p$ 时，

$$k_0=\max\left|\,k:\sum_{l=k}^{p}\mu_{il}\geqslant\lambda,k=1,2,\cdots,p\,\right| \tag{2-146}$$

则认为对象 X_i 属于第 k_0 个评价等级 U_{k0}。

（3）排序　除了要判别对象所属的等级，有时还需比较不同对象的优劣程度。若 $U_1>U_2>\cdots>U_p$，令 U_k 的分值为 S_k，且 $S_k>S_k+1$，有

$$q_{X_i}=\sum_{k=1}^{p}S_k\cdot\mu_{ik} \tag{2-147}$$

称 q_{X_i} 是对象 X_i 的总得分，可根据 q_{X_i} 的大小对评价对象的优劣进行排序和比较。

下面以酸性条件下合成过氧乙酸叔丁酯为例说明未确知测度方法的应用。反应原料为乙酸酐、叔丁基过氧化氢及硫酸，工艺温度为 5℃，常压下反应。转速为 150r/min，产物为过氧乙酸叔丁酯。

$$(CH_3)_3COOH+CH_3C(O)OC(O)CH_3\xrightarrow{H^+}(CH_3)_3COOC(O)CH_3+CH_3COOH \tag{2-148}$$

表 2-55　工艺指标值

I_1/℃	I_3/%	$I_5/10^{-6}$	I_6/℃	I_7/h	I_8	I_9/℃	I_{10}/℃	I_{11}/bar	I_{12}/t
29.4	2.79	5	207.15	5.17	5	204.51	5	1	6

注：$1bar=10^5Pa$，下同。

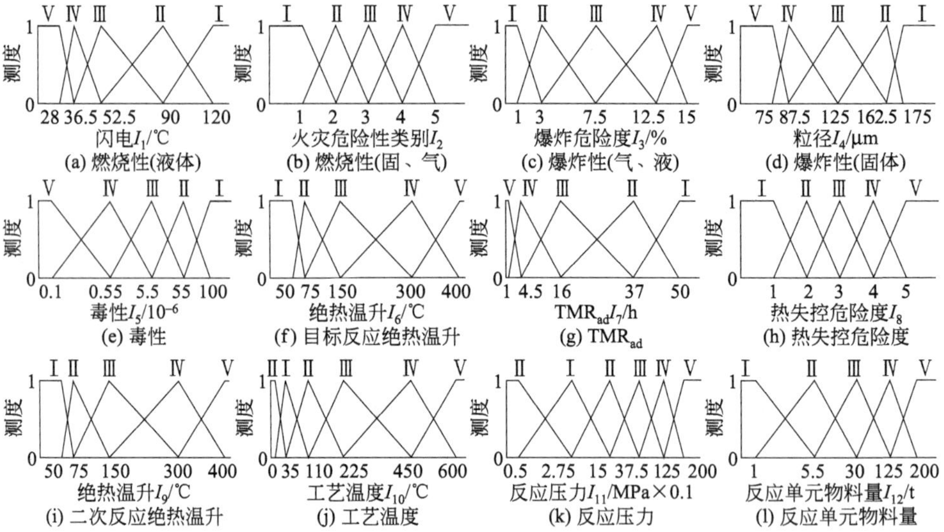

图 2-73 指标未确知测度函数

将表 2-55 工艺过程指标数据代入图 2-73 中的单指标测度函数中，计算得到过氧乙酸叔丁酯合成工艺的单指标未确知测度评价矩阵，见式(2-149)。

$$(\mu_{1jk})_{10\times 5}=\begin{bmatrix} 0 & 0 & 0 & 0.1647 & 0.8353 \\ 0.1050 & 0.8950 & 0 & 0 & 0 \\ 0 & 0 & 0.8990 & 0.1010 & 0 \\ 0 & 0 & 0.6190 & 0.3810 & 0 \\ 0 & 0 & 0.0583 & 0.9417 & 0 \\ 0 & 0 & 0 & 0 & 1 \\ 0 & 0 & 0.6366 & 0.3634 & 0 \\ 0.1429 & 0.8571 & 0 & 0 & 0 \\ 0.2222 & 0.7778 & 0 & 0 & 0 \\ 0 & 0.9796 & 0.0204 & 0 & 0 \end{bmatrix} \tag{2-149}$$

然后根据式(2-142) 和式(2-143) 得到该工艺指标的权重为$\boldsymbol{W}$=[0.0960，0.1017，0.1022，0.0847，0.1076，0.1191，0.0852，0.0979，0.0917，0.1139]。结合式(2-144) 得出过氧乙酸叔丁酯合成工艺的多指标未确知测度向量$\boldsymbol{u}$=[0.0450，0.3579，0.2071，0.1907，0.1992]。根据置信度识别准则判别工艺的本质安全度等级。取置信度$\lambda=0.5$，根据式(2-145)，按照k从小到大的顺序识别置信度，$\mu_1+\mu_2+\mu_3=0.61>\lambda=0.5$，$k_0=3$，其本质安全度为Ⅲ级；根据式(2-146)，按$k$从大到小的顺序识别置信度，$\mu_5+\mu_4+\mu_3=$

0.597>λ=0.5，k_0=3，本质安全度也为Ⅲ级。两次判别的结果一致，可以判定该工艺的本质安全水平属于Ⅲ级，为一般水平。确定工艺过程安全水平后，如需要与多个工艺过程进行比较时，则根据式(2-147)计算出各工艺的得分，从而进一步比较各工艺的优劣程度。

通过引入未确知测度理论，更好地处理了化工工艺安全度评估中存在的主观不确定问题，降低了由于人为主观因素造成的对信息认识的误差，从而提高了评估结果的客观性，为正确认识工艺的安全度提供直观的评估依据。在识别安全度等级的基础之上，通过未确知测度法对工艺安全度高低进行排序，进一步比较同一等级的反应之间安全度的高低，从而选择出更安全的反应路径。选择反应热失控指标参数表征反应危险性，相比于只考虑反应放热，更全面地体现了反应危险性。

三、其他本质安全评估方法

Gupta 和 Edwards（2003 年）提出了图示法[79]，建议用一个总的本质安全设计指数（ISDI）表征不同参数对过程的影响；对于不同的过程路径，各指数参数应单独计算，并在指数不加和的情况下针对不同路径的各步骤单独比较。

Leong 和 Shariff 提出了本质安全指数模块 ISIM（Inherent Safety Index Module）[80]，结合化工模拟软件 HYSYS 的结果评估反应路径的安全水平，可以在工艺设计初期模拟阶段进行本质安全设计。

Srinivasan 等从安全、健康、环保三方面选取共计 15 个指标，提出了一种基于统计分析的本质优良性指数法 IBI（Inherent Benign-ness Indicator），以实现在设计初期阶段帮助工艺设计者实现工艺过程优选[77]。为统一指标单位便于后期分析，Srinivasan 等应用概率分布对评价指标作归一化处理，各指标系数取值范围对应为［0，1］，0 表示无危害，1 表示高危害。

基于风险的本质安全指数 RISI（Risk based Inherent Safety Index）是对 I2SI 方法的扩展[81]，基于基础设计风险（Base BD）和本质安全风险（IS Risk），使用 Bow-tie 模型分析事故发生的过程和概率，并针对不同的事故情景提出伤害半径计算方法，最终的 RISI 能够评估多种事故情景的危害情况，以及应用本质安全原则对过程安全的影响。

四、化工过程安全评估方法的比较

前面内容介绍了几种典型的化工过程安全评估方法，主要可分为指数型方法和基于数学模型的方法。在多年发展过程中，指数法的指标覆盖面更广，而数学模型的应用使评估方法逻辑性更强、客观性更高。

指数型评估方法的特点是：①简单易理解，可操作性较强。评估人员能够快速理解方法过程，不需要经过专门培训即可使用方法。②评估结果受主观因素影响较大。不同的人员使用指数型方法时，对实际化工过程危害的理解不同，就可能产生不同的评估结果。

基于数学模型的安全评估方法的特点是：①基于数学模型的方法建立在指数型方法的基础上，其评估指标参数多来自于指数型方法；②数学模型法可以弥补指数法的不足，如通过模糊理论、未确知测度理论可以表示评估过程中存在的不确定性，更符合逻辑；③需要花费时间帮助评估人员理解所应用的数学模型。由于一般评估人员对这些数学理论模型不熟悉，因此这类方法的推广使用过程可能存在一定困难，因此将评估过程编程成人机界面友好的软件将会是一种好的解决办法。

不同的安全评估方法，其适用阶段、评价范围、特点等是不同的。各方法的比较如表 2-56[82]。

表 2-56 化工过程安全评估方法的比较

序号	方法名称	主要适用阶段	评价范围	特点
1	道化学火灾爆炸指数法	部分地用于概念设计阶段,完整地用于详细设计及以后阶段	物质危害	开发较早的指数型方法,针对火灾爆炸危害效果较好
2	蒙德指数法	部分地用于概念设计阶段,完整地用于详细设计及以后阶段	物质危害	基于道化学火灾爆炸指数法,综合评估单元的火灾、爆炸及毒性危害
3	本质安全指数法	概念设计阶段	物质、反应、过程、结构危害	较综合地考虑了各类危害,但划分指标分数的主观性较大
4	综合本质安全指数法	整个生命周期	物质危害 控制系统 本质安全应用程序	引入对本质安全原理应用程序的评价,且考虑了控制系统的影响
5	化工过程热失控危险指数	概念设计阶段	工艺过程热失控危险	将物质与反应的热失控危险性结合评估,提升了评估结果的全面性
6	基于模糊论的本质安全指数法	概念设计阶段	物质、反应、过程、结构危害	指标取值区间连续化,降低了取值的主观性和不确定性,if-then 规划使指标间更具有逻辑性
7	基于未确知理论的安全评估方法	概念设计阶段	物质、反应、过程危害	未确知测度理论的应用降低了人为主观因素对评估结果的影响

续表

序号	方法名称	主要适用阶段	评价范围	特点
8	图示法	概念设计阶段	物质、过程危害	应用图表比较不同反应路径每个步骤的指数，然后再进行指数加和计算
9	本质安全指数模块	概念设计阶段	物质、过程危害	结合模拟软件在早期进行本质安全化设计
10	基于统计分析本质优良性指数法	概念设计阶段	物质、反应、过程、结构危害	通过主元分析法分析对过程风险影响最大的参数，选择最优工艺过程
11	基于风险的本质安全指数	整个设计周期	物质、过程条件、厂区布局	使用 Bow-tie 模型估计可能事故情景及发生概率

从表 2-56 分析可以看出，现有的安全评估方法主要用于概念设计阶段的过程路径选择，为过程路径决策提供依据；涵盖了物质、反应、过程、结构危害的评价；本质安全评估方法的改进包括指标范围、指标区间划分和权重设置、结合本质安全原理、细分评价范围等几个方面。

通过上述方法的对比分析，可以看出化工过程安全评估方法向着全面性、综合性、精确性等方向发展，积累了优良的改进思路和经验，但距离实现本质安全的目标具有很大的改进空间。综合国内外的文献资料，结合过程安全技术的应用现状，本质安全评价方法的发展趋势有以下几个方面：

(1) 综合的本质安全、健康、环境指标；

(2) 克服指标区间划分和权重设置的主观性；

(3) 强化指标分析的逻辑性；

(4) 本质安全指标与过程设计方法、工具的紧密结合；

(5) 与数学模型结合应用，并将评估方法编制为人机界面友好的应用软件。

本质安全评估方法在过程本质安全设计中占有重要地位，是定量衡量过程设计本质安全水平的重要手段，也是进行后续本质安全设计的基础。因此，进一步研究并开发综合性强、适用性广、准确性高、实效性好的安全评估方法，具有重要的理论意义和实际价值。本章通过对典型化工安全评估方法的系统分析，从指标的选择、标准、评价、关联、集成、综合等多个角度观察，力求把握安全评估方法的发展脉络。提出对评估方法前景的展望，期望能为开发更良好的评估方法提供新的思路。

参考文献

[1] [瑞士] 弗朗西斯·施特塞尔．化工工艺热安全——风险评估与工艺设计 [M]．陈网桦，彭金

华，陈利平译．北京：科学出版社，2009.

[2] Green D W，Southard M Z. Perry's chemical engineers' handbook [M]. 9th Edition. New York：McGraw-Hill，2018.

[3] Semenoff N. Zur theorie des verbrennung sprozesses [J]. Zeitschrift für Physik，1928，48 (7)：571-582.

[4] 赵劲松．化工过程安全 [M]. 北京：化学工业出版社，2015.

[5] Townsend D I，Tou J C. Thermal hazard evaluation by an accelerating rate calorimeter [J]. Thermochimica Acta，1980，37 (1)：1-30.

[6] Tou J C，Whiting L F. The thermokinetic performance of an accelerating rate calorimeter [J]. Thermochimica Acta，1981，48 (1)：21-42.

[7] 潘勇．有机物定量结构-燃爆特性相关性及预测模型研究 [D]. 南京：南京工业大学，2011.

[8] Pan Yong，Jiang Juncheng，Ding Xiaoye，Wang Rui，Jiang Jiajia. Prediction of flammability characteristics of pure hydrocarbons from molecular structures [J]. AIChE Journal. 2009，56：690-701.

[9] Zhang Y Y，Pan Y，Jiang J C，et al. Prediction of thermal stability of some reactive chemicals using the QSPR approach [J]. Journal of Environmental Chemical Engineering，2014. 2 (2)：868-874.

[10] Pan Y，Jiang J C，Wang Z R. Quantitative structure-property relationship studies for predicting flash points of alkanes using group bond contribution method with back-propagation neural network [J]. Journal of Hazardous Materials，2007，147 (1-2)：424-430.

[11] Pan Y，Jiang J C，Wang R，et al. Prediction of auto-ignition temperatures of hydrocarbons by neural network based on atom-type electrotopological state indices [J]. Journal of Hazardous Materials，2008，157 (2-3)：510-517.

[12] Wang R，Jiang J C，Pan Y，et al. Prediction of impact sensitivity of nitro energetic compounds by neural network based on electrotopological-state indices [J]. Journal of Hazardous Materials，2009，166 (1)：155-186.

[13] Cao H Y，Jiang J C，Pan Y，et al. Prediction of the net heat of combustion of organic compounds based on atom-type electrotopological state indices [J]. Journal of Loss Prevention in the Process Industries，2009，22：222-227.

[14] 蒋军成，潘勇，王睿，曹洪印．基于遗传算法的有机化合物燃爆特性预测方法 [P]：ZL 200810022519. 4.

[15] 蒋军成，潘勇，王睿，曹洪印．基于支持向量机的有机化合物燃爆特性预测方法 [P]：ZL 200810022518. X.

[16] 蒋军成，潘勇．有机化合物的分子结构与危险特性 [M]. 北京：科学出版社，2011.

[17] 倪磊，崔益虎，张尹炎等．一种确定多元混合气体爆炸极限的方法 [P]：ZL 201110437191. 4.

[18] 蒋军成，潘勇等．一种确定自反应性化学物热危险性的方法 [P]：ZL 201210441367. 8.

[19] Pan Y，Zhang Y Y，Jiang J C. Prediction of the self-accelerating decomposition temperature of organic peroxides using the quantitative structure-property relationship (QSPR) approach [J]. Journal of Loss Prevention in the Process Industries，2014，31 (1)：41-49.

[20] Pan Y，Jiang J C. Wang R，Zhu X，Zhang Y Y. A novel method for predicting the flash points of

organosilicon compounds from molecular structures [J]. Fire and Materials, 2013, 37 (2): 130-139.

[21] Pan Y, Jiang J C, Zhang Y Y. Predicting the net heat of combustion of organosilicon compounds from molecular structures [J]. Industrial & Engineering Chemistry Research, 2012, 51 (40): 13274-13281.

[22] Pan Y, Jiang J C, Wang R, Jiang J J. Predicting the net heat of combustion of organic compounds from molecular structures based on ant colony optimization [J]. Journal of Loss Prevention in the Process Industries, 2011, 24 (1): 85-89.

[23] 尚文娟，危险化学品燃爆危险性综合评估与分级研究 [D]. 南京：南京工业大学，2016.

[24] 尚文娟，潘勇，范延冰等．自反应性化学物质热危险性综合评估 [J]. 安全与环境学报，2017，17 (5): 1757-1760.

[25] Wang Q, Rogers W J, Mannan M S. Thermal risk assessment and rankings for reaction hazards in process safety [J]. Journal of Thermal Analysis and Calorimetry, 2009, 98 (1): 225-233.

[26] Ni L, Jiang J C, Wang Z R, et al. The organic peroxides instability rating research based on adiabatic calorimetric approaches and fuzzy analytic hierarchy process for inherent safety evaluation [J]. Process Safety Progress, 2016, 35 (2): 200-207.

[27] National Fire Protection Association. Code for the storage of organic peroxide formulations [S]. Quincy: NFPA 432, 2002.

[28] 蒋军成,魏丹,倪磊．一种新型化工过程热失控危险指数方法 [J]. 南京工业大学学报（自然科学版），2019，41 (05): 537-542.

[29] Jiang J J, Jiang J C, Pan Y. Investigation on thermal runaway in batch reactors by parametric sensitivity analysis [J]. Chemical Engineering & Technology, 2011, 36 (9): 1521-1528.

[30] 蒋军成，江佳佳，潘勇．化学放热系统热失控临界判据的研究进展 [J]. 化工进展. 2009，11: 1890-1895

[31] Bilouis O, Amudson N R. Chemical reactor stability and sensitivity [J]. AIChE Journal, 1956, (2): 117-126.

[32] Boddington T, Gray P, Kordylewski W, Scott S K. Thermal explosions with extensive reactant consumption: a new criterion for criticality [J]. Proceedings of the Royal Society of London (Series A), 1983, 390: 13-30.

[33] Morbidelli M, Varma A. A generalized criterion for parametric sensitivity: application to thermal explosion theory [J]. Chemical Engineering Science, 1988, 43 (1): 91-102.

[34] Varma A, Morbidelli M, Wu H. Parametric sensitivity in chemical systems [M]. Cambridge, UK: Cambridge University Press, 1999.

[35] Vajda S, Rabitz H. Parametric sensitivity and self-similarity in thermal explosion theory [J]. Chemical Engineering Science, 1992, 47: 1063-1078.

[36] Strozzi F, Alos M A, Zaldivar J M. A method for assessing thermal stability of batch reactors by sensitivity calculation based on Lyapunov exponents: experimental verification [J]. Chemical Engineering Science, 1994, 49 (24B): 5549-5561.

[37] Strozzi F, Zaldivar J M, Kronberg A, et al. On-line runaway prevention in chemical reactors using chaos theory techniques [J]. AIChE Journal, 1999, 45 (11): 2429-2443.

[38] Zaldivar J M, Cano J, Alos M A, et al. A general criterion to define runaway limits in chemical reactors [J]. Journal of Loss Prevention in the Process Industries, 2003, 16: 187-210.

[39] Jiang J J, Jiang J C, Wang Z R, et al. Thermal runaway criterion for chemical reaction systems: a modified divergence method [J]. Journal of Loss Prevention in the Process Industries, 2016, 40: 199-206.

[40] Gray P, Griffiths J F, Hasegawa K. Non-isothermal decomposition of methyl nitrate: anomalous reaction order and activation energies and their correction [J]. International Journal of Chemical Kinetics, 1981, 13: 817-824.

[41] Allen A O, Rice O K. The explosion of azomethane [J]. Journal of the American Chemical Society, 1935, 57: 310-317.

[42] 孙金华. 化学物质热危险性评价 [M]. 北京: 科学出版社, 2007.

[43] 孙金华, 陆守香, 孙占辉. 自反应性化学物质的热危险性评价方法 [J]. 中国安全科学学报, 2003, 13 (4): 44-47.

[44] Zhang Y, Chung Y H, Liu S H, et al. Analysis of thermal hazards of *O*,*O*-dimethylphosphoramidothioate by DSC, TG, VSP2, and GC/MS [J]. Thermochimica Acta, 2017, 652: 69-76.

[45] 张洋. *O*,*O*-二甲基硫代磷酰胺的热危险性研究 [D]. 南京: 南京工业大学大学, 2017.

[46] Vyazovkin S, Burnham A K, Criado J M. ICTAC kinetics committee recommendations for performing kinetic computations on thermal analysis data [J]. Thermochim Acta, 2011, 520 (1-2): 1-19.

[47] Jiang J C, Li L, Jiang J J, et al. Effect of ionic liquids on the thermal decomposition process of *tert*-butyl peroxybenzoate (TBPB) by DSC [J]. Thermochimica Acta, 2019, 671: 127-133.

[48] 江佳佳, 杨建洲, 蒋军成等. 间氯过氧化苯甲酸热分解动力学及危险性 [J]. 中国安全科学学报, 2017, 27 (7): 110-114.

[49] Yang J Z, Jiang J J, Jiang J C, et al. Thermal instability and kinetic analysis on *m*-chloroperbenzoic acid [J]. Journal of Thermal Analysis and Calorimetry. 2019, 135: 2309-2316.

[50] United Nations. Recommendations on the transport of dangerous goods. manual of tests and criteria. 5rd ed [S]. 2009.

[51] Sun J H, Li Y F, Hasegawa K. A study of self-accelerating decomposition temperature (SADT) using reaction calorimetry [J]. Journal of Loss Prevention in the Process Industries 2011, (14): 331-336.

[52] Stoessel F. Planning protection measures against runaway reactions using criticality classes [J]. Process Safety and Environmental Protection. 2009, 87: 105-112.

[53] Jiang J C, Jiang W, Ni L, et al. The modified Stoessel criticality diagram for process safetyassessment [J]. Process Safety and Environmental Protection. 2019, 129: 112-118.

[54] Jiang J C, Cui F S, Shen S L, et al. New thermal runaway risk assessment methods for two step synthesis reactions [J]. Organic Process Research & Development. 2018, 22: 1772-1781.

[55] 倪磊. 间歇、半间歇式酯化反应体系热失控风险模拟及实验研究 [D]. 南京: 南京工业大学, 2016.

[56] Hub L, Jones J D. Early on-line detection of exothermic reactions [J]. Plant/Operations Pro-

gress，1986，5（4）：221-224.

[57] 戴树和，王明娥．可靠性工程及其在化工设备中的应用［M］．北京：化学工业出版社，1987.

[58] Steensma M，Westerterp K R. Thermally safe operation of a semibatch reactor for liquid-liquid reactions. slow reactions [J]. Industrial & Engineering Chemistry Research，1990，29（7）：1259-1270.

[59] Zhao X，Zhang T，Zhou Y，et al. Preparation of peracetic acid from hydrogen peroxide：part Ⅰ：kinetics for peracetic acid synthesis and hydrolysis [J]. Journal of Molecular Catalysis A：Chemical，2007，271（1-2）：246-252.

[60] Dul Neva L V，Moskvin A V. Kinetics of formation of peroxyacetic acid [J]. Russian Journal of General Chemistry，2005，75（7）：1125-1130.

[61] Sawaki Y，Ogata Y. The kinetics of the acid-catalyzed formation of peracetic acid from acetic acid and hydrogen peroxide [J]. Bulletin of the Chemical Society of Japan，1965，38（12）：2103-2106.

[62] Yuan Z，Ni Y，Van Heiningen A R P. Kinetics of peracetic acid decomposition：part Ⅰ：spontaneous decomposition at typical pulp bleaching conditions [J]. The Canadian Journal of Chemical Engineering，1997，75（1）：37-41.

[63] Rubio M，Ram í rez-Galicia G，L ó pez-Nava L J. Mechanism formation of peracids [J]. Journal of Molecular Structure：THEOCHEM，2005，726（1-3）：261-269.

[64] Zhao X，Cheng K，Hao J，et al. Preparation of peracetic acid from hydrogen peroxide：part Ⅱ：kinetics for spontaneous decomposition of peracetic acid in the liquid phase [J]. Journal of Molecular Catalysis A：Chemical，2008，284（1-2）：58-68.

[65] Kadla J F，Chang H M. The Reactions of peroxides with lignin and lignin model compounds oxidative delignification chemistry [M] //S A D. Washington，DC：American Chemical Society，2001：108-129.

[66] Luyben W L. Aspen dynamics simulation of a middle-vessel batch distillation process [J]. Journal of Process Control，2015，33：49-59.

[67] Ni L，Mebarki A，Jiang J，et al. Thermal risk in batch reactors：theoretical framework for runaway and accident [J]. Journal of Loss Prevention in the Process Industries，2016，43：75-82.

[68] Ni L，Jiang J，Mebarki A，et al. Thermal risk in batch reactors：case of peracetic acid synthesis [J]. Journal of Loss Prevention in the Process Industries，2016，39：85-92.

[69] American Institute of Chemical Engineers. Dow's fire and explosion index hazard classification. 7th ed [Z]. 1994.

[70] Imperical Chemical Industries. The Mond index：how to identify assess and minimize potential hazards on chemical plant units for new and existing processes [Z]. 1985.

[71] Etowa C B，Amyotte P R，Pegg M J，et al. Quantification of inherent safety aspects of the Dow indices [J]. Journal of Loss Prevention in the Process Industries，2002，15（6）：477-487.

[72] Heikkila A. Inherent safety in process plant design：an index-based approach [D]. Espoo，Finland：Helsinki University of Technology，1999.

[73] Khan F I，Amyotte P R. Integrated inherent safety index（I2SI）：a tool for inherent safety evaluation [J]. Process Safety Progress. 2004，23（2）：136-148.

[74] 臧娜．环己酮过氧化工艺热失控实验与理论研究［D］．北京：北京理工大学，2014.

[75] Gentile M，Rogers W J，Mannan M S. Development of a fuzzy logic-based inherent safety index ［J］. Process Safety and Environmental Protection，2003，81（B6）：444-456.

[76] 叶君乐，蒋军成，阴健康等．基于模糊综合评价的化工工艺本质安全指数研究［J］．中国安全科学学报，2010，20（6）：125-130.

[77] Srinivasan R，Nhan N T. A statistical approach for evaluating inherent benign-ness of chemical process routes in early design stages［J］. Process Safety and Environmental Protection，2008，86（3）：163-174.

[78] 魏丹，蒋军成，倪磊等．基于未确知测度理论的化工工艺本质安全度研究［J］．中国安全科学学报，2018，28（05）： 117-122.

[79] Gupta J P，Edwards D W. A simple graphical method for measuring inherent safety［J］. Journal of Hazardous Materials，2003，104（1-3）：15-30.

[80] Leong C T，Shariff A M. Inherent safety index module（ISIM）to assess inherent safety level during preliminary design stage［J］. Process Safety and Environmental Protection，2008，86（B2）：113-119.

[81] Rathnayaka S，Khan F，Amyotte P. Risk-based process plant design considering inherent safety ［J］. Safety Science，2014，70：438-464.

[82] 蒋军成，江佳佳．过程安全［M］//袁渭康．化学工程手册．第3版．北京：化学工业出版社， 2019.

第三章

化工过程本质安全化设计

第一节　基于过程强化原则的本质安全化设计

一、过程强化原则的优点与不足

过程强化原则的概念是由化学工业过程的研究人员及从业者们提出的。过程强化可以显著提高工艺单元的规模化、清洁化、能源高效化以及成本效益和安全性能等。过程强化的关键目标之一是缩减操作单元和化工厂的规模。

过程强化主要从经济角度考虑。经济全球化和可持续发展要求促进了过程强化方面的需求[1]，与此同时，过程强化带来的安全效益也成为其发展的驱动力。例如 IMPULSE 项目（Integrated Process Units with Locally Structured Elements），该项目中的设备比传统工厂装置更小、更有效，采用微反应器和紧凑式换热器，可以降低火灾和爆炸事故的风险，同时减少有害气体的排放。

有文献指出[2]：“尽管 IMPULSE 项目装置发生重大泄漏和危害的可能性较小，但发生操作人员失误和泵泄漏等类似小型故障的可能性仍然较大”。因此，本质安全既涉及管理的变化，也涉及风险评估的决策。没有一种方法能够解决工艺设计和操作中出现的所有问题，针对此问题，Etchells[3] 列出了过程强化的安全效益以及可能导致的安全问题。

过程强化可能带来的安全效益包括：

（1）减少危险物料储存，降低工艺缺陷造成的后果。

（2）减少过程操作的流程，进而减少输送操作和管道长度，从而减少泄漏。

（3）采用较小的容器限制爆炸超压，从而避免安装被动防护装置，如爆破片，和主动防护装置，如自动灭火系统。

（4）减少连续强化装置开启与关闭的次数，从而减少发生在非稳态条件下的事故。

（5）在间歇式反应器中使放热反应放热量更小，也更容易控制。

（6）连续和强化装置比表面积的增加，使传热更容易实现，从而降低了发生失控反应的可能性。

过程强化可能潜在的安全问题包括：

（1）反应需要高温高压以及高能量输入，例如，在强化解吸过程中，需要使用微波再生控制有机蒸气排放的吸附剂。

（2）可能增加过程的复杂性，以及相应的控制系统的复杂性。

（3）由于许多强化过程滞留时间较短，因此需要增加控制和监测措施。

（4）如果管道系统变得更复杂，设备故障或工作人员误操作的可能性会更大。

（5）由于改进混合，提高了反应速率，导致能量释放速率增加。

（6）可能会引入一种旋转装置和摩擦敏感材料相结合的新型点火源。

（7）复杂受热表面上积聚不稳定材料时容易发生过热现象。

（8）高产量容易导致下游不合格产品快速积聚。

（9）装置的小型化，增加了人员接触的可能性。

这些安全效益和可能导致的安全问题可能不会在过程强化应用中同时实现或发生。提出这些观点的目的在于：①理解过程风险的评估与管理对任何生产活动都至关重要；②要做好过程强化在本质安全应用过程中的利弊权衡。

二、过程强化原则下不同类型反应器选择

除了直接减少危险物料的存放量以外，减少反应过程危险物料的用量也是有效的方法。许多连续反应器含有大量的易燃液体，例如液氧反应器。这些反应器如果发生泄漏，很可能造成火灾爆炸事故[4]，其中包括 Flixborough 事故[5]。

根据库存量和安全性的要求，通常可以将反应器分为如表 3-1 所示种类：

表 3-1 反应器常见分类

气相反应器	
相反应器 膜反应器［见设计案例（1）］	降低库存量
管式反应器（直流式和循环式）	
连续釜（搅拌槽）反应器 半间歇式反应器	提高安全性
间歇式反应器	

在间歇式反应器中，所有反应物料都是在反应开始前加入。在半间歇式反应器中，首先加入一种（或多种）物料，然后随着反应的进行，逐渐加入最后的反应物料。反应发生后，除非混合失效或催化剂被完全消耗，否则未反应的混合物不会积累，见设计案例（5）。

但有时也有例外，例如，Englund[6] 提出，对于苯乙烯和丁二烯的共聚合反应，半间歇式反应器比间歇式反应器更安全，但是连续式反应器可能不是最安全的，因为它比半间歇式反应器含有更多的未反应原料。此外，在间歇式反应器内苯乙烯聚合反应还受到搅拌速度、冷却温度和冷却流量的影响，反应过程中温度的升高对不同的反应失控条件很敏感，而搅拌速率和冷却流量对温度的升高有很大影响[7]。

在条件允许的情况下，应尽量使用气相反应器取代液相反应器。因为蒸气的密度较小，通过相同孔径的泄漏率更低，如图 3-1 和见设计案例（4）。但是，当高压气体的密度与液体相近时，高压气体和液体同样危险。

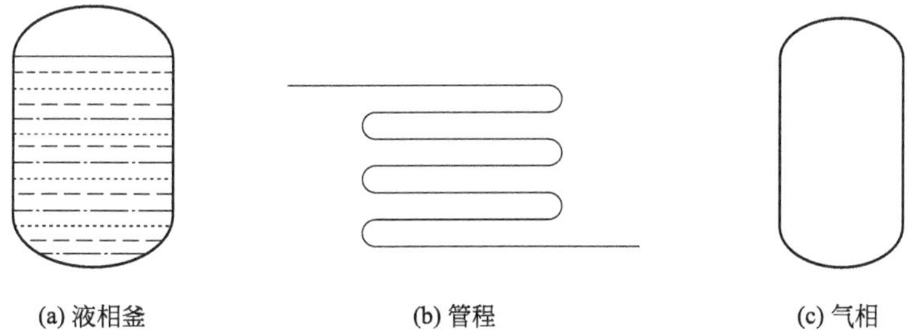

图 3-1 反应器类型

一般来说，所有类型的反应器体积都很大。不仅是因为需要大的产量。而且因为转化率低，反应慢。

1. 低转化率反应安全设计

当转化率较低时，大部分原料需要回收再利用，从而增加工厂的库存量。

如果转化率够高，理论上反应器的尺寸并不会太大。假设一种物料需要年产量为 20000t，相对密度为 0.8，线速度为 0.5m/s，仅需直径为 5cm 的管道来输送。但由于转化率较低，大多数年产量 20000t 的工厂会采用直径更大的管道。

如果需要年产量为 1000t，那么理论上仅需直径为 1cm 的管道，因此可以考虑采用小口径管道的连续式反应器，而不需要间歇式反应器，因为在小管道中传热和传质的效率更高。

理论上工艺管道的尺寸是可以进行改进的。

$$\frac{5000[2.5\times 直径(cm)]^2}{年产量(t)}$$

上式的理想值为 1，而实际值（自由负荷指数）通常为 10 甚至 20。

工厂装置的自由负载指数值应实时监控。作为对装置进行改进的参考依据，管理层也应熟悉该指数，在规划新建工厂时也应该事先对该值进行估算。

2. 低反应速率反应安全设计

反应速率低的原因可能是混合不良或反应本身慢，前者更为常见，因此良好的混合可以提高反应速率。如果反应本身就慢，可以通过增加压力、温度或两者同时增加，或者开发更好的催化剂来加速反应。理论上，还可以通过将管式反应器做得很长来实现。管式反应器始终被视为连续式反应器或间歇式反应器的替代品。因为管式反应器的完整度更高，通过远程关闭管线上的一个隔离阀即可阻止泄漏。如有必要，增加管式反应器上的隔离阀，可以将泄漏控制在可接受的范围内，同时能降低发生火灾、爆炸或中毒事故的可能性，如图 3-2 和见设计案例（5）。连续釜式反应器很少发生泄漏事故，进、出口管线发生故

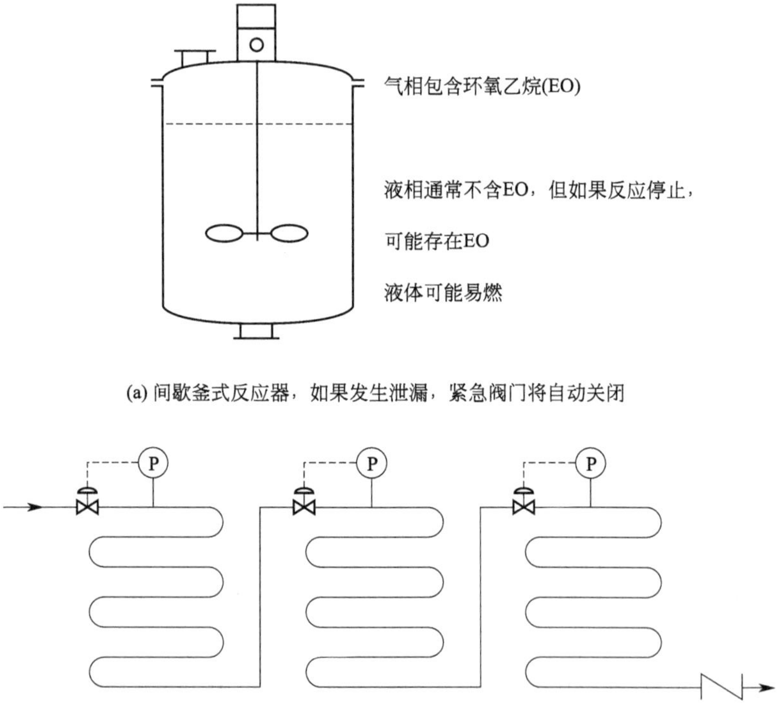

(a) 间歇釜式反应器，如果发生泄漏，紧急阀门将自动关闭

(b) 管式反应器，每个部分的物料量太小，不会发生严重的火灾或爆炸

图 3-2 环氧乙烷衍生物制造工艺

障时，反应器可以迅速排空，转移物料。

在搅拌式反应器中，失控会导致反应体系与壁面换热不均，换热效率下降。随着转速降低，反应失控时间提前，最高温度升高、反应危险性提高[8]。与搅拌式反应器相比，管式反应器的另一个优点是其混合速率的变化较小，因而产品质量的变化较小。通过调节流速维持活塞流，黏度较大的液体或固液两相流也能在管式反应器很好地流动。

环管式反应器可以作为长程管式反应器（其反应物的加入及产物的输出是连续式的）的一种替代品。环管式反应器已经用于制备单体悬浮液中的聚合物和氯化有机化合物。以制备氯化有机化合物为例，与间歇反应相比，利用30%体积的环管式反应器获得的产量增加了43%，效率得到提高[9]。

图 3-3 展示了一种连续环管式反应器，涉及减弱原则与强化原则。对于芳香烃硝化反应而言，与传统间歇式反应器相比，采用该反应器反应过程中危险物质的量不仅降低，而且被过量的硫酸稀释。反应在循环泵内剧烈搅拌，整个反应过程仅需几秒钟，酸与烃的总接触时间不超过 1min。硫酸与反应物（硝酸和碳氢化合物）的比值为 30∶1，反应最大温升仅为 15℃。

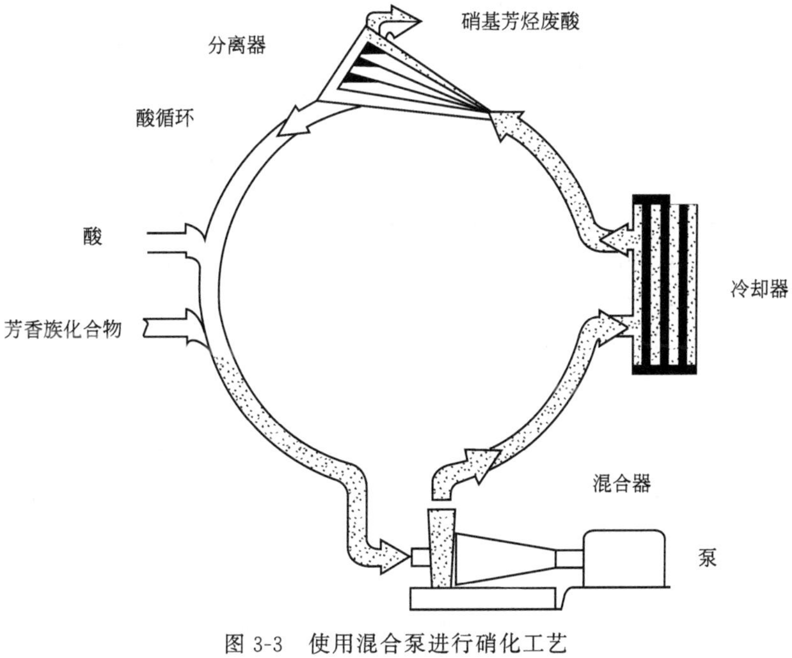

图 3-3 使用混合泵进行硝化工艺

采用扁平管能够增加管式反应器的换热效率，例如，一个长 10cm、宽 2cm 的扁平管与直径 5cm 的圆管虽然截面积相同，但表面积却增加 50%，详见表 3-2。

表 3-2 换热器表面密实度

换热器类型	表面密实度/(m^2/m^3)	参考值/(m^2/m^3)
壳管式	70～500	89
板式	120～225	89
	最高至 1000	90
螺旋板式	最高至 185	89
壳和外管式	65～270	91
	最高至 3300	89
板翅式	150～450	91
	最高至 5900	89
印刷电路板式	1000～5000	88
旋转式	最高至 6600①	89
固定式	最高至 5900	89
双螺杆挤出机式	高	92
人工肺式	20000	89

① 有些类型的密实度低于 $25m^2/m^3$。

减小液相连续反应器或间歇釜式反应器的尺寸，可以减小极端情况的事故严重度。在高温、高压下运行的小型反应器可能是本质安全的。因为它所含的物料非常少，即使全部泄漏出去，也不可能发生严重的事故。在常温、常压或在较低温度下运行的大型反应器，也可能是安全的，因为压力较低，降低了泄漏可能性。由于温度较低，即使发生泄漏，泄漏的液体产生较少的蒸气，这是基于简化原则而非强化原则。如采用折中的解决方案，如适中的温度、压力和体积，则可能导致极端情况下的最坏特征。如果发生泄漏，压力可能高到足以产生更大泄漏率，温度可能高到足以引起闪蒸，库存高到足以造成严重的火灾、爆炸或中毒事故，如图 3-4 所示。因此折中的方案并不总是比极端情况要好。

在图 3-4 中，第一个反应器的高温、高压可能会增加小微泄漏的可能性，而其代价可以接受，因为大大降低了大规模泄漏的可能性。

3. 设计案例

(1) 硝化反应　通过重新设计库存，可以减少反应器的库存。一个典型案例是硝化甘油的生产，硝化甘油（Nitroglycerin，NG）由甘油、浓硝酸和浓硫酸的混合物反应，方程式为：

$$C_3H_5(OH)_3+3HNO_3 \longrightarrow C_3H_5(NO_3)_3+3H_2O$$

硫酸不参与反应。该反应是放热反应，如果不通过冷却和搅拌及时导出热量，就会发生无法控制的反应，导致硝化甘油分解爆炸。

硝化工艺生产初期，反应在装有 1t 原料的大型搅拌釜中分批进行，为防止发生反应热失控发生爆炸，操作人员必须要密切监视温度变化。

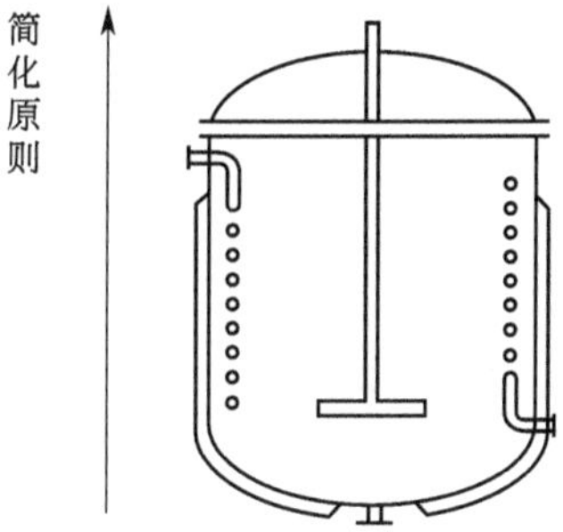

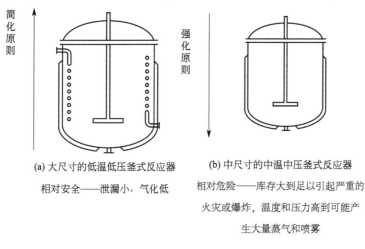

(a) 大尺寸的低温低压釜式反应器

相对安全——泄漏小，气化低

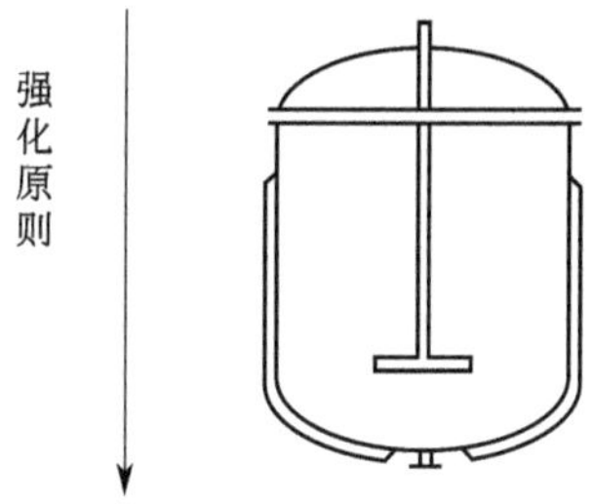

(b) 中尺寸的中温中压釜式反应器

相对危险——库存大到足以引起严重的火灾或爆炸，温度和压力高到可能产生大量蒸气和喷雾

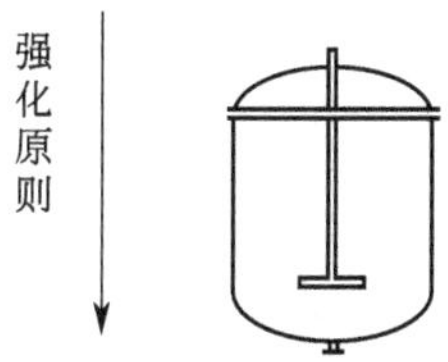

(c) 小尺寸的高温高压釜式反应器

相对安全——库存太少，不足以造成严重的火灾或爆炸

图 3-4 改变液相釜式反应器条件的影响

随着科技进步，为了使反应过程更安全，反应器增加了测量温度、压力、流量和温升速率等参数的仪器，操作人员根据这些测量值来进行操作。通过阀门来停止流动、提高冷却、打开通风管和排水管等。但加上这些设备后，反应器复杂度增加，如图 3-5 所示。表面上看，由于化学反应速度慢导致所需原料增加，但实际上并非如此。当分子聚到一起时都会发生快速反应，真正慢的是化学工程中的混合。因此，设计开发了一个混合良好的小型反应器，使用大约 1kg 的原料实现了与间歇式反应器相同的产量。新的反应器类似于实验室的水泵，酸在其中快速流动会形成部分真空，然后通过侧壁吸入甘油，很快完成混合，当混合物离开反应器时，反应已经完成，如图 3-6 所示。物料在反应器中停留的时间从 2h 降至 2min。类似的设计思路在硝化甘油洗涤和分离装置中也有所体现，变更设计后的反应器、冷却器和离心泵内共含有 5kg 硝化甘油。

反应器上的控制系统在本质上也比常规控制更安全，甘油的流量会随着酸的流量下降按比例下降，不需要流量比调节器或其他可能失效的仪器的外部干预。

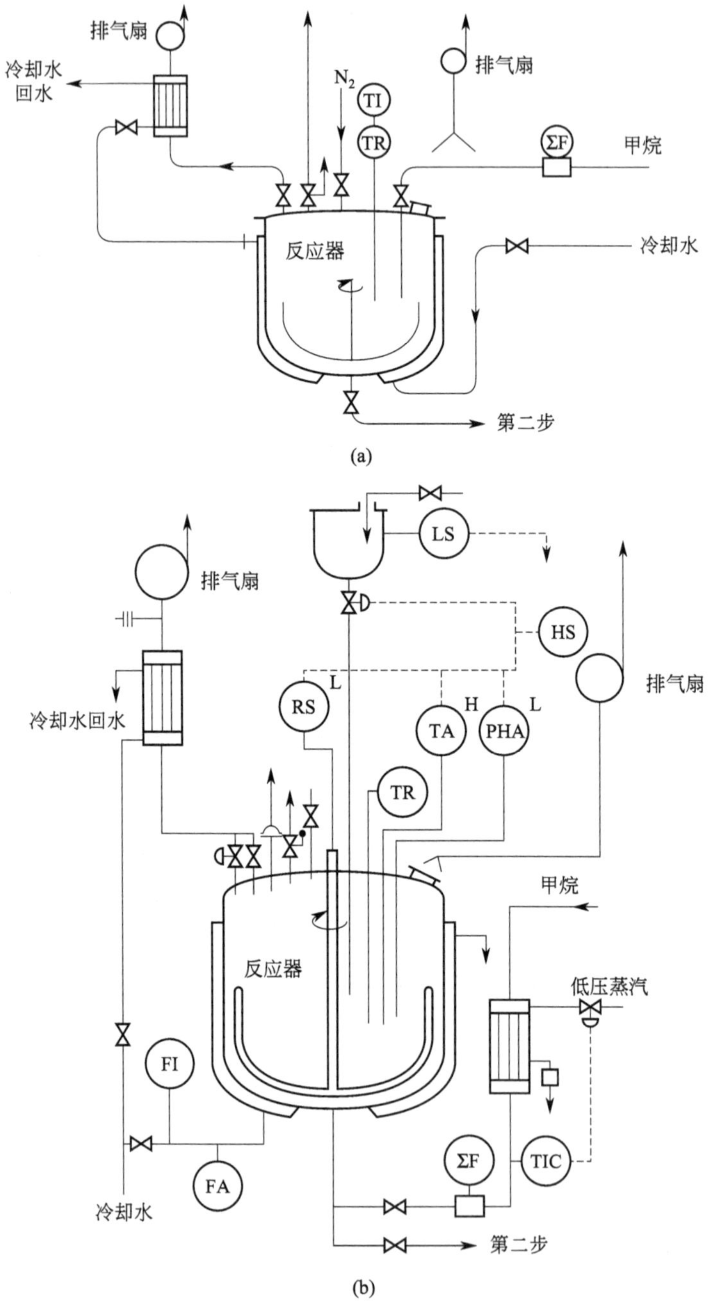

图 3-5 反应器示意图。(a) 增加安全设备前；(b) 增加安全设备后

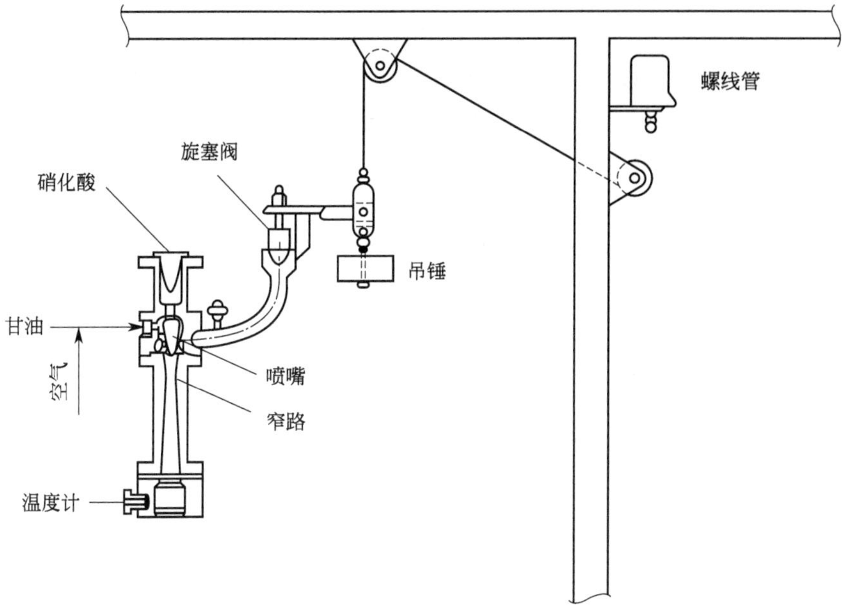

图 3-6　诺贝尔 AB 硝化器在硝化甘油生产中的应用[10]

图 3-6 还展示了一种简单有效的关闭反应器的方法。如果检测出故障，则螺线管断电，吊锤下降打开旋塞阀，空气进入反应器内，破坏了由流动酸产生的部分真空，甘油停止流动，从而反应停止。另外，由于连续反应受热均匀，反应更容易控制，而间歇过程物料受热不均匀，易受到混合效果的影响。硝酸甘油生产过程中发生的变化也验证了该观点，即连续过程通常比间歇过程更安全。当产量一定时，间歇反应器不仅比连续反应器需要更多的原料，而且需要更多的人工操作，增加了误操作的可能性。在现代硝化甘油装置中，产物通常以乳化状态而不是纯液体形式转移，这是减弱原则的一个例子。

当然，过程强化并不能保证不发生任何事故，尽管能排除一些危险但无法完全消除危险。硝化甘油的连续式生产装置虽不像间歇式装置那么频繁发生事故，但也发生过爆炸。在一起案例中，硝化甘油和废酸在离心机中被分离，离心机的硝化甘油出口塑料管线膨胀堵塞，硝化甘油沿着废酸管道下降并漂浮在废酸上面。随后发生了两次爆炸：一次是在酸槽内，另一次发生在酸槽外的回收管线内。第一次爆炸可能是由设备振动引起，第二次则是由太阳光照射的热量引起。而在苯的硝化反应中，反应物苯和产物硝基苯均具有火灾爆炸危险性，而且反应中使用的浓硝酸与浓硫酸，均属于强氧化剂。如果反应发生超温失控，将引起火灾爆炸事故，造成严重后果。因此硝化过程应严格控制加料速度，控制硝化反应温度[11]。

（2）液相氧化　1974 年，在英国 Flixborough 小镇的一个氧化环己烷的连续式装置发生爆炸。该装置在约 150℃和表压 10bar（150psi）的条件下将环己烷氧化成环己酮和环己醇的混合物，通常称为醛-酮混合物（KA），如图 3-7 所示，这是制造尼龙的一个中间阶段。工厂的原料库存量很大，约 200～500t[12]。因为反应缓慢且转化率低，大部分物料储存在六个串联的大型连续釜式反应器中，其余物料储存在回收产品和回收未转化原料的设备中。

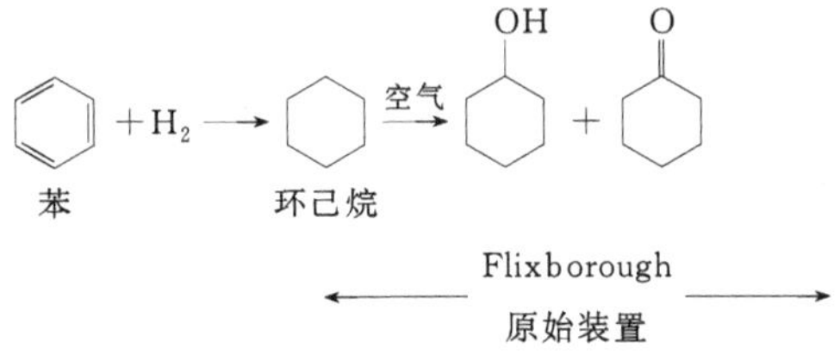

图 3-7　由苯合成环己醇路线图

因为混合不好，第一步有过氧化氢形成，反应缓慢，转化率也很低。如果液体中氧的浓度很高，转化率会变得很高，但同时会发生不必要的副反应，包括环己烷的进一步氧化。

Litz[13] 提出了一种强化反应器气液两相混合的方法，在传统反应器中，气体一般通过喷射器加入，液体则是通过搅拌器搅拌，如图 3-8 所

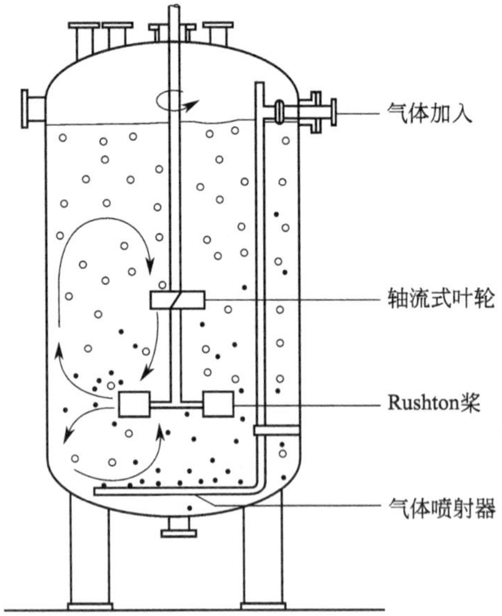

图 3-8　传统的气液搅拌槽式反应器[13]

示。在 Litz 的设计中，如图 3-9，气体被通入到气相空间，液下泵的叶轮将气体吸入至液相，并与液相充分混合，未反应的气体再循环，返回气相空间。该设计目的是提高产量和效率，与传统反应器相比，产量一定时所需的库存更少。

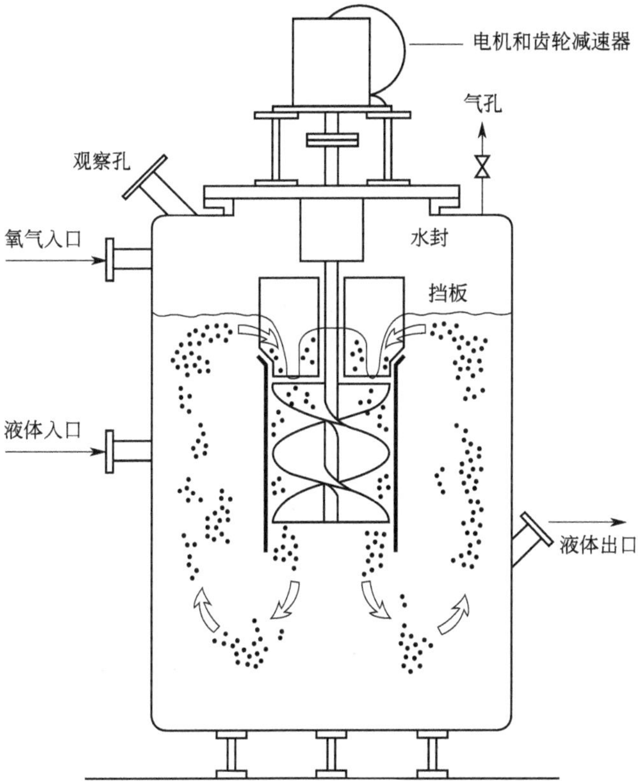

图 3-9 改进的气体反应器[13]

另一种改进混合的方法是在不同的位置向液体中加入空气、氧气或其他气体。多孔陶瓷膜可允许氧气通过膜进行扩散。因此设计由多孔陶瓷膜制造的反应器壁可以达到这一目的。

许多反应本身很慢，因为混合不好而需要更大的反应体积。前面提到两种改进混合的方法：一种是在喷雾器中混合［见设计案例（1）］并使用液下泵的叶轮［见设计案例（2）］。另一种是在泵中混合，如图 3-10 为射流混合器，它没有任何运动部件与液体接触。图 3-11 和图 3-12 是由 Middleton 和 Revill[14] 提出的几种改进液液混合及气液混合的方法。

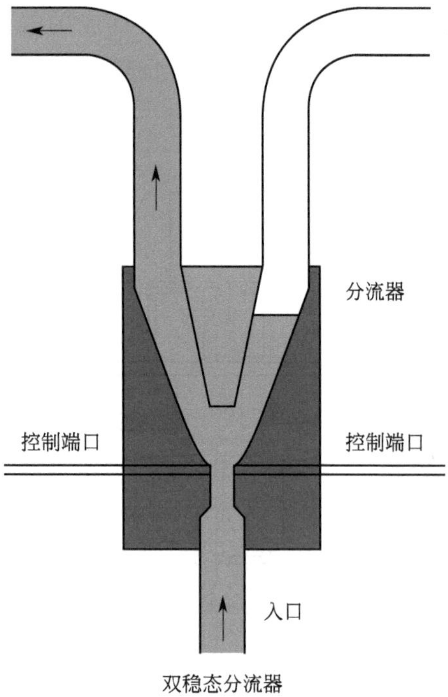

图 3-10 射流混合器

Leigh 和 Preece[15] 提出了一种将反应（或萃取）和分离结合在一个单元中的系统，如图 3-13 所示。湍流的射流液体被排放到第二种不混溶液中，从

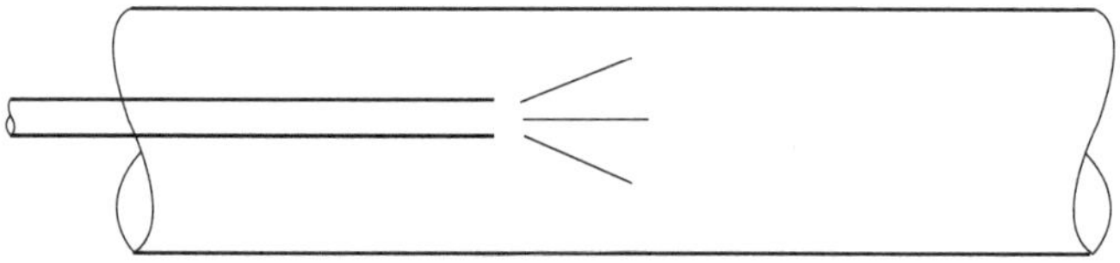

(a) 同轴喷射混合器

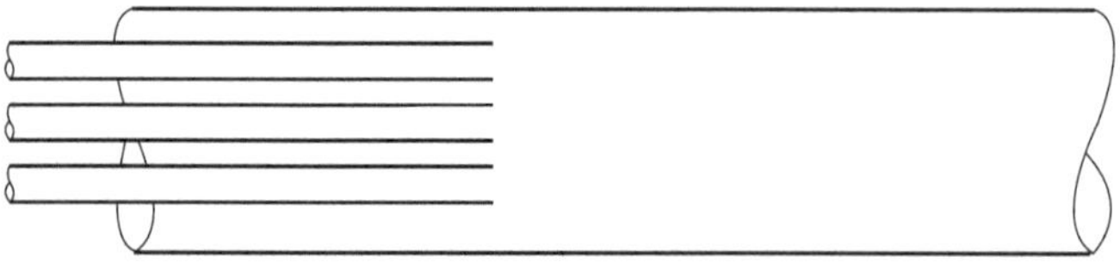

(b) 多喷射混合器

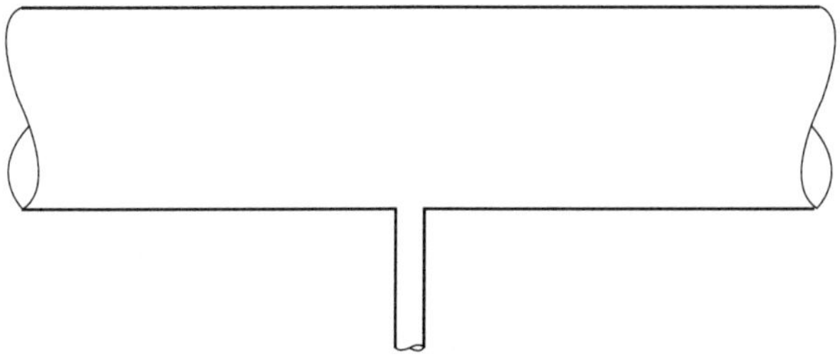

(c) 侧入式射流混合器

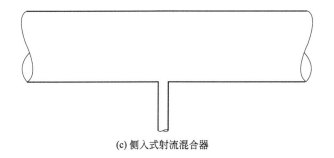

图 3-11 强化液液反应的几种方法

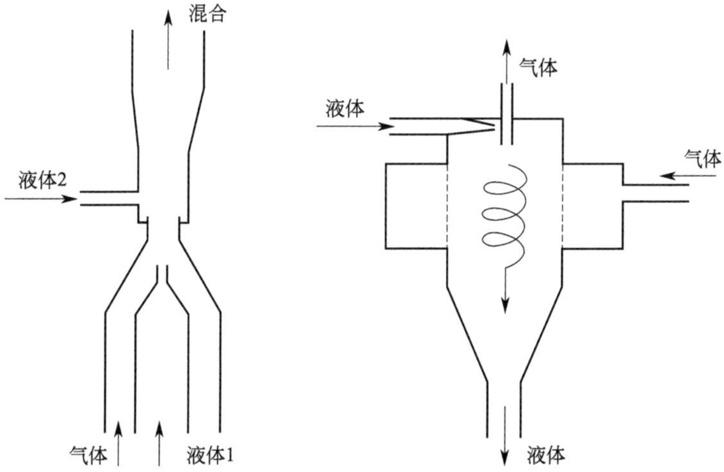

(a) 喷射器　　(b) 旋风器

图 3-12 强化气液反应的几种方法

而在两相之间产生高速，斜板为较重的相提供了大的表面积，以便聚集并流回容器的底部，而较轻的相上升并被泵抽走。

除了将萃取过程和反应过程结合起来的固有优势外，提高单位体积传质过程效率还有助于减少反应单元中的物料量。该装置结构简单，除泵压盖外，没有内部活动部件或额外的密封，而且在机组之间输送工艺液体的泵也提供搅拌动力。该装置经过修改就可以进行连续操作，如果需要，还可以添加内板进行控温。

Butcher[16] 提出了一种改进反应器混合的研究计划，其中的重要参数是单位质量功率输入（W/kg），具体见表 3-3。

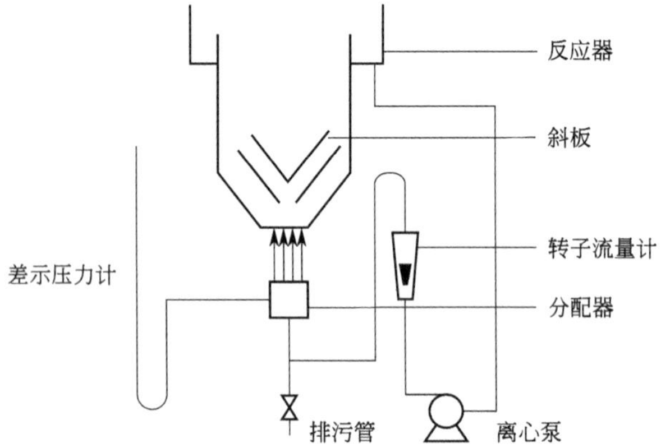

(a)

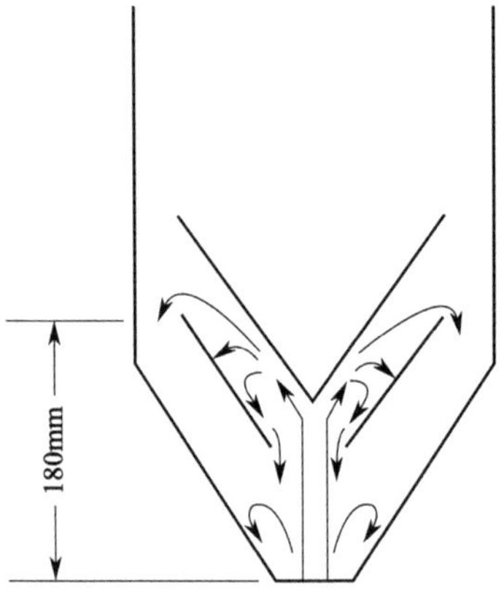

(b)

图 3-13 斜板射流反应器系统图。(a) 系统原理流程图；(b) 用于优选板布置的流动模式细节图

表 3-3 不同混合器的单位质量功率输入

项目	单位质量功率输入
直管	1W/kg
搅拌容器	1～5W/kg
静态混合器	数百瓦每千克
泵	最高时数百瓦每千克(平均较低),混合效果好的泵往往效率不高
喷射器	约 1000W/kg,见设计案例(1)
用于分散粉末的转子-定子混合器	较高

还有一种改进反应器混合的方法是在无法反应的条件下充分混合反应物，然后通过提高温度、压力或添加溶剂、催化剂来开始反应。当反应物开始混合就发生反应时，局部浓度过高可能会产生不希望的副反应，见设计案例（2）。

如果在反应开始之前完成混合，可能会提高转化率。

在 Flixborough 事故发生后，相关企业计划采用上述原理的管式反应器进行工艺设计，后放弃。另一种可能实现的方法是用易于分离的惰性安全材料来替代一些不安全的原材料。例如，在燃烧煤的流化床上，200 个颗粒中只有 1 个是煤颗粒，其余的可以是沙子。同时，将固体惰性物质与可爆炸粉尘按一定数量混合，使混合后的粉尘不能爆炸，是降低粉尘爆炸风险的有效方法。

例如，文献［17］研究了结晶型聚磷酸铵（APP-Ⅱ）对微米级丙烯酸酯共聚物（ACR）粉尘爆炸的惰化效应。结果表明质量分数为 80％的结晶型聚磷酸铵能够完全抑制丙烯酸酯共聚物粉尘的爆炸。

然而，新设计的高转化率反应器必须克服散热问题。大量的反应热可以通过蒸发和冷凝未反应的环己烷或将其送回反应器来消除。反应 1000kg 原料就必须蒸发约 7000kg 原料。越高的转化过程往往需要越大的热交换面积。今后可以设计出其他的散热方法。

环己烷氧化反应的第二阶段过氧化氢分解本身缓慢，需要较长的停留时间。在管式反应器中无法实现，因为较高的温度可能会加速过氧化氢分解。

Flixborough 事故原因是安装波纹管时采用了说明书中明令禁止的方式，导致波纹管发生泄漏。波纹管是一种较为危险的部件，不允许安装错误。而且管道系统中的膨胀节部件能减少设备振动对管道的影响。全球许多工厂都在使用与 Flixborough 事故类似的工艺，这种工艺转化率较低，很少能超过 10％。此类低转化率的反应工艺中 90％～95％的原料无法参与反应，因此从根本上讲是一项失败的工艺。

其他液相氧化过程，如异丙苯氧化成苯酚的过程，反应慢，转化率低，回收率高。该过程与环己烷的氧化过程一样危险，甚至更危险。

除了大量库存所带来的危害外，氧化装置存在液体上方的气相空间或者废气达到爆炸极限而发生爆炸的危险性。在邻二甲苯氧化成邻苯二甲酸酐的过程中，一种新型催化剂能够在远离爆炸区域的地方起作用。同样地，在异丙苯氧化装置中，通过降低反应温度可以降低反应失控的概率。

在氧化反应器中，如果用氧气代替空气，一方面会减少废气，使分离装置小型化，另一方面爆炸极限会变宽，并且钢制构件在氧气环境中会发生燃烧。

(3) 己二酸合成　用硝酸将上述过程产生的醛-酮混合物氧化成己二酸是尼龙生产的下一步工艺。多年来，这一反应都是在带有搅拌器、外部冷却器和泵的反应器中进行，如图 3-14(a) 所示。通过对反应器和冷却器进行各种串联、并联的组合，设计了一个内冷却塞流式反应器，如图 3-14(b)。当产量相同时，该反应器需要更少的原料，而且所有可能的泄漏源，如泵、外部冷却器、连接管道和搅拌器组件等都被移除。物料的混合主要通过反应器释放的气体来实现。

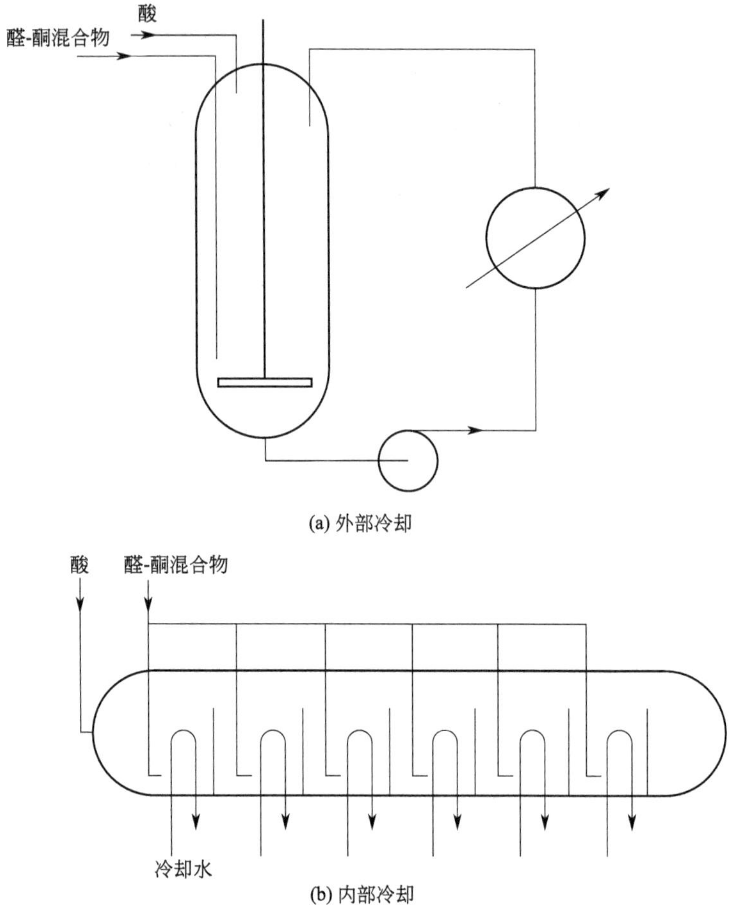

图 3-14 己二酸的反应器

将所有酸加入反应器的第一隔室中，并通过喷射管将醛-酮混合物加入每个隔室中，通过去除外部设备和消除返混而减少库存。同样，通过消除返混可以加强蒸馏。

外冷却器的设计近年来得到许多改进，但基本结构变化较小。由于尼龙生产利润高，企业重视提高产量胜过改进工艺。因为新工艺可能会遇到无法预测的困难，或是投产需要更长的时间，影响生产。

图 3-14(b) 所示反应器已应用于环己烷氧化反应中[18]。

(4) 聚烯烃生产 传统采用可燃碳氢化合物作为溶剂生产聚丙烯，目前都通过丙烯聚合。部分工厂使用气相丙烯，部分工厂则是液相。由于气相丙烯接近临界点，其密度与液体密度相差不大，因此就安全性而言，选择的余地很小。在低压气相条件下，乙烯可以聚合成低密度聚乙烯（LDPE），旧工艺使用的是高压气体，因此乙烯密度与液体密度相似[19]。目前仍然存在高压乙烯聚合成低密度聚乙烯的工艺，使用的管式反应器被封闭在混凝土掩体中。这属于被动爆炸防护，而不是本质安全化。

（5）环氧乙烷衍生物合成　环氧乙烷性质极不稳定，遇热极有可能发生燃烧爆炸，甚至危及周围其他装置以及人员的安全[20]。环氧乙烷衍生物的生产主要在半间歇式反应器中进行，通常先将其他反应物加入反应器中，然后逐渐加入环氧乙烷，通过搅拌或冷却器循环混合物。环氧乙烷反应迅速，且其浓度一直很低。但是，当环氧乙烷存在于气相空间中，如果有点火源，环氧乙烷可以在没有空气的条件下发生爆炸。此外，如果反应缓慢或未发生反应，例如，由于搅拌器或循环泵停止工作，温度过低或催化剂失活，环氧乙烷会在液相中积累。如果此时反应突然开始，可能会加速反应失控。其他的反应物都是可燃的，如果发生泄漏，可能会发生燃烧或爆炸。

在另一种工艺中，反应在管式反应器中进行，这种情况下没有气相空间，可以通过关闭阀门来终止泄漏。如有必要，还可以安装几个自动控制阀门限制泄漏量的大小，如图 3-2 所示。

图 3-15 展示了一种环氧乙烷保护系统，它能防止反应物从反应器回流到

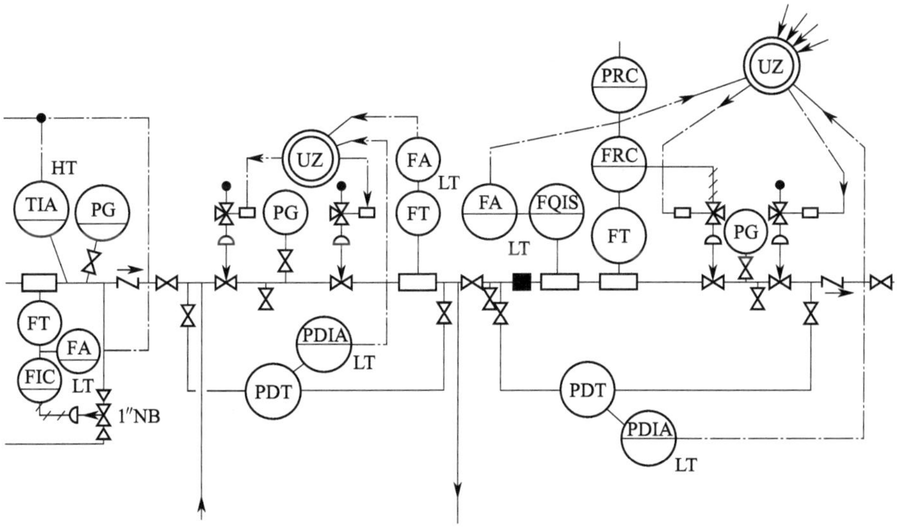

图 3-15　复杂装置的 PID 图

图中字母为工艺设备或控制仪表的代号

含有环氧乙烷原料的储罐。这种回流曾造成严重的爆炸事故。止回阀并不完全可靠，因此采用高完整性的保护系统来测量输送管路的压降，当压降低于预设值时关闭管路中的阀门。

液体通常被添加到反应器的气相空间中，因此只有当反应器过满时才会发生回流。如果液体安全且反应温度低于其沸点，则可以使用图 3-16(a) 所示的管道和漏斗。另一种方法如图 3-16(b) 所示，通过选择倒 U 的高度，使得反应器中即使达到最大压力也不会发生液体回流。U 形管道的顶部排气孔起到虹吸断路器的作用，防止液体虹吸，但这种方法不能用于液化气体，而且所需的高度要求有时候也不可行。图 3-16(c) 所示的变化在理论上可以用于液化气体，但实际上几乎不可行。因为需要将原料储存在高处，并通过重力流入反应器。

有时可以使用缓冲罐来降低回流带来的后果（如图 3-17）。如果发生回流，只有缓冲罐中的物料可以反应，而不是主储罐中的物料，缓冲罐中的物料不会流入主储罐。

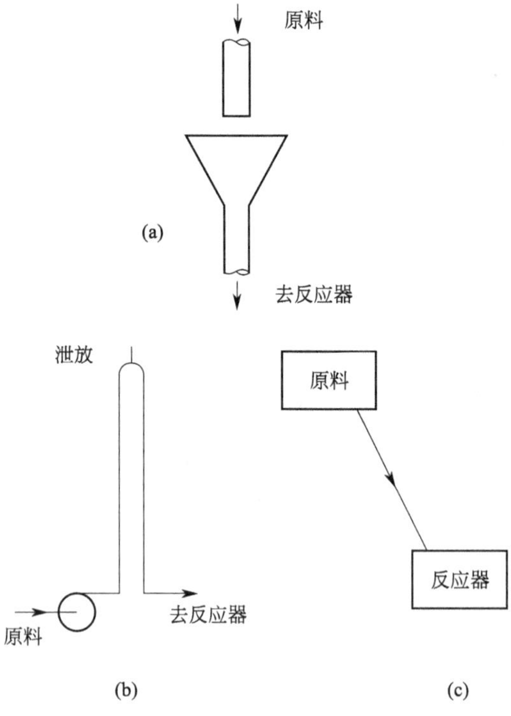

图 3-16 防止回流的几种方式

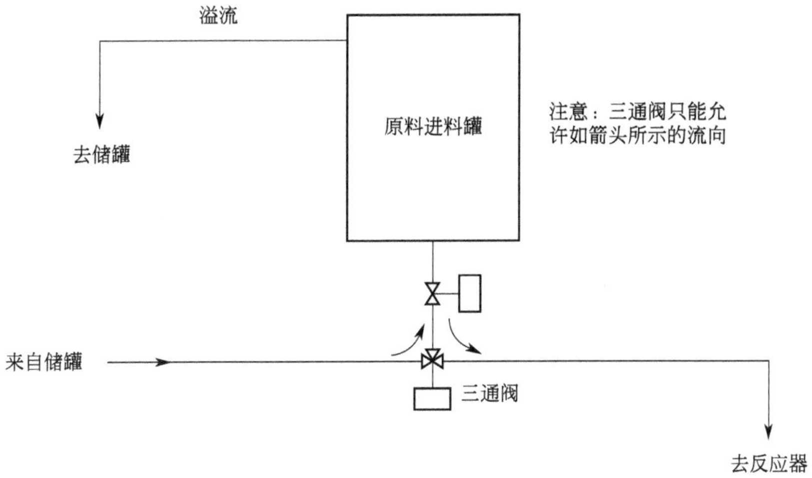

图 3-17 防止从反应器回流到主储槽的缓冲罐

三、强化原则提高精馏过程本质安全度

1. 常规精馏

常压下，只有精馏塔底部有部分沸腾液体，而塔内中上部未沸腾液体液量是塔底液体的几倍。因此在常压塔中，液体温度整体略高于其正常沸点。但在加压塔中发生泄漏时，大部分液体如果释放到大气中，可能发生闪蒸。

在选择填料或设计塔板时，物料质量是必须要考虑的因素之一。不同塔板与填料在理论板持液量上存在较大差异。大多数塔板设计持液量在 40～100mm 之间。对于大多数填料，持液量在 30～60mm 之间；对于膜式塔板，持液量小于 20mm。

图 3-18 介绍了其他一些减少库存的方法。例如通过缩小塔底尺寸可以减少塔底存料量，使塔内在临界点上达到平衡，如图 3-18(a) 所示。底部产物持续受热会发生分解，这种情况时常发生。如果再沸器的顶部没有封闭，会造成蒸气过热。这也是 1992 年得克萨斯州环氧乙烷装置爆炸事故的原因[21]。当温度超过 140℃时，环氧乙烷开始聚合。温度继续升高造成了环氧乙烷分解和爆炸。

与外部再沸器和冷凝器相比，内部排管和分凝器包含的物料更少，可能发生泄漏的设备较少，并且没有大型架空蒸气管道，甚至底部的泵也可以放入精馏塔内部，如图 3-18(b) 所示。另一种方法是在塔顶安装一个空气冷却器，尽可能将两个精馏塔组合使用，如图 3-18(c) 所示。

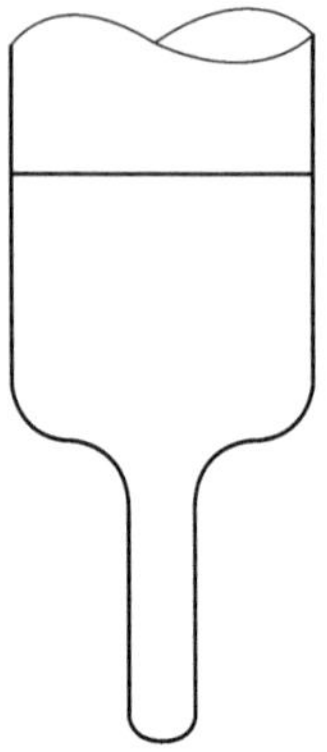

(a) 缩小的塔底

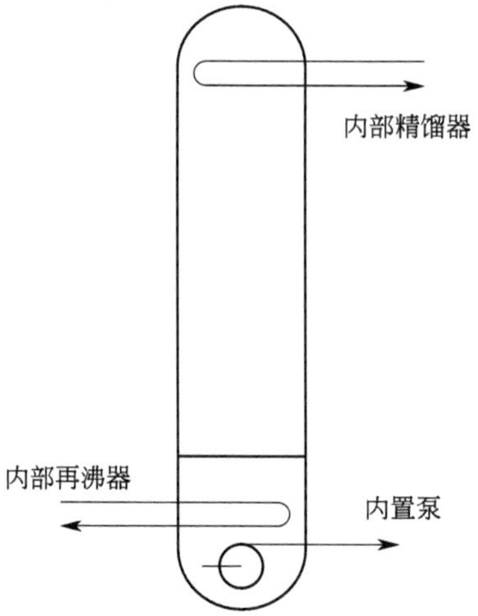

(b) 内部辅助设备

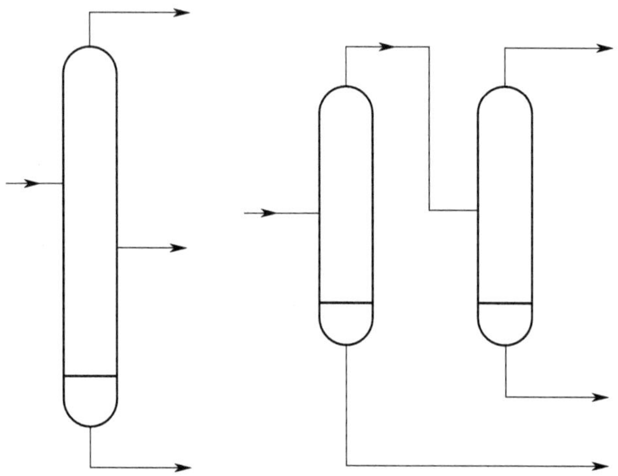

(c) 一个蒸馏塔优于两个的组合

图 3-18 减少精馏塔库存的几种方法

大型精馏塔除了大量库存造成的危险外，还具有其他潜在的危险。计算结果表明，新鲜蒸气在塔中被加热后产生回流损失时，设计泄压系统应考虑塔内压力能够足以防止外部蒸气进入塔内。但是，精馏塔顶的轻组分被送往含大量热底物的塔底时，轻组分蒸发会增加塔内压力，需要通过缩小塔底尺寸来减少热底物的数量。

目前，小容量精馏设备得到广泛应用，如 Luwa[22] 和其他搅拌薄膜蒸发器。适用于处理特别危险的物料，如过氧化氢异丙苯（一种由异丙苯制造苯酚和丙酮的中间体，容易发生分解爆炸）等。

用其他分离方法代替精馏是目前的一种趋势。其中，膜分离或液液萃取方法是常见的替代方法。液液萃取虽然需要大量库存，但液体储存温度通常低于或接近环境温度。

2. 超重力精馏

Ramshaw[23] 和英国帝国化学工业集团 ICI 合作发明了一种超重力旋转设备，如图 3-19 所示，并由美国得克萨斯州达拉斯的 Glitsch 公司销售。该设备可以将精馏设备中的停留时间缩短到大约 1s，并可以将设备中物料量减少到原来的 1/1000。

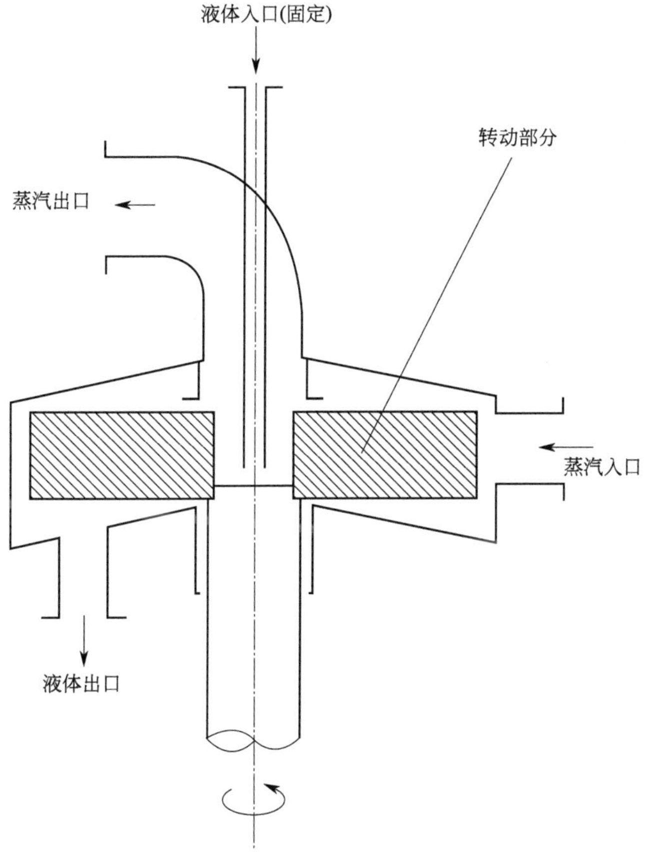

图 3-19 ICI 超重力精馏装置

在超重力精馏工艺中，蒸馏发生在旋转填充床中，加速度为 $10^4 m/s^2$，填料空隙率为 90%～95%，比表面积为 2000～5000m^2/m^3。超重力精馏设备是中间有孔的圆柱体，半径通常是 1m，高度比直径略小。蒸气或气体被送入设备壳体，通过圆柱形外表面进入填料，并向内移动。

填充床半径取决于正常塔的高度，并决定了理论板的数量；填充床的高度取决于正常塔的直径，并决定了其容量。由于在填料过程中添加液体难度较大，因此需要两个单元：一个用于汽提段，另一个用于分馏段。

填充床的 Sherwood 液泛关系式如图 3-20 所示，对于给定的填料，重力的增加使气体和液体流量增加，同时填料尺寸减小并增加接触效率。

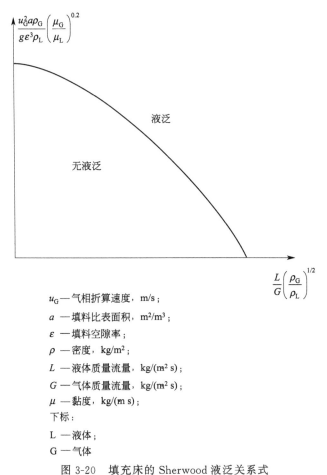

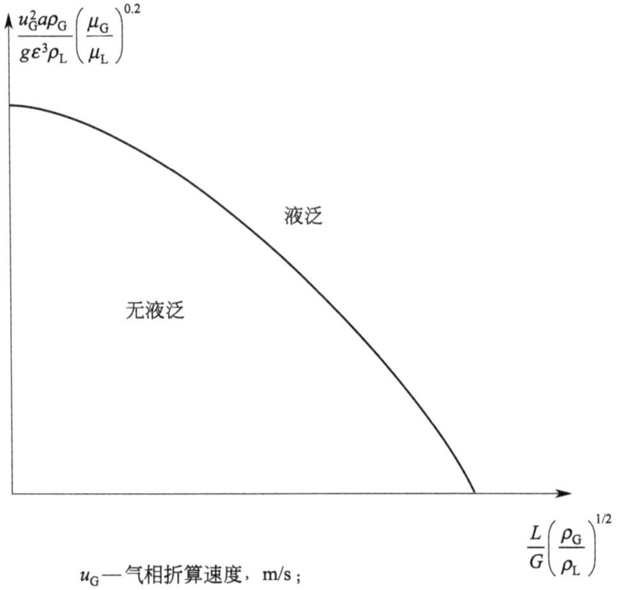

u_G—气相折算速度，m/s；

a —填料比表面积，m^2/m^3；

ε —填料空隙率；

ρ —密度，kg/m^2；

L —液体质量流量，$kg/(m^2 s)$；

G —气体质量流量，$kg/(m^2 s)$；

μ —黏度，kg/(m s)；

下标：

L —液体；

G —气体

图 3-20 填充床的 Sherwood 液泛关系式

在正常的填充塔中，返混对理论上可能达到的分离程度有所阻碍。设计案例（3）说明了反应器中返混的减少会如何导致反应器体积的减小。

超重力装置在化学工程角度是创新，但在机械工程角度仍属于传统装置，其装置内部的转动速度与离心机的转速相似。超重力工艺已被证明能在全尺度上工作。从 20 世纪 80 年代末的无人问津，且大部分用于液体汽提或用液体处理气体，到现在广泛用于精馏、吸收、解吸、旋转聚合、生物氧化等各类工艺，应用前景广泛。

过去工业界对超重力技术接受缓慢是由于该技术虽可以降低精馏设备的投资成本，但项目总成本无显著降低。Ramshaw[24] 和 Green 等人[25] 指出，操作人员往往对旋转机器可靠性存有疑虑，无法接受危险的液体都被控制在设备中的事实。同时，Olujić 等人[26] 认为，精馏技术创新的主要原因是在提高生产能力的同时，通过降低基建费用和运营成本来保持竞争力。因此，创新通常侧重于改善气液接触器的性能特征，例如塔板和填料。超重力技术以及其他过程强化方法替代大型精馏塔的优势无法体现。

实际上，超重力技术有着明显的优势。随着技术的进步，先进的大型精馏塔数量越来越多。当必须使用昂贵的建造材料、空间不足（如岸上石油平台）、高度有限或者有其他与气液接触的应用时，超重力技术可以得到广泛应用，且比常规工艺节省更多资金。

此外，超重力技术也被应用于纳米技术中。本质安全技术被认为是消除或减少纳米技术等新技术相关危害的关键技术[27]。纳米颗粒由于粒径极小，更容易发生粉尘氧化与自燃，进而导致火灾或爆炸事故[28]。通过超重力技术减少纳米物料用量是避免事故发生的一种有效方法。同时，基于减弱或缓和原则将纳米颗粒结合到基质里则可以降低一些材料的毒性。英国 AEA 技术公司开发了一种类似超重力的流态气液接触器，气体移动而非填充，气体从侧面进入，切向穿过一系列围绕边缘的叶片，并从中心离开，液体则被喷向中心。虽然强化因子远低于超重力技术，但不需要运动部件，也不会污染填料。与超重力技术类似，接触器主要用于气液接触过程，而不是精馏[29]。

近年来，陈建峰等[30-33] 开发了一系列超重力反应和分离技术，在国际上率先提出超重力反应器工程思想，以化工反应强化为主线，从理论-装备-工艺三个层面展开研究，提出跨尺度分子混合反应工程理论模型，创建超重力反应器技术及其反应与分离强化新工艺，在化工、纳米材料、环境、海洋能源等领域实现了大规模工业应用，成效显著。

四、强化原则提高换热过程本质安全度

如果用超重力技术代替常规精馏，则再沸器和冷凝器的物料量远远大于精

馏装置的物料量。因此，超重力技术研究逐渐转向强化传热方法。其中一个方案是把再沸器放在超重力机组外围。当发生相变时，离心场就可以改善设备的传热效率[35]。当没有相变时，板与板之间的空间非常狭小（只有几毫米）的，则采用平行板式换热器。采用类似于生产印刷电路的技术将流体通道蚀刻到金属板中，然后将这些金属板组合成块以制造该型换热器。使用间歇性逆流可以有效去除换热器内壁的污垢[34,35]。

表 3-2 总结了各类换热器的换热效率——传热面积与换热流体体积的比值。通过将更危险的物料放入管中，可以减少管壳式换热器中有害物质的库存。在压力下，管式锅炉比传统锅炉包含更少的水，且管式锅炉故障造成的危害较小。通过增加流量、增大表面积以及提高温差可以降低换热器的库存量，但有时可能需要在库存量、效率和降压之间进行综合考虑。

多数板式换热器具有高表面致密性，可以进一步增加散热片。其中，垫圈的性能曾限制板式换热器的使用，目前问题已经解决[36]。现在使用无垫圈的全焊接技术，承受压力高达 100bar，而喷气式发动机叶片的技术制造的进步也促进了无焊接（扩散结合）钛板换热器的发展[37]。

Jachuck 和 Ramshaw[38] 提出在换热器中使用波纹状的高性能聚醚醚酮和聚酰亚胺塑料薄膜，此类材料使用温度可达 250℃。

无论是板壳式换热器，还是管式换热器，都可以通过增加湍流来增强传热。英国能源效率办公室给出了强化换热器的几种应用[39]。

图 3-21 是一种固定床蓄热式换热器，热流和冷流交替地流过储热基质[40]。通过在管壳式换热器中插入金属丝网，可以改善管壳式换热器的传热性能，减少库存量。同时，只要设备能承受足够的压力，金属丝能够促进湍

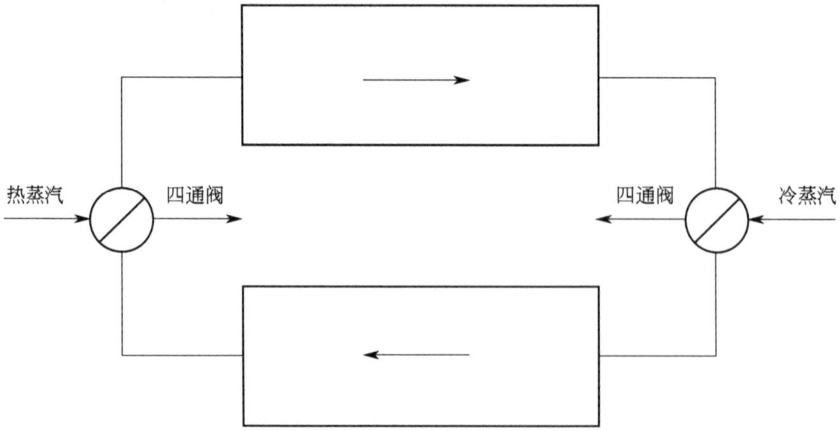

图 3-21 蓄热式换热器

流，特别是在靠近壁面的位置。螺旋管式换热器的湍流也较强，振荡流动能增加传热，从而减少换热器的数量[41]。

可以直接通入蒸汽来加热液态水，从而简化设备并节省交换器的成本。同时，将蒸汽和水预混合能有效解决蒸汽泡破裂引起的过度振动问题。

Ramshaw 等[42] 提出在紧凑的换热器表面涂上催化剂，并将换热器和反应器相结合，氢气燃烧产生的热量通过换热器促进甲烷蒸汽在涂有催化剂的另一侧进行催化重整反应。

五、强化原则在微化工技术中的应用

20 世纪 90 年代初，“微反应器”概念的提出为强化原则的应用提供了新思路。化工生产过程最关注的问题主要是资源和能源的高效利用，节能降耗，以及环保与安全。近年来，环保与安全逐渐成为决定化工企业能否生存的关键性问题。因此，微反应器的重要目标之一就是提高反应过程的安全性。

1. 微化工技术特征

(1) 传递速率高。由于传热传质系数与通道尺度成反比，同时微反应器通道尺度一般在亚毫米尺度范围，其比表面积远大于常规反应器。因此，微反应器的传递速率高于常规反应设备 1～2 个数量级。

(2) 安全性好。微反应器比表面积大，传热速率较高，可以快速移除热量，降低热点温度。针对易燃易爆反应过程，由于微反应器传热能力超强，同时特征尺度小于火焰传播的临界直径，能够有效抑制气相自由基支链爆炸反应，使反应过程可以在很宽的原料浓度和操作温度下安全进行。同时，由于反应器体积小、物料量小，发生异常情况时及时关闭反应器前后阀门，即使发生爆炸，也不会造成大范围的危害。

(3) 工艺易放大。由于微反应器中每一通道相当于一个独立的反应器，因此放大过程即是通道数目的叠加，可有效节约时间、降低成本，实现反应效率的显著提升。入口分配是工艺放大过程中的难点技术，如何均匀地将多相流体按设定比例分配到每个通道是关键。目前，工业化的微通道反应器多为单通道反应器，即单片为一个通道，可以通过尺寸放大以及多片集成实现有效放大。

(4) 反应过程易控。微通道内两相流体的速率确定后，其流型也基本确定，便于对流动和传递过程进行模型化，再结合本征反应动力学，实现对反应过程的优化调控。

因此，通过微化工技术可以实现化工设备的更紧凑和小型化，同时使工艺从实验室到工业过程的放大进程更快，反应过程的调控更容易，过程安全性更高，再结合过程工艺优化，实现化工过程的节能降耗减排。

2. 微化工技术中的强化原则

化工过程中进行的化学反应主要与传递速率或本征反应动力学有关。在传统尺度反应设备内进行瞬时和快速反应时，反应受传递速率控制，而在微尺度反应系统内，由于传递速率呈数量级提高，因此反应过程速率将会显著提高；如酸碱中和反应、烃类直接氟化反应等。

慢反应与本征反应动力学相关，提高本征反应速率是实现过程强化的关键手段之一。通常可采用提高反应温度、改变工艺操作条件等措施。而中速反应则取决于传递和反应速率的共同作用，同样可以采取与慢反应过程类似的措施。

工业应用的烃类硝化反应大多属于中慢速反应过程，反应时间在数十分钟至数小时，在微反应器内采用绝热硝化并同时改变工艺条件可使反应时间缩短至数秒。因此，理论上几乎所有反应过程都可以实现过程强化，但强化效果各有不同。传统硝化过程因传热受限，大多采用降低反应速率的办法以确保过程的安全性。提高反应温度或改变工艺条件虽然可以提高硝化反应本征反应速率，但由于大多数硝化反应过程属于复杂反应过程，反应条件的改变会导致副反应发生，导致选择性下降。这正是复杂反应过程的强化所面临的难点问题。

以芳烃（如苯、甲苯）硝化为例，如果目标产物为二硝基化合物，此时的副产物有一硝基和三硝基化合物，而三硝基化合物反应条件更苛刻，可选择合适的工艺，实现一步合成二硝基化合物。

但对于目标产物为一硝基化合物的工艺过程而言（有二硝基化合物的控制要求，以避免后续的分离），如硝基（甲）苯的生产，如果工厂不需要二硝基（甲）苯，若采用强化措施，二硝基化合物将会增加，导致选择性下降。此时，若采用微反应器与传统反应器相互集成，也可提高反应过程的安全性。因开停车阶段事故发生率高，此时若采用微反应器或微混合器进行预混合和预反应，由于反应釜内物料相对均匀，即使开车阶段出现故障，也可降低反应器的热点，降低事故发生率。

微反应器与传统反应设备（反应釜、管式反应器、静态反应器/混合器）等相互集成是实现微反应技术规模化应用的一个重要途径。一个系统能否实现工程化应用，需要综合考虑反应过程的混合、传热、传质、反应以及停留时间等因素。

3. 微化工技术的实际应用

（1）微反应器在硝基胍合成工艺中的应用　硝基胍是一种重要的工业原料、含能材料，在民用领域作为产气剂组分被广泛用于机动车辆或飞行器的气袋系统，在军工方面则作为导弹、火箭的固体推进剂材料。硝基胍还可作为药物中间体广泛用于合成抗心绞痛药乐可安、杀虫剂吡虫啉等。目前，国内外硝基胍的生产主要以硝酸胍和硝酸为原料，以间歇釜式反应方式操作。该法的缺点是反应温度波动大、稳定性差、反应液温度差在10℃以上，易飞温；同时污染重，生产每吨产品可产生10～12t废酸。张跃等人[43]以硫酸胍（GS）的硫酸溶液以及硝酸和硫酸的混合溶液（简称硝硫混酸或MA）为原料合成硝基胍，实现了反应原料的液相流态化。通过采用微通道组件构建流动式硝化反应装置，实现了硝基胍的连续合成。同时研究了硝硫混酸比、反应温度、停留时间、物料比等因素对硝基胍收率的影响。在设计的微反应器中，硝基胍连续合成的最优工艺条件为：$V(80\%HNO_3):V(98\%H_2SO_4)=2:1$，硫酸胍与硝酸的物质的量配比为1∶1.2，反应温度为60℃，停留时间为30s。此时原料胍盐转化率达87.9%，硝基胍收率达86.1%。新的合成路线以化学性质稳定的硫酸胍的硫酸溶液代替传统的硝酸胍作为反应物，反应在通道内可保持很好的一致性，避免了传统工艺中原料分布不均的现象，减少了由于局部温度过高而导致的安全隐患。因为硝化反应的剧烈放热性质，微通道反应器以其良好的控温能力减少控制反应温度带来的能耗，这些特点使得微化工技术在硝基胍工业生产中具有良好的应用前景。

（2）微反应器在聚戊内酯合成工艺中的应用　聚戊内酯（PVL）是应用广泛且合成工艺较为成熟的典型聚酯类代表之一，由于其具备优良的药物透过性、生物降解性和生物相容性而被广泛用于包装材料、生物医用材料等领域。但在传统PVL合成工艺中，往往存在聚合时间长、换热效率低等问题，不利于其大规模放大生产。郭凯等人[44]以1,5,7-三叠氮双环(4.4.0)癸-5-烯为有机催化剂，δ-戊内酯为单体，苯甲醇为引发剂合成聚戊内酯。通过构建聚四氟乙烯管式微反应器平台，系统研究了微尺度下有机催化内酯开环聚合反应体系，并对比了该反应在微反应器与传统釜式反应器中的差异。对于内酯开环聚合反应，微反应器可大幅度提升反应体系混合传质和传热效率，降低反应热危险性。同时，微反应器可实现对聚合反应的高精度控制，在嵌段共聚物合成方面比釜式反应器操作更加简单有效，且聚合速率是传统釜式反应器的两倍左右。此外，微反应器反应体系更加封闭，更适用于对水氧敏感的聚合反应。

（3）微反应器在苯乙烯聚合工艺中的应用　聚苯乙烯广泛应用于轻工、日用装潢市场，在电气方面具有良好的绝缘和保温性能。聚合反应是国家首批重点监管的15种危险化工工艺之一，而苯乙烯聚合反应是典型的强放热反应，反应极易失控。因此，利用本质安全化原则从源头上保证聚合反应的安全性尤为重要。蒋军成等人[45,46]采用本质安全化设计原则，设计了T形微反应器替换传统釜式反应器。通过计算流体力学（CFD）方法建立了三维稳态模型，并使用自定义函数UDF（User Defined Functions）添加组分输运方程源项和能量方程源项，对苯乙烯自由基聚合反应进行了数值模拟，研究在微尺度条件下，反应温度、混合反应管道长度及形状对反应结果的影响。结果表明，由于微反应器可提高传热传质效率，在一定范围内反应器内外温差可以控制在3K以内，反应器中温度分布更加均匀，可避免出现飞温现象而导致热失控。反应管道由0.15m增长至1.5m，管道长度变为10倍，苯乙烯的转化率可由20%提升至60%左右，管道的增长可使反应物混合更加充分，进而提高苯乙烯的转化率。微反应器采用0.15m螺旋管道后，转化率的整体趋势较长直管有所上升，在一定程度上加强了流体混合效率，强化了传质传热效果。因此，利用微反应器可实现化工生产的本质安全化操作，用微反应器替代传统反应釜，可在保证安全的基础上实现苯乙烯的自由基聚合。

第二节　基于替代原则的本质安全化设计

一、替代原则的优点与不足

替代原则即用安全的或危险性小的工艺或物质替代危险性高的工艺或物质。强化原则和替代原则都能有效减少防护设备的需求，进而减少工厂设备成本及其复杂性。但是，强化原则主要是通过减小设备尺寸来降低成本。因此，相对于强化原则，工厂本质安全化设计中应该首选替代原则。

替代原则并不是一个新概念，已经在许多行业设计中应用多年。例如：

(1) 早在1212年，伦敦就开始禁止使用茅草来建造房屋。

(2) 19世纪，安全灯的普及为矿井照明提供了更好的方案。

(3) 早期的麻醉剂有诸多的缺点：乙醚具有爆炸性，氯仿（三氯甲烷）遇光则会逐渐分解成剧毒的光气（碳酰氯）。因此，早期的麻醉技术面临乙醚爆炸或光气中毒的危险[47]，而这些危险随着新型麻醉药的发明而消失。

(4) 在19世纪的英国，油灯里的油料最低闪点为23℃。一旦油灯被打翻，溅出的油料很容易被点燃并发生火灾。1893年，伦敦因油灯引起的火灾高达456起，造成了48人死亡。对此，一些人建议把油料的闪点提高至

38℃。在此温度下，油灯被打翻后仅会在灯芯处产生微小的火苗，不会引起火灾。当然，首先应该考虑的是保护油灯不被打翻[48]。

（5）建筑物发生火灾时许多人因无法及时逃离现场而死亡。然而在1613年伦敦环球剧院发生火灾时，3000人全部安全脱险。剧院主要由木质结构和茅草屋顶构成，仅有两个狭小的出口。墙壁是用板条和灰泥砌成，在发生火灾时很容易打通变成逃生通道。从可燃性角度，当时建筑材料的安全性低于目前，但由于建筑材料易被破坏形成逃生出口，反而使其更具有本质安全性。

（6）1930年飞艇坠毁事件发生后，人们提议用氦气代替氢气以减少飞艇事故。

（7）医院里采用涤纶床单和毛毯替代传统棉花制品，能够减少火灾的发生概率。

在本节中，首先讨论使用更安全的非反应性物料，如一些导热介质和溶剂；其次，在反应过程中对不同的化学试剂进行替换，以避免涉及危险性较高的原料或中间体。

二、使用更安全的非反应性物料

易燃的碳氢化合物或醚类化合物常常作为导热介质用于某一反应过程的冷却或加热。有些介质在锅炉中加热后通过管道为反应器或蒸馏塔再沸器供应热量，也有一些介质可以将反应器中的热量转移到冷却器。大部分工厂中，供热系统中易燃液体的存量高于换热区域易燃液体的使用量。

在条件允许的情况下，应该首先考虑使用高沸点的液体，最好是水。使用水时，设备中的水压一般高于使用碳氢化合物或烃醚混合物时的压力。如果用导热介质转移反应器中的热量，可以使介质变成蒸气应用到其他场所，不需要专门冷却导热介质，这样就可以节省换热器的费用。本节中描述了用水成功替换油作为导热介质（以及用油替换水失败）的例子。

如果用导热介质提供热量，通常使用直接加热的方式。因此，需要新增锅炉，且温度控制也相对困难。

工厂中使用的各种商业化导热油（联苯和苯醚混合物），其初始沸点在275～400℃，工作范围为－50～500℃。众多学者总结了这些导热油的性质[49,50]。Frikken等[51]概述了用于传热的气相介质。Hatt等[52]研究了用于高温导热系统（200～2000℃）的熔融盐。

早期许多变压器油容易燃烧，如今新型变压器油燃烧缓慢且烟雾较少。一些不燃性液体也被用在变压器中[53]。例如通过添加植物油，如含有抗氧化剂的大豆油替代矿物油实现变压器油的本质安全化设计。新型防火变压器油的介电强度超过 40kV，不容易被电弧点燃。这种防火变压器油可以用在一些不需要安装喷淋装置的建筑区域。

聚合物淬火剂用水稀释后，可以替代油料用于热处理工艺。这些淬火剂在使用过程中是不燃的。

氯氟烃类化合物（CFCs）面世时，由于其不燃、低毒，相对于其他溶剂（如三氯乙烯等）更加安全，因此被人们认定为理想溶剂。后来，人们普遍意识到 CFCs 会破坏臭氧层，逐渐停止了 CFCs 的生产，并再次使用易燃性溶剂。随着 CFCs 的停用，一些新材料，如氢氟碳化合物、氢氯氟碳化合物和氢氟醚类化合物也逐渐问世。虽然部分新型材料易燃，但其易燃性低于碳氢化合物。不能单独使用的材料也可以和易燃性溶剂混合形成难燃的混合物使用。氢氯氟碳化合物（HCFCs）会破坏臭氧层，相关国际协议要求发达国家从 2010 年开始逐步减少生产和使用 HCFCs，并在 2020 年完全淘汰。作为其替代品，甲基硅氧烷不会对臭氧层产生破坏，并且能够和其他溶剂混合使用。

据报道，CFC-113（三氟三氯乙烷）是在检测多孔材料上的指纹过程中常用的关键物质。在新的氢氟烃被发现可用于该检测之前，科学家们已经测试了 300 多种替代试剂。

近年来，一些计算机芯片制造商使用异丙醇清洗芯片，也有使用肥皂水（低成本）或超声水蒸气（高效率），甚至部分制造商通过改变工艺流程不再进行芯片的清洗。此外，超临界二氧化碳也可用于工业脱脂，其优点是油渣很容易从溶剂中分离出来。

由压缩空气推动固体二氧化碳颗粒产生的冲击可以用于物体清洁，但这也会带来一些新的危险。固体二氧化碳颗粒与皮肤接触会引起冻伤。此外，在使用高压二氧化碳清洁过程中应保证作业空间有良好的通风条件，以避免窒息危险。

许多情况下，有毒溶剂已被危险性较低的溶剂所取代。如毒性较小的环己烷代替了苯的使用。超临界二氧化碳可以在食品加工中替代己烷、乙醇和乙基醋酸盐，用于咖啡因的去除和啤酒花的提取。同时，超临界二氧化碳还可以替代喷漆工艺中的部分溶剂。

调查表明，油漆和装修所使用的溶剂型油漆严重损害工人身体健康。同时，当汽车喷涂溶剂型油漆后，车辆报废时需要对其进行焚烧和回收处理，以避免污染环境。由于水基涂料可以避免这个问题，人们越来越多开始使用水基涂料。

工业生产中应该避免使用一些可能产生副反应的溶剂。Fierz[54] 举了一个例子：在反应过程中，溶剂二甲基亚砜的分解或者高黏度的反应体系不能快速混合均匀都可能使失控反应变得更加严重。因此，值得探索合适的替换溶剂。此外，采用高真空度是工艺过程中较为可取的替代手段。它可以有效降低反应体系所需要的温度或蒸馏量。

蒋军成等人[55] 认为在新工艺开发前对包括各种溶剂在内的反应原料进行热分析筛选，有利于分析这些原料或溶剂的本质安全性，进而判断反应体系是否会因热分解或反应失控而产生危险。

二氧化碳可以代替无机酸来控制饮用水的酸碱度（pH）。当过量的二氧化碳注入水中时，多余的二氧化碳不溶解，也就不会导致饮用水的过度酸化。这也是替代原则在本质安全化应用的一个例子。

利用离子膜电解制氯有诸多优点，例如不需要再使用带有汞和石棉的隔膜电解槽，并且更加节约成本。

利用离子交换法在两个反应釜（一个工作，一个备用）中对工艺物料流进行提纯。以前，商用的酸性离子交换树脂在使用前需要调节至中性。若进口球阀意外开启，新一批未被中和的离子交换树脂被注入反应釜中。随后注入的物料与酸性离子交换树脂混合，可能发生失控反应，导致反应釜破裂、物料溢出并引起火灾。人们只知道酸会催化反应失控，但却没有意识到作为催化剂的离子交换树脂本身就是酸性的。因此，离子交换树脂在出厂前就被调至中性，以避免反应工艺的失控。目前，该型离子交换树脂已得到广泛应用。

传统工艺通过使用液氮将碳床冷却至－196℃进行氦的提纯制备。但是，当有氧气与氮气同时存在时，由于液氧沸点较高（－183℃），会被碳床提前吸收。当碳床吸收氧气过多时，则会发生爆炸。因此，可以使用硅胶代替碳床，尽管效率有所降低，但工艺更安全[56]。

同样，用于空气低温蒸馏工艺中的铝和黄铜混合填料遇氧气容易被点燃。当使用紫铜替代黄铜后，就不会发生被点燃的状况。

韧性材料通常比脆性材料更安全。然而，通常选择使用脆性材料的原因主要是由于其具备耐腐蚀、防酸碱等韧性材料所不具备的性能。

南非采矿业安全铲的发明者使用塑料聚氨酯模塑手柄代替传统的木制手柄，有效改善了安全铲的性能。此种设计可以避免手柄开裂和腐朽，消除因手柄开裂或腐朽导致操作失误的隐患。此外，当安全铲被运行的机器缠住时，该手柄会断裂粉碎，不会对操作人员造成伤害。

Astbury 和 Harper[57] 在文章中叙述了工厂中静电积聚的问题。他们认为建筑物材料本身的易燃性、绝缘性以及内部存在不互溶液体、不同尺寸管道都会产生静电隐患。改善物料储存环境、合理规划设备尺寸、降低物料流速是防止静电火花的关键性措施。此外，使用导电和耐腐蚀塑料也能有效避免静电积聚。

通风管道火灾风险容易被忽略。除了管道，其他活动组件以及绝缘涂层等都应该尽可能使用阻燃材料[58]。

阻燃材料在火灾中能够有效阻碍火焰传播。无机保温材料通常情况下不会发生火灾，但一些高分子有机物，如聚氨酯、不饱和聚酯树脂和聚苯乙烯等，会带来如下隐患[59]：

（1）火灾快速蔓延和发展；

（2）产生较高的温度和热辐射；

（3）产生浓烟；

（4）产生有毒和可燃气体。

餐馆经常使用丁烷加热器加热菜肴，但在更换丁烷气瓶时，螺纹接口处容易断裂，导致用餐者或服务员被意外烧伤。为解决这一问题，应降低丁烷气瓶的充装量，同时尽量在室外更换气瓶，而且不能重复使用旧的垫圈。

1. 替代原则在环氧乙烷生产中的应用

在大多数环氧乙烷生产装置中，催化管线使用导热油进行降温，多数为高压沸腾煤油，压力高达 40MPa。Flixborough 爆炸事故就是由大约 50t 沸腾的碳氢化合物在高压下泄漏引起的。反应釜上方的波纹管容易发生堵塞。在反应釜中，煤油相对于乙烯和氧气的混合物具有更高的危险性。其主要原因是乙烯和氧气的混合物为气态，发生爆炸时只会造成局部破坏。因此，据报道在发生的 18 起导热油事故中，只有 1 起造成了人员死亡，而在发生 4 起冷却剂火灾事故中，就有 1 起造成人员死亡。虽然没有发生过蒸气云爆炸，但发生可能性依然存在。

20 世纪 60 年代末，环氧乙烷厂在设计生产装置时，设计者考虑到用水代替煤油不能保证工作效率，往往选择煤油。Flixborough 事故的发生让人们认识到蒸气云爆炸的危害。因此，在新的生产装置设计中往往使用水代替煤油。

目前，少部分旧的生产装置改用水作为导热介质，另外一部分装置则使用沸点高于煤油的导热油，并在低于其沸点的温度下使用。也有文章指出[60]，水的温度波动高于油类，不能作为冷却剂使用。但这一观点并不符合实际经验。

2. 替代原则在含水泥浆加热过程中的应用

有机盐砂浆必须在 70bar 下加热到 300℃才能熔融使用。利用壳管式换热器中的导热油对管中的水泥浆进行加热。一旦管道发生破裂，水泥浆中的部分水就会立即蒸发汽化，导致压力骤增。为了避免导热油被吹出，设计者在壳管式换热器中安装了保护系统。如图 3-22 所示，当管道破裂时，反应室中骤升的压力会触发高压开关 PZ，关闭砂浆和导热油进出管道的阀门，从而实现对换热器的隔离。与此同时，爆破片破裂，导热油和蒸气混合物会被吹入油气分离罐中。但在实际生产中管道破裂时，该保护系统由于不能及时响应，造成导热油被吹出装置，进而引起火灾。

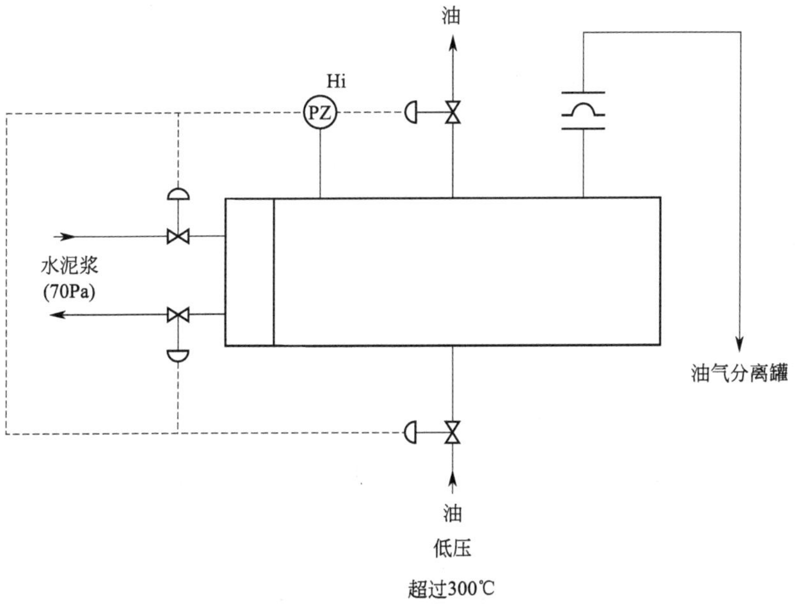

图 3-22　壳管式换热器中安装了保护系统示意图
当水泥浆被导热油加热时，保护系统启动，阀门必须迅速响应

一般情况下，在保护系统试运行时，它的响应时间就应该被测定。但是保护系统很容易失效或被忽略。因此，应该尽可能避免使用易燃的导热油，并且减少对防护装置的依赖。在工厂设计中，水泥浆主要使用高压蒸汽加热，并且通过专门的锅炉来维持蒸汽压力。随着工艺改进，水泥浆直接由喷射蒸汽加热，从而避免了部分热交换器的使用。但是，喷射蒸汽加热的缺点是会使水泥浆的黏度降低。

3. 替代原则在制冷剂、推进剂和灭火剂中的应用

一些工厂，如烯烃分离厂，存有大量易燃的制冷剂，包括乙烯和丙烯等。也有一些工厂使用氨作为制冷剂。这些液化气体的优点是较容易获得，并具备制冷剂的各种特性。制冷剂的选择应该优先考虑不易燃、无毒害的物质。高效且不燃的氯氟烃（CFCs）作为冷却剂面世时受到了广泛欢迎，但现在人们知道了它们会破坏臭氧层，已被国际协议禁止生产。目前，一些新型的制冷剂也相继面世。如氢氟碳化合物不会对臭氧层产生破坏，其对臭氧层的破坏要小于 CFCs，同时这些物质虽然部分是可燃的，但其易燃性低于碳氢化合物。

液氨制冷剂可以广泛应用于大中型冷库的制冷系统、化工制冷系统等。但液氨制冷剂具有可燃、有毒、有腐蚀性的特性，当空气中氨的浓度达到16%～23%以后，一遇明火，立即就会引发爆炸。2013 年，上海某冷藏公司发生液氨泄漏事故。事故共造成 15 人死亡、6 人重伤、20 余人轻伤。当前有人建议重新推广氨气的使用，并强制淘汰一些对环境有害的新型合成制冷剂，这代表了一种“逆向替换”，或是综合考虑安全、健康和环境危害的思路。Glenn 给出了关于化学替代的例子[61]。化学替代应主要针对那些除了本身具有危害之外还会引起其他方面危害的材料。如表 3-4 所列的氯苯，主要用于制造染料和杀虫剂，是一个很好的化学替代的应用实例。相对于其他几种氯化物，氯苯的危险性排名在健康问题（毒性）方面处于中间位置，在环境问题（生态毒性）方面排在最前面，在安全问题（挥发性）方面排在最后。因此，化学替代更可能是为了消除氯苯在环境方面所带来的危害。此外，如果关注点是职业健康和安全方面，合理的行政控制和程序审查也可以确保风险在可控范围内。

表 3-4 EHS 管理中的化学替代

等级	毒性	生态毒性	挥发性
高	二氯甲烷 三氯甲烷 氯苯 甲苯	氯苯 三氯甲烷 甲苯 二氯甲烷	二氯甲烷 丙酮 三氯甲烷 甲苯
低	丙酮	丙酮	氯苯

目前，碳氢化合物已被广泛用于家庭冰箱制冷，因为其在冰箱中的含量甚至低于打火机中碳氢化合物的含量，即使发生泄漏也不会引起事故。同时，液态氮和液态二氧化碳作为制冷剂可被用于工业生产，后者有时可以作为直接接触型冷却剂使用。

在乙烯液化装置中，一般使用氯化烃替代丙烯作为制冷剂使用，成本低且安全。使用不易燃的制冷剂可以使装置布局更加紧凑合理，安全阀出口可以直接布置在室外，从而不需加装火炬系统。即使需要火炬系统，使用氟化烃所需要的火炬系统也要小于丙烯作为制冷剂需要的火炬系统的尺寸。

用于制冷剂的 CFCs 可能是各类用途中危害最小的，因为只要设备维护较好，制冷剂就不会释放到大气中。相反，用于气溶胶推进剂的材料都需要排放。许多气溶胶制造商使用丁烷（或丁烷-丙烷混合物）代替卤代烃。但由于不清楚新型推进剂的特性，这种替换导致了多起工厂和仓库火灾。其中包括 1982 年 5 月发生在宾夕法尼亚州莫里斯维尔的 K-Mart 仓库火灾，这是美国最大的仓库火灾之一。

采用新型的气溶胶罐可以避免氯氟烃或丁烷的泄漏。利用柔性薄膜或活塞从产物中分离二氧化碳作为推进剂使用。推进剂在罐体被戳破的情况才可能发生泄漏，并且不会燃烧。

和氯氟烃一样，溴氯氟烃（BCFs 或哈龙）也会破坏臭氧层，现在已经停止生产。新的卤代碳氢化合物效率较低，灭火时需要更多的使用量[62]。

装有电气设备的房间使用二氧化碳自动保护系统易导致人员窒息死亡。通常情况下，一旦有人进入房间，二氧化碳的供应就该被中断，但有时控制系统会出现异常。当使用哈龙或新型替代品时，即使发生意外释放，由于其浓度太低并不会造成严重伤害。

用于汽车安全气囊的固体推进剂可用作灭火剂助剂。它里面含有燃料和氧化剂，能在没有空气的情况下迅速“燃烧”，产生惰性气体，直接用来灭火，也可以作分散液体或干燥粉末的媒介。

综上所述，更加安全的制冷剂、溶剂、推进剂或灭火剂都会对环境造成一定影响，而更加环保的材料其安全性又会降低。总的来说，不断的改进是为了获得更好的效果，缺陷总是存在，几乎没有各方面都完美的改进措施。因此，只有更加本质安全化的装置，而没有完全本质安全的装置。例如，水基清洁剂相对于有机清洁剂更安全、更环保，但水基清洁剂在未稀释之前可能是有毒的或是腐蚀性的。如前所述，尽管板条和灰泥建筑更容易发生火灾，但在火灾现场却更有利于人员逃生。下面两个例子表明，使用替代原则并未对安全性有更好的提升：

(1) 几年前，英国矿山监察局禁止使用矿物油作为矿下液压油使用。他们担心这些矿物油会被点燃，因此做出更加安全的改进措施，使用可燃性更低的乳剂或磷酸酯。但是这些材料的润滑性较差，容易造成设备磨损和过热，进而导致乳剂中的水蒸发，对设备造成更大的损伤。此外，新型乳剂会腐蚀密封圈。因此，总的说来，将传统矿物油作为液压油更加安全。Schmidt 列举了一些可以在其他场合使用的不易燃油料[63]。

(2) 反应釜内部通常需要进行保温处理，以防止钢制外壳过热。保温材料上的裂缝和催化剂床上的沟槽会导致钢制外壳上出现局部热点。因此在保温层内部加装了不锈钢层。由于这些裂缝很难进行密封，因此在安装新设备时，不会考虑在反应釜外部安装衬垫，而是安装了可以在常温下工作的水套，如图 3-23 所示。

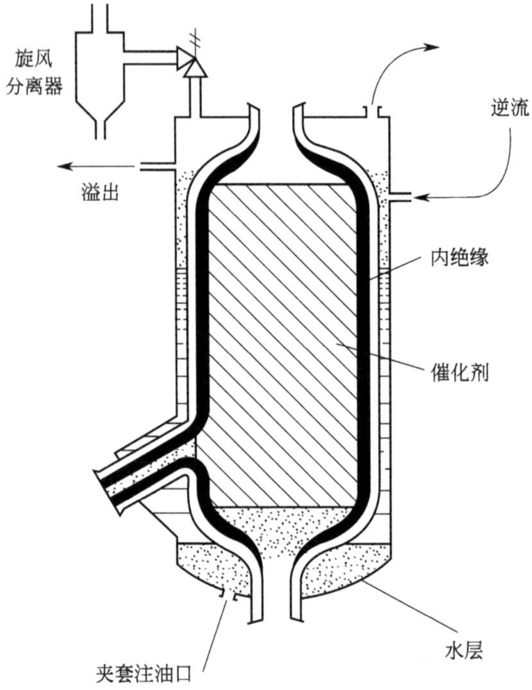

图 3-23 反应釜示意图

反应釜必须在高于设定温度下运行，因此水套的温度要提高到 120℃，且内部压力不能升高。同时，生产过程中的副产物，一种沸点高至 170℃ 的油被用来代替水作为导热剂，油蒸气经过水套顶部 120℃ 的温度冷凝后可以循环使用。

为了防止冷却油的老化，需要对设备中的冷却油进行连续清洗和补充。由于设备出现故障，用于补充的冷却油被水污染后沉淀在水套底部，并且水压会阻碍冷却油的沸腾。轻微的晃动就会引起油和水的混合，水变成蒸汽会把冷却油带出水套。虽然安全阀后面安装了旋风分离器，但对高速喷出的冷却油蒸气分离效果不佳。在一次事故中，设备附近的炉子引燃了冷却油蒸气。尽管火势仅仅持续了 5min，但对仪器和电缆造成了严重破坏。

三、选择危险性更低的工艺

选择危险性较低的工艺的困难在于，即便使用危险性较低的原料或中间体可行，但工艺可能变得不经济，也可能变得更难控制。除了要考虑反应物和中间体的稳定性外，两者的相容性、溶剂和催化剂的选择也同样至关重要。

1. 替代原则在博帕尔工厂中的应用

博帕尔工厂制造的杀虫剂西维因是通过α-萘酚、一甲胺和光气（碳酰氯）合成，一甲胺和光气反应生成异氰酸甲酯（MIC）（正是该化合物的泄漏造成了 2000 人死亡），异氰酸甲酯与α-萘酚进一步反应生成西维因（图 3-24）。

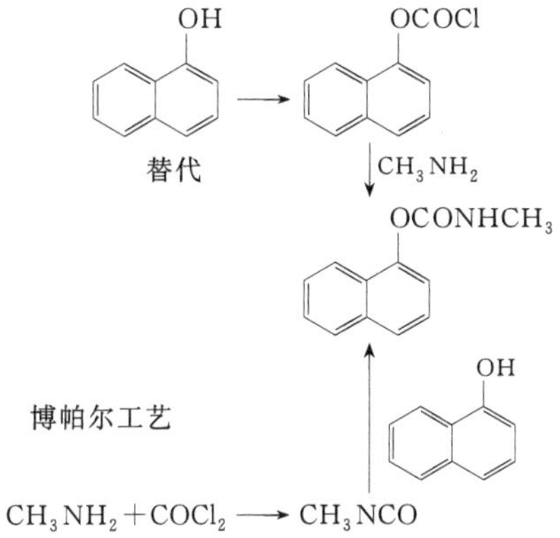

图 3-24　西维因的合成路线

在以色列 Makhteshim 公司使用的替代工艺中，仍然使用这 3 种原料，但调整了反应顺序，α-萘酚和光气反应生成氯甲酸-1-萘酯，然后氯甲酸-1-萘酯再和一甲胺反应生成西维因，整个过程不会产生 MIC[64]，在一定程度上提高了安全性。

然而，这两种方法都使用到光气，其毒性比氯气更大。相对于第一种生产工艺，第二种工艺至少避免了 MIC 的生成。但是，用于合成西维因的α-萘酚是由萘经过硝化和还原得到，该过程会产生微量的副产物α-萘胺，此物质具有致癌性。因此，α-萘酚采用了图 3-25 中更加安全的替代生产工艺。

2. 替代原则在植物保护剂生产中的应用

$CH_3-N(CH_3)-C(=O)-O-R$ 由醇类 ROH 和二甲基氨基甲酰氯（DMCC）合成，常用于制备植物保护剂。但 DMCC 易挥发且对动物和人体具有致癌性，工艺上最

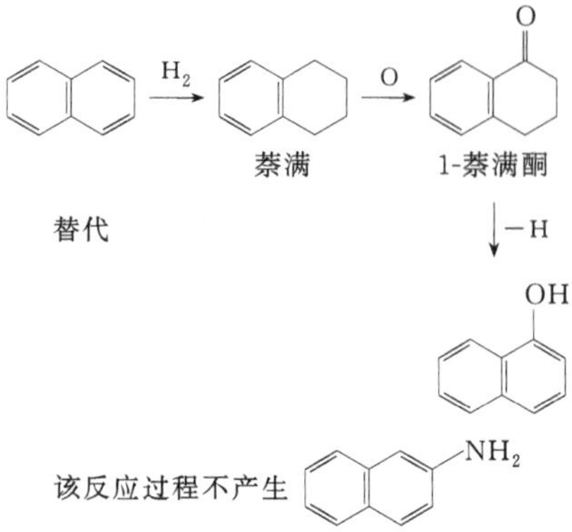

图 3-25 使用萘制备 α-萘酚工艺路线

好避免使用。该产品的另一种替代方法是使用氯甲酸盐与二甲胺反应生成一种不同的中间体：

$$(CH_3)_2NH+COClR \longrightarrow (CH_3)_2NCOR$$

虽然这种替代工艺在制备过程中会使用光气作为中间体，但其危险性要小于 DMCC。

3. 替代原则在 MDI 和 TDI 生产中的应用

4,4-二苯基甲烷二异氰酸酯（MDI）和甲苯二异氰酸酯（TDI）广泛用于合成泡沫（包括硬质泡沫和软质泡沫）的制造。大规模生产泡沫过程中都会使用光气［图 3-26(a)］。其替代工艺的研究已经进行了十多年，但都没有成功。Atlantic Richfield 和 Mitsui[65] 公司尝试用芳香族硝基化合物羰基化生成烷基

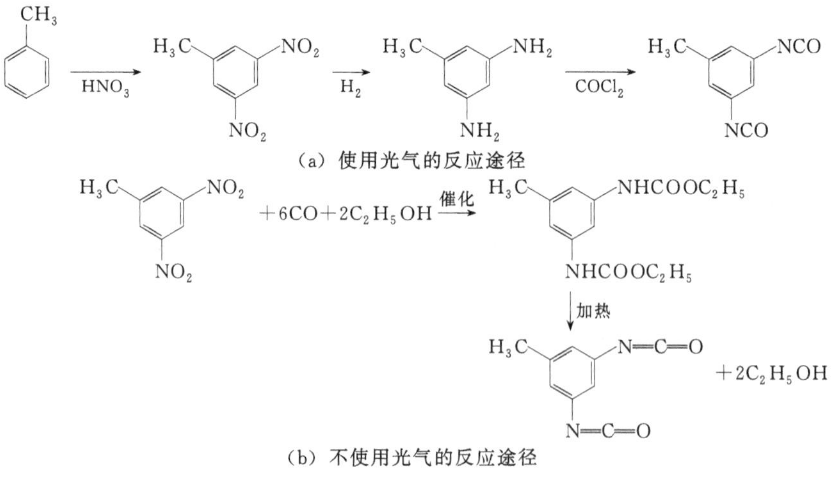

图 3-26 甲苯二异氰酸酯合成路线图

脲，然后热解形成异氰酸酯［图 3-26(b)］。制造商使用新的替代工艺可以大大减少或完全消除库存中的光气，不需要存储或运输光气。

虽然生产 MDI 和 TDI 的传统工艺都会涉及有毒的中间体，但其反应只有轻微放热，基本上不存在热失控风险。相反，羰基化工艺需要在二硝基甲苯反应剧烈的温度进行，并且不仅使用的一氧化碳有毒，其产物硝基化合物也较危险。碳酸二甲酯作为光气的替代品已经被应用于一些合成工艺中。

4. 替代原则在醇酮混合物生产中的应用

在 Flixborough 事故中，环己酮和环己醇的混合物（通常称为 KA 或酮醇混合物）由环己烷氧化获得，如图 3-27(a) 所示，该事故造成了 28 人死亡。随后通过另一条苯酚加氢路线制备 KA，这被认为是本质安全化技术的典型。然而，苯酚的制备通常是将异丙苯氧化成氢过氧化物并将其“裂解”成苯酚和丙酮［图 3-27(b)］，这一过程甚至比环己烷的氧化更危险。

通常认为，把大型工厂中具有复杂反应的化学品生产转移至一些小型场所并不合理，因为小型场所往往不能抵抗随之而来的风险，因此需要提倡本质安全化的工艺，而不是如何去转移风险。

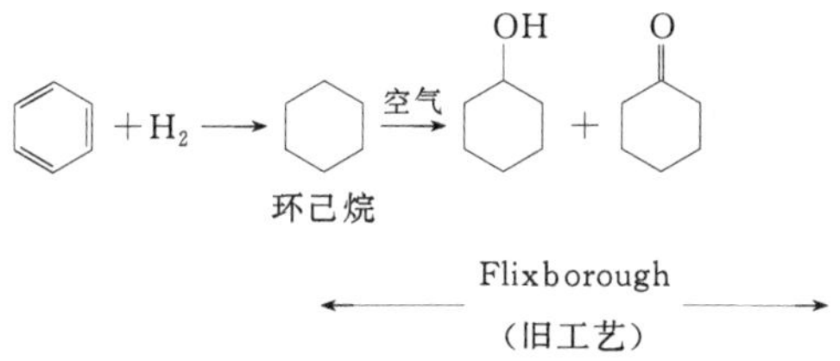

(a) 使用环己烷的反应路线

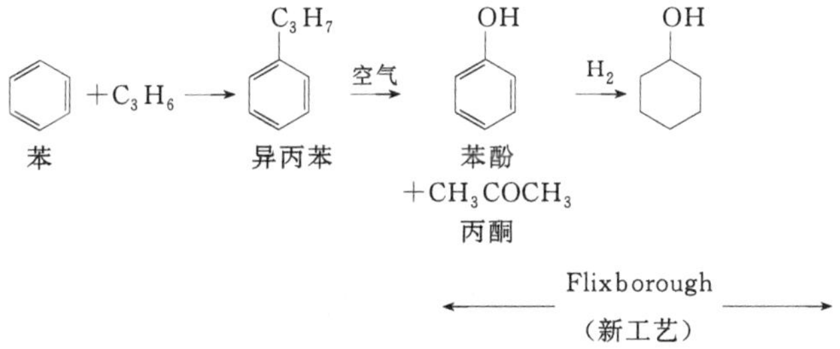

(b) 使用苯酚的反应路线

图 3-27 苯制备己醇的路线

5. 替代原则在其他工艺中的应用

丙烯腈最早由两种有害物质（氰化氢和乙炔）反应制备，广泛用于制造合成纤维。目前，丙烯腈可以由危害性较小的丙烯、氨和空气合成得到。

为了避免中间产物环氧乙烷的生成，人们尝试直接利用乙烯生产乙二醇，但工艺经济性有待提高。

Edwards 和 Lawrence 等汇总并比较了六种甲基丙烯酸甲酯的生产工艺[66,67]，分析了其在不同合成条件下的本质安全性。

苯是一种易燃、易爆、有毒有害的生产原料。葡萄糖可以代替其用于多种物质的合成，包括己二酸的生产。而葡萄糖可以从纤维素残渣，如外壳和稻草等廉价原料中提取。

在硅半导体的制造工艺中，有毒气体如磷化氢、二硼烷和硅烷可以被危险性较低的液体取代，如亚磷酸三甲酯、硼酸三甲酯和硅酸四乙酯等。磷氯氧化物可以代替光气，1,1,1-三氯乙烷可以代替盐酸气体。这些替代工艺都同时具有技术和安全方面的优点。在光伏电池的制造工艺中也有相似的替换方法。

氢氟酸（HF）是一种广泛应用的烷基化催化剂，具有一定的危险性，接触其蒸气会引起皮肤和肺部的深度灼伤。1987 年，美国得克萨斯州氢氟酸的泄漏导致 1000 人住院治疗。此后，两种固体烷基化催化剂被用于替代 HF 的使用[68]。

Bretherick 指出[69]，硝化反应会对工业装置产生强烈的破坏性，硝基芳香族化合物尤其是多硝基芳香族化合物快速受热或遭受冲击时会产生爆炸危险。大多数硝基化合物都是作为中间体生产的，然后再进一步被加工成其他化合物（如胺）。对最终产物来说，采用替代工艺也许并不经济，但安全性得到提高。一方面，在工艺过程不同的阶段引入硝基可以有效降低硝化反应危险；另一方面，从热安全角度对两种酸硝化工艺路线进行评估，传统工艺是使用含有浓硫酸的硝酸进行酸化，新的取代工艺是将不同的专用酸加入溶剂中后再加入硝酸进行酸化[70]。

五氧化二氮经电化学方法合成，被提倡作为硝化剂代替硝酸和硫酸混合物。因为五氧化二氮在溶液中充分水解，可以降低体系的反应时间和温度。

在早期的氨碱法（Solvay 法）制备碳酸钠的工艺中，间歇精馏塔顶部的检修孔打开后，都要加入少量石灰，以防止氨气的泄漏。19 世纪 70 年代，Ludwig Mond 建议将石灰乳直接加入精馏塔。

废弃物的焚烧容易失控并会产生污染环境的副产物。如今，用电化学法可以在低温下（70～96℃）销毁有毒废弃物。与传统焚烧不同的是，电化学法处理废弃物所产生的废气中没有其他残留物。另一种方法是使用超临界高压水处理有毒废弃物。

使煤炭燃烧但不会产生二氧化碳的工艺受到人们的关注。煤被加氢制成甲烷，甲烷分解成氢和碳。部分氢被回收用于加氢工艺，剩余的氢被点燃转化为水，碳则被埋在地下备用（隔离和储存）。

通过添加助剂可以使一些排放的有害物质变性失效，从而变得更安全。参考文献［71～73］介绍了一些危险反应或有害物料被更安全的工艺和物料所代替的案例。

尽管前文介绍了一些基于替代原则的本质安全化设计实例，但从根本上来说需要设计本质上更安全的合成方法。目前，仍然有很多有机化学家坚持使用危险的化学物质去进行他们认为完美的合成工艺，且合成之前并不和安全部门协商。

Laird[74] 认为，化学家们很少关心如何通过调整副产物、溶剂、催化剂以及未转化的原料来提高目标产物的产率。一旦合成路线确定之后，化学家们认为生产过程遇到的问题能够很容易被解决，并且只关注合成路线的难易程度而不考虑其他方面。

Levenspiel[75] 指出：在设计一项特殊的工艺之前，不管最终是否能行得通，人们都应该首先确定合理的标准。

完善过程安全概念的最好方法是聚集具有充分知识储备、有实际生产经验的不同岗位的人员，包括富有想法的人、拥有技术的人和思维活跃的人，让他们共同探讨工艺流程。另外，思想汇集需要时间的积累，因此需要让他们多次沟通交流，直到提出各方都满意的方案。

在没有对工艺流程进行多方论证之前，贸然开始进行小规模的生产加工可能会有一定的风险。因为投资者往往倾向于选择已经成熟的工艺流程，如果一直沿着既定的路线发展，生产工艺将停滞不前。因此必须认识到肯定会有另外一种更好的替代方法。过程设计和操作者 Hendershot[76] 也表达了类似的想法，一旦风险被确定，设计师应提出以下问题（按次序）：

（1）风险是否能够被消除？

（2）如果风险不能被消除，风险的程度能否被降低？

（3）如果根据（1）和（2）可以确定出一种新的替代工艺，就需要考虑替代工艺是否会产生新的风险。如果替代工艺会产生新的风险，在选择最佳方案时就应该对所有风险进行评估。

（4）什么样的技术和管理体系最有利于管理剩余的风险？

这些问题在本质上强调了安全调控的主次，并指出在进行本质安全替代时，有必要对变更工艺进行有效管控。从 Hendershot 的经验看来，设计者和操作者们经常会绕过前 3 个问题，直接面对第（4）个问题，试图去管理那些已知存在且无法避免的风险。

四、基于替代原则的本质安全设计实例

1. 研究对象

甲醇与乙酸酐的酯化反应体系常被用作研究热失控反应的模型，其反应方程式如下：

$$(CH_3CO)_2O + CH_3OH \longrightarrow CH_3COOCH_3 + CH_3COOH$$

当原料中甲醇大量过量时，反应动力学为一级反应，指前因子取 $4.67\times10^7 s^{-1}$，活化能取 71.55 kJ/mol。而当原料中乙酸酐大量过量时，反应动力学为二级反应，指前因子取 $3.60\times10^7 m^3/(s\cdot kmol)$，活化能取 72.60 kJ/mol。

采用 ASPEN PLUS 的间歇反应器模型 RBATCH 对甲醇与乙酸酐的摩尔比为 2 的绝热反应进行模拟，将模拟结果与 VSP2 及 Phi-TECⅡ绝热实验结果进行比较，如图 3-28 所示，两者符合良好，说明模拟模型和物性方法选择合理，符合工程项目研究要求。因为对于甲醇乙酸酐反应体系，原料配比不同（例如甲醇大量过量或者乙酸酐大量过量）时的反应级数和反应动力学参数也不同，因此对产能相同、反应级数不同的两种工艺方案进行了风险对比分析[77]。

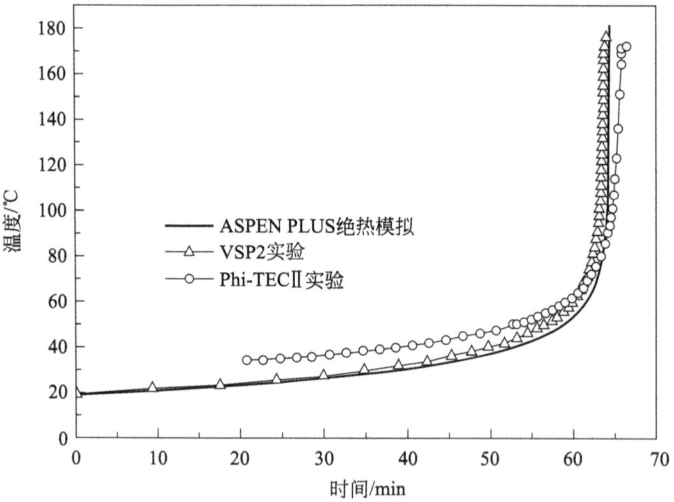

图 3-28　ASPEN PLUS 模拟绝热反应与实验结果比较（起始温度 19℃）

工艺方案一：甲醇与乙酸酐的摩尔比为 2∶1，间歇反应器容积为 $5m^3$，甲醇装料 1156kg，乙酸酐装料 1844kg，反应起始温度为 20℃。

工艺方案二：甲醇与乙酸酐的摩尔比为 1∶2，间歇反应器容积为 $7m^3$，

甲醇装料 578kg，乙酸酐装料 3688kg，反应起始温度为 20℃。

基于风险最大化原则，研究从反应开始就出现冷却失效的场景，模拟的温度上升曲线如图 3-29 所示，工艺方案一最高温度可达 182.2℃，方案二最高温度可达 161.9℃。模拟压力上升曲线如图 3-30 所示，工艺方案一最高压力可达 17.96bar，方案二最高压力为 5.67bar。

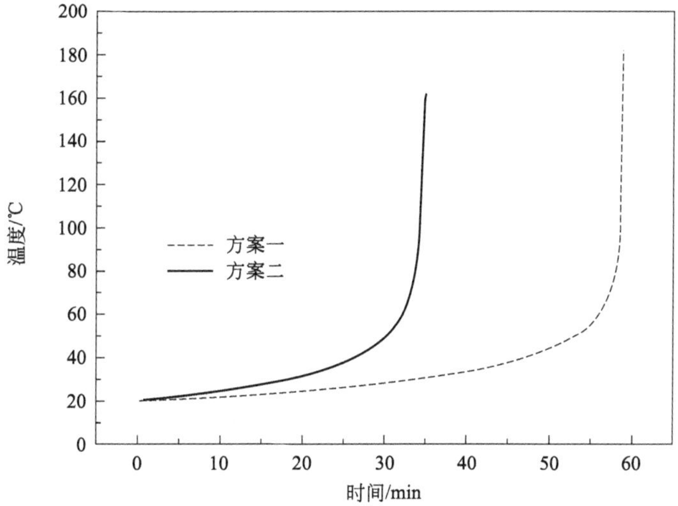

图 3-29　温度上升曲线

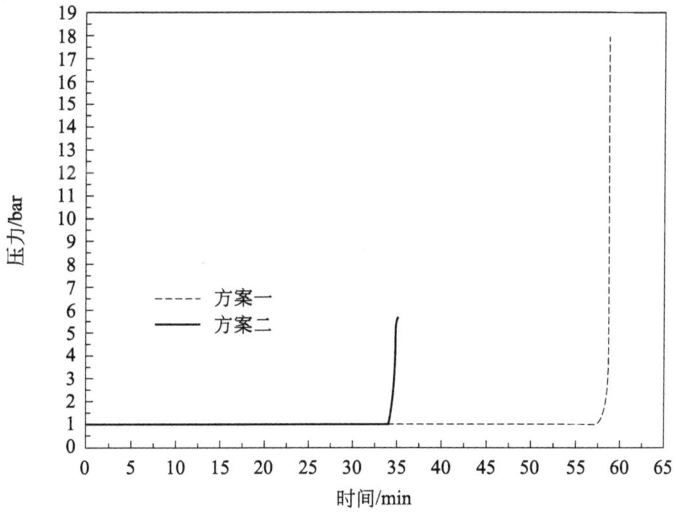

图 3-30　压力上升曲线

2. 溶剂替代

（1）溶剂的危险特性　在化工有机合成中，很多化学反应一般在溶剂中进行，所以作业人员经常暴露于溶剂下。溶剂通常是一些易燃易爆、有毒有害的有机化学品，它是确保反应能够顺利完成的重要媒介。有机溶剂的主要危险特性有以下几点：

大部分溶剂为易燃易爆物质，闪点和引燃温度都相对较低，在正常操作环境下能轻易被点燃；爆炸极限范围比较宽，且爆炸下限较低，与空气充分混合后易达到相应的爆炸浓度；使用过程中如遇火源，会发生燃烧爆炸事故。

沸点较低，因此具有很强的挥发性，容易散发出可燃性气体，为燃烧、爆炸提供相应条件。

对人体具有较高的毒害性，一旦发生液体溶剂泄漏事故易造成严重的人员中毒事故。

因此，选择低毒、燃爆性低的安全性溶剂对于降低化工工艺过程风险非常重要，从这个角度看，化工过程的本质安全设计可以通过在设计阶段进行溶剂筛选来实现。对于放热反应工艺来说，除了考虑溶剂的毒性和燃爆性外，还需考虑溶剂的沸点和热惰性，以减小反应的绝热温升和失控后的最高压力。

（2）溶剂的本质安全性表征　对于大多数的工艺本质安全评价方法，物质的本质安全特性一般包括可燃性、爆炸性和毒性这三种性质。利用针对化工过程危险物质提出的指数法来研究不同种类溶剂的火灾危险指数、爆炸危险指数和毒性危险指数。

火灾危险指数如式(3-1) 所示：

$$I_f = I_{fP} I_{fC} = I_I I_{FP} I_H \tag{3-1}$$

式中，I_I 为储量指标；I_H 为燃烧热指标；I_{FP} 为闪点指标；I_{fP} 为火灾危险指数的概率指标；I_{fC} 为火灾危险指数的后果指标；I_f 为火灾危险指数。

爆炸危险指数如式(3-2) 所示：

$$I_e = I_{eP} I_{eC} = I_I I_{EH} I_H \tag{3-2}$$

式中，I_I 为储量指标；I_H 为爆炸热指标；I_{EH} 为爆炸危险度指标；I_{eP} 为爆炸危险指数的概率指标；I_{eC} 为爆炸危险指数的后果指标；I_e 为爆炸危险指数。

毒性危险指数如式(3-3) 所示：

$$I_t = I_{tP} I_{tC} = I_{TLV} I_I \tag{3-3}$$

式中，I_I 为储量指标；I_{TLV} 为 TLV 指标；I_{tP} 为毒性危险指数的概率指标；I_{tC} 为毒性危险指数的后果指标；I_t 为毒性危险指数。

根据文献，对闪点、爆炸极限、燃烧热、爆炸热、TLV、物质储量等 6 个指标按区间赋值，如表 3-5 所示。

表 3-5 物质危险性各参数的赋值区间

参数	赋值				
	0～1	1～2	2～3	3～4	4～5
闪点/℃	(120,+∞)	(60,120]	(45,60]	(28,45]	(−273,28]
燃烧热/(J/g)	(0,2000)	[2000,6000)	[6000,12000)	[12000,30000)	[30000,+∞)
爆炸危险度	(0,1)	[1,5)	[5,10)	[10,15)	[15,+∞)
爆炸热/(J/g)	(0,2000)	[2000,6000)	[6000,12000)	[12000,30000)	[30000,+∞)
TLV/$\times10^{-6}$	(100,+∞)	(10,100]	(1,10]	(0.1,1]	(0,0.1]
物质储量/t	(0,1)	[1,10)	[10,50)	[50,200)	[200,+∞)

以甲醇乙酸酐反应体系为研究对象，反应物需要在溶剂中有较好的溶解度，根据相似相溶原理，选择的溶剂都是极性溶剂，常用的极性溶剂有丙酮、DMF、*N*,*N*-二甲基苯胺、吡啶、DMSO，通过查询 ICSC 和 MSDS 等数据库，获得相应物质的闪点、爆炸极限、燃烧热、爆炸热、TLV 等数据列表 3-6。

表 3-6 所选溶剂的物性数据及储量数据

序号	溶剂	闪点/℃	爆炸极限/%		爆炸危险度	燃烧热/(kJ/mol)	爆炸热/(J/g)	TLV/$\times10^{-6}$	储存量/t
			下限	上限					
1	丙酮	−20.0	2.5	12.8	4.12	1788.7	30797.2	500	1.227
2	DMF	57.8	2.2	15.2	5.90	1915.0	26197.0	880	1.483
3	*N*,*N*-二甲基苯胺	62.8	1.0	7.0	6.00	4776.5	39416.7	5	1.502
4	吡啶	17.0	1.7	12.4	6.29	2826.5	35733.4	200	1.536
5	DMSO	95.0	2.6	28.5	9.96	1793.2	22951.0	5	1.721

使用火灾危险指数、爆炸危险指数和毒性危险指数对以上所选溶剂分别进行计算评价，为了减小边界波动效应，采取内插法取值，计算结果如表 3-7 和表 3-8 所示。

表 3-7 各溶剂的参数取值

序号	溶剂	I_{FP}	I_{EH}	I_H	I_{TLV}	I_I
1	丙酮	4.159	1.780	4.027	0.556	1.025
2	DMF	2.148	2.180	3.789	0.134	1.054
3	*N*,*N*-二甲基苯胺	1.953	2.200	4.314	2.556	1.056
4	吡啶	4.037	2.258	4.191	0.889	1.060
5	DMSO	1.417	2.992	3.608	2.556	1.080

表 3-8 各溶剂的危险指数值

序号	溶剂	火灾危险指数 I_f	爆炸危险指数 I_e	毒性危险指数 I_t
1	丙酮	17.167(2)	7.347(5)	0.57(4)
2	DMF	8.578(4)	8.706(4)	0.141(5)
3	*N*,*N*-二甲基苯胺	8.897(3)	10.022(3)	2.700(2)
4	吡啶	17.934(1)	10.031(2)	0.942(3)
5	DMSO	5.522(5)	11.659(1)	2.760(1)

利用3个指数指标对火灾危险性、爆炸危险性和毒性分别进行了分级，根据表3-8可知，吡啶的火灾危险性最高，丙酮的火灾危险性也偏高，而DMF、*N*,*N*-二甲基苯胺和DMSO的火灾危险性较低；DMSO的爆炸危险性最高为11.659，而丙酮和DMF的爆炸危险性较低；DMSO的毒性最高，而DMF的毒性最低。根据表3-8数据的综合比较，DMF是相对比较安全的溶剂，其次是丙酮。

（3）溶剂的热惰性比较　目前，研究较为普遍的是某种材料蓄热效果的热惰性，而针对有机溶剂的热惰性还没有特定研究。液相体系在温度升高（或降低）时，吸收（或放出）热量的计算公式如式(3-4)：

$$Q=c_p\rho V\Delta t \tag{3-4}$$

式中，Q为吸收（或放出）的总热量，J；c_p为体系的比热容，J/(kg·K)；Δt是体系温度的变化值，K；ρ为物质的密度，kg/m^3；V为体积，m^3。

由式(3-4)可知，当物质的体积、总放热量相同时，比热容与密度的乘积值越大，则Δt取值就会越小，整个反应体系的温度变化也随之减小，那么相应的物质的热惰性就会越好。因此，溶剂的热惰性只与比热容、密度这两个因素有关，将溶剂的比热容与密度乘积值称为该溶剂的热惰性，查询文献可得各溶剂的热惰性指标参数，如表3-9所示（20℃下的比热容和密度）。

表 3-9 溶剂的热惰性指标

溶剂名称	比热容/[kJ/(kg·K)]	密度/(kg/m^3)	比热容×密度/[$kJ/(m^3·K)$]
丙酮	2.160	0.790	1.706(4)
DMF	2.256	0.945	2.132(3)
N,*N*-二甲基苯胺	1.733	0.956	1.657(5)
吡啶	2.603	0.983	2.559(1)
DMSO	1.950	1.098	2.141(2)

根据表3-9对比以上几种溶剂的热惰性大小：吡啶>DMSO>DMF>丙酮>*N*,*N*-二甲基苯胺，吡啶的热惰性最大。

（4）ASPEN PLUS模拟结果分析　以甲醇乙酸酐反应体系的工艺方案二为案例，保持反应体系进料的总体积不变，固定甲醇乙酸酐的进料摩尔比，进料体积减半，另一半加入惰性溶剂，采用 ASPEN PLUS 软件的 RBATCH 模块模拟间歇反应，并对模拟结果进行分析。

向反应器中分别加入丙酮、DMF、*N*,*N*-二甲基苯胺、吡啶、DMSO 溶剂，分别进行冷却失效场景模拟，即模拟绝热反应，加入溶剂后温度、压力随时间变化关系如图 3-31 和图 3-32 所示。

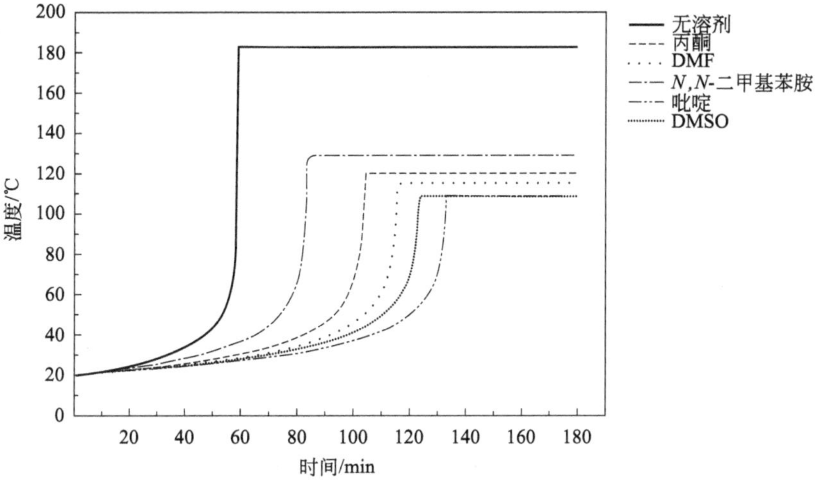

图 3-31　加入溶剂后温度随时间变化图

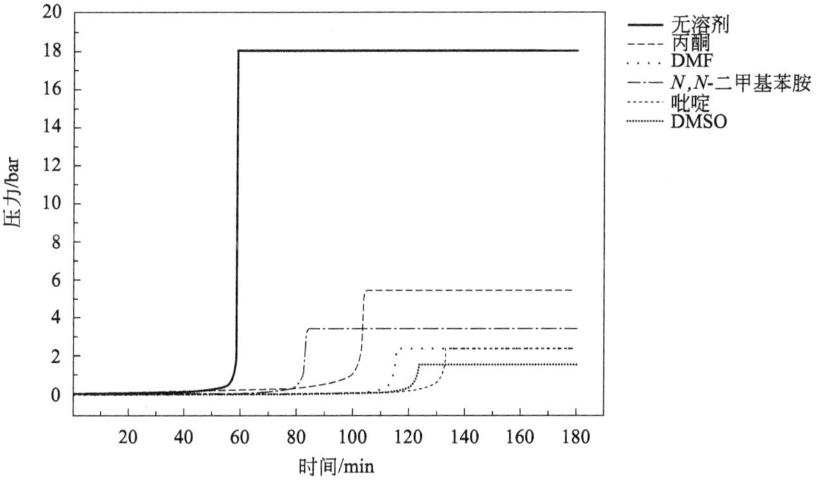

图 3-32　加入溶剂后压力随时间变化图

对比以上两幅图可得：

① 冷却失效发生后，对于未加入任何热惰性溶剂的反应体系，最高温度

可达到182.2℃；但分别将丙酮、DMF、*N*,*N*-二甲基苯胺、吡啶、DMSO五种溶剂加入后，温度都会发生显著的变化，最高温度分别为120.4℃、115.3℃、128.9℃、108.7℃、109.0℃，绝热温升的数值分别为100.4℃、95.3℃、108.9℃、88.7℃、89.0℃；因此从温度尺度观测的溶剂的选择排序依次是吡啶、DMSO、DMF、丙酮、*N*,*N*-二甲基苯胺。

② 冷却失效发生后，对于未加入任何热惰性溶剂的反应体系，其最高压力可达到17.960bar，加入溶剂后最高压力分别可达5.490bar、2.467bar、3.507bar、2.447bar、1.636bar，压力的降幅非常明显，反应体系的本质安全性大为提高。根据压力尺度观测的溶剂选择排序依次是DMSO、吡啶、DMF、*N*,*N*-二甲基苯胺、丙酮。

③ 模拟结果的绝热温升和最高压力排序并不完全与溶剂热惰性排序一致，因为在混合溶液中，溶液存在交互作用，而压力与溶液沸点的关系也非常密切。

④ 未加入热惰性溶剂时，要达到最高温度需要60min，加入*N*,*N*-二甲基苯胺可以使反应所需时间延长至90min左右，其余四种溶剂体系的反应时间也分别延长至105min、110min、120min、135min，因此这能够给后续安全警报的响应和安全措施的实施提供更长的时间裕度，但是也延长了生产时间，降低了生产效率。

⑤ 综合比较ASPEN PLUS模拟结果和溶剂的危险指数，甲醇乙酸酐反应体系选择DMF溶剂较理想，燃爆性和毒性较低，冷却失效后的最高温度仅115.3℃，最高压力仅2.467bar。

3. 工艺操作方式替代

间歇操作反应工艺是将原料按一定配比一次加入反应器，待反应达到预定要求后，一次卸出物料，设备简单，操作灵活，易于适应不同操作条件和产品品种，适用于多品种、小批量、反应时间较长的产品生产。但是，对于放热化学反应，间歇工艺是能量释放量比较大的工艺过程，可以通过工艺操作方式变更减小能量释放量，例如，采用半间歇操作过程或连续操作过程，通过加料速率控制反应进程。在间歇反应工艺的基础上对高温下甲醇乙酸酐的高温半间歇反应工艺及连续操作反应工艺进行研究。

(1) 半间歇操作反应工艺　半间歇操作反应工艺也称为半连续操作反应工艺，通常是将对反应稳定性或安全性有较大影响的物料采用连续滴加的方式，其他物料则一次性加入反应器。反应达到一定要求后，停止操作并卸出物料。

利用ASPEN PLUS的RBATCH模块进行模拟，反应器容积设为1000L，温度设置为恒温 80℃，压力设置为 1bar，预先加入乙酸酐 424.5kg，甲醇连续进料，进料速率分别控制为 50kg/h、70kg/h、90kg/h、110kg/h、130kg/h，当乙酸酐转化率达到 95%时停止加料，研究不同甲醇加料速率条件下的反应热负荷、乙酸酐转化率和未反应甲醇累积质量。模拟结果如图 3-33～图 3-35 所示，从图

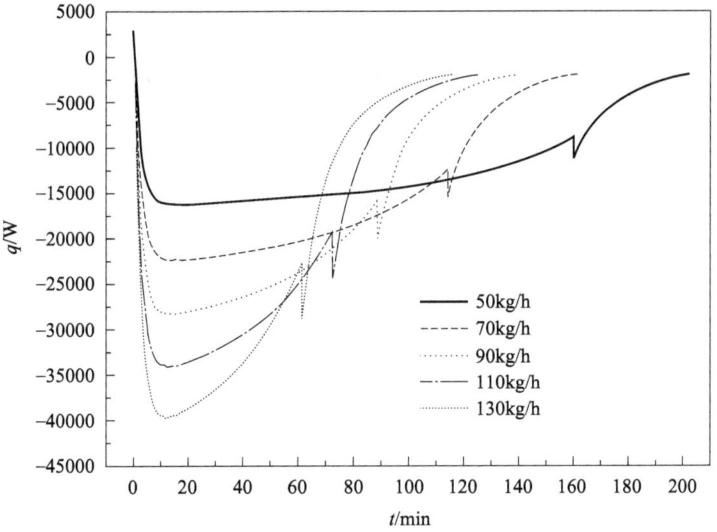

图 3-33　不同加料速率条件下反应热负荷曲线

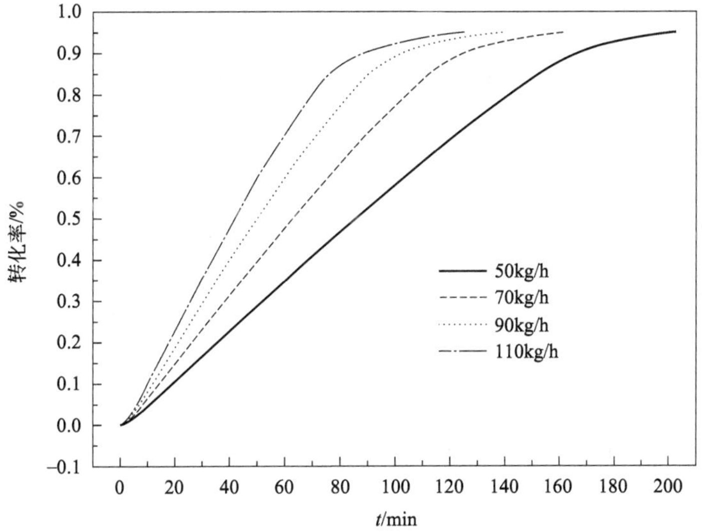

图 3-34　不同加料速率条件下乙酸酐转化率曲线

中可以看出，甲醇加料速度越快，反应的瞬时热负荷就越大，乙酸酐的转化率也越大，但随之反应器中累积的未反应的甲醇量越多，未反应的甲醇积累量与冷却失效时潜在的释放能量成正比，因此甲醇累加量越大风险越大。从图 3-35 可以看出，在甲醇加料结束瞬间甲醇的累积量达到最大值，此时发生冷却失效时热失控的风险最大。因此如果要降低风险，一方面要减小甲醇加料速率，但随之而来的是生产时间延长，生产效率降低；另一方面要加强对甲醇加料结束时间段的安全监控和预警，防止在此时出现冷却失效或搅拌故障等，当然也可以在这一时间段减小甲醇的加料速度。

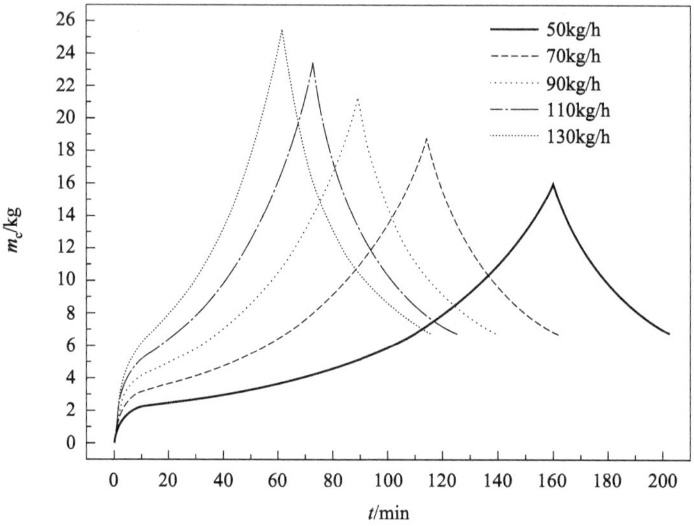

图 3-35 不同加料速率条件下未反应甲醇累积质量变化曲线

（2）连续操作反应工艺 连续操作反应工艺是连续加入原料，连续排出反应产物。当操作达到稳定状态时，反应器中任何位置的物料的组成、温度等状态参数不随时间变化。连续式反应工艺的优点是产品质量稳定，操作和控制方便，尤其是对于强放热反应，可以大大提高本质安全性，适合大规模生产。

对甲醇乙酸酐体系的连续反应工艺进行研究，得到与半间歇工艺（甲醇加料速度为 70kg/h 时）产能相同的连续生产工艺，如图 3-36 所示。该流程采用三釜串联工艺，设反应器容积为 1000L，设反应器的长径比为 1.2，对于强放热反应取装料系数为 0.6，反应温度恒温 80℃，反应器内压设为 1.25bar，甲醇和乙酸酐以摩尔比 1∶1 进料，总的进料速度为 8.366kmol/h。

经稳态模拟，得到 CSTR1 的转化率为 78%，CSTR2 出口的总转化率为 91%，CSTR3 出口的总转化率为 95%，从模拟结果可以看出，CSTR1 完成了

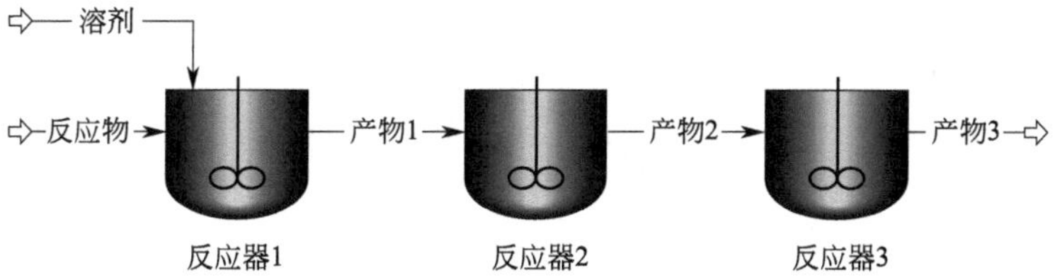

图 3-36 三釜串联连续反应工艺流程图

最多的原料转化，潜在的热失控风险最大，需要对其进行重点研究。

将 ASPEN PLUS 稳态模拟文件转入 ASPEN DYNAMICS 动态模拟，假定 CSTR1 反应一开始就发生冷却失效，模拟 CSTR1 冷却失效后在不同时间点发现故障，并立刻关闭进料泵，所得各反应器温度、压力变化模拟结果如图 3-37 和图 3-38 所示。对于连续操作的全混釜反应器，如果发现冷却故障立刻停止进料，理论上不会发生反应热失控，但是如果没有及时发现故障，温度和压力都会随着进料逐渐上升。故障发现得越晚，温度、压力上升幅度越大，其极限值与同等初始温度及进料配比的间歇反应釜相同。因此，对于连续式反应釜，一定要做好温度和压力的监控和预警，一旦发现异常，要立刻停止进料。

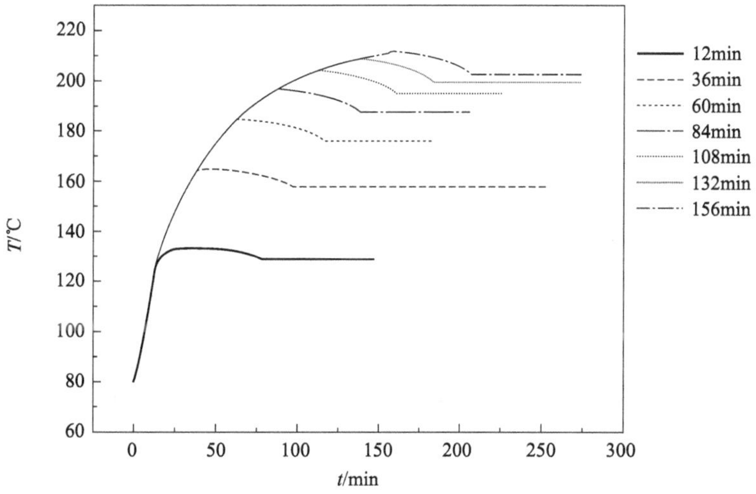

图 3-37 冷却失效时不同时间停止进料 CSTR1 内温度变化曲线

4. 小结

以甲醇乙酸酐反应体系为例，重点介绍了替代策略在强放热反应工艺中的应用。溶剂是化工生产过程中不可忽视的重要危险源，通过在工艺设计初始阶

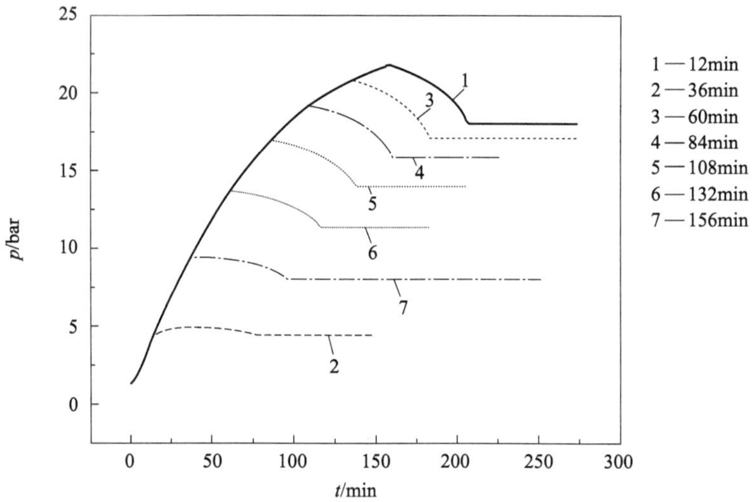

图 3-38 冷却失效时不同时间停止进料 CSTR1 内压力变化曲线

段筛选毒性低、燃爆安全性高的溶剂替代某些高风险溶剂，可以有效实现工艺的本质安全设计。如果将强放热的间歇反应工艺改造为半间歇生产工艺或者连续生产工艺，热失控的后果严重度将会下降，可控性将提高，整个生产系统的本质安全性将大大提高。

第三节 基于减弱原则的本质安全化设计

一、减弱原则的优点与不足

在实现本质安全化进程中，如果强化和替代无法实现，那么第三原则就是采用减弱或者适度缓和的方式来提高系统安全性。减弱原则要求反应在危险性相对较低的条件下进行，或是在危险性较低的条件下运输和储存危险化学品。减弱原则主要针对降低事故后果的严重度，对降低事故发生概率效果不明显。

二、减弱原则的应用

1. 减弱原则在苯酚生产中的应用

苯酚的生产工艺曾采用异丙苯为原料，但存在较大的风险。为了降低苯酚生产工艺危险性，目前普遍以环己烷为原料，经过氧化后裂解生成苯酚，同时联产丙酮。该生产过程中的某一个反应阶段，由于其工艺温度在反应失控临界温度上下 10℃范围内波动，导致其很可能出现反应失控，造成事故。因此，常用的方法是通过控制反应器底部的阀门，将反应器内的物质泄放至一个半满的水箱中。图 3-39 中展示了苯酚反应器本质安全化的发展过程。如图 3-39(a)，最初该设备中的卸料阀是手动操作的。经过改进后如图 3-39(b)，当反应器中的温度达到预设温度后卸料阀可以自动打开，从而不需要人工操作。之后，通过对仪器的可靠性研究发现，单个控制系统仍不足以达到安全要求，因此并联安装了另一套相同的控制系统，见图 3-39(c)。最后，如果可以直接降低反应温度，就可以从源头上大大减少发生反应失控的可能性，也就不需要水箱和阀门等装置。虽然较低反应温度可能会导致反应釜的体积有所增加，但提高了设备整体的安全性（如第三章第一节所述，减弱原则似乎与强化原则相对立，但在硝化反应中，减弱与强化则是相辅相成）。

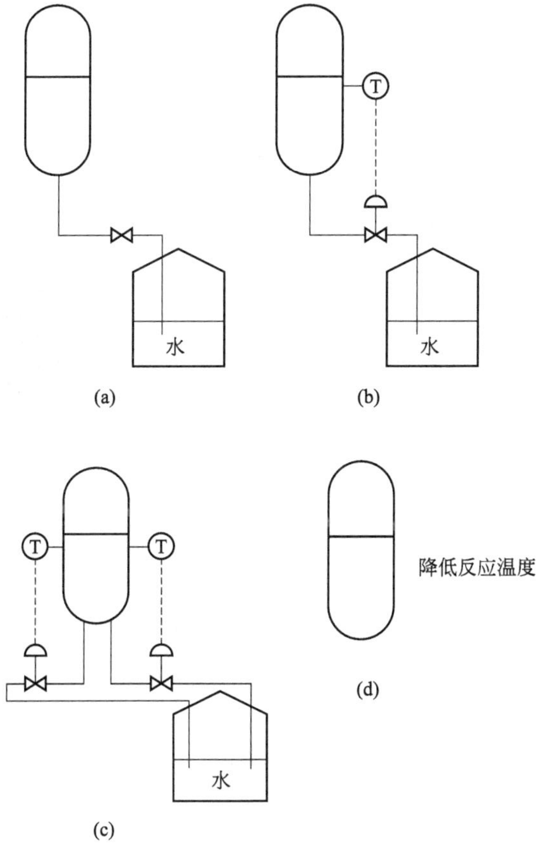

图 3-39 苯酚反应器本质安全化发展过程

2. 减弱原则在芳烃硝化中的应用

硝化反应被认为是目前最具有强破坏力的化工操作过程之一[69]。出于经济成本的考虑，硝化反应一般在间歇反应器中进行，且其反应温度往往接近发生反应失控时的温度。在这种情况下，如果用安全的溶剂来稀释反应物，并通过均匀的搅拌来补偿稀释带来的影响，那么反应可以更加安全地进行[78]。图 3-40 中是一个连续环流反应器，其中涉及了本质安全化中的减弱原则和加强原则。相对于传统的间歇式反应釜，该反应釜中反应物总量较少。反应通过添加过量的硫酸（常用稀释剂）进行稀释。反应物和硫酸在循环泵里剧烈混合使硝化反应在几秒内即可发生，此时酸和烃的接触时间不到 1min。硫酸和反应物（硝酸和碳氢化合物）的混合比例是 30∶1，由于反应物质量少，因此发生反应失控的可能性很小。且反应中可能的最大温升仅为 15℃，安全程度大大提高。选择硫酸作为提高安全性的溶剂看似不合理，但发生泄漏时，事故将被局限在较小范围内，不会出现大规模的反应器爆炸事故。

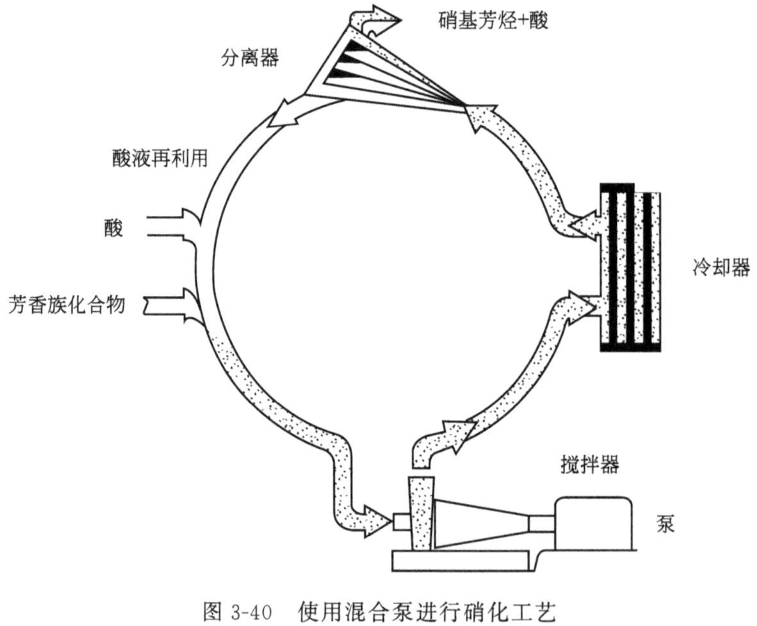

图 3-40 使用混合泵进行硝化工艺

三、基于减弱原则的本质安全设计实例

1. 研究对象

同基于替代原则的本质安全设计实例中的研究对象。

2. 基于缓和风险的工艺优化

因为反应工艺的实际风险可以通过生产区域的合理布局、设备的安全控制和安全防护减小，因此对于工艺路线的筛选，要通过比较不同路线的固有风险。根据反应工艺风险评估，对于甲醇乙酸酐反应体系，方案二的本质安全性高于方案一；同时方案二热失控所达到的最高压力为 5.67bar，而方案一热失控所达到的最高压力为 17.96bar；如果要求反应釜的设计压力略高于反应体系能达到的最高压力，则根据表 3-10，方案二的反应釜为低压容器，方案一的反应釜为中压容器；中压容器的设计、制造、维护成本及安全监管要求都高于低压容器，因此从本质安全和经济性角度都应该选择工艺方案二作为工艺路线。

表 3-10 内压容器的压力等级分类

容器分类	设计压力/MPa
常压容器	$p<0.1$
低压容器	$0.1\leqslant p<1.6$
中压容器	$1.6\leqslant p<10$
高压容器	$10\leqslant p<100$
超高压容器	$p\geqslant 100$

3. 反应物料稀释

对于甲醇乙酸酐反应体系，因为乙酸酐的液相摩尔体积大于甲醇，可以通过减小甲醇与乙酸酐的摩尔比，即增大乙酸酐在反应物料中的比例，达到稀释反应物料的目的，降低热失控后的温度和压力值，增加反应体系的本质安全性。不同摩尔比的甲醇乙酸酐反应体系在冷却失效情景下的模拟结果如图 3-41 所示，从图中可以看出，随着摩尔比的减小，乙酸酐摩尔含量增大，对反应的

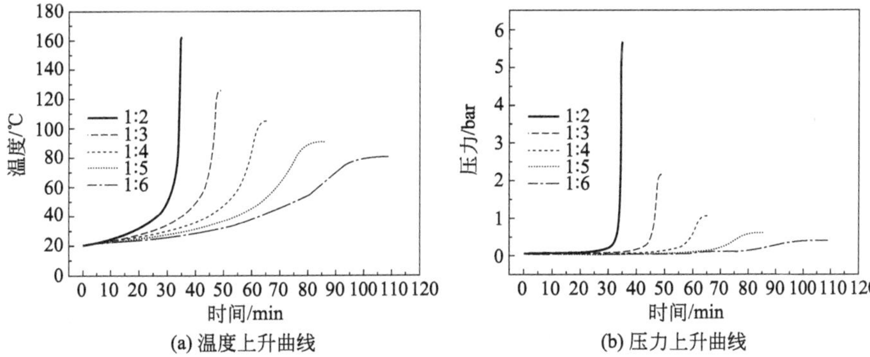

(a) 温度上升曲线　　(b) 压力上升曲线

图 3-41 不同摩尔比的甲醇乙酸酐反应体系模拟结果

稀释作用越明显，最高温度从 1∶2 时的 161.92℃下降为 1∶6 时的 80.49℃，最高压力从 1∶2 时的 5.67bar 下降为 1∶6 时的 0.40bar，尤其值得注意的是，压力下降幅度非常大，本质安全性提高显著。但随着反应被稀释，单釜的产能也在下降，同时反应时间也在增加，因此在提高本质安全性的同时，生产效率是在下降的，故需要对经济效益和风险进行综合评估，在满足安全的条件下追求更大的经济效益。

第四节　基于限制原则的本质安全化设计

一、限制原则

前三节讨论了通过减少有害物质的存在，以及使用危险性较小的材料或物质来提高工厂安全性。本节讨论通过限制原则达到本质安全的方法，限制原则通过设计反应器或优化反应条件限制设备故障、控制系统失效以及人员发生失误时的影响达到提高安全性的目的，而不是增加可能失效、可忽略或可能引入其他安全问题的保护设备。

二、限制原则在优化反应条件中的应用

1. 改变反应器数量

对于已有设备，某些在生产过程中作用不大但危险性较高，拆除此类设备或减少此类设备数量能提高本质安全度。以下为较复杂的设计示例，通过更换或拆除设备可以减少或消除危险：

(1) 大多数排水管在液面上方有一个蒸汽空间，如果易燃液体进入排水管，可能会发生爆炸[79]。许多公司尝试通过避免易燃液体溢出并采用 U 形管液封防止爆炸，但爆炸事故仍屡见不鲜。通过使用完全淹没式的排水管可以消除蒸汽空间，这种措施可在处理挥发性易燃液体的新装置中大力推广。

(2) 运载油类和化学品的船舶泵房常常发生火灾和爆炸。为防止此类事故发生，可通过在水箱中安装潜水泵，避免设置泵房。

(3) 在某一生产环境中，酒精蒸气和空气通过风机从通风管道中排出，正常情况下，酒精浓度为爆炸下限的一半，但在某次爆炸事故中，酒精浓度达到了爆炸极限，且由于电动机支架发生腐蚀，导致电动机从安装位置掉落，与下方电缆碰撞产生火星，引燃酒精蒸气，从而发生爆炸。该事故发生的直接原

因是电动机未得到适当维护，但是适当维护并不能彻底消除点火源，其他很多情况都会导致点火源的出现，特别是在移动机械设备的情况下。因此，应将吹扫出的易燃性混合气体用吸收装置处理后再排放。

（4）在进行空气压缩工艺操作时经常会发生火灾，其主要是因为润滑油在压缩机输送管路的管壁上形成易燃积物，造成火灾隐患。针对这类情况有许多的预防方法，但最有效的方法是避免使用压缩空气。在空气干燥器中，用蒸汽代替空气，既消除了燃烧三要素中的助燃物，同时蒸汽中的潜热还能够再利用，具有更好的经济效益[80]。

（5）过去，在舰船上安装机器的人员工作时处于密闭空间内，长期暴露于灰尘、烟雾、噪声、火灾和限制进入的机械危险之下。针对此类情况，可以在安装甲板前先完成机器安装，并提供移动帐篷以防恶劣天气对安装过程的影响。

（6）采用绳索支撑的窗户，如果绳索断裂，窗框可能会夹住手指，因此更安全的操作是设置水平滑动窗户。

2. 改变操作顺序

间歇反应是将所有反应物同时放入反应器中进行批次反应，而在半间歇反应中，首先将底料加入反应器，随后逐渐加入另一种或多种反应物，反应和加料同时进行，反应可能进行的程度取决于后加入物料的质量，因此半间歇反应通常能得到更好的控制。若半间歇反应发生混合失效，同时，保护系统未能停止进一步加料，则会导致物料累积，增加反应失控的风险[81,82]。相比于间歇和半间歇式反应器，连续式反应器完整性更高，更易于控制泄漏，换热性能更好，混合效率更高，产品质量更好，其中管式反应器较为典型。

这里用一个包含三种原料（A，B 和 C）的半间歇反应举例说明。设计工艺时先将 A 和 B 加入反应器中，并缓慢加入 C。如果温度控制措施失效，A 和 B 将发生反应导致反应失控。如果 C 原料投入过量，同样会导致反应失控。通过调整加料顺序以降低失控的概率：首先将 B 和 C 加入反应器中，并缓慢加入 A。如果温度控制措施失效，B 和 C 不会发生反应，因此不会发生失控。如果 A 流量控制器发生故障，物料添加速率由限流孔板限制（窄孔板比限制孔板更好，因为它们不易被移除）。另一种改进策略则是通过将预混的两种反应物加入第三种反应物中，来减少失控的可能性。

基于本质安全化设计的限制原则，针对半间歇式工艺采用以下操作原则[83]：

（1）缓慢加入最终反应物，从而减缓放热速率。

（2）避免使用在反应温度下会分解的引发剂，否则反应器中可能会积聚未反应的物质。

（3）如果冷却取决于溶剂的蒸发和回流，则在反应开始前建立回流。

（4）避免将反应性化学物质混入加料槽中。

3. 改变反应温度、浓度和其他参数

减弱原则一般在较低温度下操作反应，可有效控制反应失控的发生。但是某些反应在较高温度下操作反而更安全。例如，通过添加混酸（硝酸加硫酸）进行多硝基苯硝化时，假设在加入等摩尔量的混酸后冷却失效，如果正常反应温度是 80℃，冷却失效后温度将升至 190℃，反应物开始分解，并发生失控。但如果反应温度是 100℃，那么正常反应速率会加快，当冷却失效时，温度仅升高到 140℃，达不到物料分解温度，反应不会失控[84]。

浓硫酸通常用于除去化学反应中产生的水。若反应温度过高或酸加入过量，反应可能会失控。此时使用弱酸可以提高安全系数并且反应速率不受影响[85]。

Yan[86] 讨论了改变磺化反应的反应条件，以降低反应失控可能性。

许多氧化过程在操作时容易接近反应物的爆炸极限，因此反应器应设计保护系统以防止反应混合物达到爆炸范围。如在将邻二甲苯氧化成邻苯二甲酸酐的反应过程中，使用新型催化剂可以有效预防反应过程爆炸事故。

4. 限制加热温度

腐蚀性液体通常在包含浸入式电加热器加热的塑料（或塑料涂层）罐中处理。如果液位下降，部分电加热器暴露在空气中干烧，可能会导致火灾。针对此类问题，从本质安全设计角度，应当使用更安全的热源，例如热水、低压蒸汽或低能耗电加热器。

在涉及环氧乙烷的工艺操作中，温度高于 140℃时，环氧乙烷开始聚合，此时温度持续升高会导致环氧乙烷爆炸性分解。若使用蒸汽加热代替再沸器加热，则可以避免蒸馏塔中环氧乙烷过热。

如果工艺流程要求对自反应性化学品进行加热，那么加热介质可能达到的最高温度不应超过该物质的分解温度。例如需要将酸性二硝基甲苯加热至 150℃，若加热介质使用 210℃的蒸汽，加热效率较高，但是若加热时间过长，则会导致该物质分解爆炸[87]。

1976 年意大利塞维索事故原因就是使用了不合适的加热介质，事故造成二噁英扩散，污染周围环境。该事故发生时，反应器中含有一批未完全反应的 2,4,5-三氯苯酚（TCP），其温度为 158℃，远低于引发失控反应的温度（185℃）。反应在 158℃的真空条件下进行，反应器由外部蒸汽盘管加热，通过表压为 1.2MPa 的涡轮机为蒸汽盘管提供 190℃的蒸汽（图 3-42）。由于其他设备在周末处于关闭状态（根据意大利法律要求），涡轮机处于低负荷状态，导致蒸汽温度上升到约 300℃，反应器壁存在温度梯度：外部温度为 300℃，内部温度为 158℃。

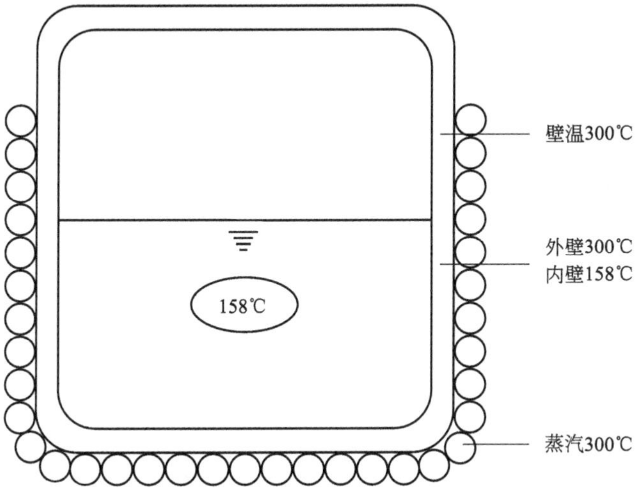

图 3-42 塞维索事故中使用的反应器

将蒸汽从外部蒸汽盘管中分离的过程中，反应器壁面仍然有近 300℃的高温，足够通过热传导和热辐射加热距反应器壁面 10cm 以内的液体，导致反应器中的液体温度逐渐上升，使得反应系统发生热失控。如果蒸汽温度不超过 185℃，则不会发生热失控。

下面这起事故也是由于加热介质过热导致：某个反应釜由燃烧室中煤气燃烧的热量直接加热，将反应釜内不同的树脂溶解于 150℃的可燃溶剂中。加热结束后，通常需要将混合物静置 1h。某天，操作员在间歇反应完成后立即清空反应釜。而燃烧室内部的耐火内衬的余热仍能加热反应釜，导致釜内温度最终高于溶剂的自燃温度（约 280℃），10min 后釜内发生爆炸。这起事故中，操作员在反应完成后立即清空反应釜，未深刻认识混合物需要静置 1h 的原因。从本质安全化设计的角度，可以使用温度较低的热源避免上述危险。

参考文献

[1] Charpentier J. In the frame of globalization and sustainability, process intensification, a path to the future of chemical and process engineering (molecules into money) [J]. Chemical Engineering

Journal, 2007, 134 (1-3): 84-92.

[2] Khoshabi P, Sharratt P N. Inherent safety through intensive structured processing: the IMPULSE project [C]//12th International Symposium on Loss Prevention and Safety Promotion in the Process Industries, Edinburgh, U. K., May 22-24, 2007 IChemE Symposium Series No. 153, 2007.

[3] Etchells J. Process intensification: safety pros and cons [J]. Process Safety and Environmental Protection, 2005, 83 (2): 85-89.

[4] Ni L, Mebarki A, Jiang J C, et al. Thermal risk in batch reactors: theoretical framework for runaway and accident [J]. Journal of Loss Prevention in the Process Industries, 2016, 43: 75-82.

[5] Parker R J. The Flixborough disaster: report of the court of inquiry [R]. London: Her Majesty's Stationery Office, 1975.

[6] Englund S M. Design and operate plants for inherent safety—part 1 [J]. Chemical Engineering Progress, 1991, 87 (3).

[7] Wang W J, Fang J L, Pan X H, et al. Thermal research on the uncontrolled behavior of styrene bulk polymerization [J]. Journal of Loss Prevention in the Process Industries, 2019, 57: 239-244.

[8] 吴昊，蒋军成，倪磊．间歇式反应器热失控情景研究：以酯化反应为例 [J]. 中国安全科学学报，2017，27 (8): 126-131.

[9] Hendershot D C. Inherently safer plants, guidelines for engineering design for process safety [M]. New York: American Institute of Chemical Engineers, 1993.

[10] Bell N A R. Loss prevention in the manufacture of nitroglycerin [C]//Process Optimization Symposium Series No. 100. Rugby, U K: Institution of Chemical Engineers, 1987.

[11] 陈海岭，蒋军成，虞奇等．Aspen Plus 模拟计算在苯硝化 HAZOP 风险分析中的应用 [J]. 中国安全科学学报，2015，25 (9): 115-120.

[12] Venart J E S. Flixborough: the explosion and its aftermath [J]. Process Safety and Environmental Protection, 2004, 82 (2): 105-127.

[13] Litz L M. A novel gas-liquid stirred tank reactor [J]. Chemical Engineering Progress, 1985, 81 (11): 36-39.

[14] Middleton J C, Revill B K. The intensification of chemical reactors for fluids [R]. Institution of Chemical Engineers Research Meeting, Manchester, U. K., April 18-19, 1983.

[15] Leigh A N, Preece P E. Development of an inclined plate jet-reactor system [J]. Plant/Operations Progress, 1986, 5 (1): 40-44.

[16] Butcher C. High-intensity mixing [J]. Chemical Engineering, 1990, 468: 17.

[17] Yu Y, Li Y H, Zhang Q W, et al. Experimental investigation of the inerting effect of crystalline Ⅱ type ammonium polyphosphate on explosion characteristics of micron-size acrylates copolymer dust [J]. Journal of Hazardous Materials, 2018, 344: 558-565.

[18] Krzysztoforki A, Gasiorowski P, Maciejczyk S, et al. Cyclohexane oxidation using oxygen enriched air [C]//7th International Symposium on Loss Prevention and Process Safety, Taormina, Italy, May 4-8, 1992.

[19] Jiang J J, Yang J Z, Jiang J C, et al. Numerical simulation of thermal runaway and inhibition

process on the thermal polymerization of styrene [J]. Journal of Loss Prevention in the Process Industries, 2016, 44: 465-473.

[20] 徐寒，蒋军成，窦站．基于蒙特卡洛模拟算法的环氧乙烷球罐多米诺效应风险分析 [J]. 工业安全与环保，2017，43 (4)：1-3.

[21] Viera G A, Wadia P H. Ethylene oxide explosion at Seadrift, Texas: part 1-background and technical findings [C]//Proceedings of the American Institute of Chemical Engineers 27th Loss Prevention Symposium. 1993.

[22] Tyzack J. Applications for ATFEs — drying and concentration [J]. Chemical Engineer, 1990, (485): 33-38.

[23] Ramshaw C. Higee′ distillation-an example of process intensification [J]. Chemical Engineer, 1983, 13: 389-399.

[24] Ramshaw C. The opportunities for exploiting centrifugal fields [J]. Heat Recovery Systems and CHP, 1993, 13 (6): 493-513.

[25] Green A, Johnson B, John A. Process intensification magnifies profits [J]. Chemical Engineering (New York, NY), 1999, 106 (13): 66-73.

[26] Olujić Ž, Jödecke M, Shilkin A, et al. Equipment improvement trends in distillation [J]. Chemical Engineering and Processing: Process Intensification, 2009, 48 (6): 1089-1104.

[27] Ding L, Zhao J P, Pan Y, et al. Insights into pyrolysis of nano-polystyrene particles: thermochemical behaviors and kinetics analysis [J]. Journal of Thermal Science, 2019, 28 (4): 763-771.

[28] Sun H, Pan Y, Guan J, et al. Thermal decomposition behaviors and dust explosion characteristics of nano polystyrene [J]. Journal of Thermal Analysis & Calorimetry, 2019, 135 (4): 2359-2366.

[29] Hanigan N. Solvent recovery: try power fluidics [J]. Chemical Engineer, 1993 555 (56): 19-22.

[30] 陈建峰．超重力技术及应用——新一代反应与分离技术 [M]. 北京：化学工业出版社，2002.

[31] Chen J F, Hua Z J, Yan Y S, et al. Template synthesis of ordered arrays of mesoporous titania spheres [J]. Chemical Communications, 2010, 46 (11): 1872-1874.

[32] Chen J F, Zhang Y R, Tan L, et al. A simple method for preparing the highly dispersed supported Co_3O_4 on silica support [J]. Industrial & Engineering Chemistry Research, 2011, 50 (7): 4212-4215.

[33] Wang D T, Li X, Chen J F, et al. Enhanced photoelectrocatalytic activity of reduced graphene Oxide/TiO_2 composite films for dye degradation [J]. Chemical Engineering Journal, 2012, 198: 547-554.

[34] Cross W T, Ramshaw C. Process intensification: laminar flow transfer [J]. Chemical Engineering Research and Design, 1986, 64 (4): 293-301.

[35] Johnston T. Miniaturized heat exchangers for chemical processing [J]. Chemical Engineer (London), 1986, (431): 36-38.

[36] Sjogren S, Grueiro W. Applying plate heat exchangers in hydrocarbon service [J]. Hydrocarbon Process, 1983, 62 (9): 133-136.

[37] Zhu J L，Zhang W. Optimization design of plate heat exchangers（PHe）for geothermal district heating systems [J]. Geothermics，2004，33：337-347.

[38] Jachuck R J，Ramshaw C. Process intensification-polymer film compact heat-exchanger（Pfche）[J]. Chemical Engineering Research & Design，1994，72（2）：255-262.

[39] Energy Efficiency Office. Good practice case studies 12，22，29，and 109 [R]. London：Department of Energy，1990-1992.

[40] Heggs P J. Regenerative heat exchangers [R]. Institution of Chemical Engineers Research Meeting，Manchester，U. K.，April 18-19，1983.

[41] Mackley M. Using ocillatory flow to improve performance [J]. Chemical Engineer（London），1987，(433)：18-21.

[42] Charlesworth R，Gough A，Ramshaw C. Combustion and steam reforming of methane on thin layer catalysts for use in catalytic plate reactors [C] //Institution Of Mechanical Engineers Conference Publications. Medical Engineering Publications Ltd，1995：85.

[43] 张跃，张菁，辜顺林等．微通道中硝基胍的连续流合成 [J]. 精细化工，2016，33（8）：946-950.

[44] 刘一寰，郭凯．连续流有机催化戊内酯聚合 [C] //中国化工学会橡塑绿色制造专业委员会橡塑领域微化工产业化示范工程展示大会论文集，2018.

[45] 张洋，蒋军成，周丹等．基于本质安全的微反应器中苯乙烯聚合的数值模拟 [J]. 安全与环境学报，2017，17（5）：1811-1815.

[46] Cui J W，Ni L，Jiang J C，et al. Computational fluid dynamics simulation of thermal runaway reaction of styrene polymerization [J]. Organic Process Research & Development，2019，23（3）：389-396.

[47] 杨鹏，潘勇，蒋军成．三元可燃混合液体蒸气爆炸下限研究 [J]. 消防科学与技术，2016，35（9）：1211-1215.

[48] Steuart D R. A monthly record for all interested in chemical manufactures：part 2 [J]. Journal of the Society of Chemical Industry，1901，20（4）：313-362.

[49] Jain S，Sharma M P. Thermal stability of biodiesel and its blends：a review [J]. Renewable and Sustainable Energy Reviews，2011，15（1）：438-448.

[50] Febo H L. Heat Transfer fluid mist explosion potential：an important consideration for users [C]//The 29th AIChE Annual Loss Prevention Symposium，Boston，1995：7.

[51] Frikken D R，Rosenberg K S，Steinmeyer D E，et al. Understanding vapor-phase heat-transfer media [J]. Chemical Engineering，1975，82：86-90.

[52] Hatt B W，Kerridge D H. Industrial applications of molten salts [J]. Chemistry in Britain，1979，15：78-81.

[53] Stockton D P，Bland J R，McClanahan T，et al. Natural ester transformer fluids：safety，reliability & environmental performance [C] //2007 IEEE Petroleum and Chemical Industry Technical Conference，Alberta，2007：1-7.

[54] Fierz H. Assessment of thermal safety during distillation of DMSO [C] //European Advances in Process Safety Symposium Series，Rugby，U. K.：Institution of Chemical Engineers，1994：563-574.

[55] Huang J X, Jiang J C, Ni L, et al. Thermal decomposition analysis of 2,2-di-(*tert*-butylperoxy) butane in non-isothermal condition by DSC and GC/MS [J]. Thermochimica Acta, 2019, 673: 68-77.

[56] Hempseed J W, Ormsby R W. Explosion within a helium purifier [J]. Plant/Operations Progress, 1991, 10 (3): 184-187.

[57] Astbury G R, Harper A J. Large scale chemical plants: eliminating the electrostatic hazards [J]. Journal of Loss Prevention in the Process Industries, 2001, 14 (2): 135-137.

[58] Chen Z Q, Jiang M W, Jiang J C, et al. Preparation and characterization of a microencapsulated flame retardant and its flame-retardant mechanism in unsaturated polyester resins [J]. Powder Technology, 2019, 354, 71-81.

[59] Chen Z W, Yu Y, Jiang J C, et al. Preparation of phosphorylated chitosan-coated carbon microspheres as flame retardant and its application in unsaturated polyester resin [J]. Polymers for Advanced Technologies, 2019, 30 (8), 1933-1942.

[60] Kletz T A. Fires and explosions of hydrocarbon oxidation plants [J]. Plant/Operations Progress, 1988, 7 (4): 226-230.

[61] Glenn W M. Better the devil you know? [J]. OHS Canada, 2006, 22 (6): 52-57.

[62] Westbrook C K. Inhibition of hydrocarbon oxidation in laminar flames and detonations by halogenated compounds [C]//Symposium (International) on Combustion, Elsevier, 1982: 127-141.

[63] Schmidt M E G. Hydraulic fluids: helpful but hazardous [J]. Industrial Risk Insurers, 1997, 53 (4): 3-13.

[64] Shallcross D C, Mathew J. Safety shares in the class room 2 [C] //Asia Pacific Confederation of Chemical Engineering Congress 2015, Melbourne, Engineers Australia, 2015: 2105.

[65] Allport, D C, David S G, Outterside S M. MDI and TDI: safety, health and the environment: a source book and practical guide [M]. New Jersey: John Wiley & Sons, 2003.

[66] Edwards D W, Lawrence D. Assessing the inherent safety of chemical process routes: is there a relation between plant costs and inherent safety? [J]. Process Safety Environmental Protection, 1993, 71 (B4): 252-258.

[67] Edwards D W, Rushton A G, Lawrence D. Quantifying the inherent safety of chemical process routes [C]//The 5th World Congress of Chemical Engineering, San Diego, 1996: 14-18.

[68] Narayanan S, Deshpande K. Aniline alkylation over solid acid catalysts [J]. Applied Catalysis A: General, 2000, 199 (1): 1-31.

[69] Urben P G. Bretherick's handbook of reactive chemical hazards [M]. Oxford, U.K.: Butterworth-Heinemann, 1999: 246-251.

[70] Venugopal B, Kohn D Y. Chemical reactivity hazards and inherently safer technology [C]//The 39th American Institute of Chemical Engineers Annual Loss Prevention Symposium, Atlanta, 2005: 11-13.

[71] Hendershot D C. Conflicts and decisions in the search for inherently safer process options [J]. Process Safety Progress, 1995, 14 (1): 52-56.

[72] Mulholland K L, Sylvester R W, Dyer J A. Sustainability: waste minimization, green chemistry and inherently safer processing [J]. Environmental Progress, 2000, 19 (4): 260-268.

[73] Hua M, Qi M, Pan X H, et al. Inherently safer design for synthesis of 3-methylpyridine-*N*-oxide [J]. Process Safety Progress, 2018, 37 (3): 355-361.

[74] Laird T. Working up to scratch [J]. Chemistry in Britain, 1996, 32 (8): 43-45.

[75] Levenspiel O. Chemical engineering's grand design [J]. Chemical Engineering Research and Development, 1998, 66 (5): 378-395.

[76] Hendershot D C. An overview of inherently safer design [J]. Process Safety Progress, 2006, 25 (2): 98-107.

[77] 刘龙飞. 典型放热反应工艺热失控风险分析及控制研究 [D]. 南京: 南京工业大学, 2018.

[78] Gerritsen H G, Cornelis M V. Intrinsic continuous process safeguarding [J]. Industrial & Engineering Chemistry Process Design & Development, 1985, 24 (4): 893-896.

[79] Pan Y, Cheng J, Song X Y, et al. Flash points measurements and prediction for binary miscible mixtures [J]. Journal of Loss Prevention in the Process Industries, 2015, 34: 56-64.

[80] Hua M, Liang X M, Wei C Y, Zhang L, Pan X H, Jiang J J, Ni L, Jiang J C. Inherent safer design for chemical process of 1,4-dioldiacetate-2-butene oxidized by ozone [J]. Chemical Engineering Communications, 2019, online.

[81] Ni L, Jiang J C, Mannan M S, Mebarki A, Zhang M G, Pan X H, Pan Y. Thermal runaway risk of semi-batch processes: esterification reaction with autocatalytic behavior [J]. Industrial & Engineering Chemistry Research, 2017, 56 (6): 1534-1542.

[82] Ni L, Mebarki A, Jiang J C, Zhang M G, Dou Z. Semi-batch reactors: thermal runaway risk [J]. Journal of Loss Prevention in the Process Industries, 2016, 43: 559-566.

[83] 江佳佳, 李莉, 章立帆, 马腾坤, 蒋军成. 基于本质安全的半间歇式等温强放热反应加料速度优化 [J]. 南京工业大学学报 (自然科学版), 2019, 41 (5): 543-548.

[84] Rahaman M, Mandal B, Ghosh P. Nitration of nitrobenzene at high-concentrations of sulfuric acid: mass transfer and kinetic aspects [J]. AIChE Journal, 2010, 56 (3): 737-748. .

[85] Ni L, Jiang J C, Mebarki A, et al. Thermal risk in batch reactors: case of peracetic acid synthesis [J]. Journal of Loss Prevention in the Process Industries, 2016, 39: 85-92.

[86] Yan F. Study on reaction conditions of toluene sulfonation with gaseous sulfur trioxide [J]. Chemical Reaction Engineering & Technology, 2005, 21 (4): 370.

[87] Kozak G D, Raikova V M, Rashchupkina N V. Critical diameter for and fluctuations in detonation of solutions of dinitrotoluene in nitroglycol [J]. Combustion Explosion & Shock Waves, 1999, 35 (3): 303-308.

第四章

化工装置本质安全化设计

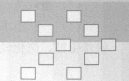

第一节　基于简化原则的化工装置本质安全化设计

一、简化原则的优点与不足

简单工厂相较于复杂工厂更加安全，因为简单工厂设备更少，发生泄漏以及人为失误的可能性更小，在本质上更为安全。然而，简单工厂仍有可能在高温高压状态下储存大量危险物质。如果这些危险源无法避免，就需要在工厂添加一些设备来控制这些危险源，即使添加这些设备会使工厂更加复杂。实际上，真正的本质上更安全的工厂通常会避免使用这些危险性物质（或用量极少）。

复杂的设计可能会导致人为操作失误或设备故障。因为如果没有储存危险性物质，就不会发生泄漏事故；如果不添加设备，就不会发生设备故障或操作失误。因此在其他条件不变的情况下，简单工厂比复杂工厂造价更低也更安全。

复杂性产生的主要原因如下：

（1）控制危险源的必要性。如果能设计出本质上更安全的工厂且不使用危险性物质，那么就不需要为了控制危险源而添加过多的保护设备，工厂就会减少闸、联锁装置、警报装置、泄漏探测器、紧急隔离阀、防火装置等，更简单，建设成本也更低。同样，如果工厂系统更容易操控，也能减少工厂的控制设备。

（2）简化设计时没有进行安全方面的研究，或者直到设计最终阶段才进行安全方面的研究，此时已经不可能对设计做出根本性改动来消除危险源、复杂性操作，或简化工厂结构，只能不断添加设备去控制危险源或克服操作和控制相关问题。

（3）当规范、标准不再适用时，仍然按照相关的规定、标准来设计。

（4）一味追求技术。一般认为简单设计会显得粗糙，但实际上简化并不意味着粗糙，简化设计意味着去除不必要的东西。

二、工厂设计复杂原因分析

1. 法规、规范导致的复杂设计

（1）过于遵守法规和规范导致隔离措施设计复杂。

操作员在进入一个容器之前，容器需要通过物理隔离或在尽可能接近容器的位置用盲板封闭所有进出口。如果液体可能存留在连接管道或阀门内，就不能将两个或多个容器作为一个单元进行隔离[1]。

如果要进入一个蒸馏塔，必须在塔顶的蒸汽管线上安装一个很大的盲板。但如将盲板放置在塔旁，进入蒸馏塔就会比较困难。因此盲板通常直接放置在冷凝器上方。虽然这样放置更容易通行，但盲板仍然很大且很难处理。如果盲板放在冷凝器下方的液体管线上，只需一个小型盲板或8字形板就可以隔离蒸馏器和冷凝器。

盲板通常应能承受与管道相同的压力，并且由相同等级的钢材制成。但是，只有当工厂停车并卸载工艺材料时，才会使用架空管道上的大盲板。因此它不需要承受压力或腐蚀，可以做得比标准要求的更薄，且可由碳钢制成。

（2）危险性较小工厂的防火设计规范与危险性较大的工厂相同。

某公司在碳氢化合物加工厂设计方面建立了必要的防火等级标准。但是，当该公司在设计处理燃烧热低得多的化学品（约为碳氢化合物的一半）的工厂时采用了同样的标准。

（3）在不同爆炸区域使用相同防爆等级的电气设备。

常规操作下可能出现可燃性气体的区域划分为1区，常规操作下不太可能出现或者只会短时间出现可燃性气体的区域划分为2区。规范中指出，如果一个区域每年出现可燃性气体的时间超过10h，该区域即1区。1区和2区使用不同类型的电子设备。但当工作人员偶尔携带对讲机或检测器进入1区时，对讲机或检测器必须符合1区设备的要求吗？答案是否定的。因为工作人员在特殊情况下才会进入可燃性气云中，比如说救援在可燃性气云中的被困人员，这种情况是很少见的。而且，在救援的同时遇到对讲机或检测器故障的可能性也很小。所以，当工作人员偶尔携带对讲机或检测器进入1区时，对讲机或检测器不一定必须符合1区电子设备的标准。

（4）备用设备的冗余度过高。

在许多公司，通常会为每个泵安装一个备用泵。因此，也为每天只运行一部分时间的泵（例如，用于充装罐车或间歇式反应器的泵）安装备用泵。但是，如果不安装的话，通常最多只需要一个未安装的备用泵。而且，因为大部分成本都在管道和安装上，安装备用设备的成本是不安装的 5～6 倍。因此，必须严格评估安装备用设备的必要性。

（5）采用复杂的重力输送。

重力输送虽然可以降低压力、节省泵的成本，但是还需要考虑其他必需结构和额外容器的成本。而且，重力输送只能通过阀门来关闭，而阀门可能发生泄漏。

（6）采用失效的规范。

当高压聚乙烯反应器上的爆破片破裂时，排出的气体很容易在空气中爆炸，某企业设计师在设计新企业的新单元时仍使用旧的设计方法。

2. 设备灵活性导致的复杂设计

对工厂操作灵活性的需求可能导致复杂性的增加。假设一个早期的高压聚乙烯工厂，由五个并行生产线组成，每条线包含三个阶段：一次压缩阶段，二次压缩阶段和反应阶段。如果需要关闭一个阶段进行修复，则必须关闭整个生产线。因此，并行的生产线之间安装了交叉阀，但由此增加了许多可能导致泄漏的接头和阀门，并可能产生操作失误。

三、简化原则的应用

1. 提高设备结构强度减少泄压阀

处理危险化学品时，泄放装置（如安全阀或爆破片）不应直接将可燃性气体排放至大气中，而应排放至火炬系统中，有毒气体应排放至涤气系统中，危险性液体或固体应排放至收集系统中。通常，这些设备是组合使用的，液体通过收集槽收集，气体通过收集槽排放至火炬系统。但系统造价昂贵，且火炬系统会占用土地且产生噪声和强光污染。

通过使用结构强度更高，足以承受更大压力值的设备，有时可以避免使用泄放系统。Zhu 和 Shah[2] 阐述了压力容器在不同压力、温度和腐蚀作用下的抗爆设计理念。

例如，针对相互之间存在压降的容器，为了防止容器之间的泄压阀出故障而自动打开，使下游容器与上游容器压力一致，必须安装泄压系统。若容器强度足以承受所有的上游压力，则可以不安装泄压系统。当处理可燃性物料时仍有必要安装泄压阀，但允许将气体排放至空气中。虽然排放的物质可能会燃烧，但只要火焰在容器下方、泄压阀尾管的末端，且火焰未接触到其他设备。类似的，如果容器能够承受泵的输出压力，也不需要泄压设备。

如果蒸馏塔能够承受冷却或回流系统失效，热量仍持续输入产生压力，蒸馏塔就可以避免使用泄压阀。但该方法仅适用于小型蒸馏塔，大型蒸馏塔仍然需要安装安全阀。

可以通过增大装置强度使其足以承受真空状态，从而取代真空泄放装置。如果设备中含有可燃性气体或蒸气，则应避免使用补充空气的真空泄压阀，因为其可能引发爆炸。使用结构强度更高的设备通常是最安全、最简单的方法[3-5]。

一般情况下，使用结构强度更高的设备会比使用一个安全阀的成本更高，然而，如果能够避免使用安全阀，也可以避免或减少使用火炬系统、洗涤器和收集槽，也就不需要维护泄压阀，因为泄压阀通常位于结构的最高点，如果维护过程中出现差错则很难避免事故发生。

2. 提高材料标准简化保护措施

应用耐低温的建筑材料可以避免使用低温跳闸装置。低温和过程装备的相互作用在 1998 年澳大利亚的朗福德天然气厂爆炸事故[6] 中起主导作用。事故中，一个换热器发生异常冷态的失效，释放出大量挥发性液化石油气，导致两名工人遇难，整个墨尔本城市天然气供应被切断长达两周。冷金属脆化是造成事故的直接原因。

一种带有氯气鼓风机的氯气使用装置由金属钛制造而成，但这种金属只适用于处理潮湿氯气，与干燥氯气会发生剧烈反应甚至燃烧。因此氯气在到达送风机前需要先通过一个水洗涤器保持氯气潮湿，同时设计跳闸和控制系统来降低湿化过程的风险。另外，用胶皮风机取代钛制送风机，可以降低接触干燥氯气的影响，也可以避免在洗涤器上安装控制和跳闸系统，从而简化了设计过程。

3. 避免设计存在误操作的设备

(1) 如果氮气源连接到容器上，在进入容器之前氮气源应该与容器断开。如果氮气供应管道穿过人孔盖，那么在进入容器之前必须将管道拆除。

(2) 在某起事故中，工人误将热水软管放入机器油箱，造成部分汽油汽化，最后汽油蒸气与点火源接触造成火灾爆炸事故。原因是机器的水箱和油箱被设计成同样的颜色且并排放置，且油箱可以插入水管，导致人为操作失误。

4. 避免使用复杂保护措施

某控制单元包含电火花设备，爆炸区域划分为 2 区（即该区域内通常不存在可燃性气体或蒸气，但如果附近发生泄漏，则可能存在易燃气体）。该控制单元受氮气加压保护以防止周围存在的可燃性气体或蒸气进入装置。如果氮气压力下降，低压开关会自动切断电源[7]。然而该控制单元发生了爆炸，事故原因是保护系统存在设计缺陷，且出现人为操作失误。可燃气体随氮气进入控制单元，氮气压力下降使空气进入，且低压开关已失效，当电源接通时控制单元发生爆炸。

爆炸事故后提出的建议包括：

(1) 防止氮气污染；

(2) 定期检查所有防护设备；

(3) 压缩空气代替氮气；

(4) 将控制单元移到 2 区之外，无需用氮气或空气加压保护。

5. 避免使用复杂技术

以下是一些简化设计替代复杂技术的案例：

(1) 火灾探测器的探测原理大多基于火焰的红外线或紫外线辐射、烟雾、热辐射强度等转换成电信号。通过使火焰经塑料管燃烧并释放内部空气压力，或者通过细电线燃烧并使电路断路，均可以实现简化的火灾探测。

(2) 许多建筑物，例如压缩机房等都装有存在可燃气体泄漏风险的设备，且这类建筑物已经发生过多起爆炸事故[8,9]。防止事故发生的方法包括：使用不可燃材料，或者防止可燃性气体泄漏。因此，这类建筑物一般都会安装成本较高的机械通风设备。但是，有时候机械通风的效果还不如自然通风。因此，通过拆除墙壁，可燃气体少量泄漏时通过自然通风扩散[10,11]。

(3) 制氧厂需要测量一些气流的氧浓度。如果氧浓度过高，可能发生爆炸。测量干燥气流中的氧浓度很简单，但如果气流中含有液体或蒸汽，就必须将其除去。

(4) 火炬和通风竖管以及溢流管线应尽可能简单，并尽可能避免水封、过滤器、阻火器或分子封等障碍物，尤其是当管线中有连续或频繁水流时，这些装置都可能会造成堵塞或结冰。

(5) 用水流冲洗容器要比复杂的管道水喷淋系统简单，因为后者容易损坏且需要定期维护以避免喷嘴堵塞，而前者仅需要大量的水和相应的排水系统。

6. 减少设备提高安全性

可以通过减少一个容器，或者使一个容器执行两个功能来简化设计。例如，某系统一个反应器溢流到一个装有高液位报警的收集罐中，在对流程图进行危险与可操作性分析（HAZOP）之后，将收集罐省略，直接将高液位报警与反应器连接。

7. 其他基于简化原则的案例

（1）生产药品时使用氯化溶剂会产生废弃氯化物，可以采用更强力的电动搅拌器充分搅拌高黏性反应物料，从而能够在没有溶剂的情况下进行生产。

（2）为了确保流量计充满液体，通常流量计会放在垂直U形弯管的底部。但对于大型管道，这种方法较为昂贵。使用另一种流量计如磁性流量计可能更简单，它可以测量部分充液管道中的流量，这种流量计虽然比较复杂，但管道系统比较简单，适用性较强。

（3）气体压缩比较昂贵，也是泄漏源，可以在高压下生产气体以避免使用气体压缩。例如，在高压下电解盐水生产氯气。

（4）蒸汽疏水阀通常是机械装置，有时会卡住。一种没有活动部件的蒸汽疏水阀使用冷凝水本身来阻止蒸汽随着水通过管道中的一个孔缓慢排出。即使使用这些简单的孔板蒸汽疏水阀，也需要注意水锤作用的可能性，并需要安装细网过滤器防止堵塞，此类过滤器需要经常检查。

第二节　基于强化、减弱、限制原则的本质安全化设计

一、强化原则在化工装置本质安全化设计中的应用

1. 提高储存过程本质安全

化工行业目前已重视减少或消除危险化学品的储存，例如光气，氰化氢，乙烯或丙烯氧化物，三氧化硫和氯气等[12,13]。

Ciba-Geigy研发了可以每天生产15t光气的外挂式装置，如有要求，它也可以每天只生产1.5t的光气。1989年，帝国化工公司（ICI）停止供应光气，希望其客户能够根据需要在现场生产这种中间产物。杜邦公司研发了一种分散式生产工艺，用以生产少量的氰化氢，具体研究了两种反应：氨与固体碳的反应和氨与甲烷在催化剂上的反应。这两种反应都是吸热反应，热量由微波加热提供。通过关闭惰性气体的加热和冷却装置，反应可以迅速停止。

在某些情况下，有必要储存少量的中间产物以便用于分析。而且，在一些其他情况下，可能需要分流罐来储存不符合规格的中间产物。

某公司将其环氧乙烷储存和使用的工厂转移到了另一片区域；某公司将其工厂内的氯气储量从千吨级别减少到了百吨级别；某工厂则直接完全取消了氯气的储存及其相关的液化和汽化设备。氯气生产工艺流程的改进使得减少氯气储存量成为可能，这也使得当需求变更时改变反应的速率比之前要快得多。

为应对生产中断情况，某工厂设置了七个储存液化石油气（LPG）的球形储罐。但新的规定要求这些球罐必须是半地下式或者被隔离。企业发现即使只有三个储罐，生产也能正常进行，这与 Leal 和 Santiago 得出的结论一致，即少数完全充满的球罐比多数部分充满的球罐更加安全[14]。

需要注意的是，中间产物通常是活性化学品，不然也不会被用作中间产物，因此具有一定的危险性。还要注意的是，可以使工厂的面积比规范要求的大 5%或 10%来减少存储需求，扩大的面积可用于防止原材料到货延迟、工厂某一部分的故障、产品发货的延迟等，这样做比提供存储更便宜、更安全。

在同一地点建造仓库和使用工厂，往往可以减少或消除对中间储存和运输的需要。以前氯化氰都是在距离使用工厂上百英里（1mile＝1609.344m，下同）的地方生产，然后通过钢瓶运输到使用工厂，一年内这样的运输多达上百次。现在氯化氰一般都是在离使用工厂附近生产，库存量也从在加压下的 20t 减少到了常压下的几千克。

可以通过在使用地点电解盐水产生氯或次氯酸盐，以避免运输和储存氯气。

在使用地点进行生产可以避免公路运输等风险，与危险性物质运输有关的风险是世界范围内研究的热点问题。

与工厂中的物料相比，储存中的物料不太可能发生严重泄漏或火灾，因为它没有被加热、冷却、泵送或以其他方式处理。但另外，当储存过程发生重大事故时，往往造成的经济损失会更大。例如 2015 年天津港危化品码头 8・12 特大爆炸事故。

在欧盟，危险化学品库存受到 Seveso 指令的限制正在逐渐减少。该指令要求所有超过危险化学品规定储存量的公司都需证明他们能够安全地处理这些化学品。在英国，采用的重大事故危害控制条例（COMAH）与 Seveso Ⅱ 指令相匹配[15]。

在美国，《过程安全管理条例》也有类似作用。在加拿大，制定的《加拿大环境保护法》（第 200 节）规定，对于任意一种所列物质，如果储存或使用量达到或超过规定临界量，都必须制定应急响应计划。因此，虽然是通过环境监管途径，但也引入了减少库存的概念[16]。

2. 基于强化原则的液化石油气精馏装置设计

迄今为止讨论的大多数强化方法都会使设备设计过程中发生重大变化或减少存储容量。下面的例子表明，在不需要任何新技术的情况下，可以通过采用常见方法来大幅降低存储容量。

图 4-1（a）是分离液化石油气（LPG）蒸馏装置的初始结构部分示意图。图 4-1（b）显示了修改后的设计结构图，通过进行以下更改，将库存减少到表 4-1 所示的程度。

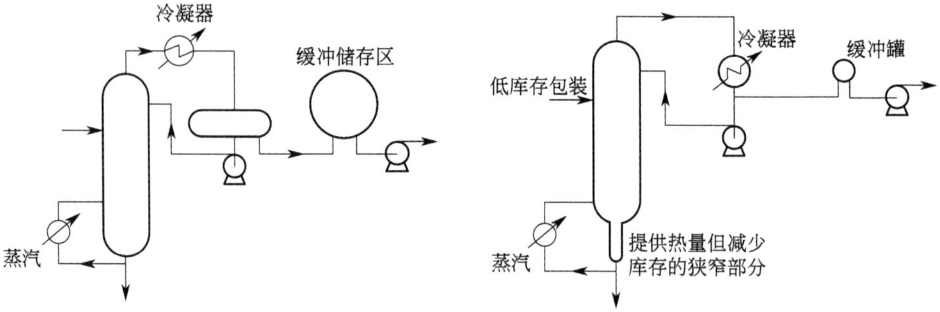

(a) 初始设计结构示意图

(b) 改良后设计结构示意图

图 4-1　两种液化石油气分离装置的设计

（1）设计过程舍弃了回流罐，直接由回流泵从冷凝器中的液位吸入。冷凝器做了相反的设计，使得液化石油气在外壳一侧，制冷剂在管内。

（2）原材料和产品的缓冲库存被省略，改为直接由周围小型的缓冲储存区运向主要场外储存区。

（3）柱内采用低间隙持续填料，通过缩小底座，可以将停留时间降低到 2min。

表 4-1　通过细节减少的库存量　　单位：t

项目	初始设计		改良设计	
	工作中	最大值	工作中	最大值
储存	425	850	0	0
工厂	85	150	50	80

3. 基于强化原则的反应热失控抑制

有一些反应可以通过加入适当的物质被终止。对于催化反应，加入少量的催化失活剂则可使反应终止。对于 pH 敏感的反应，改变相应的 pH 值可能会减缓甚至终止反应。对于其他反应，如放热反应，有时则需要注入大量惰性和冷的介质，如水等，水作为抑制剂主要有两个作用：稀释和冷却，通过降低反应物浓度和反应温度来减缓或终止反应。在反应紧急抑制过程中，搅拌是一个很重要的因素，尤其是当少量的抑制剂必须均匀分散在大量反应器混合物中。另外，紧急抑制剂的注入位置、注入速率、注入物料的温度对反应的紧急控制都有重要的影响。

蒋军成等[17-19] 采用 CFD 技术分别以丙酸异酯间歇式合成反应、苯乙烯聚合反应为例，建立了间歇式搅拌反应器的三维模型，利用 ANSYS Fluent 进行模拟研究，基于不同工况获得了反应器内部物理场数据，根据仿真结果开展了间歇式反应热失控过程及紧急抑制的相关研究工作，研究结果为反应热失控的紧急抑制系统的设计提供参考。

（1）丙酸异酯间歇式合成反应

① 借助 CFD 技术手段，建立与实验室反应量热仪 RC1e 等尺寸的瞬态 3 维反应器模型，如图 4-2 所示。将模拟结果与实际 RC1e 实验进行比对，如图 4-3 所示，验证所建立反应器模型的可靠性。

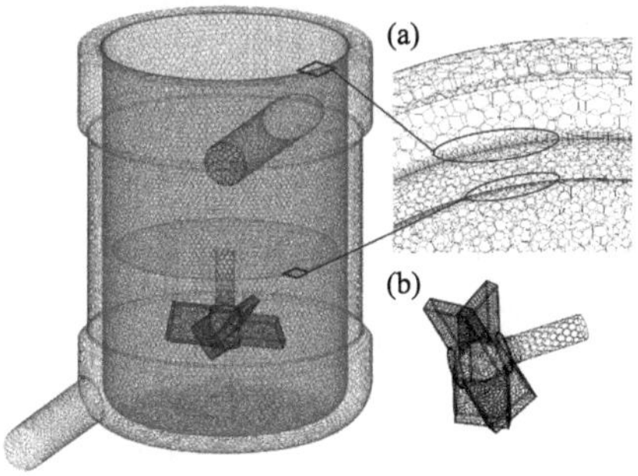

图 4-2 间歇式搅拌器三维模型

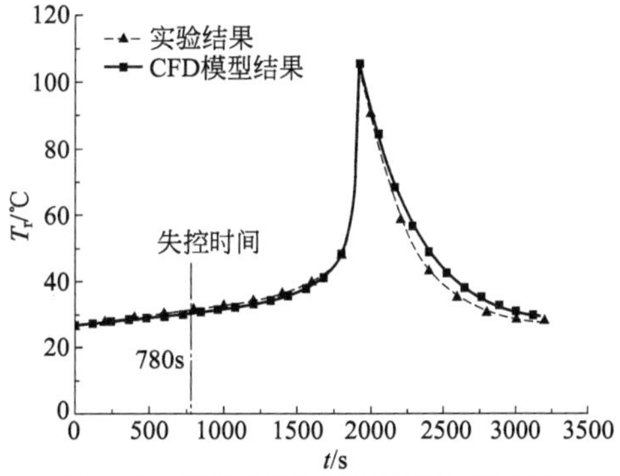

图 4-3 CFD 模拟结果与实验值验证

② 针对搅拌、冷却温度、流速等不同情景进行失控危险性预分析，从反应速率、热量积累的角度，研究了失控场景对反应温升、失控时间以及反应釜内换热系数的影响，如图 4-4 所示。通过分析反应温度场云图，确定热区的变化过程。搅拌对反应器内热点分布和传热系数都有很大的影响。在低搅拌转速下，局部热点在反应液系顶部形成，然后沿搅拌轴向下扩散。相反的是，在高搅拌转速下，局部热点总是分布在搅拌桨以上部分靠近顶部液面。

③ 对顶部自由液面冷却剂（水）注入情景进行了模拟研究，利用颗粒追踪和浓度示踪法揭示了抑制剂在反应器内部的扩散过程。分析不同注入位置和注入状态对抑制剂混合效率及抑制体积的影响，如图 4-5 所示，通过对抑制剂注入后混合效率的研究，发现在反应器中，在靠近叶片边缘（注入口 3）处的注入抑制剂能够获得较好的混合效果，即混合时间更少，并且可以快速覆盖“热点”。可以看出，抑制剂的注入位置对反应热失控的紧急抑制非常重要。

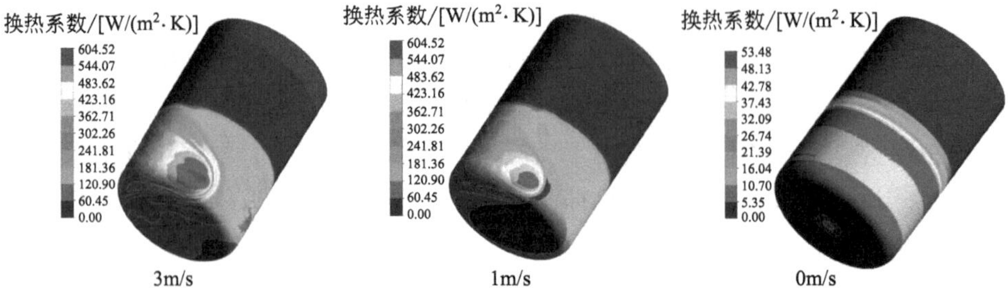

图 4-4 补充夹套导热油速率下的换热系数

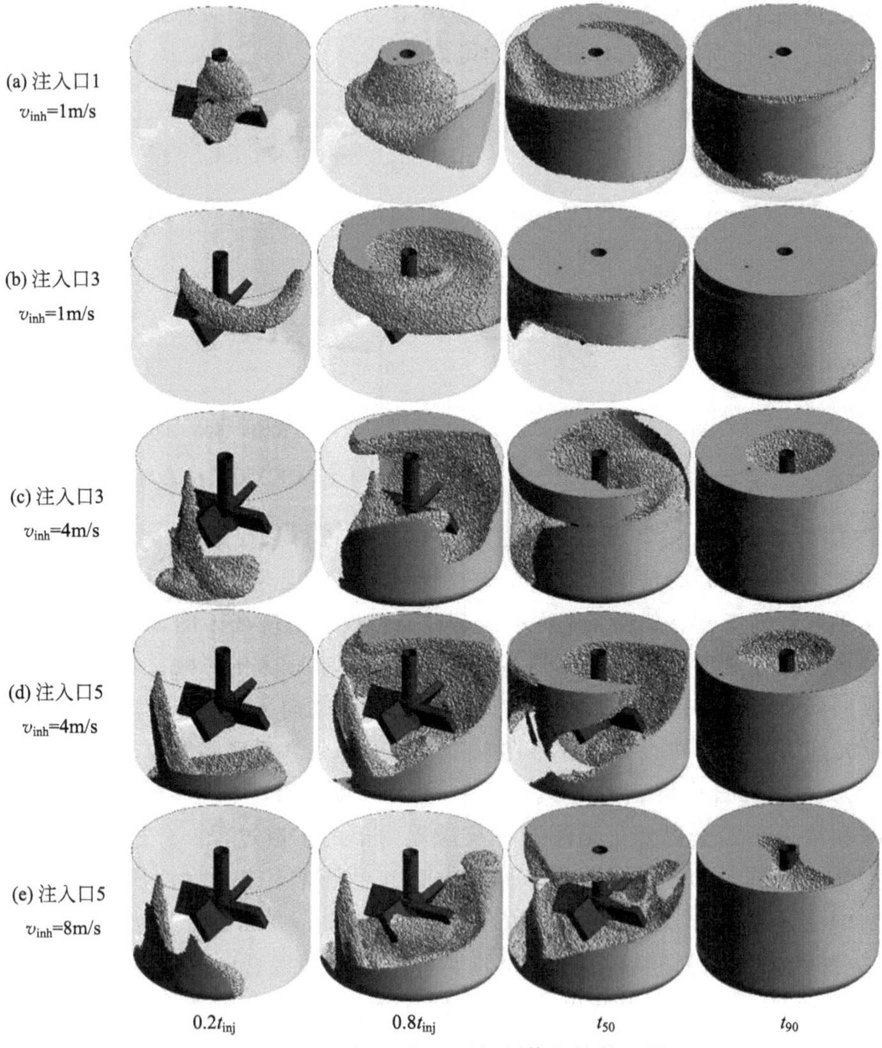

图 4-5 不同注入位置下抑制体积扩散云图

（2）苯乙烯热引发本体聚合反应　采用 CFD 方法通过苯乙烯热引发本体聚合反应的动力学模型对反应过程进行耦合，建立苯乙烯热聚合反应的三维非稳态模型（图 4-6）。采用多重参考坐标系方法处理搅拌桨的旋转问题，通过 UDF 添加组分输运方程源项［式（4-1）］和能量方程源项［式（4-2）］。在考虑物料黏度对反应体系影响的前提下，有效预测反应器内的温度分布（图 4-7）。

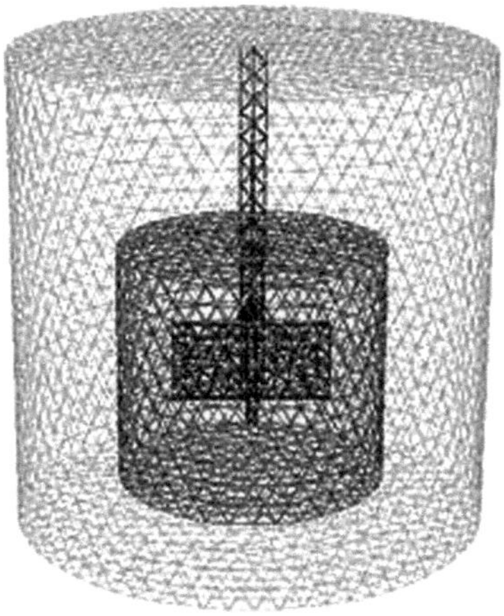

图 4-6　搅拌反应器物理模型与网格划分

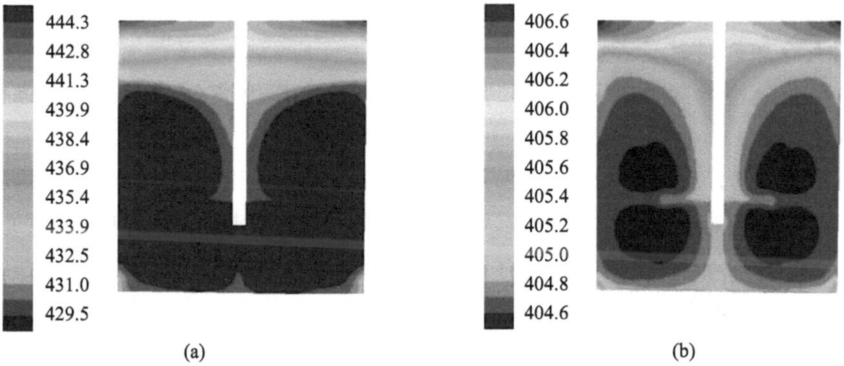

图 4-7　1000s（a）、1800s（b）时刻的温度分布图（单位：K）

组分输运方程源项：

$$S_j = M_m R = M_m K_P \sqrt{\frac{2K_{th}}{K_{tc}}} \left(\frac{\rho \omega_m}{M_m}\right)^{2.5} \tag{4-1}$$

能量方程源项：

$$S_h = \Delta HR \tag{4-2}$$

研究冷却稀释剂乙苯的注入位置对反应热失控的抑制效果及热点消除的影响，在 $t=1510$s 时注入冷却稀释剂乙苯，注入点分别为反应器顶部的 A1 点、桨叶区的 A2 点、反应器底部的 A3 点，同时选取 P1、P2、P3 点作为监测点，如图 4-8 所示。图 4-9 为注入冷却剂与未注入冷却剂时反应器内物料的平均温度。

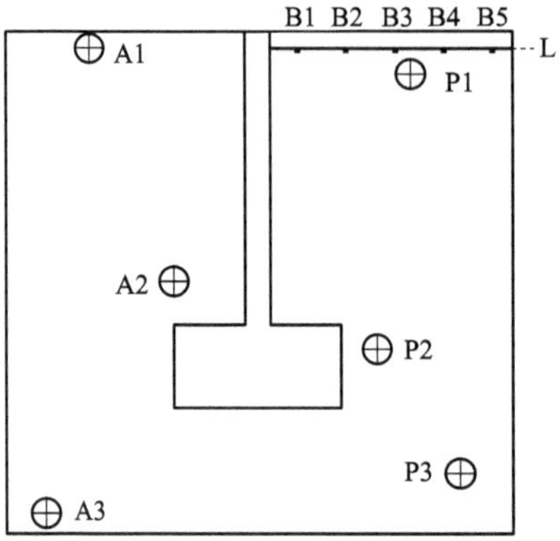

图 4-8 监测点的位置分布

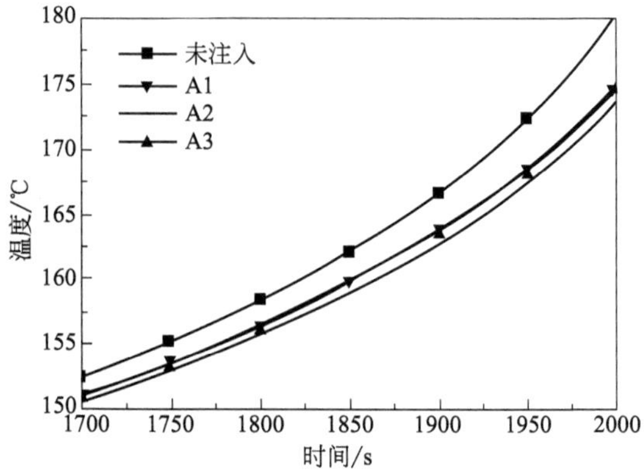

图 4-9 不同冷却剂的注入位置对反应温度的影响

由图 4-9 可知，注入冷却剂可以明显降低反应体系温度，且在桨叶区注入冷却剂所用的混合时间最短，反应物料的平均温度最低。这是由于在桨叶区注入冷却剂时其传递及扩散速率要高于在反应器顶部及底部注入冷却剂，从而导致其混合时间较短，冷却剂较快地在反应器内充分混合，均匀降低体系温度。

图 4-10 为反应器内热点体积百分比图（热点体积百分比为反应器内高于热点温度的体积百分比，以未注入冷却剂的反应平均温度作为热点温度）。由图 4-10 可知，注入冷却剂可以有效地控制热点的形成，虽然在桨叶区注入混合效果最好，反应器内物料平均温度最低，但在反应器顶部 A1 点注入对热点控制的效果最佳，在注入冷却剂 200s 后热点体积百分比已降至 6%。因此，在桨叶区注入冷却稀释剂时反应器内平均温度最低，而在热点集聚区域注入可以更加有效地控制热点的形成，减缓失控速率。

综上所述，基于强化原则，采用 CFD 技术模拟分析反应放热历程及反应热失控抑制过程，将抑制剂注入至桨叶附近，更有利于抑制剂的快速扩散，形成更有效的混合，研究结果可以为强放热反应的紧急抑制系统的设计提供参考依据。

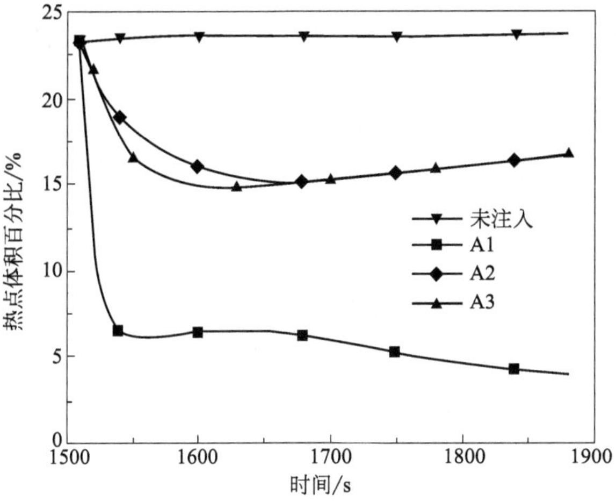

图 4-10　热点体积百分比示意图

二、减弱原则在化工装置储存和运输本质安全化设计中的应用

(1) 大量的氨和氯通常在常压下低温储存而非常温下加压储存。即使在储罐液位以下或者连接管路中有一个小孔，由于液体温度较低，通过小孔的液体流速更小，并且蒸发的比例也会更小。如果罐内液位以上部分有一个小孔，因为驱动它的压力很小或者没有压力驱动，因此通过小孔泄漏的流量也很小。

其他一些液化易燃气体 (LFG)，例如丙烷、丙烯、丁烷、丁烯、环氧乙烷、氯乙烯和甲胺等通常也低温储存。

低温储存比加压储存更加安全，如果储存的材料要求冷冻的话。当然，应考虑整个系统的制冷、储存、再加热。制冷和再加热设备都是可能的泄漏源，而且也无法提高其安全性能。因此，如果总储存量不超过几百吨，加压储存可能同样适用。

在日本，一家丙烷气瓶灌装厂发生火灾后，相关法规要求丙烷低温储存。然而，低温储存要求油罐车隔热，使油罐车的有效载重减少，运输次数增加，最终导致更多的道路交通事故。2008 年，加拿大发生一起丙烷储存设备爆炸事故，该事故促成了安大略省对丙烷储存和运输 (通常在加压状况下) 进行安全审查的决议[20]。

(2) 以水溶液的形式储存氨，代替低温储存。Hendershot[21] 估算了泄漏的甲胺蒸气在以下两种状况下的传播距离：假设管道的裂纹为 1in (1in＝2.54cm，下同)，甲胺蒸气以纯液体的形式传播和以 40％的水溶液形式传播。

结果表明泄漏的溶液蒸气在扩散到工厂外围时已经达到了无危害的标准，然而泄漏的纯液体蒸气其扩散距离是溶液蒸气的四倍并有可能影响到周围的住宅区。

Sarlis 等人[22] 描述了一种 SO_2SAFE 技术。二氧化硫气体在二胺吸收剂等溶剂中具有较高溶解度，因此不需要采用加压液化储存方式。而且，由于去除了生产液态 SO_2 所需的仪器设备，SO_2SAFE 工艺比传统液态储存方式成本更低。

（3）氢一般是以氨的形式储存和运输，然后根据需要进行“裂解”；也可以通过将甲苯氢化为甲基环已烷来运输和储存，然后根据需要进行脱氢。

（4）乙炔溶解在丙酮溶液中储存和运输。

（5）有机过氧化物容易发生分解爆炸，因此通常以溶液的形式储存和运输，尽管会增加成本，降低反应活性。物质的反应活性和整体的安全性之间必须要实现平衡。在英国，大家公认一些过氧化物在运输前必须进行稀释，并且储罐的最大许用容量为 1kg。

（6）一些可形成爆炸性粉末的染料可以以糊状物的形式供应。如果必须以粉末形式供应时，可以先混合，后干燥。其他粉尘可以颗粒化或者悬浮在溶液中，例如，陶土现在都是以水泥浆的形式供应。

当然，这种情况下的危害是良性危害，而不是爆炸性危害。橡胶工业中使用的化学物质已经加入了橡胶预混料中。

某公司通过将未开封的含尘试剂袋倒入混合设备中，从而克服了粉尘危害，当然，这些袋子本身和工艺流程是相兼容的。另外，在矿物棉中添加少量的油可以减少细的可吸入纤维的排放。

（7）“无气加氢”技术可以实现避免在实验室中高压储存超临界流体（例如氢和二氧化碳的混合物）。

三、限制原则在化工装置本质安全化设计中的应用

1. 限制原则在设备设计中的应用

（1）缠绕式垫片本质上比纤维垫片更安全，因为如果螺栓松动或未拧紧，其泄漏速率要低得多。

（2）正常爆破片本质上比反向屈曲片更安全，因为后者可能会慢慢“翻转”并靠在刀片上。之后，刀片提供的是支撑而不是切割动作。因此，爆破片承受的压力远远大于正常的破裂压力，其才会破裂。轻微的机械损伤，如细小的压痕，压力值的轻微变化，或两者的共同作用，都会导致“翻转”现象的

发生。

(3) 当储罐发生泄漏时，如果防火堤面积更小，蒸发量就会降低，火灾面积也会更小。这种设计通常用于装有低温液化气体（如液氨和液氯）的储罐。堤坝与储罐等高，距离储罐约 1m。因此，只有一个狭窄的环状液体暴露在大气中。

Ferguson[23] 描述了一个本质安全体系在减轻有毒和易燃液体泄漏造成的场外影响的应用。该化工厂有一个大的储罐和一个围堤。如果储罐发生泄漏事故，由于围堤形成的液池面积较大，蒸发率就会很高。但是，如果对围堤进行改造之后，即使不减小储罐的尺寸，蒸发率也能够降低 60%。

(4) 管式反应器比釜式反应器更安全，因为管式反应器可以通过关闭阀门来阻止任何形式的泄漏。此外，气相反应器也更安全，因为通过给定尺寸孔的质量流速要小得多。

(5) 不要安装比所需尺寸更大的管道和阀门，尤其是控制阀。直径 50mm 管道的泄漏速率比直径 70mm 的管道小一半。液化石油气储罐上的排放管直径最大不宜超过 19mm，采样管直径最大不超过 6mm。1966 年法国费赞发生了一场火灾，导致 18 人死亡、81 人受伤。事故原因是由于直径 38mm 的排放阀卡在了开启位置处[24]。

减少管道、法兰、阀门、喷嘴等设备的数量不会影响泄漏量的大小，但会降低泄漏的次数。风险评估考虑的是泄漏量与频率的结合。相较于减少库存从而使最大泄漏量减小，减少泄漏的次数更为有效。虽然泄漏量大的事故十分罕见，但会导致巨大的生命和财产损失。因此，应该尽可能控制泄漏的次数和泄漏量。

2. 限制原则在消除设备危险中的应用

以下是几个通过更换或拆除设备减弱或消除危险的案例：

(1) 大部分排水管在其液位以上部位有一个蒸汽空间，如果易燃液体进入排水管，很可能导致爆炸事故。许多公司试图通过避免泄漏和在排水口加装 U 形管，以避免形成点火源，来预防此类爆炸事故，但爆炸仍然时有发生。如果使用完全淹没式排水管就可以消除蒸汽空间，因此，处理挥发性易燃气体的新设备应安装这种排水管。

(2) 许多火灾和爆炸事故发生在运输油品、化学品的船舶的泵房中。预防此类事故的最好方法是在罐中使用潜水泵，从而去除泵房。

(3) 乙醇蒸气和空气可以通过内部的排风扇经由抽气管道排出，乙醇浓度通常是爆炸下限的一半左右。例如：某起事故中，乙醇浓度超过了临界值，随后发生爆炸事故，原因是电机支架被腐蚀，电机掉落并通电后产生火花点燃了可燃性混合气体。

显然，应当对电机设备进行定期检修维护，但各种形式的点火源随时可能出现，尤其当系统中有可移动的设备时。此类情况下更好的方法是使用抽气机将蒸气抽出来。

(4) 气体压缩过程中往往会发生火灾事故，因为润滑油在压缩输送管线上形成了一种易燃的沉积物。预防此类火灾最有效的方法是不要在空气干燥器中使用压缩气体，用蒸汽来代替。因为蒸汽便宜，且可以回收高温蒸汽的潜热。

3. 限制原则在消除操作危险中的应用

限制危险性操作影响的最好方法就是消除或减少这些操作。通常，每当工厂出现一次跳闸或者警报，都会因此增加测试和维修人员暴露于危险环境的时间。达泽尔认为，可能原因是在安全防护方面做得太多，对于有些工厂，安装过多的保护设备可能适得其反。他建议，对于海上平台，应当尽量减少人员的配备；应该把更多的资金投资在工厂的整体性上，而不是仅仅投资在检测、控制和缓解系统上；通过有效的人员集合和疏散机制确保人员的安全。

以下是一些可能被简化的操作：

(1) 采样分析过程。许多操作人员在样品采集及送样分析过程中受伤害，可以使用在线分析。对于在线和离线分析，使用少量材料的强化方法越来越普遍。

(2) 维护过程。维护过程具有一定的危险性，在维护过程中发生的许多事故通常是由于准备不充分造成的，并非由于维护过程本身。尽可能不要使用带有活动配件的设备可以减少维护次数。维护的次数越少，发生事故的次数也越少。作为减少维护次数的第一步，必须了解当前的资金使用结构。许多维护成本会计系统的设计目的是将成本分配给正确的产品，例如，无法提供有关维护不同类型泵的成本，甚至不同类型工作的成本的数据。表 4-2 提供了一家石化公司的维护成本明细，每家公司之间都会存在差异，但这类数据都是有效的。

表 4-2　石化公司的维护成本明细

百分比/%	项目
56	真正的维护：修理或更换磨损或腐蚀的设备，修补泄漏
18	安全工作：常规试验和检查
11	工艺工作：清洁堵塞和脏污设备，更换催化剂，拆卸软管和盲板
5	小变动(大变动计入资本)
10	企业的日常管理费用

(3) 清洁。清洁可能是一种危险性操作。以前在每次进料后都要手动清洗

聚氯乙烯反应器。当发现氯乙烯会致癌时，设计人员想出了一些其他方法。同时，在使用高压水冲洗船舶储罐时，水滴放电点燃了可燃蒸气，造成了严重的爆炸。

(4) 运输。危险性中间产物的运输具有一定的危险，但是可以通过在使用地点分布式生产避免运输危险。Ponton 指出[25]，可以通过使用小型一次性塑料反应器来避免药物制备阶段的清洁、运输和维护过程。

(5) 非生产性活动。在制造业中，当客户下订单后，厂家在交货前只用了5%的时间来加工原料从而增加价值，其余时间用于物品出入库、检查、移位、返工和机械维护检修或管理完成时的等待。在产品增值阶段，不应该将人力物力都花费在其他效率低下的地方。尽管欧美的工业都将精力集中在改进工艺上，日本却在减少非生产时间和成本方面更加成功。非生产性活动大都伴随着一定的风险，消除或者减少它们也意味着可以降低事故发生的概率。

4. 限制原则在火炬系统安全设计中的应用

(1) 限制原则在水封设计中的应用　水封罐作为保护上游泄放管道和装置设备的重要设施，是防止回火和爆炸的一项常用安全措施。白永忠等[26,27] 在对中国石化炼油火炬开展的专项评估中发现，部分炼油火炬系统为了提高火炬气的回收率，一般均采用提高水封高度来实现，有些水封高度达到 1.2～1.5m，造成管网压力过高，事故状态下如不能及时撤掉水封就容易造成装置憋压。合理地设置水封高度需要考虑水封设置的目的，同时也需要考虑在紧急排放工况下，同属于多个工艺装置共用的火炬气排放管网应保证在最大排放量时背压值最小的装置能顺利排放。

① 计算模型研究。如图 4-11 所示，当水封罐作为压力控制设备时，其水封高度可利用《Pressure-relieving and Depressuring Systems》（API 521—2007）的公式计算，即：

$$h_w = \frac{102 p_1}{\rho_w} \tag{4-3}$$

式中，h_w 表示水封高度，m；p_1 表示火炬排放管网压力，kPa；ρ_w 表示密封液的密度，kg/m，水的密度取 1000kg/m^3。

当作为防回火使用时，对于管道内气体温降导致的负压，其水封量应满足《石油化工企业可燃性气体排放系统设计规范》（SH 3009—2013）的要求，即“水封罐内的有效水封水量应至少能够在可燃性气体排放管网出现负压时，满足水封罐入口管道 3m 充满水量”。

对于由于大气压高程和火炬气与空气密度差导致的负压时（排放气体处于

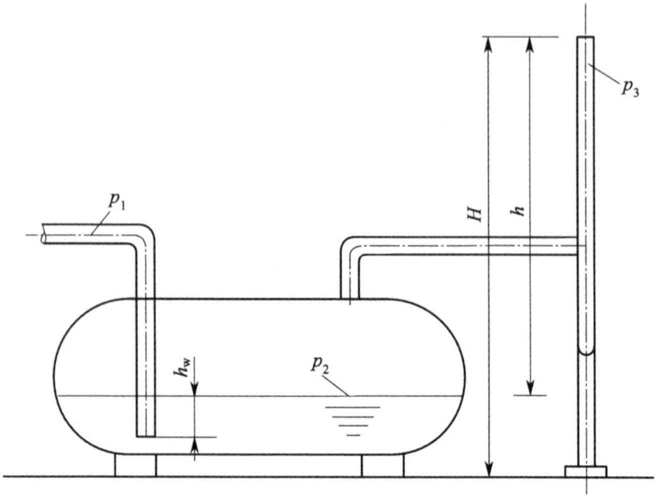

图 4-11 水封罐结构及水封高度示意图

缓慢流动或不流动时)，水封界面前后关系见式（4-4）和式（4-5）：

$$p_1 \leqslant h_w \rho_w g + p_2 \tag{4-4}$$

$$p_2 = p_3 + \Delta p_{gh} \tag{4-5}$$

式中，p_2 表示水面上的压力，Pa；p_3 表示火炬头出口处的大气压力，Pa；Δp_{gh} 表示 H 高排放气体柱产生的压力，Pa；g 表示重力加速度，$9.8 m/s^2$。

火炬头出口处的大气压力 p_3，可由大气压压高方程求得，见式（4-6）：

$$Z_3 - Z_0 = 18400\left(1 + \frac{t}{273}\right)\lg\left(\frac{p_0}{p_3}\right) \tag{4-6}$$

式中，Z_3 表示火炬出口相对于基准面（取地面）的高度，m；Z_0 表示基准面（取地面）的高度，m；t 表示基准面处（取地面）的大气温度,℃；p_3 表示火炬出口处的大气压力，Pa；p_0 表示基准面（取地面）的大气压，Pa。取基准面 $Z_0=0$，$Z_3=H$，代入式（4-6），得：

$$p_3 = p_0 \times 10^{-\frac{273H}{18400(273+t)}} \tag{4-7}$$

H 高排放气柱产生的压力可利用单一气体静气柱压力的方法进行简化计算，假设气体为理想气体，气柱的温度 T 为常量，理性气体状况方程为：

$$p = \frac{mRT}{VM} = \rho g \frac{RT}{Mg} \tag{4-8}$$

式中，m 表示气体的质量，g；R 表示通用气体常数，8314J/（kmol·

K)；V 表示气体的体积，m^3；M 表示气体的摩尔质量，kg/kmol；T 表示气体的温度，K；ρ 表示气体的密度，kg/m^3。某一微段的气柱产生的压力满足：

$$dp=-\rho g\,dh \tag{4-9}$$

式中，dp 表示某一微段气体固有压力差，Pa；dh 表示某一微段的气柱垂直高度，m。

将式（4-8）变形后代入式（4-9），得：

$$\frac{1}{p}dp=-\frac{Mg}{RT}dh \tag{4-10}$$

取基准面为水封面，在相对高度 h 上对式（4-10）进行积分，得：

$$\int_{p_{水表面}}^{p_3} dp=\int_0^h \frac{Mg}{RT}dh \Rightarrow p_{水表面}=p_3 e^{\frac{Mgh}{RT}} \tag{4-11}$$

高度 h 气柱的产生的压力 Δp_{gh} 为：

$$\Delta p_{gh}=p_{水表面}-p_3=p_3(e^{\frac{Mgh}{RT}}-1) \tag{4-12}$$

将式（4-7）和式（4-12）代入式（4-4）得：

$$p_1 \leqslant h_w \rho_w g+p_0 \times 10^{-\frac{273H}{18400(273+t)}}+p_3(e^{\frac{Mgh}{RT}}-1) \tag{4-13}$$

$$h_w \geqslant \frac{p_1-p_0 \times 10^{-\frac{273H}{18400(273+t)}}-p_3(e^{\frac{Mgh}{RT}}-1)}{\rho_w g} \tag{4-14}$$

式中，h_w 表示水封高度，m；H 表示火炬头出口至地面的垂直距离，m；h 表示火炬水封液面至火炬头出口的垂直距离，m；T 表示可燃性气体的操作温度，K；t 表示环境日平均最低温度，℃。

② 水封安全高度计算。火炬气密度大于等于空气时，由于密度大于等于空气的可燃性气体充满火炬筒体时，水封罐内不存在负压，这种工况下的水封高度只需满足管网维持正压的要求。在日常的生产过程中，全厂可燃性气体排放系统管网应保持 1～1.47kPa 正压，代入式（4-3），得：

$$h_w=\frac{102 \times 1.47}{1000}=0.15m=150mm$$

火炬气密度小于空气时，考虑在系统管网失去维持正压气源且压力降到 0kPa 时，也要保证水封后面的负压不能导致水封前的压力降到 0kPa 以下，利用式（4-12）计算利用不同火炬高度、不同环境下 H_2 和 CH_4 排放时的水封安全高度。

计算条件 1：

标准状态：温度 0℃，大气压力 101.325kPa；火炬高度：150m；水封液高：3m；排放气温度：60℃。

计算条件 2：

地面处的大气压：101.325kPa；火炬高度：150m；水封液高：3m；排放气温度：60℃。

不同火炬高度和环境温度下，氢气、甲烷的最小水封高度见图 4-12 和图 4-13，图中 1.75h_w 为考虑 1.75 倍的安全系数时的水封高度。

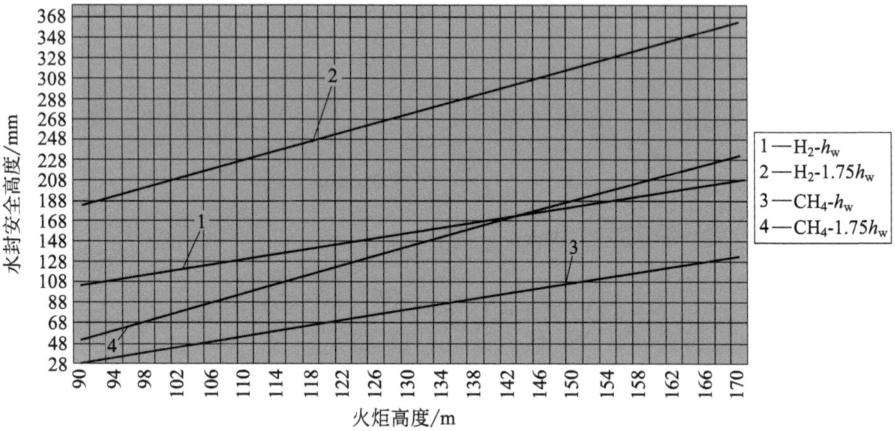

图 4-12　H_2、CH_4 火炬气最小水封安全高度随火炬高度的变化曲线（计算条件 1）

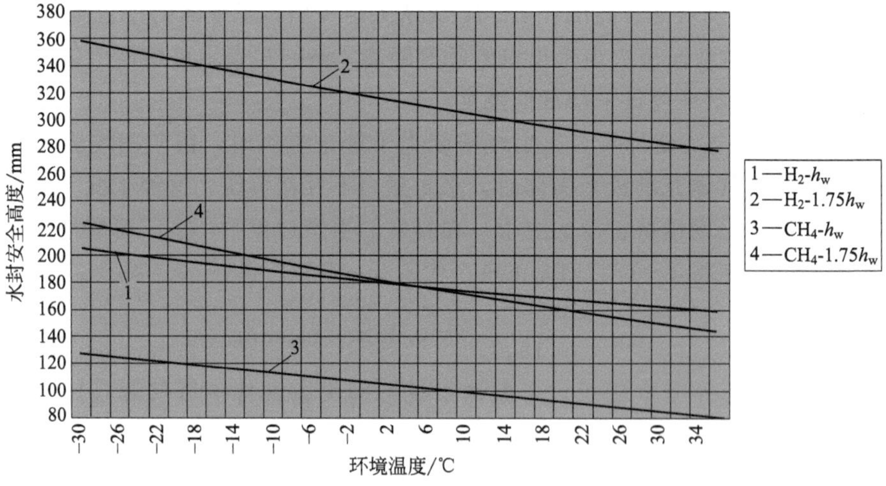

图 4-13　H_2、CH_4 火炬气最小水封安全高度随环境温度的变化曲线（计算条件 2）

由图 4-12、图 4-13 可以看出，对于火炬气密度小于空气的火炬系统，存在如下规律：

a. 密度越小的气体所需的最小水封安全高度越大，因此高压临氢装置火炬排放系统的最小水封安全高度应高于一般烃类气体的火炬系统的水封安全高度。

b. 最小水封安全高度随火炬高度的增加而变大，以 150m 高的火炬为例，在标准状态下，氢气的最小水封安全高度为 185mm，甲烷的最小水封安全高度为 133mm。

c. 最小水封安全高度随环境温度降低而变大。故对于同样的火炬气，其冬季所需的水封安全高度应高于夏季。

对于密度大于等于空气的可燃性气体，全厂可燃性气体排放系统管网应保持 1～1.47kPa 正压，水封高度应不小于 150mm。

③ 水封高度设计建议

a. 对于密度小于空气的火炬气，其水封安全高度应考虑气体种类、火炬筒体高度和环境温度的影响。富氢气体的水封高度应高于一般烃类火炬气的水封高度；火炬筒体越高，所需的最小水封高度越高；环境温度越低，所需的最小水封高度越高。对于含有大量氢气、环氧乙烷等燃烧速度异常高的可燃性气体，水封高度应不小于 300mm。对于密度小于空气的烃类可燃性气体，水封高度应不小于 200mm；冬季气温很低时，其水封高度应适当增加。

b. 对于管道内气体温降导致的负压，其水封量应满足《石油化工企业可燃性气体排放系统设计规范》（SH 3009—2013）的要求，即“水封罐内的有效水封水量应至少能够在可燃性气体排放管网出现负压时，满足水封罐入口管道 3m 充满水量”。

c. 对于炼油火炬的最大水封高度，当火炬气排放管网及水封罐同属于多个工艺装置时，应对共用的火炬气排放管网进行统一的水力学计算，保证在最大排放量时背压值最小的装置能顺利排放，而不是盲目地提高水封高度来收集火炬气。

(2) 限制原则在火炬分子封安全吹扫气速设计中的应用　以 DN700，DN900 和 DN1200 三种典型的火炬筒体为例，设火炬筒体高度 100m，风速 5m/s，采用 Fluent 对氮气吹扫速度为 0.003m/s 时分子封的吹扫过程进行了模拟[28]，模拟得到不同管径分子封内氧气浓度如图 4-14 所示。由图 4-14 可以看出分子封能有效地阻止氧气进入火炬筒体，分子封外筒内氧气浓度较高，钟罩内的氧气浓度逐渐降低，而内筒中已经基本不含氧气，分子封底部入口处 O_2 浓度<0.1%，这与 API 的描述相符；此时分子封倒扣的钟罩内 O_2 的浓度基本小于大多数烃类的爆炸极限 6%。

由图 4-14 及图 4-15 可以看出，相同氮气吹扫气速、相同大气风速下，不同管径的分子封内氧气浓度分布基本相同。这说明当采用分子封时，所需的氮气吹扫气速受分子封直径的影响很小。因此当泄放一般烃类气体时，可以不考虑分子密封器尺寸的影响。

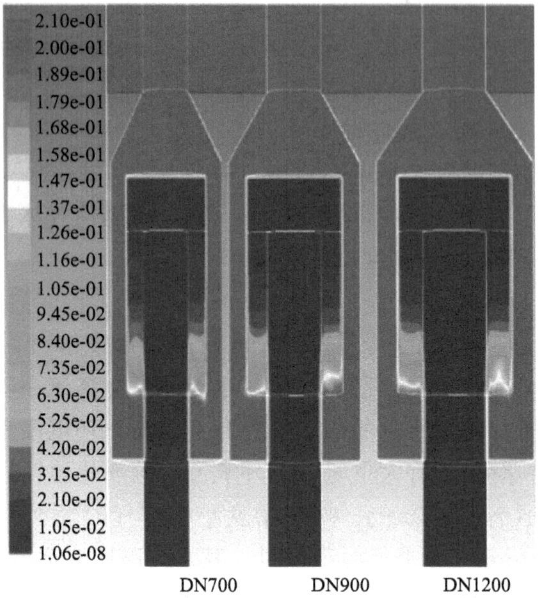

图 4-14 吹扫气速为 0.003m/s 时分子封内的氧气浓度

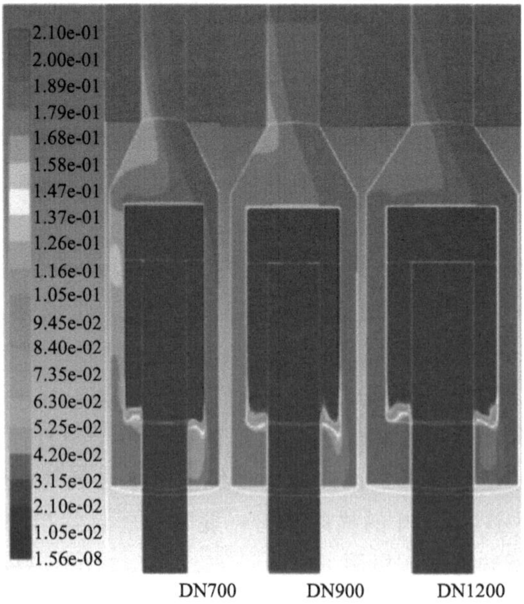

图 4-15 吹扫气速为 0.01m/s 时分子封内的氧气浓度

对于氢气等极易燃易爆的气体，其爆炸范围更宽，更容易发生回火甚至爆炸，需使分子封内部的氧气浓度更低。对氮气吹扫气速为 0.01m/s 时的吹扫过程进行了模拟，模拟得到不同管径分子封内的氧气浓度分布如图 4-15 所示。由图可见此时分子封倒扣的钟罩内 O_2 浓度基本小于氢气等宽爆炸范围气体的爆炸极限 2%。因此对于氢气等宽爆炸范围的气体，采用 0.01m/s 的氮气吹扫气速可以保证分子封钟罩及内筒中不形成爆炸性氛围。且分子封钟罩及内筒氧气浓度分布与分子封的管径没有明显关系。

为了考察大气风速对分子封防回火作用的影响，对 DN700、DN900、DN1200 的分子封分别采用 0.003m/s、0.01m/s 氮气吹扫气速，在不同大气风速下的氮气吹扫过程进行了模拟。其中 DN900 分子封密封器内氧气浓度分布如图 4-16 及图 4-17 所示。

从图 4-16 以及图 4-17 中，可以看出随着大气风速的增大，分子封内氧气浓度略有升高。但吹扫气速为 0.003m/s 时，氧气浓度>6%的范围主要在倒扣的钟罩底部 1/3 内，分子封底部入口以下氧气浓度仍<0.1%，分子封内筒内仍可认为是安全的。吹扫气速为 0.01m/s 时，氧气只是在倒扣的钟罩内底部很小的空间内有分布，而分子封的内筒中几乎不含氧气，分子封倒扣的钟罩及内筒仍可认为是安全的。DN700、DN1200 的分子封也有类似的结果。因此大气风速对分子封氮气吹扫过程的影响较小。对于一般烃类泄放气体，不同大气风速下均可采用 0.003m/s 的氮气吹扫速度。对于氢气等宽爆炸范围的泄放气体，不同大气风速下均可采用 0.01m/s 的氮气吹扫速度。

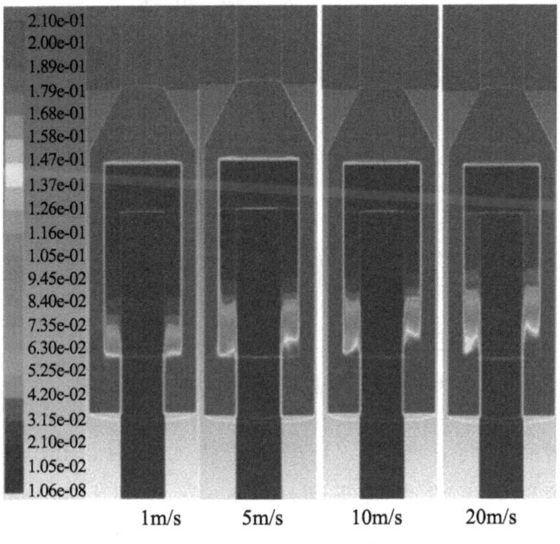

图 4-16 吹扫气速为 0.003m/s 时不同大气风速下 DN900 分子封内的氧气浓度分布

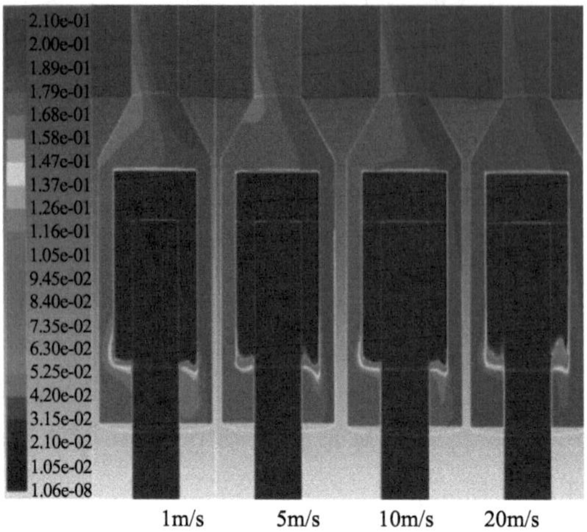

图 4-17 吹扫气速为 0.01m/s 时不同大气风速下 DN900 分子封内的氧气浓度分布

(3) 限制原则在火炬流体封防回火设计中的应用 流体封密封器也是高架火炬密封器的常用形式，它位于火炬头的下方，与火炬头构成一体，由壳体与一个或多个不同口径的锥形壁组合而成，锥形壁的口径从上往下逐渐变小，沿火炬筒壁进入的空气经锥形壁阻挡改变运动方向，吹扫气体经过锥形壁后向流体封内部聚集，流速增大，将进入流体封密封器的空气排出[25,27]。流体封密封器吹扫过程模型见图 4-18。

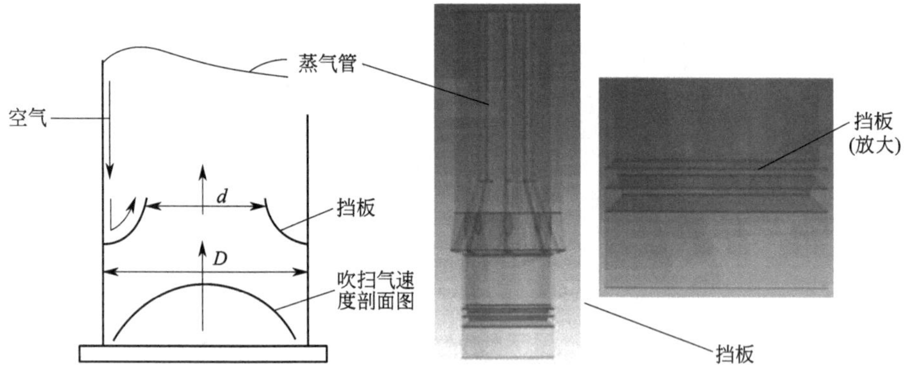

图 4-18 流体封密封器吹扫过程模型

采用流体封密封器时，API 521—2007 认为采用 0.006～0.012m/s 的吹扫气速可使密封器底部氧气浓度降低到 4%～8%，即大部分烃类爆炸极限的一半。为此，采用不同的吹扫气速进行数值模拟，密封器选用国内常用的流体封，模拟参数如下：

① 最上一层遮流挡板宽度 5cm；挡板环直径 d 与流体封密封器直径 D 的比值 0.92；

② 大气风速 5m/s，火炬高度 100m。

对流体封密封器吹扫过程进行不同气速吹扫模拟，并对流体封密封器入口处截面的氧浓度进行积分求平均，得到不同吹扫气速下流体封下部入口处平均氧气浓度，见图 4-19。

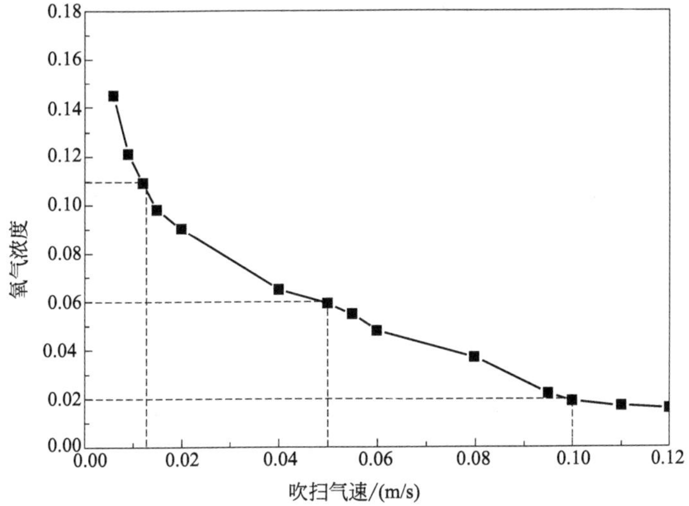

图 4-19 不同吹扫气速下流体封下部入口处平均氧气浓度（$d/D=0.92$）

从图 4-20 看出，0.012m/s 吹扫气速下，流体封底部入口处氧气平均浓度为 10.9%，浓度偏高。该气速下氧气的浓度场和速度场见图 4-20 和图 4-21 所示。

由图 4-20 可以看出，在 0.012m/s 气速吹扫下，经过流体封密封器挡板后，氧气浓度明显下降，但经过流体封密封器后氧气的浓度仍较高，部分区域甚至达到 12%，超过了一般烃类泄放气体爆炸下限的 1/2，即 6%，可能发生回火甚至爆炸。因此，对于国内常用流体封密封器，用 0.012m/s 的氮气吹扫气速，可能会发生回火。

从图 4-21 可以看出，空气沿流体封一侧的管壁流下进入流体封，经过流体封挡板后，部分空气被阻挡，流向改变，流出流体封。吹扫氮气沿火炬筒体由流体封密封器底部流入，经过挡板后，部分氮气方向发生改变，偏向流体封轴线，使流体封中心吹扫氮气的速度增大。因此流体封具有一定的防回火作用。但部分空气仍向下流动，进入火炬系统，正是这部分空气使得流体封内氧

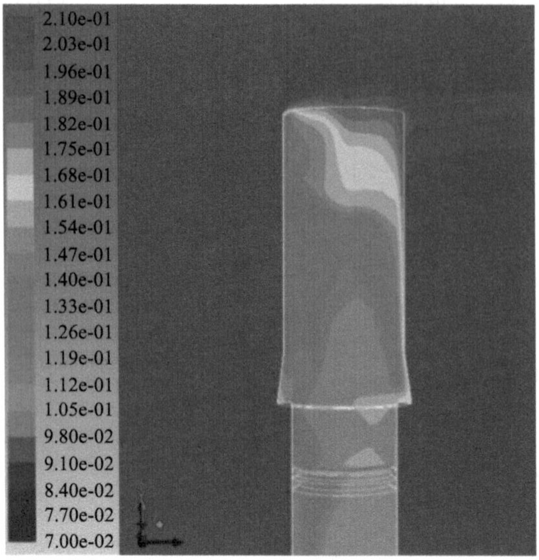

图 4-20　气速 0.012m/s 下流体封氧气浓度分布

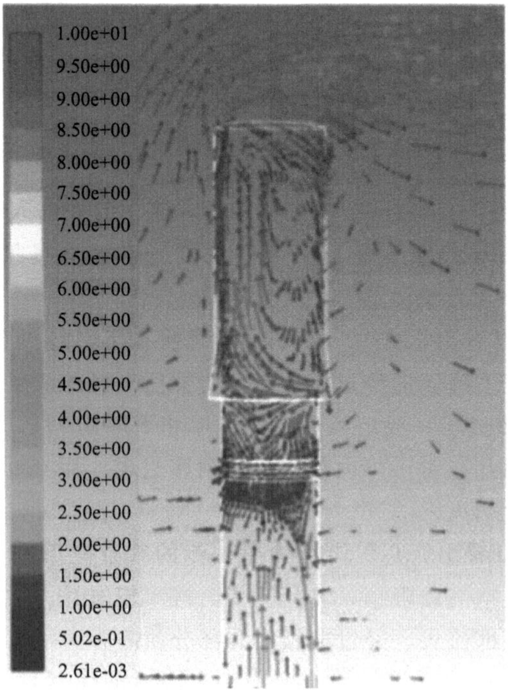

图 4-21　流体封密封器内速度场（单位：m/s）

气浓度偏高。这可能是因为流体封密封器内挡板尺寸过小，不能使沿管壁进入流体封密封器内的空气全部转向流出分子封密封器，而 0.012m/s 的氮气吹扫气速不足以将这部分空气完全排出流体封密封器，因此造成经过流体封密封器后氧气的浓度仍然偏高。要防止空气进入发生回火，需使流体封密封器底部入口处的氧气浓度不高于 6%。从图 4-19 可知，氮气吹扫气速为 0.05m/s 时，流体封底部入口处的氧气浓度为 6%。此时流体封内氧气浓度分布如图 4-22 所示。

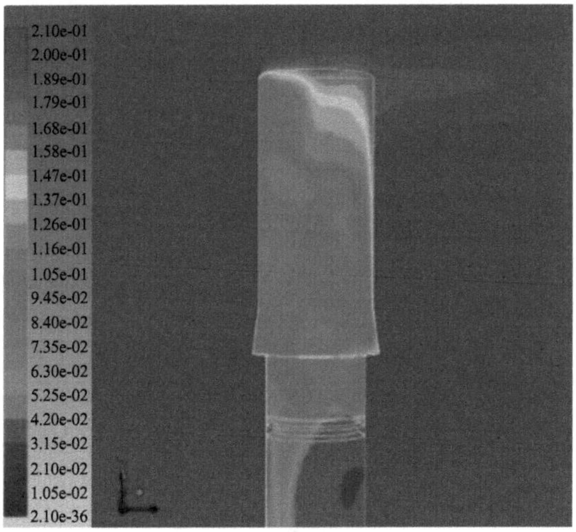

图 4-22 N_2 吹扫气速 0.05m/s 时流体封内氧气浓度分布图

对于氢气等宽爆炸范围的气体，需要保障流体封底部入口处的氧气浓度不大于 2%。如图 4-23 所示，氮气吹扫气速为 0.1m/s 时，流体封密封器底部入口处的氧气浓度约为 2%。因此对于氢气等宽爆炸范围的泄放气体，需要采用 0.1m/s 的氮气吹扫气速。

上述研究表明：流体封能降低所需吹扫氮气的量。但对于现有的流体封，挡板尺寸过短，不能使沿管壁进入流体封内的空气全部转向流出火炬筒体，采用 API 推荐的 0.012m/s 的吹扫氮气不足以保证防止回火的发生。为了防止回火事故的发生，可加大流体封挡板尺寸，对其结构进行优化。研究中以挡板直径与流体封直径的比值作为考察参数。

为了确定最优的挡板尺寸，对不同挡板与流体封直径比的情况进行了模拟，模拟参数如表 4-3 所示。

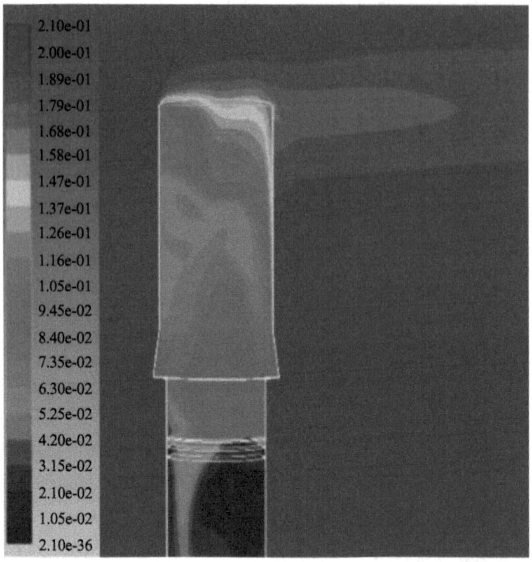

图 4-23 吹扫气速 0.1m/s 时流体封内氧气浓度分布

表 4-3 流体封最优挡板尺寸研究中的模拟参数

编号	第一挡板环直径 d_1/流体封直径 D	第二挡板环直径 d_2/流体封直径 D	第三挡板环直径 d_3/流体封直径 D	氮气吹扫气速/(m/s)
(a)	0.92	0.88	0.82	0.012
(b)	0.85	0.81	0.77	0.012
(c)	0.80	0.76	0.72	0.012
(d)	0.75	0.71	0.67	0.012
(e)	0.70	0.66	0.62	0.012

注:计算条件为火炬高度假设 100m,大气风速 5m/s。

模拟得到不同挡板与流体封直径比的情况下，流体封内的氧气浓度分布，如图 4-24 所示。

由图 4-24 可以看出，流体封挡板尺寸对密封器内氧气分布影响非常大。随着挡板尺寸的增大，经过流体封密封器后，氧气的浓度逐渐降低。当流体封密封器第一挡板环直径与流体封直径比 d_1/D 为 0.92 时，流体封密封器底部入口处氧气浓度约为 12%；当 d_1/D 为 0.75 时，流体封密封器底部入口处氧气浓度约为 5.6%，小于一般烃类泄放气体爆炸下限的 1/2，此时密封器下部火炬筒体内不会形成可燃环境。而当 d_1/D 为 0.70 时，流体封密封器底部入口处氧气浓度与 0.75 时的氧气浓度相差不大。因此对于一般烃类泄放气体，当流体封密封器第一挡板环直径与流体封直径之比 d_1/D 不大于 0.75 时，采用 0.012m/s 的氮气吹扫气速可以使火炬筒体内氧气浓度<6%，不会形成爆

炸性气体氛围，从而避免回火事故的发生。

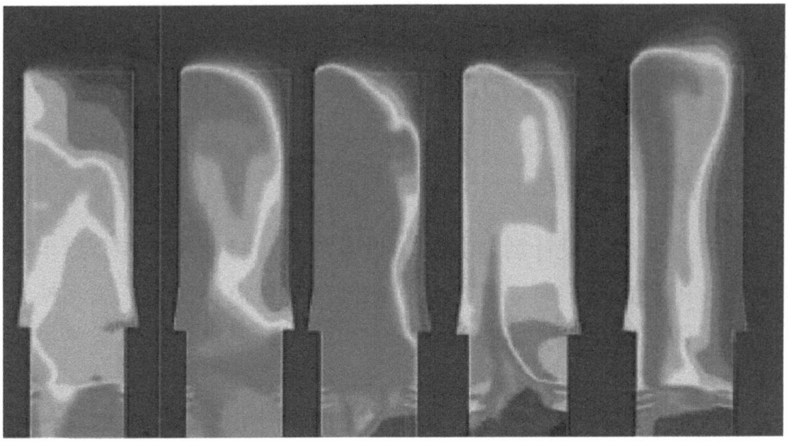

图 4-24 不同挡板尺寸流体封氧气浓度分布[(a)、(b)、(c)、(d)、(e)见表 4-3 说明]

对于 d_1/D 为 0.75 的流体封密封器进行不同吹扫气速下的氧气浓度模拟，得到不同吹扫气速下该流体封下部入口处平均氧气浓度，见图 4-25。

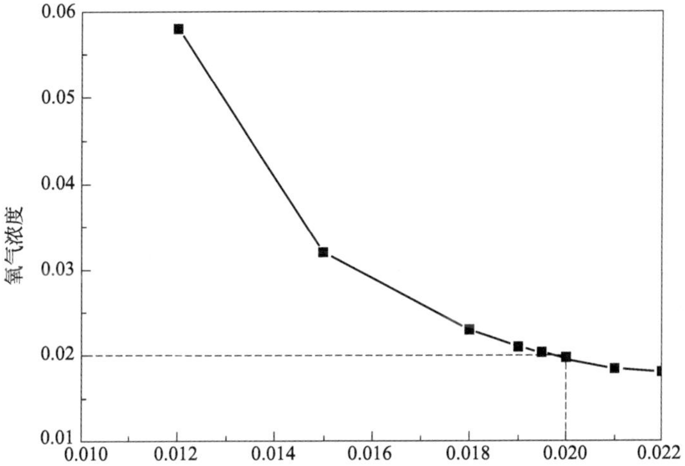

图 4-25 不同吹扫气速下的流体封下部入口处氧气浓度（$d_1/D=0.75$）

从图 4-25 可知，对于氢气等宽爆炸范围的气体，当氮气吹扫气速为 0.020m/s 时，流体封密封器底部入口处的氧气浓度为 2%。因此对于第一挡板环直径与流体封直径之比 d_1/D 为 0.75 的流体封密封器，处理氢气等宽爆炸范围的泄放气体时，需要采用 0.020m/s 的氮气吹扫气速。

第三节　基于其他原则与方法的化工装置本质安全化设计

一、正确组装工艺设备

对工厂进行友好型设计后，其工艺设备的组装过程几乎不会发生错误。例如，在设计压缩机的阀门时，其进出口的阀门会被设计成为无法互换安装的形状，而且为了防止安全阀安装在错误的方向上，其进出口管道法兰也会设计成不同的尺寸。

需要注意的是，即使是最符合本质安全的设计，在涉及人的具体操作时也会发生失误。例如，在一起氮气窒息事故中，一瓶纯氮气与一批正确装运的氧气瓶被一起错误地送至一家疗养院，氮气瓶上的氮气标签上部分覆盖着氧气标签，而且瓶上装有与氮气兼容的联轴器。一名维修人员从空氧气瓶上取下一个配件作为适配器，并用它将氮气瓶与氧气系统连接在一起，结果纯氮被送至疗养院造成 4 人窒息死亡、6 人受伤[29]。

二、使用更易于观察工艺状态的设备

使用友好型设备很容易就能判断该设备是否安装、安装是否正确以及它处于开启还是关闭的状态。具体示例如下：

(1) 应该对止回阀进行标记以保证一旦组装发生错误，工作人员能够很容易观察到，这样就避免了为确认物料流动方向而去弄清管道上箭头标记的方向。

(2) 在闸阀上安装上升主轴能够让人更容易判断闸阀是否开启（当主轴被破坏时阀门就会被认为是关闭的）。有些升轴阀的闸板可能会发生松动，这种升轴阀都不应该使用或者至少不应该在水平位置上使用。此外，建议使用手柄处于错误位置时就无法使用的球阀。

(3)“8”字形板相比于百叶窗更为友好，因为它们的位置一目了然（如果使用盲板，那么即使操作线路是绝缘的，但是由于它会遮挡操作人员的视线，同样可能造成危险）。此外，如果管道是刚性的，“8”字形板比盲板更容易安装，并且在工作中随时可用，没有必要安装盲板。

(4) 一个由半透明塑料制成的储罐是友好的，因为很容易识别储罐内的液位高低。

三、设备应能容忍错误安装或操作

友好型设备可以承受安装或操作不当而不会出现故障。例如，螺旋缠绕垫圈比纤维垫圈更友好，因为即使螺栓松脱或没有拧紧，其泄漏速率都要比纤维垫圈小得多。

管道系统中的膨胀环比波纹管更能承受安装不当的影响。1974 年，Flixborough 爆炸事故的直接原因就是波纹管发生了故障。该事故中使用波纹管的方法在说明书中是明令禁止的。然而，如果使用了更友好的设备，爆炸就不会发生[30]。

固定管道或者是对灵活性有一定要求的铰接臂要比软管更加友好。对大多数设备而言，金属材料要比玻璃或塑料更加友好。

水平镜（磁力型除外）是不友好的，因为玻璃容易破碎，它们不能用于危险液体或高压液体的储存或运输，例如液化气体。

螺栓接头比快卸联轴器更友好。前者通常由钳工在签发工作许可证后拆除，一个工人准备设备，另一个工人开启设备，发放许可证可以检查是否已采取正确预防措施。而且，如果接头的打开方式正确，那么在打开的一瞬间所有的截留压力都会立即被释放出来。此外，接头可以重新加工，压力也可以释放。相比之下，许多事故都是由于操作人员在没有考虑危险的情况下，使用快卸联轴器打开处于压力下的设备而发生的。

四、设备应易于控制

如果一个设备的操作过程十分困难，则在对该设备投入大量资金之前就应当想办法对其操作过程进行简化[31]。控制工程师应该参与设备早期设计阶段的工作，而不是仅仅着眼于后期的控制系统设计，这样他们就可以将操作过程设计得更易于控制，因为这种方式有如下很多优点：

（1）它是基于物理原理的应用，而不是靠添加可能失效或被忽视的控制设备。

（2）具有较强的鲁棒性，即使控制系统所基于的过程模型中存在近似值，仍可以运行。

（3）富有弹性，可以在不影响设备运行的情况下进行测试和维护。

（4）对温度、浓度等变化的响应平稳且缓慢，安全操作范围广。

（5）控制极限距离最大安全操作极限比较远，如果控制系统不能正常运行，但它们之间的距离足够大，就可以提供恢复的空间，这适用于它的各个部件以及它对腐蚀、温度和压力的影响。

（6）不要求十分精准的控制。有时齿轮传动就可以减少一些要求。当一个变量的小变化会引起另一个变量的大变化时，如果测量第二个变量，控制将会更容易。

例如，甲醛是由甲醇气相氧化产生，甲醇汽化器必须在接近燃烧极限时操作，但不能超过燃烧极限，精确控制汽化器温度很难。然而，汽化器中1℃的温度变化就会引起催化剂床中30℃的温度变化，通过测量后者并利用它来控制流向汽化器的蒸汽，可以很好地控制温度，而不需要使用复杂的设备。

（7）避免正反馈，即温度升高，反应速率降低。这在化工中是难以做到的，然而也有一些温度升高反应速率降低的例子，例如，在生产过氧化物过程中，如果使用硫酸镁作为脱水剂来脱水，则温度升高会导致脱水剂释放水，从而稀释反应物，使反应停止[32]。

相较于化学过程，在化工过程中避免正反馈更简单。切尔诺贝利核反应堆设计中就存在典型的正反馈情况。在热量低输出时，如果温度太高，则产热速率会增加，进而会使反应堆温度变得更高，产热速率会进一步增加，如此循环往复。相反，在其他设计中，如果温度升高，产热率会下降，在某些设计中，它甚至会完全停止。切尔诺贝利核电站唯一的预防措施是在输出低于20%时不允许操作。

五、计算机控制注意事项

（1）软件应该更易于解读。要求某种控制方法的工艺工程师要查看工艺和仪表图，以检查指令是否已被理解和执行，每个过程工程师都能读懂这些图。相反，如果流程工程师要求软件工程师编写计算机程序，那么程序语言的可读性差，且不容易检查。因此，应该使用类似于危险与可操作性分析（HAZOP）的系统化技术对它们进行彻底检查。程序软件是帮助研究团队的工具，而不能用来替代研究团队。

（2）由于软件工程师或系统分析人员没有完全理解过程而出问题。例如，在一家工厂，操作团队告诉软件工程师，当警报响起时，计算机应该保持一切稳定，直到操作员告诉计算机继续。软件工程师认为这意味着水的流量应该保持稳定，但是操作团队真正想要的是控制变量，即控制温度保持稳定。操作人员可以意识到这一点，无论指令如何，都能采取相应的行动，但计算机不能，计算机只能做指令要求的事。

（3）由于旧管道被重复使用，事故时有发生。旧管道看起来完好无损，没有明显的腐蚀，但是长期使用削弱了管道强度，导致发生事故。旧软件重复使用也会导致事故，它在旧设备上运行正常，但在新设计的设备上却不行。

（4）应该考虑到可预见的硬件故障的影响。例如，在某计算机控制的工厂，硬件故障导致几个电动阀门在错误的时间打开，从而导致热聚合物排放到建筑物的地板上。事故中，警告硬件故障的监视器受故障影响，无法响应。这个系统是不友好的，因为本应防止阀门在错误的时间打开的联锁装置不是独立于控制系统的，而且监视器不应该受到其他故障的影响。

硬件故障不是泄漏的真正原因，而仅仅是一个触发事件。如果系统设计得更好，就不会产生严重的后果。

六、加强操作指令的可读性

指令复杂的一个原因是希望涵盖所有的可能性，当指令变得又长又复杂时，会导致没有人看。因此，最好是编写一条涵盖大多数可能出现情况的指令，并且足够简短，便于阅读、理解和遵守。

如果许多类型的垫圈或螺母和螺栓都有库存，那么迟早会发生安装错误。从长远来看，将存储的类型、数量保持在最低限度是更好的，而且更便宜，即使在某些应用中使用的类型比必需的类型更昂贵。

在可行和经济的前提下，应该以设计安全为目标，而不应以程序安全为目标。尽可能使用指令文件夹作为计划测试；把最后一个编号的指令放在第一位；不要在索引系统中使用任何逻辑；尽可能多地包含有关管理、维护数据、例行测试、地理位置接近的工厂和培训的信息，然后将这些信息随机分布在整个文件夹中，以便将有用的数据完全隐藏起来。

七、工厂全生命周期的本质安全设计

在设计工厂时，需要考虑到建造、拆除工厂的工人以及工厂操作人员的因素。

在扩建环氧乙烷装置时，一个新的反应器必须被提升到现有一部分工厂的上方，这过程中起重机高处坠落的可能性很高，因此某工厂关停了好几天。如果设计团队意识到这一点，他们可以把工厂规划好，扩建的时候就不需要提升了。任何额外的成本都将远远小于关闭好几天所造成的利润损失。

本质安全性已被证明适用于整个化工过程生命周期，在设计阶段实施本质安全化技术不会产生环境问题，本质上更绿色的技术也不会造成安全问题[33]。在设计和工厂生命周期的其他阶段，本质上更安全、更绿色的方法可以消除生产、环保和安全之间的潜在冲突，实现“绿色化工”。

参考文献

[1] Zhang Q W, Jiang J C, You M W , et al.. Experimental study on gas explosion and venting process in interconnected vessels [J] . Journal of Loss Prevention in the Process Industries. 2013; 26: 1230-1237.

[2] Zhu G, Shah M. Steel composite structural pressure vessel technology: future development analysis of worldwide important pressure vessel technology [J] . Process Safety Progress, 2004, 23 (1): 65-71.

[3] 潘旭海，徐进，蒋军成. 圆柱形薄壁储罐对爆炸冲击波动力学响应的模拟分析 [J] . 化工学报. 2008, 59 (3): 796-801.

[4] 潘旭海，徐进，蒋军成等. 爆炸碎片撞击圆柱薄壁储罐的有限元模拟分析 [J] . 南京工业大学学报（自然科学版）. 2008, 30 (3): 15-20.

[5] 邢志祥，蒋军成. 16MnR 钢在高温（火灾）下的力学性能试验研究 [J] . 石油机械，2004, 32 (02): 5-6.

[6] Atherton J, Gil F. Incidents that define process safety [M] . Wiley Online Library, 2008.

[7] Khan F I, Amyotte P R. How to make inherent safety practice a reality [J] . The Canadian Journal of Chemical Engineering, 2003, 81 (1): 2-16.

[8] Kletz T A. Learning from accidents [M] . Routledge, 2007.

[9] Wang Z R, Hu Y Y, Jiang J C. Numerical investigation of leaking and dispersion of carbon dioxide indoor under ventilation condition [J] . Energy and Buildings, 2013, 66: 461-466.

[10] Taylor J R. Risk analysis for process plant, pipelines and transport [M] . Routledge, 2003.

[11] Lees F. Lees' Loss prevention in the process industries: hazard identification, assessment and control [M] . Butterworth-Heinemann, 2012.

[12] Jensen K F. Microreaction engineering—is small better? [J] . Chemical Engineering Science, 2001, 56 (2): 293-303.

[13] Sanders R E. Designs that lacked inherent safety: case histories [J] . Journal of Hazardous Materials, 2003, 104 (1-3): 149-161.

[14] Leal C A, Santiago G F. Do tree belts increase risk of explosion for LPG spheres? [J] . Journal of Loss Prevention in the Process Industries, 2004, 17 (3): 217-224.

[15] European Community. Council directive 82/501/ec of 24 June 1982 on the control of major-accident hazards of certain industrial activities [J] . Official Journal of the European Communities, 1982, L230: 1-18.

[16] Shrives J. Environment Canada's new environmental emergency regulations [J] . Canadian Chemical News, 2004, 56 (2): 17-21.

[17] Jiang J J, Yang J Z, Jiang J C, et al. Numerical simulation of thermal runaway and inhibition

process on the thermal polymerization of styrene [J] . Journal of Loss Prevention in the Process Industries, 2016, 44: 465-473.

[18] 周丹，张勇，蒋军成等 . 苯乙烯聚合反应热失控及其紧急抑制的数值模拟 [J] . 高校化学工程学报, 2016, 30 (3): 618-625.

[19] Zhang M G, Ni L, Jiang J C, et al. Thermal runaway and shortstopping of esterification in batch stirred reactors [J] . Process Safety & Environmental Protection, 2017, 111: 326-334.

[20] Birk M, Katz S. Report of the propane safety review [R] . 2008.

[21] Hendershot D C. Inherently safer chemical process design [J] . Journal of Loss Prevention in the Process Industries, 1997, 10 (3): 151-157.

[22] Sarlis J, Ravary P. The SO_2 safe technology for storage and transport of sulfur dioxide [M] . American Institute of Chemical Engineers, 1998.

[23] Ferguson D J. Applying inherent safety to mitigate offsite impact of a toxic liquid release [J] . Emergency Planning Preparedness, Prevention & Response, 2005, 17: 167-170.

[24] Kletz T A, Amyotte P. What went wrong? case histories of process plant disasters and how they could have been avoided [M] . Butterworth-Heinemann; 2019.

[25] Ponton J W. The disposable batch plant [A] //paper presented at the 5th World Congressof Chemical Engineering, San Diego, 1996.

[26] 白永忠 . 炼油装置火炬系统安全可靠性关键问题研究 [D] . 南京：南京工业大学，2014.

[27] 赵广明，于安峰，党文义等 . 炼油火炬系统水封安全设计与运行研究 [J] . 石油化工安全环保技术, 2011, 27 (6): 16-20.

[28] Bai Y Z , Wang P , Jiang J C . Determination of the minimum safe purge gas flow rate in flare systems with a velocity seal [J] . Chemistry and Technology of Fuels and Oils, 2014, 49 (6): 474-481.

[29] Yanisko P, Croll D. Use nitrogen safely [J] . Chemical Engineering Progress, 2012, 108 (3): 44-48.

[30] Sadee C, Samuels D, O'Brien T. The characteristics of the explosion of cyclohexane at the Nypro (UK) Flixborough plant on 1st June 1974 [J] . Journal of Occupational Accidents, 1977, 1 (3): 203-235.

[31] Bilous O, Amundson N R. Chemical reactor stability and sensitivity [J] . AIChE J, 1955, 1 (4): 513-521.

[32] Gerritsen H G, Van't Land C M. Intrinsic continuous process safeguarding [J] . Industrial & Engineering Chemistry Process Design and Development, 1985, 24 (4): 893-896.

[33] 蒋军成，江佳佳 . 过程安全 [M] //袁渭康 . 化学工程手册 . 第 3 版 . 北京：化学工业出版社, 2019.

第五章

化工装置平面布局安全设计

随着化工行业的发展，涉及的化学品的数量和种类不断增长，化工装置也越来越复杂，装置及其附属单元往往集中布置，如果化工装置平面布置不合理，一旦某一装置发生事故，很容易对邻近装置以及企业外部建（构）筑物、设施及人员造成严重影响，甚至引发多米诺效应，使事故规模进一步扩大，对临近人员和环境造成巨大破坏，造成严重的人员伤亡和经济损失。

因此，为避免化工事故对企业外部建（构）筑物、设施及人员的影响，一方面，化工装置和周边企业、居民区等敏感对象间应预留和设置一定的空间进行必要的物理隔离，即必须设置足够的外部安全距离，这是国内外通用的、最基本的一种安全防护措施；另一方面，工业装置通常通过合理的布局设计来尽量降低事故的破坏扩大效应，基于性能化和连锁效应等理念都是其中常用的平面布局安全设计方法[1,2]。

第一节　化工装置外部安全距离设计

一、基于事故后果的化工装置外部安全距离设计

对于事故潜在危害大、社会影响恶劣的化工装置，通常基于事故后果严重度确定外部安全距离，以保障人民生命和财产安全。

1. 安全距离计算程序

化工装置外部安全距离确定的计算程序如图 5-1 所示[2]。

（1）基础资料收集　所需资料主要包括以下三个方面：

① 工艺过程数据资料。包括物质资料、厂区平面布置图、工艺过程描述、工艺流程图、管线及仪表图、公用设施说明书、消防布置图、操作程序等。

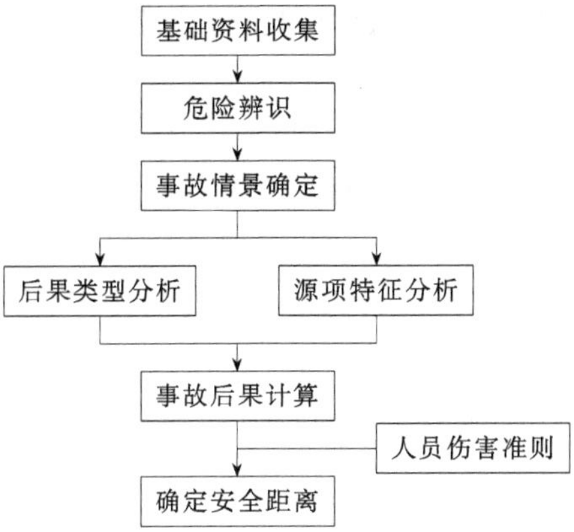

图 5-1　基于事故后果的化工装置外部安全距离计算程序

② 周边重要区域基础信息资料。主要包括企业周边土地使用状况、地形状况、水文气象、居民与人口分布统计、潜在的点火源资料等。

③ 企业安全措施基本资料。包括企业的工艺设备及建筑物、人员、管理等安全措施。

(2) 危险辨识　针对化工装置可能存在的风险，运用系统工程原理中的评价防范对风险进行分析，辨识出可能造成事故的潜在风险事件，根据危险源的不同，确定对应的事故后果和类型。

(3) 事故后果分析　根据事故情景产生的冲击波超压随距离或时间的变化情况，采用相应的伤害准则，计算事故后果影响的范围。计算化工装置外部安全距离时，所考虑的事故后果及其主要伤害方式，主要考虑的是造成严重后果的重大事故。事故后果的情形包含了火灾、危险物质泄漏、扩散及各种爆炸如沸腾液体扩展蒸气爆炸和蒸气云爆炸等。其中尤其以蒸气云爆炸产生的破坏作用最强，在爆炸中心能产生大量的热辐射和强烈的爆炸冲击波，同时会有大量的爆破碎片，其中又属冲击波的破坏作用最为显著。相对而言，沸腾液体扩展蒸气爆炸产生的冲击波相对较弱，而其造成伤害的主要途径是依靠爆炸过程中形成的火球，对外界环境通过热辐射释放大量热量，从而造成伤害。在沸腾液体扩展蒸气爆炸的过程中，冲击波和碎片也会有一定的危害，但不是主要危害因素。池火灾的危害因素主要是在燃烧过程中火焰释放的热辐射，大量的热量通过辐射扩散到外界环境中。对于有毒有害气体，其危害主要表现为一旦泄漏，将会向下风向大面积扩散，严重危害人员生命安全。

(4) 确定安全距离　基于事故后果评估结果，结合人员伤害准则，从而确定装置（设施）与周边人口密集区的安全防护距离。

2. 基于事故后果确定化工装置外部安全距离

(1) 适用范围 对事故后果严重的高危化工企业，可通过后果法确定其外部安全距离。

(2) 事故后果计算模型 以爆炸品生产为例，由于爆炸品为凝聚相含能材料，其爆炸能产生多种破坏效应，包括热辐射、抛射碎片、产生有毒气体等。爆炸时影响范围最大、破坏力最强的是冲击波的破坏效应。

凝聚相含能材料的爆炸冲击波超压 Δp 可按式 (5-1) 计算[3]：

$$\Delta p_s=\begin{cases}1+0.1567Z^{-3}\ (\Delta p>5\text{Pa})\\0.137Z^{-3}+0.119Z^{-2}+0.269Z^{-1}-0.019\ (1\text{Pa}<\Delta p<10\text{Pa})\end{cases} \tag{5-1}$$

$$\Delta p_s=\frac{\Delta p}{p_0} \tag{5-2}$$

$$Z=\frac{R}{\left(\dfrac{E}{p_0}\right)^{1/3}} \tag{5-3}$$

$$E=1.8WQ_c \tag{5-4}$$

式中 Z——无量纲距离；

Δp——目标处的超压值，Pa；

p_0——环境压力，Pa；

R——目标到爆源的水平距离，m；

E——爆源总能量，J；

W——含能材料的质量，kg；

Q_c——爆炸物的爆热，J/kg。

在确定空气冲击波的安全允许距离时，应充分考虑保护对象、炸药种类以及周边环境等条件。对于人员的空气冲击波超压的安全允许标准按照轻微挫伤的下限值 0.02×10^6 Pa 选取；对建筑物的空气冲击波超压的安全允许标准按次轻度破坏等级的上限 0.09×10^5 Pa 取值。

通过爆炸事故后果模型计算某一位置处的冲击波超压数值，然后根据冲击波超压概率方程计算人员死亡概率。Purdy 等人提出了经典的冲击波超压伤害概率方程[3,4]，如公式 (5-5) 所示：

$$Y=2.47+1.43\lg\Delta p \tag{5-5}$$

假设通过分析得到的概率为 λ，工艺设备和建筑物、人员可靠性、安全管理水平校正因子分别为 B_1、B_2、B_3，则修正后的概率为：

$$\lambda'=\lambda B_1B_2B_3 \tag{5-6}$$

校正因子通过指标集和评价标准获取。如工艺设备及建筑物校正因子由22个指标组成评价指标集[1]。

常见的冲击波伤害准则有：针对人员伤害的冲击波超压准则和针对建筑物的冲击波超压破坏准则，分别见表5-1和表5-2。

表5-1 人员伤害超压准则

超压 Δp/MPa	损伤程度
0.02～0.03	轻微挫伤
0.03～0.05	中等损伤；听觉器官损伤，内脏轻度出血，骨折等
0.05～0.1	严重：内脏严重损伤，可引起死亡
>0.1	严重：可能大部分死亡

表5-2 建筑物的冲击波破坏准则

破坏等级		1	2	3	4	5	6	7
破坏等级名称		基本无破坏	次轻度破坏	轻度破坏	中等破坏	次严重破坏	严重破坏	完全破坏
超压，$\Delta p/10^5$Pa		<0.02	0.02～0.09	0.09～0.25	0.25～0.40	0.40～0.55	0.55～0.76	>0.76
建筑物破坏程度	玻璃	偶然破坏	少部分破成大块，大部分呈小块	大部分破成小块到粉碎	粉碎	—	—	—
	木门窗	无损坏	窗扇少量破坏	窗扇大量破坏，门扇、窗框破坏	窗扇掉落、内倒，窗框、门扇大量破坏	门、窗扇摧毁，窗框掉落	—	—
	砖外墙	无损坏	无损坏	出现小裂缝，宽度小于5mm，稍有倾斜	出现较大裂缝，缝宽5～50mm，明显倾斜，砖垛出现小裂缝	出现大于50mm的大裂缝，严重倾斜，砖垛出现 较大裂缝	部分倒塌	大部分到全部倒塌
	木屋盖	无损坏	无损坏	木屋面板变形，偶见折裂	木屋面板、木檩条折裂，木屋架支座松动	木檩条折断，木屋架杆件偶见折断，支座错位	部分倒塌	全部倒塌
	瓦屋面	无损坏	少量移动	大量移动	大量移动到全部掀动	—	—	—

续表

破坏等级		1	2	3	4	5	6	7
建筑物破坏程度	钢筋混凝土屋盖	无损坏	无损坏	无损坏	出现小于1mm的小裂缝	出现1～2mm宽的裂缝，修复后可继续使用	出现大于2mm的裂缝	称重砖墙全部倒塌，钢筋混凝土承重柱严重破坏
	顶棚	无损坏	抹灰少量掉落	抹灰大量掉落	木龙骨部分下垂缝	塌落	—	—
	内墙	无损坏	板条墙抹灰少量掉落	板条墙抹灰大量掉落	砖内墙出现小裂缝	砖内墙出现大裂缝	砖内墙严重裂缝至部分倒塌	砖内墙大部分倒塌
	钢筋混凝土柱	无损坏	无损坏	无损坏	无损坏	无损坏	有倾斜	较大倾斜

3. 方法验证

(1) 与现行标准对比验证　针对涉及爆炸品生产、储存装置确定的安全距离与《石油化工企业设计防火标准（2018年版）》（GB 50160—2008）中的防火间距不具有可比性。《石油化工企业设计防火标准（2018年版）》（GB 50160—2008）中防火间距的设置主要考虑局部设备火灾事故的影响范围，没有考虑重大火灾、爆炸等事故的影响范围。《石油化工企业设计防火标准（2018年版）》（GB 50160—2008）中防火间距提供的距离与后果计算法针对爆炸事故设置的外部安全距离不具有可比性。《建筑设计防火规范（2018年版）》（GB 50016—2014）中对防火间距的设置同样出于类似的考虑，与方法针对爆炸事故设置的安全距离不具有可比性。

针对爆炸冲击波的事故场景，参照国内现行的《烟花爆竹工程设计安全规范》（GB 50161—2009）和《民用爆炸物品工程设计安全标准》（GB 50089—2018）进行对比验证。

《烟花爆竹工程设计安全规范》（GB 50161—2009）中安全距离的规定是按照计算药量（能形成同时爆炸或燃烧的危险品最大药量）的多少划分。标准中有关规定与后果计算法结论的对比结果如表5-3所示。

表 5-3 后果计算法结论与《烟花爆竹工程设计安全规范》(GB 50161—2009) 中有关规定对比

计算药量/kg	药量≤10	10<药量≤20	20<药量≤30	30<药量≤50	50<药量≤100	100<药量≤200	200<药量≤300	300<药量≤500	500<药量≤800	800<药量≤1000
标准中规定/m	50	60	65	70	80	110	120	140	170	190
后果计算法结论/m	34	43	49	58	73	92	106	125	147	158

《民用爆炸物品工程设计安全标准》(GB 50089—2018) 适用于民爆行业生产、流通企业的新建、改建、扩建和技术改造工程项目。标准中安全距离的规定按照计算药量(能形成同时爆炸或燃烧的危险品最大药量)的多少来划分。标准中有关规定与后果计算法结论对比结果如表 5-4 所示。

表 5-4 后果计算法结论与《民用爆炸物品工程设计安全标准》(GB 50089—2018) 对比表

计算药量/kg		10	30	50	100	200	300	500	1000	2000	3000	4000
标准中规定/m	人数小于等于 50 人或户数小于等于 10 户的零散住户边缘、职工总数小于 50 人的工厂企业围墙、本厂仓库总库区、加油站	65	80	95	130	140	150	170	190	210	230	240
	人数大于等于 50 人且小于等于 500 人的居民点边缘、职工总数小于 500 人的工厂企业围墙、有挂摘作业的铁路中间站站界或建筑物边缘	75	105	125	140	150	170	190	230	270	310	340
	后果计算法结论	34	49	58	73	92	106	125	158	199	228	250
计算药量/kg		5000	6000	7000	8000	9000	10000	12000	14000	16000	18000	20000
	人数小于等于 50 人或户数小于等于 10 户的零散住户边缘、职工总数小于 50 人的工厂企业围墙、本厂仓库总库区、加油站	250	260	270	280	290	300	320	340	350	360	380

续表

计算药量/kg		5000	6000	7000	8000	9000	10000	12000	14000	16000	18000	20000
标准中规定/m	人数大于等于50人且小于等于500人的居民点边缘、职工总数小于500人的工厂企业围墙、有挂摘作业的铁路中间站站界或建筑物边缘	370	390	410	430	450	460	490	520	540	560	580
	后果计算法结论	270	280	299	315	329	340	360	380	398	415	430

（2）验证结论　根据提出的爆炸品生产、储存装置计算方法得到的安全距离与同样针对爆炸冲击波设置安全距离的《烟花爆竹工程设计安全规范》（GB 50161—2009）和《民用爆炸物品工程设计安全规范》（GB 50089—2018）进行比较验证。

与《烟花爆竹工程设计安全规范》（GB 50161—2009）中有关规定相比，结果比较接近，略小于规范要求结果，平均约为规范要求的80%。

与《民用爆炸物品工程设计安全规范》（GB 50089—2018）相比，整体结果比较接近，在小于3000kg时，结果略小；大于3000kg时，结果略大。药剂量10kg变化到20000kg时，与规范相比的比率从52%变化到113%。

整体而言，采用事故后果法确定的化工装置安全距离与其他行业基于爆炸冲击波设置的安全距离大小基本一致，具有较高的可靠性。

二、基于定量风险评价的化工装置外部安全距离设计

基于定量风险评价，综合考虑化工装置事故后果的严重性和发生可能性，计算化工装置的个人风险和社会风险，使其满足可接受风险水平的要求。

1. 安全距离计算程序

定量风险评价是一种复杂而全面的风险评估技术，它在定性风险分析基础上根据事故统计及环境分析确定事故发生概率，然后对事故后果严重度进行分级，进而根据事故概率和后果严重度计算出风险程度，最后将得到的风险评价计算结果与标准进行对比，根据对比结果确定风险是否可以接受[5,6]。与基于后果的方法不同，基于风险的方法除考虑事故后果外，同时考虑事故发生概率，因而更加全面，结果可靠。计算程序如图5-2所示[1]。

定量风险评价（QRA）方法使用个人风险和社会风险两个指标作为确定化工装置外部安全距离的依据。

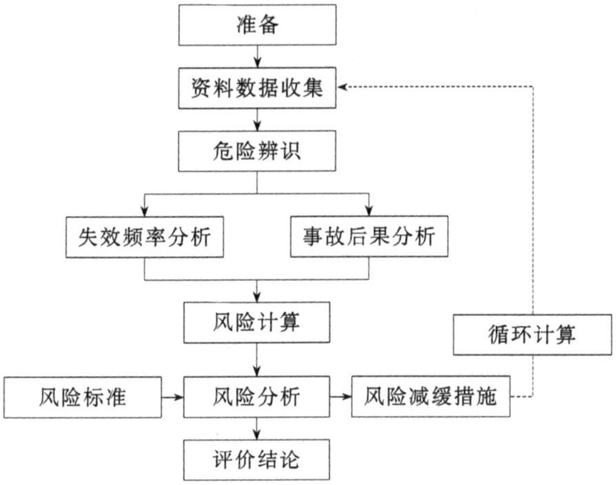

图 5-2　基于定量风险评价的化工装置外部安全距离的计算程序

(1) 定量风险评价　定量风险评价建立在事故后果分析结果之上，其核心量化指标包括两个：个人风险和社会风险。

个人风险是指在评价区域内某一指定位置处无防护个体在危险事故发生时死亡的概率。社会风险是指在评价区域内能发生导致大于或等于 N 人死亡的所有事故的累积频率（F）。其中个人风险在评价结果中主要表示为个体风险等值线，社会风险主要通过社会风险曲线来表示区域内不同位置随着与危险源距离的变化而导致的风险的变化，即社会风险曲线（F-N 曲线）。

定量风险评价有关计算可参照《化工企业定量风险评价导则》（AQ/T 3046—2013），其中设备设施的故障概率来源于《基于风险检验的基础方法》（SY/T 6714—2008）。

(2) 确定外部安全距离　根据定量风险评价方法计算化工装置对个人危害的风险等值线，然后根据风险评价计算结果绘制的社会可接受风险图，确定具有危险性的装置与需要防护的目标之间的安全距离。

2. 基于定量风险评价确定化工装置外部安全距离

(1) 方法适用范围　对工艺危险、复杂，危险化学品数量多，事故后果有时严重，但整体事故风险可通过一系列安全措施进行控制的化工装置，可采用定量风险评价方法，计算此类化工装置的个人风险和社会风险，并根据可接受的风险标准来确定装置的外部安全距离。

(2) 定量风险计算模型　定量风险评价法是所有计算外部安全防护距离中最先进的方法，该方法同时考虑事故场景的频率和危害后果，但因此也需要大量的基础数据作为支撑，如相关设备设施的技术参数、地理信息及气象数据等。同时，在计算过程中对应模型的选择和相应参数的选取也都有一定的针对性，这对人员的技术水平提出了更高的要求，但正因此其计算结果才具有更高的准确性和可靠性。

① 个人风险的计算模型。确定外部安全防护距离的主要指标是个人风险 IR (Individual Risk) 值。个人风险是指在某一特定位置长期生活的未采取任何防护措施的人员遭受特定危害的频率。制定定量风险标准时最直接的方法是对个人风险定义一个标准值，如果个人风险水平大于这个标准值，则认为这种风险是不可接受的，如果小于这个标准值，则认为可以接受。个人风险表达为某一地点的死亡概率，反映的是危险源对周边区域所能造成危害程度的分布状况，因此只与危险源信息相关，与具体周边人员分布无关。个人风险的计算模型如图 5-3 所示。

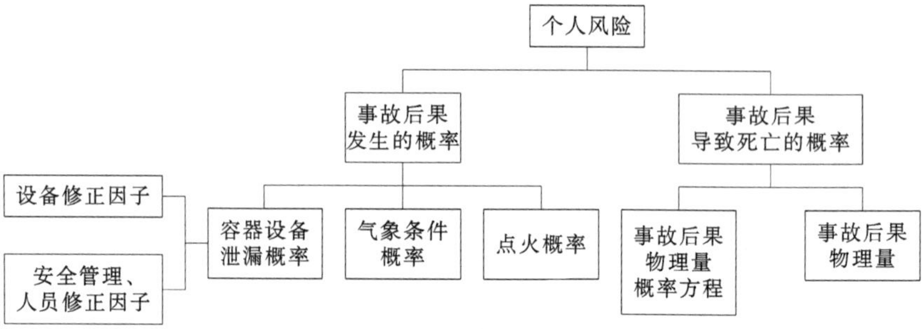

图 5-3 个人风险的计算模型

对于区域内的任一重大危险源，其在区域内某一空间地理坐标为(x,y)处产生的个人风险可由式（5-7）计算[7]：

$$R(x,y)=\sum_{s=1}^{S}\sum_{w=1}^{W}\sum_{i=1}^{I}F_{s,0}F_EF_MP_wP_iV_s(x,y) \tag{5-7}$$

式中 $R(x,y)$——重大危险源在位置(x, y)处产生的个人风险；

$F_{s,0}$——第 s 个容器设备泄漏事件发生的原始频率；

F_E——设备修正系数；

F_M——安全管理、人员修正系数；

P_w——气象条件概率；

P_i——点火源的点火概率；

$V_s(x,y)$——第 s 个事故情景在位置(x, y)处引起个体死亡的概率；

S——容器设备泄漏事件的个数；

W——气象条件的个数；

I——点火源的个数。

② 社会风险的计算模型。社会风险考虑的是造成群死群伤事故的可能性，

需结合区域内人口分布情况。因此，该法所确定的安全距离是采用个人风险和社会风险相结合的评价指标。社会风险的计算模型如图 5-4 所示。

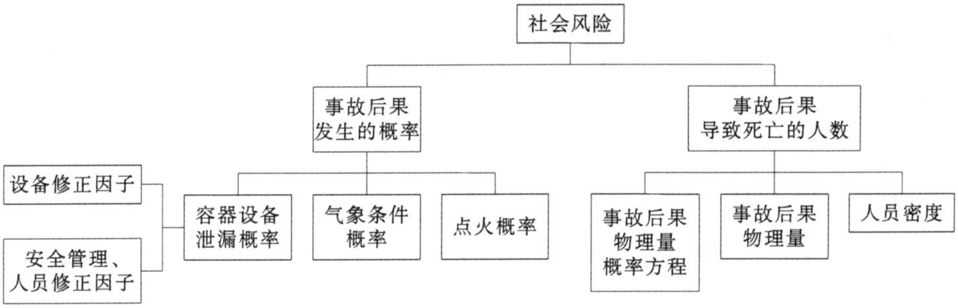

图 5-4　社会风险的计算模型

对于区域内的任一重大危险源，其引起的社会风险累计频率可由式 (5-8) 计算[7]：

$$F=\sum_{s=1}^{S}\sum_{w=1}^{W}\sum_{i=1}^{I}F_{s,0}F_EF_MP_wP_i,n\geqslant N \tag{5-8}$$

式 (5-8) 中各参数的含义和单位与式 (5-7) 相同。

将计算得到的累计频率 F 与死亡人数 N 之间作曲线，即可得到重大危险源的社会风险 F-N 曲线。由于企业的安全管理与设备管理水平不同，对风险大小具有较大影响，因此需根据实际情况（设备安全设施、安全仪表控制、管理和操作水平等）进行修正。

③ 选择事故后果物理模型。化工重大事故涉及的对象主要是生产、储存装置的容器及其相连管道（常压、压力）和化学品（气体、液体、固体）。以各类容器（含中间储罐、原料及产品储罐、反应器、泵等）为主体研究对象，筛选容器及其相连管线的各种可能事故情景。物理模型主要包括火灾事故、爆炸事故以及毒性物质大气扩散模型等。

(3) 确定化工装置外部安全距离　基于定量风险评价方法，对事故发生频率和后果进行定量计算，全面考虑化工装置综合风险，计算结果更加可靠；将量化风险指标与可接受标准进行对比，提出降低或减缓风险的措施。

3. 方法验证

(1) 与现行标准对比验证　为了进一步验证所建模型和方法，选取国内典型化工园区中的 36 套化工生产、储存装置进行了定量风险评价，并与《石油化工企业设计防火标准（2018 年版）》(GB 50160—2008) 等相关现行标准进行对比，结果如表 5-5 所示。

表 5-5　基于定量风险评价化工装置外部安全距离与现行标准对比

序号	企业名称	装置名称	主要物质	装置生产规模	不同风险值对应的安全距离/m				引用规范名称	现行规范要求/m
					3×10^{-5}/a	1×10^{-5}/a	3×10^{-6}/a	3×10^{-7}/a		
1	中海石油宁波大榭石化有限公司	原油储罐、常减压装置	原油、化工轻油	300万吨/年高等级重交道路沥青	—	60	160	180	《石油化工企业设计防火标准(2018年版)》(GB 50160—2008)	100
2	中海石油宁波大榭石化有限公司三期馏分油综合利用项目	重蜡油裂解制烯烃，工业燃料油加氢改质、仓储和管廊	液化石油气、石脑油、苯、甲醇、甲苯、丙烯、苯乙烯、甲基叔丁基醚(MTBE)、混二甲苯、丙烷、煤油、已烷、乙苯、硫磺	160万吨/年溶剂脱沥青项目、50万吨/年轻烃芳构化项目、30万吨/年聚丙烯	—	450	600	800	《石油化工企业设计防火标准(2018年版)》(GB 50160—2008)	100
3	中海惠州炼油	1200万吨/年原油加工	氢气、乙烷、苯等	原油加工1200万吨/年	160	218	540	1040	《石油化工企业设计防火标准(2018年版)》(GB 50160—2008)	100
4	中海钦州炼油	1000万吨/年炼油	氢气、乙烷、苯等	1000万吨/年炼油	150	448	801	1230	《石油化工企业设计防火标准(2018年版)》(GB 50160—2008)	300
5	中海壳牌	95万吨/年乙烯裂解装置	乙烯、乙烷、苯等	95万吨/年乙烯	126	210	520	908	《石油化工企业设计防火标准(2018年版)》(GB 50160—2008)	100

续表

序号	企业名称	装置名称	主要物质	装置生产规模	不同风险值对应的安全距离/m				引用规范名称	现行规范要求/m
					3×10^{-5}/a	1×10^{-5}/a	3×10^{-6}/a	3×10^{-7}/a		
6	万华化学(宁波)集团股份有限公司	120万吨/年MDI	氯、氨、硫化氢、氢、苯、光气、一氧化碳、甲醇、硝基苯、苯胺、氯苯、甲醛	MDI:60万吨/年,二期技改后达到120万吨/年	280	500	1100	2500	《光气及光气化产品生产安全规程》(GB 19041—2003)	2000
7	韩华化学(宁波)有限公司	氯乙烯(VCM):30万吨/年;聚氯乙烯:30万吨/年	氯、液化石油气、氢、氯乙烯、乙烯、丙烯、氯化氢、1,2-二氯乙烷	氯乙烯(VCM):30万吨/年;聚氯乙烯:30万吨/年	70	130	370	1600	《石油化工企业设计防火标准(2018年版)》(GB 50160—2008)	100
8	宁波东港电化有限公司	50万吨/年氯碱装置	氯、氢	50万吨/年氯碱装置	290	460	700	2200	《石油化工企业设计防火标准(2018年版)》(GB 50160—2008)	100
9	神马氯碱发展	30万吨/年烧碱和30万吨/年聚氯乙烯树脂	液氯、氢气	30万吨/年烧碱和30万吨/年聚氯乙烯树脂	170	241	404	956	《石油化工企业设计防火标准(2018年版)》(GB 50160—2008)	100
10	凯美特气体	食品级二氧化碳生产	液氨、二氧化碳	年产食品级二氧化碳10万吨、干冰1.2万吨	62	135	235	630	《石油化工企业设计防火标准(2018年版)》(GB 50160—2008)	100
11	大连福佳大化	70万吨/年芳烃联合	液化气、液氨、二甲苯等	70万吨/年芳烃联合	304	373	440	580	《石油化工企业设计防火标准(2018年版)》(GB 50160—2008)	300

续表

序号	企业名称	装置名称	主要物质	装置生产规模	不同风险值对应的安全距离/m				引用规范名称	现行规范要求/m
					3×10^{-5}/a	1×10^{-5}/a	3×10^{-6}/a	3×10^{-7}/a		
12	内蒙远兴江山化工	年产10万吨*N*,*N*-二甲基甲酰胺	煤气、液氨、氢气	年产10万吨*N*,*N*-二甲基甲酰胺	42	96	167	1260	《石油化工企业设计防火标准(2018年版)》(GB 50160—2008)	100
13	宁波三菱化学有限公司	PTA(精对苯二甲酸):60万吨/年	氢、甲醇、1,4-二甲苯、对苯二甲酸、氢溴酸	PTA(精对苯二甲酸):60万吨/年	25	40	45	80	《石油化工企业设计防火标准(2018年版)》(GB 50160—2008)	300
14	菱化高新聚合产品(宁波)有限公司	PTMG(聚四氢呋喃醚):2.5万吨/年	甲醇、四氢呋喃、醋酸酐、乙酸甲酯	PTMG(聚四氢呋喃醚):2.5万吨/年	—	25	65	110	《石油化工企业设计防火标准(2018年版)》(GB 50160—2008)	100
15	宁波万华容威聚氨酯有限公司(生产装置区)	聚醚组合料:5万吨/年	环氧乙烷、环氧丙烷、乙醇、环戊烷	聚醚组合料:5万吨/年	40	85	110	180	《石油化工企业设计防火标准(2018年版)》(GB 50160—2008)	300
16	宁波华泰盛富聚合材料有限公司	1套10万吨/年丁二烯(正丁烯氧化脱氢)装置、罐区及配套公用工程设施	混合C_4、亚硝酸钠、乙腈溶剂、氮气、TBC甲苯溶液、C_6吸收油、1,3-丁二烯、正丁烷、异丁烷、一氧化碳、二氧化碳、乙醛、乙烯基乙炔	1套10万吨/年丁二烯(正丁烯氧化脱氢)装置、罐区及配套公用工程设施	—	130	350	600	《石油化工企业设计防火标准(2018年版)》(GB 50160—2008)	300

续表

序号	企业名称	装置名称	主要物质	装置生产规模	不同风险值对应的安全距离/m				引用规范名称	现行规范要求/m
					3×10^{-5}/a	1×10^{-5}/a	3×10^{-6}/a	3×10^{-7}/a		
17	宁波福基石化有限公司	两套66万吨/年丙烷脱氢装置，一套40万吨/年聚丙烯装置以及配套的公用工程及辅助设施	丙烷、三乙基铝、对二乙基苯、氮气、液氯、二硫化二甲基、四氯化钛、乙烯、丙烯、氢气、乙烷、甲基乙炔、丙二烯、硫化氢	两套66万吨/年丙烷脱氢装置，一套40万吨/年聚丙烯装置以及配套的公用工程及辅助设施	—	200	400	750	《石油化工企业设计防火标准（2018年版）》(GB 50160—2008)	300
18	普利司通	丁苯橡胶生产	丁二烯、苯乙烯	年产丁苯橡胶52000t	61	110	243	1027	《石油化工企业设计防火标准（2018年版）》(GB 50160—2008)	100
19	忠信化工	16.4万吨/年异丙苯装置、20万吨/年苯酚丙酮装置、2.5万吨/年双酚A装置	丙烯、丙酮、苯	16.4万吨/年异丙苯装置、20万吨/年苯酚丙酮装置、2.5万吨/年双酚A装置	45	162	213	1030	《石油化工企业设计防火标准（2018年版）》(GB 50160—2008)	100
20	东曹化工	22万吨/年聚氯乙烯	氯乙烯	22万吨/年聚氯乙烯	40	53	63	620	《石油化工企业设计防火标准（2018年版）》(GB 50160—2008)	100
21	久泰能源	15万吨/年二甲醚	二甲醚、丁醇	15万吨/年二甲醚	75	108	143	531	《石油化工企业设计防火标准（2018年版）》(GB 50160—2008)	100

续表

序号	企业名称	装置名称	主要物质	装置生产规模	不同风险值对应的安全距离/m				引用规范名称	现行规范要求/m
					3×10^{-5}/a	1×10^{-5}/a	3×10^{-6}/a	3×10^{-7}/a		
22	诚恒化工	20万吨/年碳四利用	碳四、丁烯、甲醇	20万吨/年碳四利用	54	71	108	580	《石油化工企业设计防火标准(2018年版)》(GB 50160—2008)	100
23	沙多玛化学	1万吨/年复合丙烯酸酯树脂	甲苯、庚烷	1万吨/年复合丙烯酸酯树脂	27	40	102	126	《石油化工企业设计防火标准(2018年版)》(GB 50160—2008)	100
24	碧辟化工	90万吨/年PTA	LPG、对二甲苯	90万吨/年PTA	38	75	134	440	《石油化工企业设计防火标准(2018年版)》(GB 50160—2008)	300
25	长先化学	35000t/a树脂	甲苯、乙酸乙酯、苯乙烯	35000t/a树脂	15	51	77	147	《石油化工企业设计防火标准(2018年版)》(GB 50160—2008)	100
26	中海洋沥青	沥青改性300万吨/年	苯乙烯、苯、石油气、汽油等	沥青改性300万吨/年	94	190	405	660	《石油化工企业设计防火标准(2018年版)》(GB 50160—2008)	300

续表

序号	企业名称	装置名称	主要物质	装置生产规模	不同风险值对应的安全距离/m				引用规范名称	现行规范要求/m
					3×10^{-5}/a	1×10^{-5}/a	3×10^{-6}/a	3×10^{-7}/a		
27	大诚石化	油品储存经营	液化石油气等仓储		—	12	110	445	石油库设计规范(GB 50074—2014)	90
28	金湾仓储	化学品仓储	醇类、芳烃等仓储	无机化学品储罐21个，储量8750m^3；有机化学品储罐124个，储量45400m^3；年储存、周转200万吨	45	125	129	190	《石油化工企业设计防火标准(2018年版)》(GB 50160—2008)	100
29	华德石化	原油仓储	原油仓储	原油首站库容60万立方米	—	60	150	186	石油库设计规范(GB 50074—2014)	100
30	华凯	LPG仓储	液化气仓储	LPG储存库容6.87万立方米	109	146	231	919	《石油化工企业设计防火标准(2018年版)》(GB 50160—2008)	300
31	建滔石化码头	化学品仓储	甲苯、苯乙烯等仓储	化工品库容4.5万立方米	28	81	148	195	《石油化工企业设计防火标准(2018年版)》(GB 50160—2008)	100

续表

序号	企业名称	装置名称	主要物质	装置生产规模	不同风险值对应的安全距离/m				引用规范名称	现行规范要求/m
					3×10^{-5}/a	1×10^{-5}/a	3×10^{-6}/a	3×10^{-7}/a		
32	鸿业油库	成品油、化工品储存	汽油、柴油、甲苯	成品油、化工品库容 76.5 万立方米	17	61	102	164	《石油化工企业设计防火标准(2018 年版)》(GB 50160—2008)	100
33	粤电 LNG	LPG 仓储	LNG	LPG 储存 128 万立方米	—	136	188	282	《石油化工企业设计防火标准(2018 年版)》(GB 50160—2008)	300
34	新海能源	LPG 仓储	液化气	LPG 储存 3.12 万立方米	50	89	126	190	《石油化工企业设计防火标准(2018 年版)》(GB 50160—2008)	300
35	中石化液化气	液化气、成品油储存	液化石油气	柴油、汽油、液化气等石油制品的中转仓储，总容积 8.8 万立方米	79	102	178	766	《石油化工企业设计防火标准(2018 年版)》(GB 50160—2008)	300
36	中石化管道储运分公司南京输油处	143 万立方米原油仓储	原油	143 万立方米原油仓储	—	25	70	100	《石油储备库设计规范》(GB 50737—2011)	120

(2) 验证结论 通过选取的36家化工生产、储存装置进行定量风险评价，并与《石油化工企业设计防火标准（2018年版）》(GB 50160—2008)、各类卫生防护距离标准进行对比，结果表明，涉及甲、乙类易燃液体和少量液态烃的生产、储存装置，用定量风险计算得到的安全距离约为现行规范的0.5～1.5倍，具体倍数与装置涉及危险物质的数量成正比，即危险物质越多，定量计算得到的安全距离越大，反之则越小。涉及毒性气体和大量液态烃的危险化学品生产、储存装置，用定量风险计算方法得到的安全距离较大，约为现行规范的1.7～7倍。其中光气及光气化工艺装置基于定量风险评价法得到的安全距离约为《光气及光气化产品生产安全规程》(GB 19041—2003) 中安全距离规定的0.6倍，这是因为定量风险评价方法综合考虑了不同严重程度的光气泄漏事故后果严重性和泄漏事故发生可能性的结果，而《光气及光气化产品生产安全规程》(GB 19041—2003) 则是根据极少发生的大规模极端事故场景确定的，没有考虑极端事故场景的发生频率和安全防护设施的作用。

由此可见，基于定量风险评价法确定化工装置安全距离，与装置的规模、涉及危险化学品的种类以及装置潜在事故危害类型密切相关，体现了装置的危险特性，在实际操作中具有较好的针对性和适用性。

三、基于指数法的化工装置外部安全距离设计

1. 安全距离计算程序

通过危险指数法确定外部安全距离，其计算流程如图5-5所示[1]：

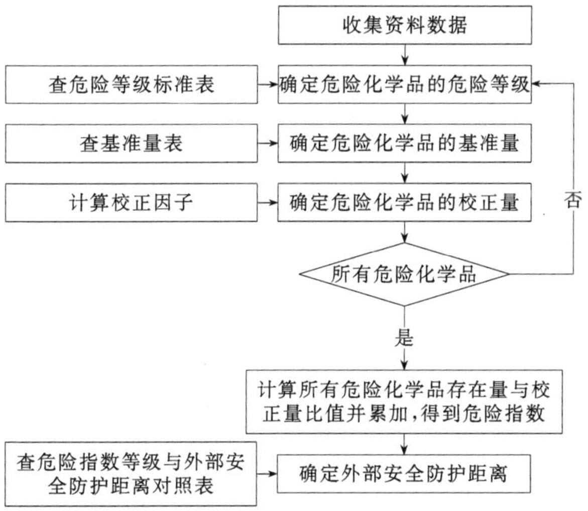

图5-5 基于指数法的化工装置外部安全距离计算流程图

危险指数法在资料统计基础上确定危险化学品的实际数量，然后对照危险等级标准表确定危险化学品的危险等级；然后，将所有危化品储存量与其基准量相比较，结合校正因子计算危险指数；最后，通过查询危险指数与外部安全距离的对照表来确定化工装置的外部安全距离。

2. 基于指数法确定化工装置外部安全距离

（1）适用范围　对于规模较小、品种单一、工艺简单的化工企业，基于定量风险评价确定安全距离会增加评估工作量；按照事故后果方法确定安全距离则会造成安全距离过大，导致化工企业因安全距离不足而搬迁。因此，可采用简单快捷的危险指数法确定此类化工企业的外部安全距离。

（2）危险指数方法计算模型　危险指数法主要是通过对危险物质的潜在危险性、物理状态、使用或储存的方式等，开展危险指数计算，根据危险指数的数值确定其等级，并查距离表得到相应的安全距离。

危险指数计算方法通过危险物质的实际数量与其最大允许量的比较，确定危险物质的危险指数。其中，危险物质的实际数量最大允许量可通过物质种类、使用和储存方式、设施的位置来决定[8,9]。

经过比较后，将每种危险物质的数量比值相加，得到综合危险指数值，将其与表 5-6 中的临界状态指标相比较，即可获得装置的危险程度和等级，然后对照表 5-7 中的危险指数与安全距离对照表，即可确定装置的外部安全距离。

表 5-6　危险程度分级表

危险指数	危险程度	标识
$F<10$	较轻	Ⅰ
$10\leqslant F<100$	中等	Ⅱ
$100\leqslant F<1000$	很大	Ⅲ
$F\geqslant 1000$	非常大	Ⅳ

注：危险指数与安全距离对照表。根据危险物质指数查表得出安全距离限制范围。

表 5-7　危险指数与安全距离对照表

危险指数	安全距离/m	备注
$F<10$	40	
$10\leqslant F<100$	50	
$100\leqslant F<1000$	70	
$F\geqslant 1000$	80	

表 5-6 中，将化工装置的危险程度分为较轻、中等、很大、非常大等四个等级。如果所计算的危险指数累积数量比值低于临界状态指标，可以认为危险化学品生产、储存设施可以正常运行；反之，就需要进行整改。评估过程中需要了解危险物质的危险性，包括场内布局和位置、生产类型和周围环境的敏感

程度。

根据表 5-7 中危险指数数值对应的安全距离要求对应确定装置的外部安全距离。在比较研究我国现行法律、法规中对于安全距离的要求基础上，最终确定四个等级的对应安全距离分别为 40m、50m、70m 和 80m。

① 确定危险化学品的危险等级。根据危险化学品的物理危险性或健康危害性确定化学品的危险等级[1]。

② 确定化学品基准量。根据危险化学品分类和生产、储存情况，确定各种化学品的基准量[1]。

③ 计算校正因子。由于装置的危险性和周边环境等因素的差异，需要通过校正因子对危险指数进行校正。校正因子包括火灾、爆炸校正因子和人员健康校正因子。

火灾、爆炸校正因子按照式（5-9）计算：

$$\beta_1 = FF_1 \times FF_2 \times FF_3 \tag{5-9}$$

式中　FF_1——取决于化学品的物理状态：固体或粉末、液体，FF_1 取值为 1；气体 FF_1 取值为 0.1；

FF_2——取决于化学品生产、储存装置距厂区边界的距离：距离小于或等于 30m 时，FF_2 取值为 1；距离大于 30m 时，FF_2 取值为 3；

FF_3——取决于化学品装置的类型：生产装置，FF_3 取值为 0.3；地面储存装置，FF_3 取值为 1；地下储存装置，FF_3 取值为 10。

人员健康校正因子按照式（5-10）计算：

$$\beta_2 = FH_1 \times FH_2 \times FH_3 \tag{5-10}$$

式中　FH_1——取决于化学品的物理状态：固体，FH_1 取值为 3；液体或粉末，FH_1 取值为 1；气体，FH_1 取值为 0.1；

FH_2——取决于装置距厂区边界的距离：当装置距厂区边界的距离小于或等于 30m 时，FH_2 取值为 1；当装置距厂区边界的距离大于 30m 时，FH_2 取值为 3；

FH_3——取决于装置的类型：生产装置，FH_3 取值为 0.3；地面储存装置，FH_3 取值为 1；地下储存装置，FH_3 取值为 10。

通过上述校正因子的校正后，就可以得到装置的化学品校正量。

④ 计算危险指数。将涉及的每一种化学品的实际存在量与校正基准量相比，所有比值加和后得到危险指数的数值，如式（5-11）所示：

$$F = \frac{q_1}{\beta_1 Q_1} + \frac{q_2}{\beta_2 Q_2} + \cdots + \frac{q_n}{\beta_n Q_n} \tag{5-11}$$

式中　q_1，q_2，…，q_n——每种化学品实际存在量，t 或 m^3；

Q_1，Q_2，…，Q_n——与各化学品相对应的基准量，t 或 m^3；

β_1，β_2，…，β_n——与各化学品相对应的校正因子。

(3) 确定化工装置外部安全距离　建立危险指数与外部安全距离之间的关系（如表 5-8 所示），根据装置的危险程度确定其外部安全距离。

表 5-8　危险指数与外部安全距离对照表

危险指数	危险程度	标识	外部安全防护距离/m
$F<10$	较轻	Ⅰ	40
$10 \leqslant F<100$	中等	Ⅱ	50
$100 \leqslant F<1000$	很大	Ⅲ	70
$F \geqslant 1000$	非常大	Ⅳ	80

3. 方法验证

(1) 与现行标准对比验证

① 与《建筑设计防火规范（2018 年版）》（GB 50016—2014）的对比。《建筑设计防火规范（2018 年版）》（GB 50016—2014）是一个通用性规范，可以适用于所有化工企业，除非有其他特殊规定的除外。该标准规定了厂房、仓库、罐区等与其他设施之间的防火间距的要求，这些距离不仅适用于企业内部的防火间距确定，也可适用于不同企业设施之间防火间距的确定。《建筑设计防火规范（2018 年版）》与指数法的对比如表 5-9～表 5-12 所示。

② 危险指数法与《石油化工企业设计防火标准（2018 年版）》（GB 50160—2008）的对比结果如表 5-13 所示。

③ 危险指数法与《石油库设计规范》（GB 50074—2014）的对比结果如表 5-14 所示。

表 5-9　甲类仓库与民用建筑的间距对比

项目	《建筑设计防火规范(2018 年版)》(GB 50016—2014)		危险指数法	
	仓库储量/t	防火间距/m	储量/t	安全距离/m
甲类储存物品第 3、4 项	$m \leqslant 5$	30		
	$m>5$	40	$m<10$	40
			$10 \leqslant m<100$	50
			$100 \leqslant m<1000$	70
			$1000 \leqslant m<2500$	80
甲类储存物品第 1、2、5、6 项	$m \leqslant 10$	25		
	$m>10$	30	$m<100$	40
			$100 \leqslant m<1000$	50
			$1000 \leqslant m<10000$	70
			$10000 \leqslant m<50000$	80

表 5-10　乙、丙、丁、戊类仓库之间及其与民用建筑之间的间距对比

单层、多层乙、丙、丁、戊类仓库			
《建筑设计防火规范(2018 年版)》(GB 50016—2014)		危险指数法	
防火等级	防火间距/m	储量/t	安全距离/m
一、二级	14	$m<300$	40
三级	16	$300\leqslant m<3000$	50
四级	18	$3000\leqslant m<30000$	70
		$m\geqslant 30000$	80

表 5-11　液化石油气储罐（区）与居民区的间距对比

《建筑设计防火规范(2018 年版)》(GB 50016—2014)		危险指数法	
罐区总储量/m^3	防火间距/m	罐区总储量/t	安全距离/m
$30<v\leqslant 50$	45		
$50<v\leqslant 200$	50		
$200<v\leqslant 500$	70	$m<300$	40
$500<v\leqslant 1000$	90	$300\leqslant m<3000$	50
$1000<v\leqslant 2500$	110	$3000\leqslant m<30000$	70
$2500<v\leqslant 5000$	130	$m\geqslant 30000$	80
$v>5000$	150		

表 5-12　液体储罐（区）与民用建筑的间距对比

物质类别	《建筑设计防火规范(2018 年版)》(GB 50016—2014)		危险指数法	
	罐区总储量/m^3	防火间距/m	罐区总储量/t	安全距离/m
甲类液体	$1\leqslant v<50$	25	$m<100$	40
	$50\leqslant v<200$	25	$100\leqslant m<1000$	50
	$200\leqslant v<1000$	30	$1000\leqslant m<10000$	70
	$1000\leqslant v<5000$	40	$m\geqslant 10000$	80
乙类液体	$1\leqslant v<50$	25	$m<300$	40
	$50\leqslant v<200$	25	$300\leqslant m<3000$	50
	$200\leqslant v<1000$	30	$3000\leqslant m<30000$	70
	$1000\leqslant v<5000$	40	$m\geqslant 30000$	80
丙类液体	$5\leqslant v<250$	25	$m<1000$	40
	$250\leqslant v<1000$	25	$1000\leqslant m<10000$	50
	$1000\leqslant v<5000$	30	$10000\leqslant m<100000$	70
	$5000\leqslant v<25000$	40	$m\geqslant 100000$	80

表 5-13　石油化工企业与居民区、公共福利设施、村庄的间距对比

《石油化工企业设计防火标准(2018 年版)》(GB 50160—2008)		危险指数法	
设施类型	防火间距/m	设施危险物质储量/t	安全距离/m
液化烃罐组	300	$m<300$	40
		$300\leqslant m<3000$	50
		$3000\leqslant m<30000$	70
		$m\geqslant 30000$	80
甲类液体罐组(罐外壁)	100	$m<100$	40
		$100\leqslant m<1000$	50
		$1000\leqslant m<10000$	70
		$m\geqslant 10000$	80
乙类液体罐组(罐外壁)	100	$m<300$	40
		$300\leqslant m<3000$	50
		$3000\leqslant m<30000$	70
		$m\geqslant 30000$	80
甲类工艺装置或设施(最外侧设备外缘或建筑物的最高外轴线)	100	$m<30$	40
		$30\leqslant m<300$	50
		$300\leqslant m<3000$	70
		$m\geqslant 3000$	80
乙类工艺装置或设施(最外侧设备外缘或建筑物的最高外轴线)	100	$m<90$	40
		$90\leqslant m<900$	50
		$900\leqslant m<9000$	70
		$m\geqslant 9000$	80

表 5-14　石油库与周围居住区、工矿企业、交通线等的安全距离

石油库设计规范(GB 50074—2014)		危险指数法	
石油库容量/m^3	安全距离/m	石油库容量/t	安全距离/m
$100000\leqslant TV$	100		
$30000\leqslant TV<100000$	90		
$10000\leqslant TV<30000$	80	$m\geqslant 10000$	80
$1000\leqslant TV<10000$	70	$1000\leqslant m<10000$	70
$TV<1000$	50	$100\leqslant m<1000$	50
		$m<100$	40

(2) 验证结论　将所确定的外部安全距离与《建筑设计防火规范(2018 年版)》(GB 50016—2014)、《石油化工企业设计防火标准(2018 年版)》(GB 50160—2008)以及《石油库设计规范》(GB 50074—2014)中的有关规定进行对比验证，结果表明：与《建筑设计防火规范(2018 年版)》相比，对于各类仓库、库房，计算结果远大于《建筑设计防火规范》要求，约为 3 倍；对于液

体储罐（区），约为 2 倍；对于液化石油气储罐（区），计算结果略小，约为 60%。与《石油化工企业设计防火标准(2018 年版)》(GB 50160—2008)相比，由于《石油化工企业设计防火标准(2018 年版)》(GB 50160—2008)在安全距离方面定义较为粗糙，各类装置、设施的安全距离基本都为 100m，没有考虑企业规模以及危险特性的影响。因此验证选择规模较小、危险物质较少的中小企业，各类装置、设施的计算结果均小于《石油化工企业设计防火标准(2018 年版)》(GB 50160—2008)的要求。与《石油库设计规范》(GB 50074—2014)相比，计算结果基本一致。

第二节　基于连锁效应的化工装置平面布局安全设计

一、化工装置事故连锁效应

1. 事故连锁效应定义及特征

当某个化工装置或储罐发生火灾（池火、喷射火、闪火、流淌火、火球等）或爆炸（BLEVE、VCE、物理爆炸）事故后，在复杂边界条件影响下会衍生出其他事故。产生的热辐射、冲击波和碎片会进一步作用于周围化工装置，一旦达到装置的承受极限，装置会失效，产生二次事故，而二次事故产生的事故后果会在一定条件作用下引发更为严重的事故，产生恶性的连锁事故。与此同时，爆炸导致的装置失效会使一些易挥发且有毒的压缩气体或液体泄漏扩散，引发群体中毒窒息事件，造成更为严重的后果。

在分析连锁效应时，相关概念定义如下：

(1) 初始事故：在某个区域单独个体因外界或自身因素，导致失效，从而引发的首次事故，导致连锁事故传播。

(2) 多次事故：在连锁事故传播过程中，由于初始事故引发的二次、三次乃至更多次的事故。

(3) 扩展：初始事故发生以后，事故在时间和空间上传播。

(4) 扩展因素：由于初始事故发生以后，导致周围环境改变。产生的一些物理效应，例如：热辐射、冲击波、碎片等。

(5) 事故链：一系列事故发生后引发区域内连锁效应，从而形成的一连串事故。

国外对连锁事故研究较早，早在 20 世纪末，Lees[10] 对连锁效应进行了研究，并给出了定义：由于危险化学品发生泄漏，导致初始事故发生，从而引发二次事故。后来，Bagster 和 Pitblado[11] 将连锁效应定义为区域内相邻的单元装置发生一系列的连锁事故。目前采用最多的是 Cozzani 等[12] 提出的连锁事故的定义：连锁事故是一种由于初始事故向邻近设备传导，并因此触发了一个或多于两个次生事件的事故。这类事故所导致的整体后果会比那些初始事件造成的后果严重得多。

连锁事故具备 3 个特点[57]：

(1) 存在能够触发连锁事故的初始事故；

(2) 由于初始事故产生的扩展因素影响，使邻近至少一个设备发生事故；

(3) 总的事故后果比初始事故后果严重。

根据连锁事故的定义及特点，得到连锁效应的传播过程，如图 5-6 所示。

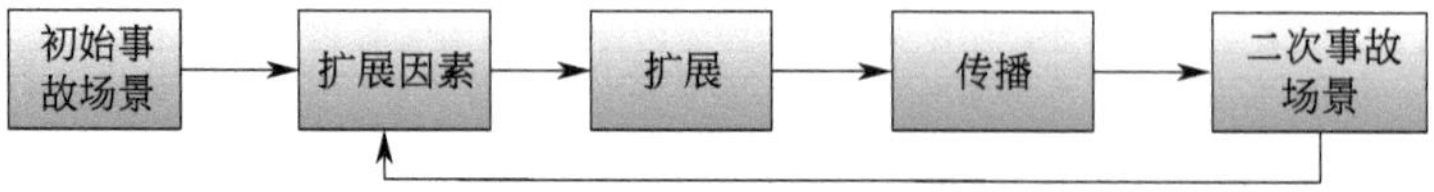

图 5-6 连锁效应传播过程

根据连锁事故的定义及特点，现已给定的事故连锁效应相对完整的定义为：由初始事故引发的，波及邻近的一个或多个装置，引发了二次事故的场景，从而导致事故总体后果比初始事故后果更加严重。只有当事故后果的总体严重性高于或至少相当于初始事故后果的场景，才认为是事故连锁效应。

2. 连锁效应的事故链特征

郑峰等[13] 在前人研究的基础上，收集统计了国内外储罐区化工连锁事故，按初始事故物质种类分为易燃液体、压缩气体和液化气体，初始事故类型分为火灾、爆炸和泄漏。进一步分析事故演化模式，提取事故发生模式转变为事故节点。

在三种不同类型的物质发生初始事故以后，伴随着泄漏、火灾和爆炸事故场景，对邻近装置产生影响，从而引发连锁事故场景。因为压缩气体和液化气体都具有带压性质，将其归为加压物质。总结这三种物质的事故节点规律，如图 5-7 所示。

经分析统计可知，易燃液体共有 278 条次生事故链，平均链长度为 2.03，其中泄漏→爆炸（30，0.34），泄漏→火灾（59，0.66），爆炸→泄漏（12，0.13），爆炸→爆炸（10，0.11），爆炸→火灾（71，0.76），火灾→泄漏（3，0.03），火灾→爆炸（56，0.58），火灾→火灾（37，0.39）。加压物质（压缩气体和液化气体）共有 152 条次生事故链，平均链长度为 1.79，其中泄漏→爆炸（49，0.71），泄漏→火灾（20，0.29），爆炸→泄漏（5，0.09），爆炸→

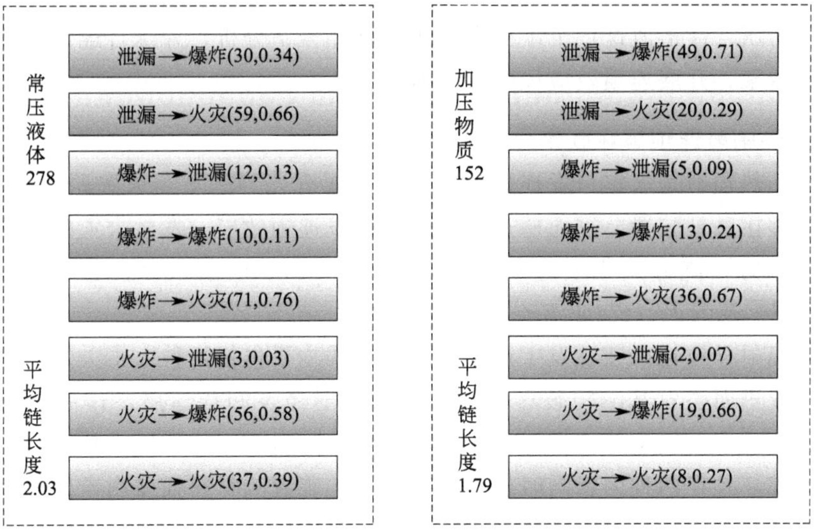

图 5-7　事故链次生灾种规律

爆炸（13，0.24），爆炸→火灾（36，0.67），火灾→泄漏（2，0.07），火灾→爆炸（19，0.66），火灾→火灾（8，0.27）。

二、连锁效应风险评估

化工装置具有的危险能量及危险介质在事故状态下除了能够导致直接的显著事故后果外，爆炸产生的冲击波、破片乃至泄漏出的物料燃烧产生的热辐射，往往也能引发周边装置破裂，进而导致连锁事故。通过对化工装置可能发生的连锁效应进行风险评估，判断风险较大的连锁效应模式，对于预防和控制化工装置连锁事故具有重要意义，可为化工装置的本质安全化设计提供参考。

国内外研究人员对连锁效应风险进行了分析。Reniers 等[14]（2008 年）对工业区域连锁效应的安全管理进行了分析。Gómez-Mares 等[15]（2008 年）对喷射火及其引发的连锁效应进行了研究。Antonioni 等[16]（2009 年）通过案例分析对区域连锁效应风险进行了研究。Bahman 等[17]（2010 年）应用 Monte-Carlo 法，提出了化工事故连锁效应风险分析的新方法。Heikkil[18] 等（2010 年）提出了对企业工业园区安全风险管理的理论与方法。Bahman 等[19]与 Darbra 等[20]（2010 年）等依据化工事故数据库，对连锁效应的特征及后果进行了分析。Zhang 与 Chen[21]（2011 年）利用离散分离岛法，对化工园区连锁效应风险进行了模拟分析。Reniers[22]（2010 年）对化工区域内厂区间的连锁效应风险进行了调查分析。当前众多学者都是基于导致连锁事故发生的热辐射、超压、冲击波这三个主要因素进行破坏概率分析，并综合连锁事故可能产生的后果，开展连锁效应风险评估研究。

1. 热辐射连锁破坏概率分析

火焰热辐射是火灾引发连锁效应的升级媒介，当装置与火灾距离较近时，火焰能够接触到装置，进而通过直接烘烤引发连锁效应。发生火灾时，易燃液体和气体的燃烧方式主要包括池火（Pool Fire）、喷射火（Jet Fire）、火球（Fireball）及闪火（Flash Fire）四种。

热辐射导致化工装置发生连锁破坏的方式主要包括两种：①火焰直接接触目标装置进而引发其结构破坏；②火焰热辐射经空间传递后，作用于目标装置，进而使装置发生结构破坏。对于内含危险物料的密闭装置，热辐射作用下其失效破坏是在两种因素同时作用下产生的：装置的材料强度由于壁温升高而降低；装置内物料由于吸收热量，气相压力急剧增加。随着热辐射作用时间的增加，当装置材料的形变累积到一定程度时，装置壁面的薄弱部位首先产生裂纹，裂纹在应力作用下扩展，当裂纹穿透装置器壁后会形成初始裂口。装置的失效破坏方式主要包括三种：①初始裂口停止扩展，由裂口喷射物料；②初始裂口继续快速扩展，导致 BLEVE 的发生；③初始裂口形成后，由于装置内气相能量不足以维持裂口继续扩展，因此随着气相物质由裂口的排出，装置内压降低。装置内的液相部分在内压降低后处于过热状态，此时大量的过热液体发生沸腾汽化，使装置内压恢复，而液体的过热程度决定装置内压的恢复程度。当装置内压超过此时的装置强度极限，裂口继续扩展，并引发 BLEVE。初始裂口形成后装置的失效破坏模式主要取决于裂口形成后装置材料的强度和装置内部的压力变化，装置材料的强度取决于装置壁面的温度分布，装置的内压取决于裂口的大小、形状及储罐内部气相与液相的能量。热辐射作用下化工装置结构失效的影响因素包括装置形状、装置材料特性、热辐射强度、热辐射在装置壁面的分布、装置内的物料充装水平及物料性质等。

在目前已有的热辐射连锁破坏概率模型研究中，Khan 和 Abbasi[23] 依据热辐射作用下装置内物料产生的高压导致结构破坏和装置材料强度衰减的情况，构建了装置的连锁破坏判据。Cozzani 和 Salzano[24] 将热辐射连锁破坏概率的影响因素归纳为三个主要方面：不同类型火灾的热辐射特性，在一定热辐射强度下的装置结构失效时间，不同类别目标装置的结构特性。在常见的池火、喷射火、火球和闪火等火灾事故类型中，火球和闪火因为持续时间较短，不可能破坏目标装置而引发连锁效应，而池火和喷射火的持续时间较长，在目标装置处的热辐射强度达到一定的数值时，目标装置将发生破坏。依据一定的步骤，计算获得热辐射作用下装置的失效时间，然后通过数据拟合，建立以热辐射强度和容器体积为输入变量的装置失效时间的预测模型，并建立基于装置失效时间的热辐射连锁破坏概率模型。对于热辐射连锁破坏阈值，依据热通量准则，Cozzani 等[25] 认为常压容器在热辐射作用时间为 30min 以上的条件下发生连锁破坏的热通量阈值是 $10kW/m^2$，压力容器在热辐射作用时间为 30min 以上的条件下发生连锁破坏的热通量阈值是 $40kW/m^2$。Cozzani 等[26] 还提出常压容器在热辐射作用时间为 10min 以上的条件下发生连锁破坏的热通量阈值是 $15kW/m^2$，压力容器在热辐射作用时间为 10min 以上的条件下发生连锁破坏的热通量阈值是 $50kW/m^2$。

与 Khan 和 Abbasi 的研究相比，Cozzani 和 Salzano[24] 建立的模型更便于热辐射连锁效应的风险评价。Landuccia 等[27] 建立了以热辐射强度为输入变量的储罐失效时间简化模型，该模型可用于不同类型火灾作用下储罐的失效分析，且针对给定的火灾事故情景，利用该模型计算获得的储罐失效时间与实际参考时间吻合性较好。

上述热辐射连锁破坏概率模型的研究成果总结于表 5-15。

表 5-15 热辐射连锁破坏概率模型

研究人员	装置分类	概率模型
Khan 和 Abbasi (1998 年)	未分类	$Prob_{heat1}=(p_2-p_{relief})/p_{relief}, Prob_{heat2}=E_{ymax}/E_y$ $Prob_{heat}=\min\{1,[1-(1-Prob_{heat1})(1-Prob_{heat2})]\}$
Cozzani 和 Salzano (2004 年)	立式常压容器	$Y=12.54-1.847\ln(ttf), \ln(ttf)=-1.128\ln(I)-2.667\times10^{-5}V+9.877$
	卧式压力容器	$Y=12.54-1.847\ln(ttf), \ln(ttf)=-0.947\ln(I)+8.835V^{0.032}$
Landuccia 等 (2009 年)	常压容器	$Y=9.25-1.85\ln(ttf), \ln(ttf)=-1.13\ln(I)-2.67\times10^{-5}V+9.9$
	压力容器	$Y=9.25-1.85\ln(ttf), \ln(ttf)=-0.95\ln(I)+8.845V^{0.032}$

其中，$Prob_{heat1}$ 为装置内物质产生高压导致装置破坏的概率；$Prob_{heat2}$ 为装置材料失效导致装置破坏的概率；$Prob_{heat}$ 为装置的连锁破坏概率；p_2 为装置内物质在热辐射作用下产生的压力，MPa；p_{relief} 为装置可承受的最大内压，MPa；E_{ymax} 为根据最大应变理论得出的装置材料在热辐射条件下的最大允许应力，MPa；E_y 为热辐射作用下装置材料发生破坏的极限应力，MPa；Y 为装置的连锁破坏概率单位；ttf 为装置失效时间，s；I 为热辐射通量，kW/m^2；V 为装置体积，m^3。

2. 超压连锁破坏概率分析

研究者依据超压准则，在远场假设的基础上将破坏效应与作用于目标装置的超压相关联，并利用历史事故数据，建立超压连锁破坏概率经验模型。Cozzani 和 Salzano[24] 在考虑装置结构特性的基础上，将装置划分为常压、压力、塔形容器及小型装置四类，基于历史事故数据，利用数据回归建立了四类装置的超压连锁破坏概率模型；基于对 200 多起事故的统计研究，建立了事故破坏概率单位值和破坏百分数之间的对应关系，见表 5-16，同时建立了破坏作用下装置破坏概率公式，取得突破性进展。

表 5-16 破坏概率单位值与破坏百分数的对应关系

破坏百分数/%	0	1	2	3	4	5	6	7	8	9
0	—	2.67	2.95	3.12	3.25	3.36	3.45	3.52	3.29	3.66
10	3.72	3.77	3.82	3.90	3.92	3.96	4.01	4.05	4.08	4.12
20	4.16	4.19	4.23	4.26	4.29	4.33	4.36	4.37	4.42	4.45
30	4.48	4.50	4.53	4.56	4.59	4.61	4.64	4.67	4.69	4.72
40	4.75	4.77	4.80	4.82	4.85	4.87	4.90	4.92	4.95	4.97
50	5.00	5.03	5.05	5.08	5.10	5.13	5.15	5.18	5.20	5.23
60	5.25	5.28	5.31	5.33	5.36	5.39	5.41	5.44	5.47	5.50
70	5.52	5.55	5.58	5.61	5.64	5.67	5.71	5.74	5.77	5.50
80	5.84	5.88	5.92	5.95	5.99	6.04	6.08	6.13	6.18	6.23
90	6.28	6.34	6.41	6.48	6.55	6.64	6.75	6.88	7.05	7.33
	0.0	0.1	0.2	0.3	0.4	0.5	0.6	0.7	0.8	0.9
99	7.33	7.37	7.41	7.46	7.51	7.58	7.65	7.75	7.88	8.09

$$P=\frac{1}{\sqrt{2\pi}}\int_{-\infty}^{\mathrm{Pr}-5}\exp(-u^2/2)\,\mathrm{d}u \tag{5-12}$$

式中，P 为破坏百分数；Pr 为破坏概率单位，取值在 0～10 之间。

张明广[28] 在此基础上建立了综合装置结构破坏程度和装置物料泄漏程度的化工装置破坏现象分级，并采用线性函数分布确定事故超压数据概率，通过对事故数据的最小二乘回归得到了超压作用下装置失效导致物料泄漏的概率公式，并对概率公式进行了改进。超压连锁破坏概率模型的研究成果总结于表 5-17。其中，Y 为装置的连锁破坏概率单位；Δp 为超压，Pa；F_d 为装置的连锁破坏概率；r 为装置与爆炸源点的间距，m；r_{th} 为超压值为 Δp_{th} 的空间位置与爆炸源点的间距，m。

表 5-17 超压连锁破坏概率模型

研究人员	装置分类	概率模型
Eisenberg 与 Lynch(1975 年)	未分类	$Y=-23.8+2.92\ln(\Delta p)$
Bagster 与 Pitblado(1991 年)	未分类	$F_d=(1-r/r_{th})^2$
Khan 与 Abbasi(1998 年)	未分类	若 $\Delta p<70$kPa，则 $F_d=0$； 若 $\Delta p\geqslant 70$kPa，则 $Y=-23.8+2.92\ln(\Delta p)$

续表

研究人员	装置分类	概率模型
Gledhill 与 Lines(1998 年)	常压容器	若 $\Delta p<\Delta p_{th}$，则 $F_d=0$；
	压力容器	若 $\Delta p\geqslant\Delta p_{th}$，则 $F_d=1$
Cozzani 与 Salzano(2004 年)	常压容器	$Y=-18.96+2.44\ln(\Delta p)$
	压力容器	$Y=-42.44+4.33\ln(\Delta p)$
	塔形容器	$Y=-28.07+3.16\ln(\Delta p)$
	小型装置	$Y=-17.79+2.18\ln(\Delta p)$
张明广(2008 年)	常压容器	$Y=-9.36+1.43\ln(\Delta p)$
	压力容器	$Y=-14.44+1.82\ln(\Delta p)$
	塔形装置	$Y=-12.22+1.65\ln(\Delta p)$
	小型装置	$Y=-12.42+1.64\ln(\Delta p)$

3. 碎片连锁破坏概率分析

化工行业中存在大量含高压气体或过热液体的密闭管道和容器，如这些装置发生爆炸，除产生冲击波外，还会产生碎片。碎片从爆炸中获得能量，能够抛射到较远距离，如在抛射过程碰撞其他装置，则可使装置结构破坏进而引发二次事故。根据爆炸碎片的产生机理，将其分为初始碎片和次生碎片。初始碎片是发生初始爆炸事故的装置产生的碎片，次生碎片是爆炸装置附近的设施在冲击波作用下产生的碎片。与初始碎片相比，次生碎片的抛射速度、抛射距离以及对周边装置的破坏能力均小得多。

装置爆炸产生碎片的情况通常分为三种：①装置发生脆性破裂，产生数目较多但形状较小的碎片；②装置发生塑性破裂，产生数目较少但形状较大的碎片；③由于装置材料的缺陷或装置组装工艺的缺陷，导致装置材料的力学性能分布不均，当装置内压过大时，装置结构上较薄弱且形状较小的部分脱离装置主体，进而抛射，使装置发生破坏。

碎片连锁破坏概率由某一形态（确定的质量、形状以及抛射速度）碎片的产生概率、碎片碰撞目标装置的概率、碎片碰撞目标装置后对其造成破坏的概率组成。Khan 和 Abbasi[23] 认为应当从碎片穿透装置、由于碎片动能被目标装置的物料吸收而产生的压力增加、碎片抛射后碰撞装置三个方面考虑碎片连锁效应风险。Hauptmanns[29] 利用 Monte-Carlo 法克服了碎片产生、抛射、碰撞目标装置过程存在的参数不确定性。Gubinelli 等[30] 改进了碎片抛射后碰撞目标装置概率的计算方法，并提出了简化的碎片撞击概率模型。Abbasi 等[31] 在前人研究成果的基础上，分析并总结了 BLEVE 产生的碎片数量、质量、抛射速度、抛射方向、抛射距离、穿透以及破坏目标装置的计算模型。Cozzani 等[26,32] 通过历史事故数据库的分析，总结了储罐发生不同类型工业爆炸事故的数量、频率，获得了储罐的破裂形式及产生的碎片数量；在此基础上，对储罐在不同破裂形式下产生的碎片形状进行了分析，并获得了碎片数量概率分布模型；同时，依据碎片的几何结构及材料特性，利用参数影响的重要度分析，获得了简化的碎片抛射阻力因子模型。Mébarki 等[33] 建立了碎片连锁效应风险分析框架，依据最大熵原理，结合前人对卧罐与球罐爆炸碎片的产生及抛射过程涉及的随机变量的研究成果，获得了碎片数量、形状、质量、抛射速度与角度等随机变量的概率分布模型；利用 Monte-Carlo 法，对碎片数量等随机变量的概率分布进行了模拟，结果表明 1000 次模拟可获得足够精确的结果；根据碎片抛射方程，利用 Monte-Carlo 法，对碎片抛射过程进行了模拟，获得的碎片抛射距离与实际事故数据的吻合性较好；在优化碎片撞击概率计算的基础上，对碎片撞击目标装置的概率进行了分析，结果表明碎片撞击概率与目标罐、与事故罐的间距及目标罐的方位有关；而后以圆柱形金属棒撞击矩形金属平板为研究对象，依据塑性理论，建立了碎片碰撞目标装置后对其穿透深度的预测模型，且模型分析结果与实验数据的吻合性较好，并由此分析了目标装置的破坏概率。最终，利用 Monte-Carlo 法模拟了碎片连锁破坏概率，并分析了碎片连锁破坏概率的影响因素及其作用。邢志祥[34] 对 LPG 储罐爆炸碎片的抛射进行了 Monte-Carlo 分析，获得了碎片抛射距离的累积概率分布。罗艳等[35] 应用 ANSYS 软件对碎片撞击 LPG 储罐并导致其失效的过程进行了数值模拟。杨玉胜与吴宗之[36] 在分析爆炸碎片抛射规律及抛射过程涉及的随机变量的基础上，利用 MATLAB 软件，对丙烷球罐爆炸碎片的抛射过程进行了分析，获得了碎片抛射距离的累积概率分布，针对模拟结果，利用数据拟合获得了碎片抛射距离的累积概率函数，最终通过该函数的求导，获得了可能性最大的碎片抛射距离。张永强等[37] 总结了碎片碰撞目标装置后对其穿透深度的计算模型，以及由碎片穿透引发的目标装置破坏的概率模型。潘旭海等[38] 对爆炸碎片撞击后圆柱薄壁储罐的动力学响应进行了数值模拟，获得了碎片撞击速度、碎片横截面积、碎片撞击角度以及碎片密度与形状等参数对储罐结构稳定性的影响规律。钱新明等[39] 以 LPG 球罐为研究对象，依据碎片产生和抛射过程涉及的随机变量概率分布模型，应用 Monte-Carlo 法获得了碎片抛射距离；在此基础上，考虑目标装置和风的影响，计算碎片撞击目标装置的概率，通过数据拟合建立了碎片撞击概率与目标罐和事故罐间距的关系式；由此发现碎片撞击不同目标装置的概率存在较大差异；但对于不同充装水平的爆炸罐，其爆炸碎片撞击给定目标装置的概率几乎相同。陈刚等[40] 以球罐为例，分析了爆炸球罐尺寸对抛射碎片碰撞相邻储罐概率的影响；通过与忽略爆炸球罐尺寸的情况下获得的结果的对比分析，结果表明，考虑爆炸球罐尺寸的情况下获得的碎片碰撞概率整体偏高，在爆炸球罐直径的 7 倍距离范围内，爆炸球罐尺寸对碎片碰撞概率的影响超过了 10%。

上述爆炸碎片连锁破坏概率模型的研究成果总结于表 5-18。其中，Prob_M 为碎片连锁破坏概率；Prob_A 为碎片穿透装置的概率；Prob_B 为由于碎片动能被目标装置的物料吸收而产生的压力增加的概率；Prob_C 为碎片抛射后碰撞装置的概率；θ 为碎片水平抛射角，rad；PI 为因子；P_{cycle} 为碎片连锁破坏概率；P_{gen} 为碎片产生的概率；P_{imp} 为碎片撞击目标的概率；P_{rup} 为碎片破坏目标的概率；P_{propa} 为连锁事故的发生概率；c_{ij} 为容器 i 爆炸产生的碎片碰撞容器 j 的概率；Prob_i 为碎片碰撞容器 i 的概率；D 为罐间距，m。

表 5-18 爆炸碎片连锁破坏概率模型

研究人员	装置分类	概率模型
Khan 和 Abbasi（1998 年）	未分类	$\text{Prob}_M=\text{Prob}_A \cup \text{Prob}_B \cup \text{Prob}_C$ $=\min\{1,[1-(1-\text{Prob}_A)(1-\text{Prob}_B)(1-\text{Prob}_C)]\}$
Hauptmanns(2001 年）	未分类	利用 Monte-Carlo 法克服了碎片产生、抛射、碰撞目标装置过程存在的参数不确定性
Gubinelli 等(2004 年）	未分类	$P_{\text{imp}} \cong \frac{\Delta\theta}{2\pi}(0.5-\text{PI})$
Pula 等(2007 年）	未分类	考虑了碎片抛射方向与地面的夹角、碎片抛射轨迹与实际抛射间的差异、碎片抛射后可碰撞与其轨迹相交的任意目标装置的情况
Abbasi 等(2007 年）	卧罐、球罐	BLEVE 产生的碎片数量、质量、抛射速度、抛射方向、抛射距离、穿透以及破坏目标装置的计算模型
Gubinelli 与 Cozzani（2009 年）	卧罐、球罐、锥形罐	储罐发生工业爆炸事故的类型、数量、频率，储罐的破裂形式及产生的碎片数量（概率分布模型）与形状；简化的碎片抛射阻力因子模型
Mebarki 等（2007～2009 年）	卧罐、球罐	$P_{\text{cycle}}=(P_{\text{gen}}P_{\text{imp}}P_{\text{rup}})P_{\text{propa}}$
邢志祥等(2004 年）	球罐	LPG 储罐爆炸碎片抛射距离的累积概率分布
罗艳等(2008 年）	球罐	爆炸碎片撞击 LPG 储罐并导致其失效的过程
张新梅与陈国华（2008 年）	未分类	$\sum_{i=2}^{u} c_{ij}\text{Prob}_i = -c_{1j}$
杨玉胜与吴宗之（2008 年）	球罐	爆炸碎片抛射距离的累积概率分布函数
张永强等(2008 年）	未分类	碎片碰撞目标装置后对其穿透深度的计算模型，以及由碎片穿透引发的目标装置破坏的概率模型

续表

研究人员	装置分类	概率模型
潘旭海等(2008年)	卧罐	爆炸碎片撞击速度、碎片横截面积、碎片撞击角度以及碎片密度与形状等参数对圆柱薄壁储罐结构稳定性的影响规律
钱新明等(2009年)	球罐	$P_{imp}=0.1639\exp(-0.0385D)$
陈刚等(2010年)	球罐	爆炸球罐尺寸对抛射碎片碰撞相邻储罐概率的影响

4. 多破坏效应耦合风险评估

化工装置发生连锁事故的过程一般是某一装置发生物料泄漏，或者首次爆炸导致所在装置发生破坏后易燃易爆介质泄漏，在复杂边界下集聚达到燃爆极限，经环境中点火源或爆炸产生的点火源引发产生一连串新的火灾爆炸。在这一过程中，各灾种之间的转化较为复杂，往往是初始事故发生后，多破坏效应共同耦合作用导致新事故的发生。

目前对多破坏效应耦合的研究大部分针对地质灾害、航空、航海等方面，而在工业装置连锁事故中研究较少，且都是基于实例的简要分析，未发现对连锁事故中耦合效应的定义、情景、特征和模型等进行系统研究。

因此，通过分析不同领域耦合效应的定义及内涵，提出连锁事故中耦合效应的定义，并分析化工装置连锁事故中多破坏效应耦合情景和耦合效应的影响因素。

(1) 连锁事故中耦合效应的定义　不同学科对“耦合”有不同定义。在通信、软件、机械等工程中“耦合”指两个/两个以上的电路元件或电网络等的输入与输出之间存在紧密配合与相互影响，而且通过相互作用从一侧向另一侧传输能量的现象。徐孟洲的《耦合经济法论》中指出两个或两个以上相互独立的物体、体系或运动形式之间通过相互作用而彼此影响以至联合起来的现象称为“耦合”。罗帆和刘堂卿在耦合定义的基础上提出了“风险耦合”的定义：在某个系统中，某个风险的发生及其影响力都依赖于其他风险，并且这种风险影响其他风险的发生和程度大小。张津嘉等[41] 对物理学、协同学、灾害学等学科中耦合的定义进行总结分析，得到“耦合”的内涵为：系统间存在某些有某种相互联系的因素，其相互作用使得系统局部或整体属性发生变化；并提出瓦斯爆炸事故风险耦合是指瓦斯动力系统活动过程中，由于事件发生的不确定性可能引起不同风险或风险因子之间的相互依赖和相互影响的关系与程度[42]。

通过上述对“耦合”定义的分析，明确“耦合”有以下几个特点：①有两个或两个以上相互独立的物体、体系或能量形式并存；②并存物体之间的相互影响作用于邻近物体，并产生比单一物体作用更具影响的效应。基于此，提出化工装置连锁事故中“耦合效应”的定义：两个或两个以上的设备发生事故所产生的影响（热辐射、冲击波超压或碎片）共同作用于邻近未发生事故的设备，使得邻近设备事故发生概率扩大的一种影响效应。

（2）耦合效应情景　目前普遍认为初始事故产生的热辐射、超压或碎片单破坏效应是导致邻近设备发生次生一次事故的扩展因素。Cozzani 等[42] 分析了连锁事故的破坏效应，如表 5-19。

表 5-19　连锁事故的破坏效应

初始场景	扩展因素
池火灾、喷射火、火球、闪火	热辐射
物理爆炸、BLEVE	碎片、超压
受限爆炸、VCE	超压

连锁事故中考虑耦合作用即考虑这 3 种破坏效应间的耦合。多破坏效应共同作用一般为多爆炸、多火灾或多爆炸＋多火灾导致。发生连锁事故时，受初始事故的影响，邻近设备可能发生同类型或不同类型的事故，因此，受次生一次事故影响的设备会受到不同破坏效应的共同影响。基于此，将导致连锁事故的热辐射、超压、碎片之间的耦合分为单因素和多因素耦合，具体耦合情景如图 5-8 所示。

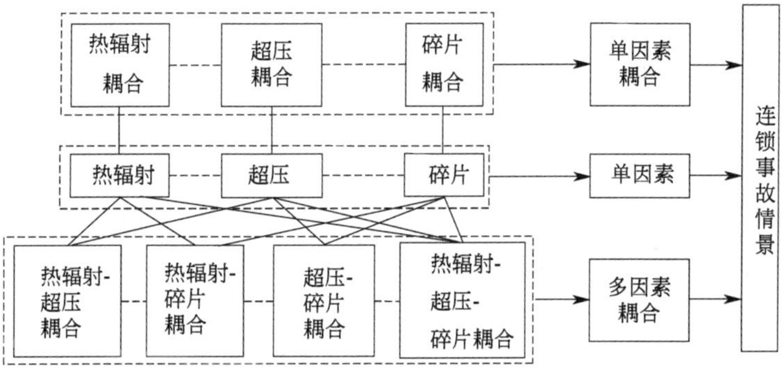

图 5-8　连锁事故耦合情景

① 单因素耦合效应。单因素耦合效应是指在连锁事故中，两个或多个设备发生同类事故，如热辐射、超压和碎片多个同类型破坏效应共同作用于邻近设备，使得邻近设备受到损害可能性扩大的一种影响。包括热辐射-热辐射、超压-超压和碎片-碎片。

② 多因素耦合效应。多因素耦合效应是指在连锁事故中，两个或多个设备发生不同类型事故，如热辐射、超压和碎片任意 2 个或 3 个不同类型破坏效应共同作用于邻近设备，使得邻近设备受到损害可能性扩大的一种影响。包括热辐射-超压、热辐射-碎片、超压-碎片和热辐射-超压-碎片。

(3) 耦合形式

1) 热辐射叠加耦合。以罐区为例，罐区布局如图 5-9 所示，其中，V_{ij} 为罐体编号。

当 V_{11} 发生事故时，V_{12}、V_{21} 和 V_{22} 可能会受其影响而发生次生一次连锁事故，V_{31} 和 V_{32} 可能会受 V_{21}、V_{22} 影响发生次生二次连锁事故（V_{31} 和 V_{32} 距 V_{11} 较远，直接受其影响的概率较小，故忽略）。目前的研究大多考虑 V_{11} 发生事故引发的次生一次连锁效应或 V_{21}/V_{22} 发生事故单独对 V_{31}/V_{32} 的影响，而考虑 V_{21} 和 V_{22} 共同影响的研究较少。

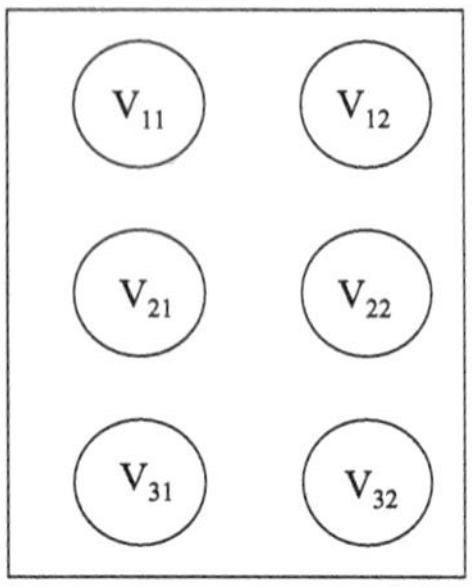

图 5-9 罐区布局

当 V_{21} 和 V_{22} 同时发生火灾（以池火灾为例）时，虽然 V_{21} 比 V_{22} 距 V_{31} 近，但热辐射对设备的影响要考虑时间因素，因此可认为，V_{31} 同时受到 V_{21} 和 V_{22} 的影响，此时热辐射耦合效应如图 5-9 所示，V_{31} 接收到的热辐射为：

$$I_{31}=I_{21}+I_{22} \tag{5-13}$$

式中，I_{31} 为 V_{31} 接收的总热辐射，kW/m^2；I_{21} 和 I_{22} 分别为 V_{31} 接收到来自 V_{21} 和 V_{22} 的热辐射值，kW/m^2。

因此，多热辐射耦合公式可简化为：

$$I_{\text{coupled}}=\sum_{j=1}^{n} I_j \tag{5-14}$$

式中，I_{coupled} 为储罐受多个热辐射影响时所接收的总热辐射值，kW/m^2；j 为邻近储罐受到 j 罐热辐射的影响；n 为邻近储罐受到 n 个储罐的影响；I_j 为从第 j 个储罐接收的热辐射值，kW/m^2。

2) 物理学耦合。在物理学中，耦合指多个电路元件在输入、输出之间的相互作用而产生相互影响的现象。以物理学中的耦合机理为基础，建立多灾种耦合模型如下：

$$E=\sum_{i=1}^{n} k_i C_i \tag{5-15}$$

以 E_0 表示罐体受灾影响的临界值，E 是灾害影响强度的实际值。当 $E \geqslant E_0$ 时，将会使罐体发生破损，C_i 表示各灾害对目标罐体的破坏强度，k_i 表示各灾害耦合系数，其正负分别代表灾害对目标罐体的损害效果为加强和减弱，并令 $|k_1|+|k_2|=1$。

以考虑爆炸与火灾对目标罐体的耦合作用为例，对多灾种耦合作用形式进行分析。讨论目标罐体受火灾和爆炸的影响，即火灾产生的热效应和爆炸产生的超压的耦合作用，以 C_1 表示火灾的破坏强度，C_2 表示爆炸的破坏强度，k_1、k_2 分别表示火灾、爆炸的耦合系数，分析如下：

① 直接耦合：干扰直接侵入的方式，是系统中存在的普遍形式。当爆炸发生时，火灾作用目标罐体已发生失效，导致二次事故发生，即被认为 $C_1 \gg C_2$，$k_1=1$，$k_2=0$；相反，若爆炸发生时，其破坏能直接让罐体发生二次事故，即 $C_2 \geqslant E_0$ 时，$k_1=0$，$k_2=1$。对于该耦合方式，可采取直接滤波去耦方法，即直接防止破坏较大的事故发生。

② 电容耦合：由于分布电容的存在而产生的一种耦合方式。当爆炸和火灾均作用于目标罐体时，火灾的热效应对罐体结构力造成一部分削弱，在爆炸冲击波超压作用下，目标罐体受到小于阈值的伤害就发生失效，造成事故的扩展，此时 k_1、k_2 的值决定火灾、爆炸作用强度所占的比例。对于这种耦合方式，可采取从火灾、爆炸发生根源或是阻断流通的方式进行预防。

③ 漏电耦合：所谓漏电耦合就是电阻性耦合。当爆炸产生的冲击波对目标罐体接受的热辐射起减弱作用或是爆炸使火灾或目标罐体发生位移，减小了目标罐体的受损程度，即 $k_2<0$，此时只需考虑减轻火灾事故的发生概率。

三、基于风险的化工装置区布局优化技术

化工装置布置紧凑，涉及的易燃易爆化学品较多，容易引发由初始事故导致的一系列连锁反应。连锁效应的发生频率和严重度主要取决于企业装置区的布局。连锁效应预防与控制的最佳方法是基于本质安全理念对化工装置区布局进行优化。在化工装置区设计阶段，通过对化工装置区整体布局的风险评估，运用贝叶斯网络分析技术，分析化工装置连锁事故的最可能演化路径，进而为调整装置优化布局提供指导。

1. 贝叶斯网络

贝叶斯网络是一种基于概率的不确定性推理方法，凭借强大的数学推理和直观的图形化特点，在不确定性分析中应用广泛。贝叶斯网是通过箭头从父节点指向子节点的有向无环图，其中节点代表随机变量，节点间的有向边表示父节点与子节点间的相互联系，并且用条件概率来表明各节点间的相关性，根节点用先验概率进行信息表示。

贝叶斯推理是在所构建好结构模型的基础上，选定想要研究的节点并设定某一证据的情况下，计算其他节点的后验概率，从而分析获得影响最大的节

点。而贝叶斯公式是概率推理的基础，贝叶斯定理如下：

$$P(B|A)=\frac{P(A|B)P(B)}{P(A)} \tag{5-16}$$

式中，$P(B|A)$和$P(A|B)$分别为A发生后B的条件概率和B发生后A的条件概率；$P(A)$和$P(B)$分别为A和B的先验概率。

一个贝叶斯网络的全概率可用联合概率分布函数表示，如一个节点集合$U=\{X_1,X_2,\cdots,X_N\}$中，全概率为

$$P(U)=\prod_{i=1}^{n}P(X_i|P_a(X_i)) \tag{5-17}$$

式中，$P_a(X_i)$为X_i的父节点事件。

2. 事故链传递关键节点理论建模

在整个储罐区事故传播过程中，若储罐要受到破坏，除了和初始事故储罐发生事故状况有关外，还和储罐自身的事故形式转变和空间上事故传播有关。当初始事故发生以后，二次事故以及多次事故中初始事故A如式(5-18)所示。

$$A\rightarrow B_i(i=1,2,3,\cdots,n) \tag{5-18}$$

当初始事故发生后，引发二次事故A的事故模式也不同，从而对相邻储罐的影响也不一样，二次事故A可能为火灾，也可能为爆炸，因此，B由事故A所引起的事故模式也不同，B_i从而产生一个链式效应。现引入一个新的概率模式：事故传播过程概率，即（$P_{\text{propagation}}$）简称P_p，包括储罐自身的事故形式转变和空间上事故传播。$P_{f/e\rightarrow e/f}^{k\rightarrow k'}$：储罐$k$在自身装置中火灾/爆炸转变为爆炸/火灾的转化概率，即同一装置内部事故形式的转化概率和储罐k发生火灾/爆炸导致邻近储罐发生爆炸/火灾的概率，即不同储罐之间空间上事故转化概率。其中，P_p分为四种情景导致目标设备破坏，即$P_p(1)$（火灾→火灾事故模式概率）、$P_p(2)$（火灾→爆炸事故模式概率）、$P_p(3)$（爆炸→火灾事故模式概率）和$P_p(4)$（爆炸→爆炸事故模式概率）。

通过分析收集的1970～2018年间的224起连锁事故可知，以泄漏作为初始事故最多，共147起，占比65.6%；以爆炸为初始事故有45起，占比20.1%；以火灾为初始事故有32起，占比14.3%。为研究罐区事故发生概率，引入储罐区初始发生概率P_{initial}（P_i），各事故场景初始概率如式(5-19)所示。

$$P_i(\text{泄漏})=0.656$$

$$P_i(\text{爆炸})=0.201$$

$$P_i(\text{火灾})=0.143 \tag{5-19}$$

当初始事故发生以后，经过一系列传播，以一定的破坏形式作用于目标设备时，目标设备会受到邻近设备失效以后产生的火灾和爆炸影响，设备表面会受到失效储罐的热辐射和爆炸压力，从而导致失效。Cozzani 等[25] 通过对热辐射、冲击波的损坏概率进行模型简化计算，开发了不同类型的设备损坏概率模型，如表 5-20 所示。

表 5-20　概率单位值 Y 的计算公式

物理影响因素	目标设备	阈值	扩大效应概率计算模型
热辐射	常压设备	$15kW/m^2$ 超过 10min	$Y=12.54-1.847\ln t$
爆炸冲击波	常压设备	22kPa	$\ln t_f=-1.128\ln I-2.667\times10^{-5}V+9.877$ $Y=-18.96+2.44\ln(\Delta p)$

其中，Δp 为峰值静态压力，Pa；t_f 为储罐失效时间，s；I 为热辐射强度，kW/m^2；V 为目标设备的容积，m^3。采用高斯概率分布函数，计算设备损坏概率 $P_{damage}(P_d)$ 如式(5-20) 所示。

$$P_d=\frac{1}{\sqrt{2\pi}}\int_{-\infty}^{Y-5}e^{-\frac{x^2}{2}}dx \tag{5-20}$$

式中，P_d 为目标设备发生的损坏概率；Y 为设备失效概率，可由表 5-20 得到。

在初始事故概率、事故传播过程概率和设备损害概率中，可以认为是连锁效应中多事故点共同作用形成的一个串联系统。如图 5-10 所示，假设 P_i、P_p、P_d 分别以一定概率以连锁效应模式共同作用于目标设备，根据串联系统的性质，P_i、P_p、P_d 必须依次发生，才能够导致目标设备失效。只有当目标设备受到多种破坏情景时，才能失效。其中 P_p 是事故传播过程初始事故模式引发次生事故的概率，共有 4 种模式：火灾→火灾，火灾→爆炸，爆炸→火灾，爆炸→爆炸。

当罐区中储罐 k 发生初始事故以后，邻近的储罐 k' 受到破坏作用失效概率如式(5-21) 所示。

$$P_s^{k'}=P_{i(f/e)}^{k}\sum\nolimits_1^4(P_{f/e\to e/f}^{k\to k'}P_d^{k'}) \tag{5-21}$$

式中，$P_{i(f/e)}^{k}$ 为初始储罐 k 发生火灾或爆炸的概率；$P_{f/e\to e/f}^{k\to k'}$ 为储罐 k 自身火灾和爆炸事故形式转化的概率以及储罐 k 以一定的作用形式对储罐 k' 影响的概率；$P_d^{k'}$ 为储罐 k' 接受到热辐射强度和爆炸压力后失效概率。从而构成了储罐区某个储罐失效的概率模式。

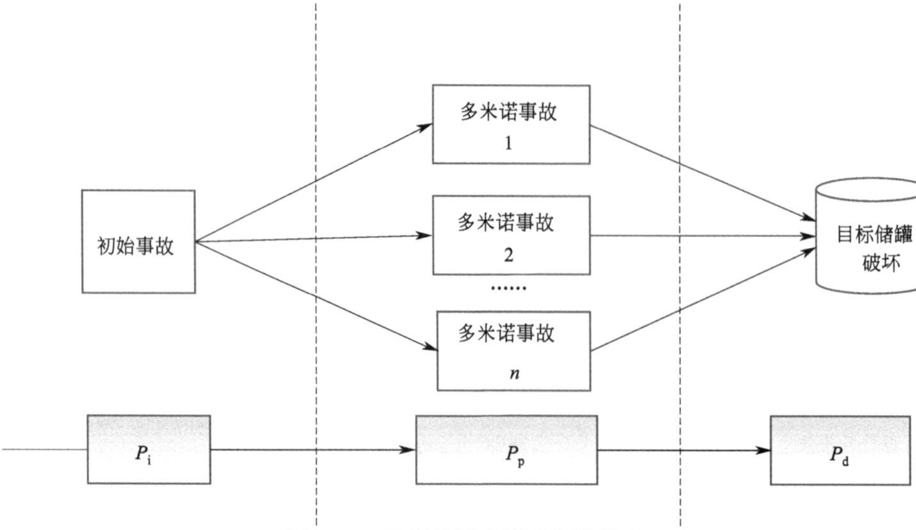

图 5-10 目标储罐多概率失效模型

3. 最可能事故链概率分析流程

在进行事故链概率分析时，假定两个原则：一是事故传播不可逆原则，即当某个储罐发生失效后，只对未发生失效的储罐产生影响，对已发生失效的储罐几乎不产生影响；二是同时不传播原则，即当两个及以上储罐同时受到破坏作用时，彼此之间不产生相互影响。运用贝叶斯网络对事故链概率分析建模步骤如下[58]：

(1) 基于重大危险源辨识方法，先明确一个需要分析的罐区。通过储罐数量以及储存物质种类等因素确定可能发生连锁效应的储罐区。对于任意一个储罐区或者相邻罐区，且储存的物质为易燃易爆，则先被选定为一个待定评估罐区。若单元内存在一种及以上危险化学品时，若满足式(5-22)，则被选定为需要分析的罐区。

$$\frac{q_1}{Q_1}+\frac{q_2}{Q_2}+\cdots+\frac{q_n}{Q_n}\geqslant 1 \tag{5-22}$$

式中，q_1，q_2，…，q_n 为每种储存的危险化学品实际存在量，t；Q_1，Q_2，…，Q_n 为与各储存的危险化学品相对应的临界量，t。

(2) 确定初始事故储罐。运用风险矩阵方法，根据罐区布局情况以及储罐隐患情况，选择初始储罐。选定父节点后，根据储罐储存的物质性质和容量确定初始事故场景，由不同物质发生事故初始概率来确定初始储罐发生概率 P_{initial}，分为 P_i(火灾)和 P_i(爆炸)。

(3) 储罐区次生事故链分析。Cozzani 等[12] 提出了储罐热辐射阈值为

$15kW/m^2$；超压阈值为 22kPa。现运用固体火焰模型和 TNT 当量法来计算事故后果，与设定的事故阈值进行对比，确定可能受耦合效应影响的储罐。根据建立的由“初始事故→事故传播过程→目标设备失效”组成的多概率情景导致目标设备失效的模型式(5-21）确定二次事故单元储罐场景及其发生概率。

（4）确定事故链层级。将二次事故作为初始单元，找出可能发生事故的三次及以上事故单元，重复步骤（3）绘制事故链贝叶斯网络图。

（5）绘制贝叶斯网络。为研究初始事故发生时各次生事故的发生概率，将评估区域内的每个储罐设定为一个节点，同时加入辅助节点，FL、SL 和 TL 属于“或门”，分别代表次生一次、次生二次和次生三次连锁事故是否发生。用 XL 表示每个层级的连锁事故，XL 呈现 0 和 1 分布，当 XL 包含的每个层级的子节点有一个及以上发生时，XL 概率为 1，当包含的每个层级的子节点一个都不发生时，XL 概率就为 0。结合 GeNIe 软件输入每个储罐发生事故的条件概率，训练数据得到储罐失效概率。

（6）识别最可能传播路径。将每一级连锁事故作为一个辅助节点，引入证据，识别事故链传递关键储罐，基于贝叶斯网络诊断推理，假定想要分析节点必然发生，推理确定最大可能事故传播路径。

事故链传递概率分析流程，关键步骤如图 5-11 所示。

四、基于保护层的事故连锁效应削弱技术

对于区域连锁效应风险削弱技术的研究，遵循的原则为：保证现有化工装置的实际正常生产运转，不改变现有装置的布局以及相关工艺参数（如储量、温度等）。如改变上述因素，可能诱发生产异常情况。依据上述原则，研究区域连锁效应风险的削弱技术。超压、热辐射、爆炸碎片三类破坏效应均为作用于装置，导致装置材料失效后使其破坏，进而引发二次事故。超压与爆炸碎片作用于装置的方式均为力学冲击，热辐射作用于装置的方式为火焰辐射。针对被动防护措施，定量分析其对区域连锁效应风险的削弱效果。对于爆炸碎片和热辐射，考虑保护层措施。

1. 聚氯乙烯树脂隔板与保护层对爆炸碎片连锁效应风险的削弱技术

聚氯乙烯树脂（Polyvinylchloride resin，PVC resin）材料具有机械强度（柔韧性）良好、易加工成型、造价便宜且环保、化学稳定性高、抗静电、保存时间长等特点，具有很大的开发应用价值。因此，可将聚氯乙烯树脂作为防碎片隔板与保护层的材料。以球罐为例，考虑被动防护措施中的隔板与保护层，研究二者对爆炸碎片连锁破坏效应的影响规律。应用 Monte-Carlo 法，分

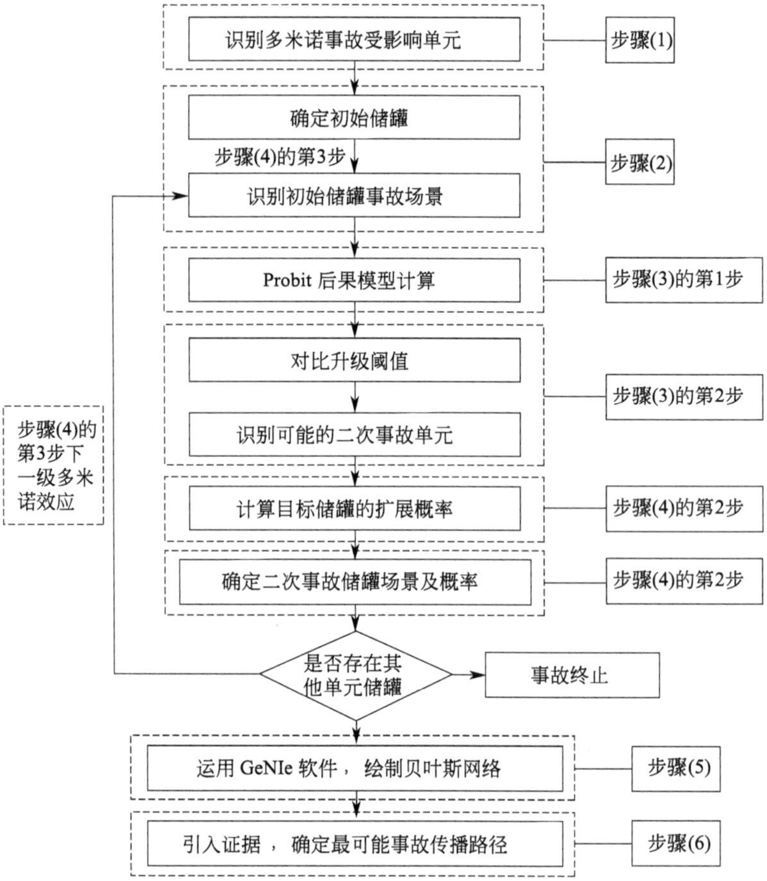

图 5-11 储罐区事故链传递概率分析关键步骤

别计算考虑聚氯乙烯树脂隔板与保护层后的碎片连锁破坏概率，并将结果与忽略防护措施的情况进行对比分析，最终利用数据拟合，建立碎片连锁破坏概率与聚氯乙烯树脂层厚度间的关系，可靠性较高。最终，依据区域多米诺效应定量风险评价技术，计算获得采取保护层后的区域个人风险、社会风险分布以及潜在生命损失值（PLL），并将计算结果与忽略防护措施的情况进行对比。

（1）聚氯乙烯树脂保护层条件下的爆炸碎片连锁破坏效应分析　目标外壁存在聚氯乙烯树脂保护层时，依据文献提出的方法[43]，可计算其碰撞目标的概率 P_{imp}。碎片碰撞目标后，首先接触保护层［图 5-12(a)］，具有较大动能的碎片将穿透保护层，进而破坏器壁。碎片碰撞保护层时，由于聚氯乙烯树脂良好的机械性能，当其速度 v_h 与入射角度 η_h 已知时，根据塑性理论计算碎片穿透保护层的厚度 h_h 为：

$$h_{\mathrm{h}}=\begin{cases}\dfrac{-d_{\mathrm{p}}\cos\eta_{\mathrm{h}}+\sqrt{(d_{\mathrm{p}}\cos\eta_{\mathrm{h}})^{2}+\dfrac{4}{\pi}\tan\eta_{\mathrm{h}}\left(\dfrac{E_{\mathrm{h}}}{f_{\mathrm{uh}}\varepsilon_{\mathrm{uh}}}\right)^{2/3}}}{2\tan\eta_{\mathrm{h}}} & (\eta_{\mathrm{h}}\neq 0)\\ \dfrac{1}{\pi d_{\mathrm{p}}}\left(\dfrac{E_{\mathrm{h}}}{f_{\mathrm{uh}}\varepsilon_{\mathrm{uh}}}\right)^{2/3} & (\eta_{\mathrm{h}}=0)\end{cases} \tag{5-23}$$

式中，E_{h} 为碎片碰撞保护层时的动能，J；f_{uh} 为聚氯乙烯树脂保护层材料的极限应力，Pa；$\varepsilon_{\mathrm{uh}}$ 为聚氯乙烯树脂保护层材料的极限应变。设聚氯乙烯树脂保护层的厚度为 δ_{h}，若 $h_{\mathrm{h}}\leqslant\delta_{\mathrm{h}}$，则碎片动能完全被保护层吸收，停止飞行［图 5-12(b)，I_{h} 为碰撞点］；若 $h_{\mathrm{h}}>\delta_{\mathrm{h}}$，则碎片将继续穿透器壁并破坏目标［图 5-12(c)，δ_{c} 为目标的壁厚，m；h_{c} 为碎片穿透厚度，m］。根据塑性理论，碎片穿透厚度为 δ_{h} 的保护层时消耗的动能 E_{ph} 为：

$$E_{\mathrm{ph}}=\begin{cases}f_{\mathrm{uh}}\varepsilon_{\mathrm{uh}}\left\{\dfrac{\pi\left[(2\tan\eta_{\mathrm{h}}\delta_{\mathrm{h}}+d_{\mathrm{p}}\cos\eta_{\mathrm{h}})^{2}-(d_{\mathrm{p}}\cos\eta_{\mathrm{h}})^{2}\right]}{4\tan\eta_{\mathrm{h}}}\right\}^{3/2} & (\eta_{\mathrm{h}}\neq 0)\\ f_{\mathrm{uh}}\varepsilon_{\mathrm{uh}}(\pi d_{\mathrm{p}}\delta_{\mathrm{h}})^{3/2} & (\eta_{\mathrm{h}}=0)\end{cases} \tag{5-24}$$

此时碎片的剩余动能 $E_{\mathrm{s}}=E_{\mathrm{h}}-E_{\mathrm{ph}}$，穿透保护层后的速度 $v_{\mathrm{s}}=\sqrt{2E_{\mathrm{s}}/m_{\mathrm{F}}}$。根据孙东量等[43] 提出的方法可获得碎片穿透并破坏目标的概率 P_{rup}，最终根据碎片连锁破坏概率公式 $P_{\mathrm{domino}}=P_{\mathrm{gen}}P_{\mathrm{imp}}P_{\mathrm{rup}}$，获得碎片连锁破坏概率 P_{domino}。

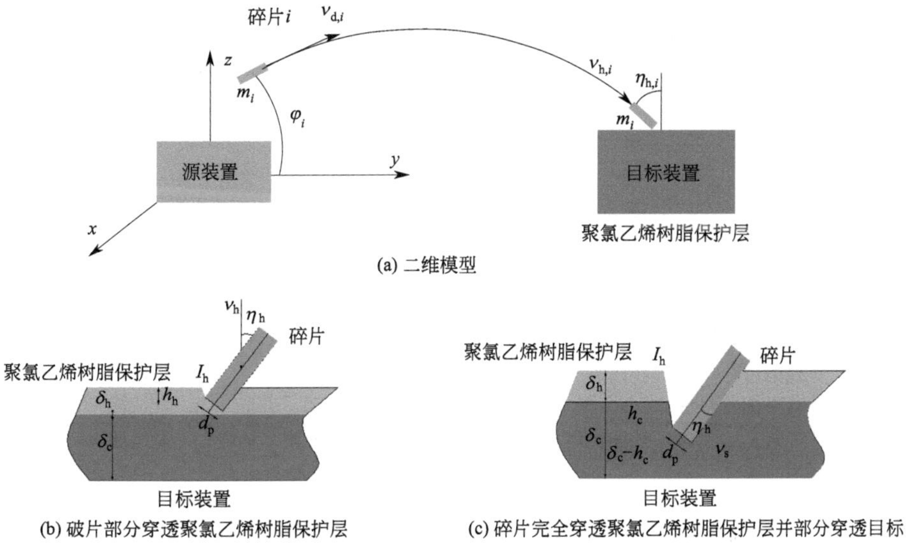

图 5-12　碎片碰撞并穿透聚氯乙烯树脂保护层与目标的示意图

(2) Monte-Carlo 法模拟计算　选取某公司 LPG 球罐组为研究对象。储罐布局见图 5-13，表 5-21 列出了常压罐组与 LPG 球罐的相关信息，表 5-22 为罐间距数据。LPG 球罐组发生 BLEVE 时，仅考虑其产生的爆炸碎片破坏效应。应用 Monte-Carlo 法，在忽略防护措施、考虑聚氯乙烯树脂保护层的条件下，分别计算 $800m^3$、$1000m^3$ 与 $2400m^3$ LPG 球罐爆炸碎片的连锁破坏概率。目标为 $1000m^3$ LPG 球罐，壁厚 0.02m，与爆炸球罐的距离均为 50m。聚氯乙烯树脂保护层厚度均取 0.015m。综合考虑计算运行时间与精度，取模拟循环次数为 10000。碎片抛射涉及的随机变量概率分布均参考已有文献[44]。

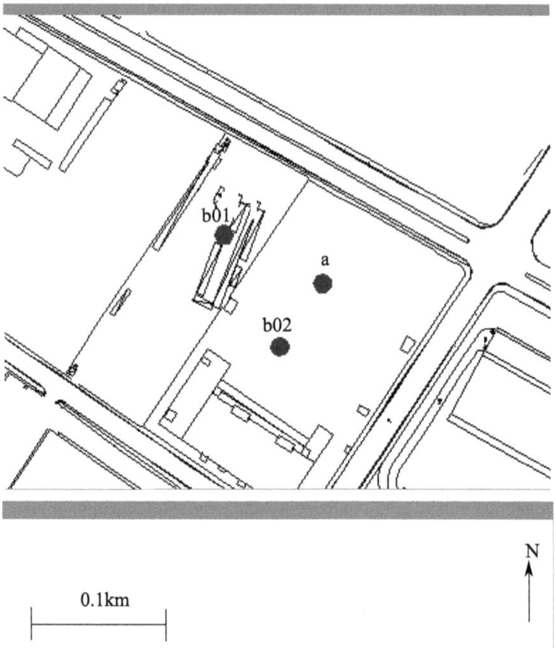

图 5-13　常压罐组与 LPG 球罐布局图

表 5-21　常压管组与 LPG 球罐信息表

储罐编号	装置类型	储存物质	日常最大存量/t	容积/m^3	罐半径/m	壁厚/m
a	柱形常压容器	燃料油	10000	10000	20	0.012
b01	球形压力容器	LPG	50	120	3	0.010
b02	柱形常力容器	汽油	5000	8000	16	0.012
储罐编号	**储存压力/MPa**	**储存温度/℃**	**环境压力/MPa**	**储罐材质**	**材料 20℃时的屈服强度/MPa**	
a	0.3	20	0.1	16MnR	300	
b01	0.8	20	0.1	16MnR	330	
b02	0.4	20	0.1	16MnR	300	

表 5-22　常压罐组与 LPG 球罐的罐间距

储罐编号	间距/m		
	a	b01	b02
a	—	93	65
b01	93	—	105
b02	65	105	—

模拟结果如表 5-23、表 5-24 所示（假定爆炸已发生并产生碎片，结果中碎片生成概率 P_{gen} 为 1）。在考虑了聚氯乙烯树脂保护层后，碎片碰撞目标概率 P_{imp} 的变化不大，而碎片破坏目标概率 P_{rup} 则由 0.5286 骤降至 0.0191，因此最终的碎片连锁破坏概率 P_{domino} 由于 P_{rup} 的下降而降低到了 1/30。由表 5-24 可以看出，聚氯乙烯树脂保护层对于降低碎片连锁破坏概率发挥了显著效果。1000m^3 与 2400m^3 爆炸球罐的模拟结果同样体现了上述特征。因此，为了降低碎片引发连锁破坏效应的概率，应最大限度地避免目标与碎片的接触，即采用保护层对目标本身进行防护。保护层的选材应综合考虑实际装置的防护需求、材料特性、加工工艺、投资成本等因素，以满足工程实践的需要。

表 5-23　未考虑聚氯乙烯树脂保护层的模拟结果

结果	爆炸罐容积/m^3		
	800	1000	2400
P_{gen}：爆炸发生概率	1	1	1
P_{imp}：碎片碰撞目标概率	0.0044	0.0043	0.0041
P_{rup}：碎片破坏目标概率	0.5286	0.2989	0.7242
$h_{c,a}$：碎片穿透目标的平均深度/m	0.0090	0.0104	0.0090
P_{domino}：碎片连锁破坏概率	0.0023	0.0013	0.0030

表 5-24　考虑聚氯乙烯树脂保护层的模拟结果

结果	爆炸罐容积/m^3		
	800	1000	2400
聚氯乙烯树脂保护层			
$h_{h,a}$：碎片穿透聚氯乙烯树脂保护层的平均深度/m	0.0095	0.0089	0.0098
$P_{rup\text{-}h}$：聚氯乙烯树脂保护层的破坏概率	0.7626	0.6338	0.8761
目标			
P_{gen}：爆炸发生概率	1	1	1
P_{imp}：碎片碰撞目标概率	0.0039	0.0041	0.0040
P_{rup}：碎片破坏目标概率	0.0191	0.0205	0.0091
$h_{c,a}$：碎片穿透目标的平均深度/m	0.0101	0.0096	0.0115
P_{domino}：碎片连锁破坏概率	7.5000×10^{-5}	8.4016×10^{-5}	3.6300×10^{-5}

(3) 爆炸碎片连锁破坏概率与聚氯乙烯树脂层厚度关系的建立　以 $1000m^3$ 爆炸球罐为例，研究爆炸碎片连锁破坏概率与聚氯乙烯树脂层厚度的关系。利用 Monte-Carlo 法，分别计算保护层厚度为 0～0.04m 时的碎片连锁破坏概率，结果如图 5-14 所示。图中显示，碎片连锁破坏概率随聚氯乙烯树脂层厚度的增加呈现指数递减趋势，利用数据拟合，获得 P_{domino}-δ_h 关系式：$P_{domino}=0.0017\exp(-406.7670\delta_h)$ ($R^2=0.9981$)。该式可靠性较高，为使 P_{domino} 低于 10^{-5}，聚氯乙烯树脂层的最低厚度应取 0.0126m；要使 P_{domino} 低于 10^{-8}，聚氯乙烯树脂层最低厚度应取 0.0296m。

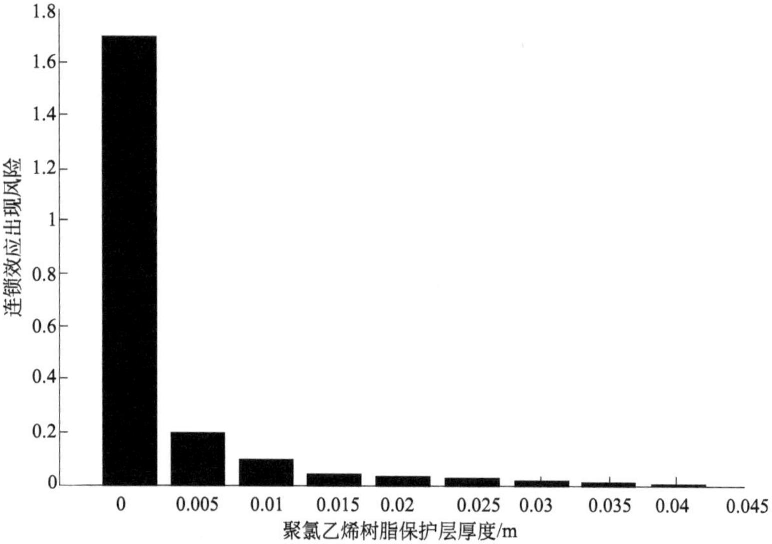

图 5-14　爆炸碎片连锁破坏概率与聚氯乙烯树脂层厚度的关系

2. 石棉保护层对热辐射连锁效应风险的削弱技术

石棉耐火性强，是重要的防火材料，常用作工业隔热制品，可将石棉作为防热辐射保护层的材料。依据孙东亮等人[43]对保护层条件下热辐射导致储罐失效过程的详细分析，采用热辐射导致储罐失效的准则及热辐射连锁破坏概率模型，以某常压罐组与 LPG 球罐为研究对象，分析在热辐射作用下，石棉保护层对储罐压力与失效时间的影响，利用数据拟合，建立了储罐失效时间与石棉保护层厚度的关系式。最终，通过储罐失效时间与热辐射持续时间的比较，建立了避免热辐射连锁破坏的准则，可为储罐防热层设计提供理论依据。

(1) 石棉保护层条件下热辐射连锁破坏模型　在石棉保护层存在条件下，当储罐处于火灾环境时，热量由火源释放，经空气传播到达保护层，穿透保护层后到达目标储罐器壁，最终进入罐内，罐内危险物料的温度因吸收热量而升高。上述过程的主要传热方式包括热辐射、热对流及热传导。其传热模型如图 5-15 所示。

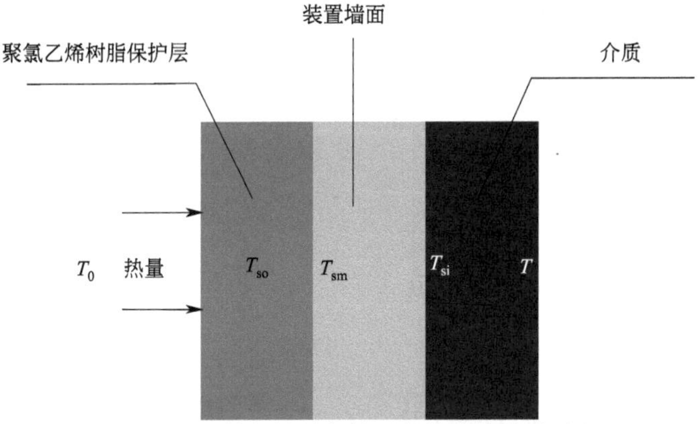

图 5-15 石棉保护层条件下的储罐热传递过程

其中，T_0 为环境温度,℃；T_{so} 为石棉保护层外表面的温度,℃；T_{sm} 为储罐外壁温度,℃；T_{si} 为储罐内壁温度,℃；T 为罐内物质温度,℃。

石棉保护层条件下，针对热辐射作用下储罐失效破坏的过程，采用孙东亮等[43] 提出的储罐内部压力与储罐爆破压力计算模型。

以某常压罐组与 LPG 球罐为研究对象，分析石棉保护层对热辐射作用下储罐连锁破坏的影响。将燃料油罐 a 作为热辐射源，LPG 球罐 b01 与汽油罐 b02 为目标罐。b01 与 b02 罐外壁存在石棉保护层，厚度均为 0.01m。环境温度为 20℃。设燃料油罐 a 的初始事故场景为池火，池火中心在燃料油罐 a 的中心，燃料油罐 a 发生瞬时全部泄漏。根据孙东亮等人[45] 所著池火灾情况下可燃液体储罐孔洞泄漏量研究的池火模型（2010 年）中的模型，计算获得燃料油罐 a 发生池火后，LPG 球罐 b01 与汽油罐 b02 位置处的热通量，如表 5-25 所示。

根据表 5-25 的热通量值，在忽略与考虑石棉保护层的两种条件下，分别计算 LPG 球罐 b01 与汽油罐 b02 的内部压力（Pressure of Vessel）与爆破压力（Burst Pressure），结果如图 5-16 所示。图 5-16(a)、(b) 显示，忽略石棉保护层时，b01 与 b02 罐内部压力随热辐射作用时间的增加而迅速增加；随着储罐爆破压力的下降，当 b01 与 b02 罐内部压力分别达到 b01 与 b02 的爆破压力时，b01 与 b02 罐发生失效破坏，失效时间分别为 14min 与 6.4min，如表 5-25 所示。然而，图 5-16(c)、(d) 显示，考虑石棉保护层时，与图 5-16(a)、(b) 结果相比，b01 与 b02 罐内部压力的增加及爆破压力的下降均较缓慢。考虑石棉保护层时，b01 与 b02 罐的失效时间（b01 24.0min，b02 12.0min）约为忽略石棉保护层条件下获得的失效时间（b01 14.0min，与 b02 6.4min）的 2 倍，如表 5-25 所示。因此，石棉保护层可显著降低目标罐的压力升高速率。

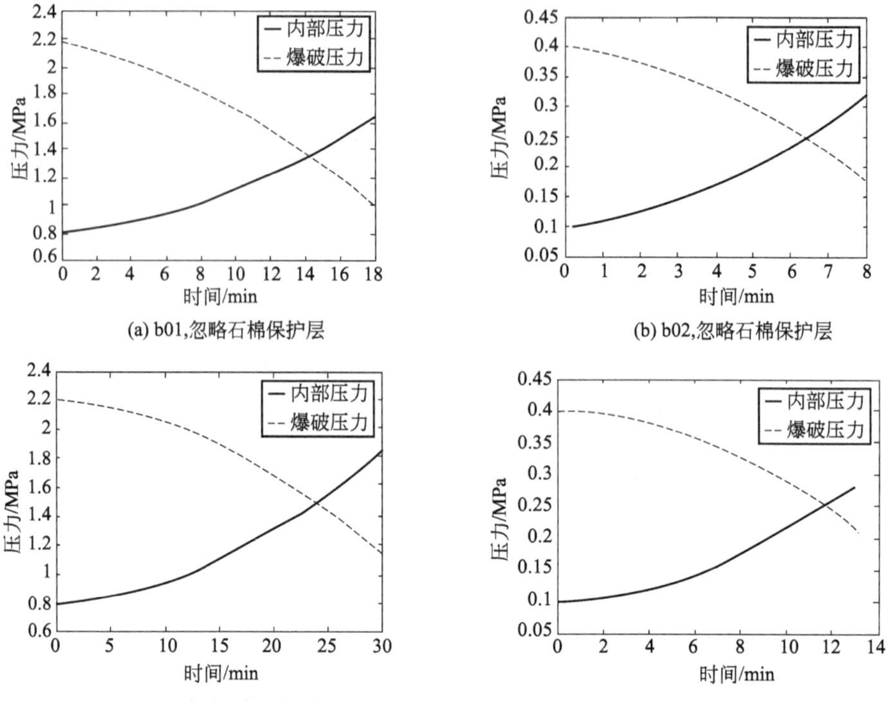

(a) b01,忽略石棉保护层 (b) b02,忽略石棉保护层

(c) b01,考虑石棉保护层 (d) b02,考虑石棉保护层

图 5-16 忽略与考虑石棉保护层两种条件下的 b01 与 b02 罐内部压力随时间的变化

表 5-25 储罐间距、目标罐位置的热通量、忽略与考虑石棉保护层两种条件下 b01 与 b02 罐的失效时间

项目	储罐间距/m	热通量/(kW/m^2)	失效时间/min	失效时间/min
			忽略石棉保护层	考虑石棉保护层
	a	a	a	a
b01	93	12	14.0	24.0
b02	65	15	6.4	12.0

(2) 储罐失效时间与石棉层厚度关系的建立　分析石棉保护层厚度为 0～0.04m 时，b01 与 b02 罐失效时间的变化规律，结果如图 5-17 所示。

图 5-17 显示，b01 与 b02 罐的失效时间随石棉保护层厚度的增大而急剧增大。因此，分别拟合建立了 b01 与 b02 罐的失效时间（t_f）与保护层厚度（δ_p）间的关系式，可靠性较高。

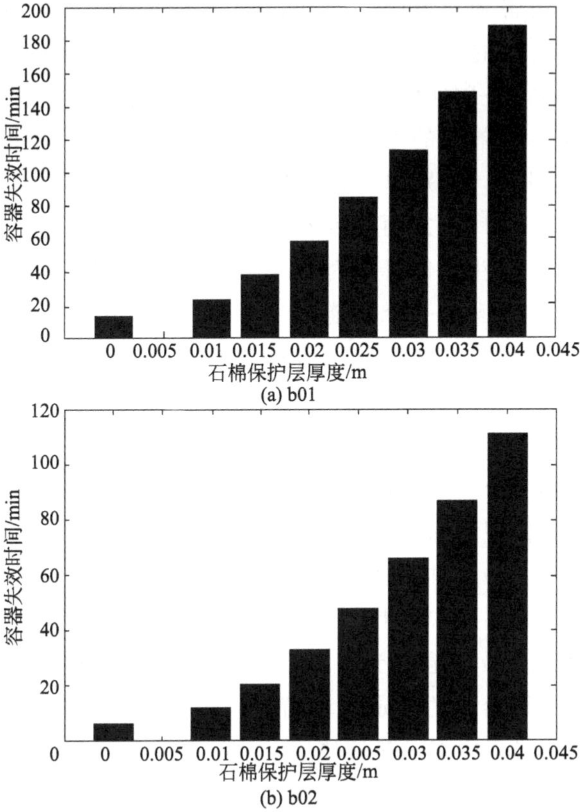

图 5-17　储罐失效时间随石棉层厚度的变化

b01 罐　$t_f = 17.7948\exp(59.8614\delta_p)$　$R^2 = 0.9958$　(5-25)

b02 罐　$t_f = 9.4458\exp(62.4680\delta_p)$　$R^2 = 0.9947$　(5-26)

第三节　基于性能化的化工装置平面布局安全设计

建立性能化设计体系的首要步骤是确定性能化目标及其对应的判定准则。目前主要采用风险及事故后果作为布局安全评估标准，尤其是风险。但是，目前国内外关于事故发生概率方面的基础数据十分匮乏，如果以风险作为性能化目标依据，往往无法操作。因此，选择事故后果作为性能化目标的制定依据。

一、性能化目标的确定

从事故后果角度，任何事故形式对周围环境的影响都可以划分为两类，即对人员的伤害和对设施的损伤，建立的性能化目标应满足在一定程度上控制这两类伤害的要求。

在化工生产中，一方面，由于各单元的工艺重要性、资金密度、人员密度等各不相同，各单元的可接受损失程度也不相同，因此在制定性能化目标时，应考虑到不同类别单元的不同安全要求；另一方面，平面布局设计还受到经济约束等其他方面的因素影响，不能无限制地设置过高的性能化目标，因此在制定性能化目标时应注意其经济可接受性。针对上述两个问题，采取的方法是建立一个性能化目标备选集，在具体操作时，可以根据单元的相关特性及要求从性能化目标备选集中为当前单元选择合理的性能化目标。

当前伤害理论研究中，事故对人伤害的分类方式很多，如热辐射作用下，有人以皮肤伤害作为分类基准，也有人以视网膜伤害作为分类基准；冲击波作用下，有人以鼓膜伤害为基准，有人以肺伤害为基准，还有人以头部撞击伤害为基准。参考文献［46］对事故作用下人员的伤害情况进行了较为合理的重新分类，将人员伤害分成死亡、重伤以及轻伤三种类别，并定义了相对应的伤害准则，被广大研究人员普遍接受[47,48]。同时，事故对设施的损伤划分多样，大多是根据实验结果给出的特定实验情况下的伤害情况，缺乏统一的分类方式，在具体的操作过程中很难直接使用，因此，为方便操作，将事故对设施的损伤划分为严重损伤和轻微损伤两个类别。另外，在化工生产过程中，一些含能单元（设施）常常在周围事故的作用下发生二次事故，引发进一步多米诺效应，因此在考虑这部分单元（设施）时还需考虑多米诺效应。根据上述分析，建立了性能化目标集合见表 5-26。

表 5-26 性能化目标备选集

人员			非含能设施		含能设施		
死亡	重伤	轻伤	严重	轻微	严重	轻微	多米诺

表 5-26 中非含能设施指建筑、装置框架、不含危险物质的设备等不能引发二次事故的设施，而含能设施一般指含有危险物质或处于高能状态的设施。关于具体单元的性能化目标，则应由单元特性确定，具体参与确定性能化目标的评估指标有单元工艺重要性信息、单元资金密度信息、单元人员密度信息以及政府安全要求等，具体确定的方法不作详细研究，仅给出选择参考，如表 5-27 所示。

表 5-27 性能化目标选择参考表

单元特征	建筑/装置			设备(含能)区别于装置，一般指储罐
	高	中	低	
人员密度	人员轻伤	人员重伤	人员死亡	多米诺效应
资金密度	轻微	轻微/严重	严重	
工艺重要性	轻微	轻微/严重	严重	
政府安全要求	轻微	轻微/严重	严重	

二、性能化目标判定准则的确定

性能化目标备选集制定以后，还需要以事故伤害后果作为备选集中各子项的判定准则。

主要考虑火灾、爆炸、毒气扩散等具有远距离破坏能力的事故类型，明确其对周围环境的伤害形式主要为热辐射、冲击超压、碎片抛射以及毒性伤害四种。就这几种伤害形式分别对人的伤害及装置（设施）的损伤进行分析研究，以明确各种伤害形式作用下，各性能化目标对应的判定准则。

虽然相关文献给出了热辐射、冲击波等破坏数据[46,49]，但由于缺少统一的分类方式，无法将其直接应用，通常要将这些数据进行统计分类，得到统一的分类标准。

1. 热辐射伤害

目前主要存在的伤害准则分为热通量（Q）准则、热强度（q）准则、热通量（Q）-热强度（q）准则三种，三种准则有着各自的适用范围，它们的选用取决于热辐射释放事故的种类以及接受热辐射目标的种类。

（1）对人的伤害　热辐射对人伤害的相关理论研究较多，相对装置（设施）而言，人员承受热辐射伤害的能力变化幅度较小，各资料中相关数据也具有较好的一致性，文献［46］将人员受热辐射伤害分为死亡、重伤及轻伤三个等级并给出了相关的判定准则并被广泛接受，因此直接引用现有相关成果。表 5-28、表 5-29 分别列举了热准则和热强度准则的相关数据[46]，热通量-热强度准则由于操作过程相对烦琐且相关数据不足，应用很少，不作讨论。

表 5-28 稳态火灾作用下的热通量伤害准则

伤害等级	伤害效应	$Q/(\mathrm{kW/m^2})$
死亡	皮肤裸露 20%时，120s 照射时间下，50%人员死亡	6.5
重伤	皮肤裸露 20%时，120s 照射时间下，50%人员二度灼伤	4.3
轻伤	皮肤裸露 20%时，120s 照射时间下，50%人员一度灼伤	1.9

表 5-29 瞬态火灾作用下的热强度伤害准则

伤害等级	伤害效应	$q/(kJ/m^2)$
死亡	假设辐射时间为 40s,皮肤裸露 20%时，50%人员死亡	6.5
重伤	假设辐射时间为 40s,皮肤裸露 20%时，50%人员二度灼伤	4.3
轻伤	假设辐射时间为 40s,皮肤裸露 20%时，50%人员一度灼伤	1.9

(2) 对装置（设施）的损伤 一般认为短时间的热辐射（瞬时火焰，如 BLEVE 火球）不能引起装置（设施）的明显损伤，因此目前热辐射对装置（设施）的损伤研究大多以热通量准则为基准。

目前已有的热辐射对装置（设施）的损伤研究大多建立在特定的实验基础上，以某种特定实验条件下的损伤现象作为分类标准，无法满足要求，因此需要在现有研究成果基础上为备选集中的性能化目标确定合理的判定准则。

热辐射对装置（设施）的主要损伤机理可以分为可燃物质和不可燃物质两个种类，可燃物质在热辐射作用下，逐渐升温，达到其自燃点而导致引燃；对不可燃物体的损伤机理主要为长时间的辐射加热使得装置整体或部分强度降低，以致装置（设施）不能维持其原先承载的作用力（如自重、内压）而导致失稳，进一步可能形成坍塌、破裂。

对于内含可燃物质较多的厂房、库房、办公楼等设施，最为严重的事故后果是引燃其中的可燃物质，导致室内火灾，进一步导致建筑结构失效，可以认为导致建筑物内最易燃物质燃烧的热辐射“强度”是导致这类设施产生严重事故后果的临界条件；一般而言，墙壁、窗户等会保护建筑内物品免受热辐射的伤害，因此屏蔽设施中的薄弱环节失效往往是建筑内物质燃烧的先决条件，玻璃破裂作为最薄弱的一个环节被选择作为衡量此类屏蔽设施失效的标准。因此对此类设施而言，轻微损伤为玻璃在热辐射作用下破裂，而严重损伤为建筑物内最易燃烧物质被点燃，以易燃物质的临界热通量值为基准（CHF），表 5-30[50] 给出了部分常见物质的临界热通量。

表 5-30 常见物质的 CHF

材料	$CHF/(kW/m^2)$	物质	$CHF/(kW/m^2)$
面粉	10	聚苯乙烯(PS)	13
糖	10	聚丙烯(PP)	15
报纸	10	聚乙烯(PE)	15
皱纹纸	10	交联聚乙烯(XLPE)	15
橡木	10	聚甲基丙烯酸甲酯(PMMA)	11
松木	10	尼龙	15

对于不含可燃物质的厂房、库房，在热辐射作用下的受伤害程度取决于建筑物的材质，其严重伤害定义为建筑物受到足够的热辐射后强度下降，导致坍

塌。事实上，化工厂内的建筑物在设计时往往因为考虑防火需要，均有一定的耐火性能，一般除非在直接火焰侵袭的情况下才会发生建筑物失效坍塌事件，一般的热辐射往往很难导致这种情况的发生，因此相对而言，这类建筑物本身出现上述严重伤害现象的情况是很少见的。但如果建筑物内有需要特别保护的物体，在一定的热辐射强度下会被破坏或引发其他事故，则可选择其临界热辐射接受强度作为“严重损伤”的判定准则。轻微损伤同样也没有合适的定义标准，出于保护建筑物内设施的目的，这里仍然取玻璃破裂作为轻微损伤的标准。表 5-31 分别列出了含可燃物质建筑及不含可燃物质建筑的热通量准则相关的临界数值。

表 5-31 稳定火灾作用下的热通量准则

伤害等级	临界热通量/(kW/m^2)	
	含可燃物质建筑	不含可燃物质建筑
轻微损伤	4[51]	4[51]
严重损伤	最易燃烧物质 CHF[50]	建筑内保护设施临界热通量①

① 取决于被保护设施，相关数值可参见钢结构临界热通量或多米诺临界热通量或自定义。

对于露天的装置区、库区等，则主要考虑相关设备或结构（一般建造材料为钢材）在热辐射作用下的软化失效。在装置区及罐区，尤其是罐区，可能会存在一些包含危险物质的容器，它们可能出现多米诺效应（这部分内容将在后文单独研究），此处排除多米诺效应后，装置区及库区的热伤害主要表现为承重结构失效而导致的破坏甚至坍塌。

承重结构的失效取决于承重结构材料的热力学性能及其实际负荷，当温度升高时，钢材屈服强度逐渐下降，当下降至工艺要求临界强度时，结构开始发生破坏，将这种情况定义为钢结构装置“严重损伤”，在钢结构设计中，这个伤害程度所对应的温度称为“临界温度”[52]；在装置达到“严重损伤”前，装置似乎并不会有什么明显损伤，因此钢结构装置在热辐射作用下的性能化目标“轻微损伤”很难找到对应的定义，这里为统一性能化目标划分方式，主观定义“轻微损伤”为“结构温度达到严重伤害对应温度之下 100℃”即“临界温度以下 100℃”，虽然这种定义方式看似没有依据，但也可以将其理解为“即将达到严重损伤的可能性”的一种表述方式。

钢结构临界温度与钢结构的材质、型式等参数有关，关于钢结构临界温度的确定方法在文献［52］中有较为详细的介绍，但操作方法相对烦琐，且需要有较高的结构力学基础及金属材料知识基础。文献［52］给出了一般钢结构屈服强度折减系数随温度升高变化的关系式，如式(5-27) 所示。

$$\eta_T = 1 + \frac{T_s}{767\ln\left(\frac{T_s}{1750}\right)}, T_s \leqslant 600℃ \tag{5-27}$$

式中 T_s——钢结构温度，℃；

η_T——高温下钢结构屈服强度折减系数。

如果某钢结构的初始强度设计安全系数为 f，当强度下降为原强度的 $1/f$（屈服强度折减系数）时，结构达到强度临界状态，因此一般钢结构在要求不高的情况下，可以采用式(5-27) 估算临界温度，式中 η_T 取值 $1/f$。

从以上分析可以看出，装置严重损伤及轻微损伤时的金属强度均是温度的函数，在火灾作用下，根据相关的事故后果计算模型，只能得到火灾周围的辐射场分布，因此还需要建立钢结构在热辐射作用下温度与热辐射（这里仅考虑热通量）之间的关系。根据热守恒原理简单推导，推导过程基于如下假设条件：

a. 火灾场景持续稳定，已经形成稳定温度场；

b. 假设钢结构为表面粗糙的灰体；

c. 钢结构内部温度分布均匀；

d. 主要考虑远距离火灾辐射，认为辐射垂直作用于钢结构表面，接受火灾热辐射面积为钢结构总体面积的一半；

e. 不考虑空气对流等其他热交换形式。

系统的辐射热交换过程可用图 5-18 表示。

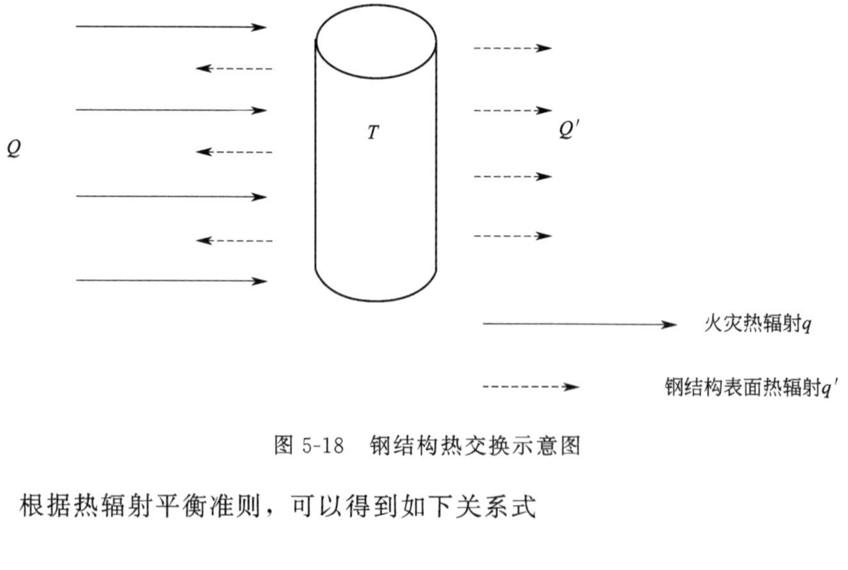

图 5-18 钢结构热交换示意图

根据热辐射平衡准则，可以得到如下关系式

$$aQ\frac{S}{2}=Q'S=\varepsilon C_0\left(\frac{T}{100}\right)^4 S \tag{5-28}$$

$$Q=2\frac{\varepsilon}{a}c_0\left(\frac{T}{100}\right)^4=2C_0\left(\frac{T}{100}\right)^4 \tag{5-29}$$

式中　a——钢结构的辐射吸收率；

ε——钢结构的发射率，当为漫射的灰体表面时，$\varepsilon=a$；

Q——火灾辐射热通量，W/m^2；

C_0——热辐射系数，5.67$W/(m^2\cdot K^4)$；

Q'——钢结构表面对外的辐射热通量，W/m^2；

S——钢结构表面积，m^2。

式(5-29) 给出了钢构件温度和热通量之间的关系，根据前面定义的伤害等级判定方法及上述推理过程，可以得到各伤害等级对应的热通量计算公式：

$$Q_{轻微}=2\frac{C_0}{1000}\left(\frac{T_{critical}-100}{100}\right)^4 \tag{5-30}$$

$$Q_{严重}=2\frac{C_0}{1000}\left(\frac{T_{critical}}{100}\right)^4 \tag{5-31}$$

式中　$Q_{轻微}$——钢结构轻微损伤时对应的临界热通量，kW/m^2；

$Q_{严重}$——钢结构严重损伤时对应的临界热通量，kW/m^2；

$T_{critical}$——钢结构的临界温度，K。

(3) 多米诺效应　化工装置的多米诺效应一直是工业安全的研究热点，很多研究者进行了大量研究，其中，Cozzani 等人[25] 系统研究了闪火、火球、喷射火、池火灾的辐射热分别导致常压容器和压力容器产生多米诺效应的临界条件（以热通量数值作为临界条件），部分研究成果如表 5-32 所示。

表 5-32　各种火灾事故类型的多米诺效应临界热通量

火灾场景	目标容器种类	临界热通量
闪火	所有	不可能
火球	常压容器	100kW/m^2
	压力容器	不可能
喷射火	常压容器	15kW/m^2
	压力容器	40kW/m^2
池火灾	常压容器	15kW/m^2
	压力容器	40kW/m^2

2. 爆炸波伤害

由于爆炸波形式的不同，爆炸波对周围环境的伤害也存在不同的准则，但在实际操作过程中大多选择最为简单的超压准则，一是因为该准则最为简单，易于理解，二是已有研究大多基于该准则，各种数据最为全面。因此，由于需要考察爆炸波对多种装置、设施的破坏作用，需要大量的现有数据作为基础，同样选择采用这种准则[59]。

（1）对人的伤害　现有文献中，超压对人体的伤害作用如表5-33所示[46]，表中的伤害作用划分为轻微损伤、听觉器官损伤或骨折、内脏严重损伤或死亡以及大部分人员死亡四个等级，与性能化目标等级划分方式不同。另外，从表中可以看出，各种伤害等级对应的超压为一个压力范围，导致对应的伤害等级距离同样为一个距离范围，不满足结果唯一的要求，需要进一步分析以确定合适的性能化目标判定准则。

表5-33　冲击波超压对人体的伤害作用

p_s/MPa	伤害作用
0.02～0.03	轻微损伤
0.03～0.05	听觉器官损伤或骨折
0.05～0.10	内脏严重损伤或死亡
>0.10	大部分人员死亡

冲击波对人体的伤害一般采用肺伤害、耳膜伤害以及身体撞击伤害来衡量，文献［46］对几种伤害模式进行了分析比较，最终确定了将头部撞击致死作为死亡判定标准；将50%耳鼓膜破裂作为重伤判定标准；将1%耳鼓膜破裂作为轻伤判定标准，并分别给出了安全距离的拟合确定公式（以W_{TNT}作为基本参数）如式(5-32)～式(5-34)所示。由于此处并不总是以TNT当量法作为各种爆炸类型的计算模型，因此需要对这些公式进行逆向推算得到各种伤害等级对应的超压。

$$R_{死亡}=0.961W_{TNT}^{0.429} \tag{5-32}$$

$$R_{重伤}=3.067W_{TNT}^{0.331} \tag{5-33}$$

$$R_{轻伤}=5.966W_{TNT}^{0.331} \tag{5-34}$$

根据TNT爆炸超压-距离关系[53]，反推获得各伤害级别对应的临界超压，如表5-34所示。

表5-34　冲击波超压作用下的超压伤害准则

伤害等级	伤害效应	p_s/MPa
死亡	头部撞击致死	0.15442
重伤	50%耳鼓膜破裂	0.056373
轻伤	1%耳鼓膜破裂	0.018592

比较表5-33和表5-34，发现两表中数值大约相当，因此认为表5-34中超压临界值可以接受。

(2) 对装置（设施）的损伤 已有研究在超压对建筑、装置的破坏方面作了大量工作，积累了很多数据，部分数据如表 5-35 所示[2]。

表 5-35 冲击波超压对设备的破坏作用

爆炸波超压/10^5Pa	破坏效应
0.0014	如果爆炸波频率为 10～15Hz，爆炸声（相当于 137dB 的噪声）使人烦躁
0.0021	处于受力状态的大窗玻璃偶尔震碎
0.0028	相当于 143dB 的噪声，能使玻璃破裂
0.0069	处于受力状态的小窗玻璃震碎
0.010	玻璃破裂的典型压力
0.020	房屋不会受到严重破坏概率为 0.95，屋顶受到一些破坏，10%的窗玻璃震碎
0.028	轻型结构受到一定程度破坏
0.034～0.069	大小窗玻璃经常震碎，窗框偶尔震坏
0.048	房屋结构受到轻微破坏
0.069	房屋的一部分完全破坏，无法继续居住
0.069～0.138	波纹石棉震碎，波纹钢板、铝板、支架因弯曲变形而断裂
0.090	黏土建筑的钢架结构发生轻微变形
0.138	房屋的墙和屋顶部分坍塌
0.138～0.207	不含钢筋的混凝土墙和炉渣墙震碎
0.159	房屋结构被严重破坏
0.172	砖砌房屋 50%被破坏
0.207	工业建筑内的重型机器几乎不被损坏，钢架结构发生变形，离开地基
0.207～0.276	无框架、自约束的钢板建筑完全破坏，油罐破裂
0.345	木电线杆等折断，房屋内高耸的重达 18144kg 的液压机床轻微破坏
0.345～0.483	房屋几乎完全破坏
0.483	装满货物的火车车厢倾覆
0.483～0.552	不含混凝土、厚 0.2～0.3m 的板砖因剪切或弯曲而破裂
0.621	装满货物的闷罐车厢完全破坏
0.689	重达 3175kg 的机床发生位移，并严重破坏
0.68	产生爆坑的临界压力

由于在性能化目标中将爆炸波对装置的损伤分为严重和轻微两个类型，因此同样需要为上述两个性能化目标建立合适的判定准则，同样将装置（设施）划分为建筑物和室外装置区或罐区两类。首先讨论建筑物的伤害，在考虑热辐射对建筑物的伤害时，将玻璃破碎作为建筑物轻微伤害的判定准则，将“大小窗玻璃经常震碎，窗框偶尔震坏”作为建筑物较轻伤害的判断依据。由于建筑物的主要作用是保护其内部设备，如果建筑物发生破坏，并间接伤害到其内部设施，则认为建筑物已经失去了保护作用，对照表 5-35 中的破坏效应，认为“房屋结构被严重破坏”较为适合建筑物严重伤害的判定依据。

室外装置区或库区主要涉及材料为钢材，因此主要分析爆炸波对钢结构的破坏作用，表 5-35 中的“黏土建筑的钢架结构发生轻微变形”比较适合于结构轻微损伤的情况，而“钢架结构发生变形，离开地基”可能会导致结构中的重要设施发生破坏，因此将其定义为严重损伤。

根据以上分析，可以得到装置（设施）破坏超压临界值如表 5-36 所示。

表 5-36　装置（设施）破坏超压临界值列表

损伤等级	超压/MPa	
	建筑	装置
轻微	0.0034	0.009
严重	0.0159	0.0207

（3）多米诺效应　Cozzani 等人[24] 在研究超压产生多米诺效应时，将容器划分为常压容器、压力容器、加长容器（毒性物质）及加长容器（可燃物质）四类，分别给出了产生多米诺效应的临界超压值，如表 5-37 所示。

表 5-37　不同种类目标容器的临界超压值

目标容器种类	临界超压/MPa
常压容器	0.022
压力容器	0.016
加长容器(毒性物质)	0.016
加长物质(可燃物质)	0.031

3. 毒气伤害

一般认为，毒气对设备等不能造成直接损伤，主要考虑其对人员的伤害作用，即仅分析研究人员性能化目标中的死亡、重伤以及轻伤对应的判定准则。用于衡量毒物毒性程度的评价指标有多种，包括绝对致死剂量或浓度、半数致死剂量或浓度、最小致死剂量或浓度、最大忍受致死剂量或浓度、阈致死剂量或浓度、毒负荷、中毒死亡概率单位方程等。前面五种毒性评价指标一般是指在某一固定时间内引起实验动物某种反应所需要的毒物剂量和浓度，不能反映时间对中毒反应的影响；毒负荷及中毒死亡概率单位方程则同时考虑了毒物浓度和作用时间对毒害程度的影响。目前应用最为广泛的是中毒死亡概率单位方程方法，具体计算公式如式(5-35) 所示：

$$P_r = A + B\ln(c^n t) \tag{5-35}$$

P_r 为人员伤害概率单位，与人员伤害百分数 P 之间的关系如式(5-36) 所示：

$$P = \frac{1}{\sqrt{2\pi}} \int_{-\infty}^{P_r - 5} \exp\left(\frac{-u^2}{2}\right) du \tag{5-36}$$

A，B，n 为取决于毒物性质的常数；c 为接触毒物的浓度，10^{-6}；t 为接触毒物的时间，min。

表 5-38 列举了部分物质的相关毒性常数。

表 5-38　一些毒性物质的常数

物质名称	A	B	n
氯(青少年和少年,从事标准活动)	−8.29	0.92	2.0
氯(婴儿、老年人、患呼吸道疾病或者心血管疾病等易中毒人群,从事标准活动)	−6.61	0.92	2.0
氯(躺在床上休息的易中毒人群)	−7.78	0.92	2.0
氨	−15.8	1	2.0
溴	−12.4	1	2.0
光气(碳酰氯)	−0.8	1	0.9
异氰酸甲酯	−1.2	1	0.7
二氧化氮	−18.6	1	3.7
氟化氢	−8.4	1	1.5
二氧化硫	−19.2	1	2.4

根据上述方法可以得到毒物浓度、作用时间以及人员死亡率之间的关系。尽管这种方法较为直观地反映了毒物的伤害情况，但并不能与毒物伤害性能化目标很好对应，需要进一步分析。

毒气泄漏后，处于毒气环境中的人员可以选择撤退方式避免死亡，撤退越快死亡率越低，反之则死亡率越高。由此可见，可撤退时间是影响人员死亡率的一个重要因素，以人员的可撤退时间为标准，定义了关于死亡、重伤、轻伤的标准，具体如表 5-39 所示。

表 5-39　毒气伤害准则

伤害等级	伤害效应	浓度计算相关参数	
		P_r	t/min
死亡	2min 内 50%人员死亡	5	2
重伤	10min 内 50%人员死亡	5	10
轻伤	30min 内 50%人员死亡	5	30

4. 碎片伤害

化工容器发生爆炸事故后，除了产生强烈的冲击波对周围环境产生破坏外，爆炸碎片也是一种十分严重的伤害形式，是导致周围设施发生多米诺效应的一个重要原因。但这种伤害形式由于具有太多不确定性，研究较少，其对人员和设施的伤害研究也大多建立在经验基础之上，很难量化特定装置爆炸后的碎片对周围某装置的伤害严重程度。

Khan 综合考虑了碎片穿透能量、撞击能量以及碰撞概率，给出了碎片作用下容器发生多米诺效应的概率方程[54]。Cozzani 等人[25] 认为，在工业爆炸事故中，碎片的冲击伤害往往十分严重，只要碎片撞击到（含能）目标容器，则其发生多米诺效应的概率为 100%。另外，在考虑碎片对人员伤害时，往往直接认为人员被击中后 100%死亡，认为 Cozzani 等人的这个假设是相对合理和“安全”的；当撞击目标为非含能目标时，认为一定发生严重损伤。

5. 小结

本部分分别对热辐射（热通量 & 热强度）、超压、毒害以及碎片伤害的性能化目标判定准则进行了分析，结果汇总如表 5-40 及表 5-41 所示。

表 5-40 性能化目标判定准则汇总表 Ⅰ

伤害形式	适用事故模式	人员			建筑	
		死亡	重伤	轻伤	严重	轻微
热通量/(kW/m^2)	池火灾、喷射火	6.5	4.3	1.9	①	4
热强度/(kJ/m^2)	火球/闪火	592/所有	392/—	172/—	—/—	—/—
超压/kPa	所有爆炸	154.4	56.4	1.9	15.9	3.4
碎片	所有爆炸(除高压气流喷射)	所有	—	—	所有	—
毒气	毒气扩散	$\left(\frac{\exp\frac{5-A}{B}}{2}\right)^{\frac{1}{n}}$	$\left(\frac{\exp\frac{5-A}{B}}{10}\right)^{\frac{1}{n}}$	$\left(\frac{\exp\frac{5-A}{B}}{30}\right)^{\frac{1}{n}}$	—	—

① min(建筑内最易燃烧物质 CHF,建筑内保护设施临界热通量)。

表 5-41 性能化目标判定准则汇总表 Ⅱ

伤害形式	适用事故模式	严重	轻微	装置(设备)			
				常压容器	多米诺压力容器	加长容器(毒性物质)	加长容器(可燃物质)
热通量/(kW/m^2)	池火灾、喷射火	①	①	15	40	—	—
热强度/(kJ/m^2)	火球/闪火	—/—	—/—	100kW/—	—/—	—/—	—/—
超压/kPa	所有爆炸	20.7	9.0	22	16	16	31
碎片	所有爆炸(除高压气流喷射)	所有	—	所有	所有	所有	所有
毒气	毒气扩散	—	—	—	—	—	—

① 见式(5-31)，式(5-30)。

三、事故模式的确定

平面布局设计受到诸如经济约束等其他方面因素影响，不能无限制地任意给定过高的性能化目标，因此在制定性能化目标时应注意其经济可接受性，而部分强度过高的事故模式可能会因为巨大伤害作用而不适合在安全距离确定过程中考虑。因此，所涉及的事故模式分别确定了化工厂常见的一大一小两种规模的事故场景，拟通过事故后果量级的大小来排除不适宜用于安全距离确定的事故模式。具体的事故场景定义参数及选用的相关计算模型或工具见表 5-42。

表 5-42　不同事故模式下，大小规模的事故场景

事故模式	事故场景(或事故发生装置)		计算模型或工具
	较小事故规模	较大事故规模	
闪火	丙烷卧罐，常温高压储存，25℃，80%充装		
大面积瞬时泄漏源	ϕ1.2m，长 3m	ϕ4.8m，长 12m	Aloha
小面积连续泄漏源	ϕ1.2m，长 3m，泄漏口 5cm	ϕ4.8m，长 12m，泄漏口 10cm	Aloha
可燃液体蒸发池	ϕ10m，液态丙烷，－44℃	液池 ϕ30m，液态丙烷，－44℃	Aloha
喷射火	丙烷卧罐，常温高压储存，25℃，80%充装		
池火灾	喷射口 5cm	喷射口 10cmAloha	
	苯液池，25℃，液池 ϕ10m	苯液池，25℃，液池 ϕ30m	Aloha
气云爆炸	丙烷卧罐，常温高压储存，25℃，80%充装		
爆轰①	5cm 泄漏裂口	10cm 泄漏裂口	Aloha
爆燃②	气云爆炸强度为 7[55]		
大面积瞬时泄漏源	5m×5m×5m 丙烷气云团	30m×30m×30m 丙烷气云团	TNO 多能模型[55]
小面积连续泄漏源	5m×5m×5m 丙烷气云团	30m×30m×30m 丙烷气云团	TNO 多能模型[55]
可燃液体蒸发池	5m×5m×5m 丙烷气云团	30m×30m×30m 丙烷气云团	TNO 多能模型[55]
BLEVE	丙烷卧罐，常温高压储存，25℃，80%充装		
火球	ϕ1.2m，长 3m	ϕ4.8m，长 12m	Aloha
超压	ϕ1.2m，长 3m	ϕ4.8m，长 12m	SVEE 模型[31]
超压爆炸	10m^3；1MPa；压缩空气容器	100m^3；40MPa；压缩空气容器	TNT 当量法[53]
高压气流喷射	100m^3 容器内爆最高压力 2MPa；泄爆口 ϕ10cm	100m^3 容器内爆最高压力 20MPa；泄爆口 ϕ35cm	球形爆炸波模型[56]
点源爆炸	5kg TNT 当量凝聚相爆炸物	1000kg TNT 当量凝聚相爆炸物	TNT 当量法[12]
毒物泄漏扩散	液氨卧罐，常温高压储存，－33℃，80%充装		
	喷射口 5cm	喷射口 10cm	Aloha

① 基于表 5-41 结果，从闪火分析中明显看出大面积瞬时泄漏导致的气云覆盖范围远超其他泄漏形式，因此气云爆轰及毒物泄漏扩散只考虑小面积连续源扩散情况。

② 气云考虑爆燃时，一般认为只有达到一定约束度的气云才可能产生明显压力效应，因此只考虑整个可燃气团中受约束部分的爆炸效应，分析其对其他单元的破坏效应。

需要说明的是，选择的事故场景规模不能涵盖所有情况，事故计算模型只是选择的现有的常用经验计算模型，计算精度可能并不很高。但通过大致分析各种事故模式可能的后果影响量级，表 5-42 预设的相关参数可以满足目的要求。计算采用的性能化目标判定准则即采用表 5-40 及表 5-41 中的数据，其中建筑物严重伤害以纸张的临界热通量计算，钢结构的临界温度按 400℃计算。具体计算结果见表 5-43。

在厂区级平面布局中，要求某单元与周围任意单元之间间距超过 100m 是不现实的（实际生产中，100m 仍然难以接受，但工业中采用的一些隔热措施、防冲击措施往往能有效降低事故对单元的伤害，说明实际生产中 100m 可以根据防护措施进行适当调整，此处仅初步分析，暂不考虑防护设施带来的减少量），反过来说，如果某种事故模式产生的危害对周围所有单元之间的临界距离均大于 100m 的话，则可以认为这种事故模式不适合在安全距离确定过程中考虑。从表 5-43 中可以看出，气云爆轰及毒物扩散的破坏量级十分巨大，明显超出了单元间可接受距离，直接剔除；BLEVE 火球导致多米诺效应及超压对其他单元的破坏量级也略超过 100m，但由于在 BLEVE 事故发生前，往往有相当部分的物料已损失，如果考虑这部分的能量损失，破坏量级应该能够降低到 100m 以下，因此仍然考虑 BLEVE 火球及超压两种事故模式。另外一个特例就是大面积瞬时泄漏源引起的爆燃，虽然从表 5-43 的结果中可以看出其同样的约束气云团与其他两种泄漏模式引起的破坏后果相同，把其列为非考虑事故模式的主要原因如下：可燃气云覆盖下的约束单元在气云爆炸过程中往往是完全毁坏的［一般超过 1atm，甚至可能会达到兆帕（MPa）级］，大面积瞬时泄漏源产生了太大的可燃气云覆盖范围（可能达到千米级别），这就意味着整个厂区内几乎所有单元都可能在气云覆盖范围之内，即这种形式的气云爆炸几乎能引起所有单元的完全破坏，在这种情况下再考虑约束单元产生的爆炸效应对其他单元的影响没有意义，因此将其划出单元间安全间距设计考虑的范畴。

关于对人员的伤害情况，由于化工厂区内大部分单元在日常生产时很少有常驻人员，一般单元在考虑伤害程度时往往不以人员伤害为衡量依据，只有办公楼、等很少一部分人员相对集中的场所在平面布局设计时需要考虑对人员的伤害，因此尽管不少事故模式对人员的伤害表现了很强的破坏作用（伤害距离超过 100m），在平面布局设计中仍然可以考虑。由于从现有文献中可以获得爆炸碎片的伤害量级，因此在上述量级分析过程中没有考虑爆炸碎片，文献［29，44］采用 Monte-Carlo 方法分别对球罐及卧罐发生 BLEVE 产生的碎片伤害进行研究，发现即使很小的液化气容器，其 BLEVE 产生的碎片也可能抛出近千米的距离，结合表 5-40 及表 5-41 的性能化目标判定准则可以得知，爆炸碎片的伤害量级远远超过 100m，不适合在单元间安全距离确定设计中考虑。

表 5-43　不同事故模式的事故后果量级

事故模式	事故后果量级/m								是否考虑
	人员			建筑		设备			
	死亡	重伤	轻伤	严重	轻微	严重	轻微	多米诺	
闪火									
大面积瞬时泄漏源	101～905	—	—	—	—	—	—	—	否
小面积连续泄漏源	69～142	—	—	—	—	—	—	—	是
可燃液体蒸发池	53～162	—	—	—	—	—	—	—	是
喷射火	41～79	49～96	72～140	33～64	51～99	21～39	30～57	13～51	是
池火灾	34～93	39～109	53～150	29～79	40～112	22～56	27～73	16～67	是
气云爆炸									
（热辐射见闪火）									
爆轰	139～546	146～568	192～663	182～695	202～1463	185～644	255～868	165～695	否
爆燃									
大面积瞬时泄漏源	—	2.4～8.0	5.2～17.2	5.8～19.1	20～66	4.8～15.9	8.6～28.4	5.8～19.0	否①
小面积连续泄漏源	—	2.4～8.0	5.2～17.2	5.8～19.1	20～66	4.8～15.9	8.6～28.4	5.8～19.0	是
可燃液体蒸发池	—	2.4～8.0	5.2～17.2	5.8～19.1	20～66	4.8～15.9	8.6～28.4	5.8～19.0	是
BLEVE									
火球	33～565	47～798	71～1200	—	—	—	—	32～256	是
超压	15.4～54.6	22.6～80.0	34.4～121.7	36.5～129.3	68.1～241.0	33.0～116.9	45.6～161.4	28.3～129.0	是
超压爆炸	4～23.5	4.1～34.5	6.3～52.4	6.7～55.7	12.4～103.8	6.0～50.3	8.3～69.5	5.2～55.6	是
高压气流喷射	1.5～6.4	3.1～14.3	7.4～37.0	8.4～42.4	32.0～168.3	6.8～33.7	13.7～70.1	4.9～42.2	是
点源爆炸	4.2～19.2	6.1～28.2	9.3～43.0	9.8～45.6	18.3～85.0	8.9～41.2	12.3～56.9	9.8～45.5	是
毒物泄漏扩散	119～237	205～403	295～582	—	—	—	—	—	否

① 约束单元在气云爆炸中往往完全毁坏，大面积瞬时泄漏源产生的可燃气云覆盖范围很大，如果大多单元在爆炸中完全毁坏，则无必要考虑单元间的相互事故破坏影响。

四、基于性能化思想的设计框架流程

化工厂平面布局的安全设计可以分为单元相对位置设计、单元间距离设计以及单元防护措施设计三个部分，其中单元间相对位置的设计与另外两个部分关联较小，基本可以独立考虑；单元间距离设计及单元防护措施设计是相互影响的，在具体操作过程中往往交叉进行，可以看作是一个整体过程，称这个过程为“安全间距确定过程”。前文确定以事故后果作为性能化设计基础，所指的性能化设计主要是指安全间距确定过程。对基于事故后果的化工厂平面布局安全设计的系统输入条件、输出结果以及操作过程进行简要分析，建立了基于事故后果的化工厂平面布局性能化安全设计框架，具体框架结构如图 5-19 所示。

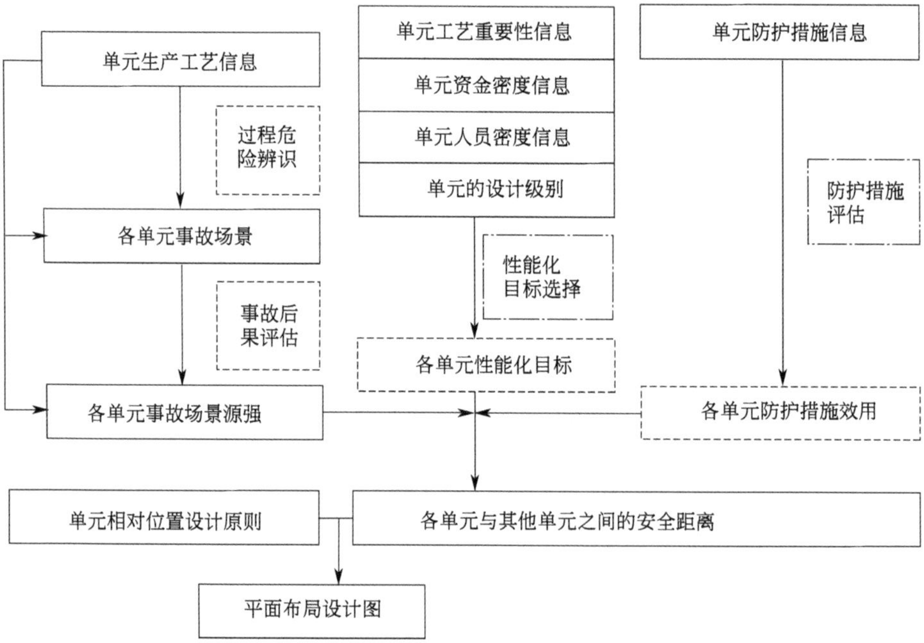

图 5-19 基于事故后果的化工厂平面布局安全设计框架

具体操作步骤如下：

(1) 根据单元生产工艺信息进行过程灾害识别，获得各单元可能发生的事故种类，结合单元生产工艺信息，选择合适的事故后果模拟模型进行后果评估，得到各单元不同事故的事故源强；

(2) 结合单元工艺重要性信息、单元资金密度信息、单元人员密度信息以及政府安全要求确定各单元的性能化目标（可承受的后果严重程度），进一步结合其他单元的事故种类确定性能化目标判定准则，得到各单元性能化目标对应判定准则（接受热辐射、超压等的临界值）；

（3）根据单元防护措施信息对各单元进行防护措施评估，得到各单元防护措施效果（降低热辐射能力、抵抗超压能力等）；

（4）结合上述步骤得到的各单元事故源强、各单元性能化目标对应判定准则以及各单元防护措施效果得到各单元与其他单元间的安全距离；

（5）根据（4）得出的各单元间安全距离，结合单元相对位置设计原则以及其他平面布局准则（如物流、工艺等）设计得到满足要求的平面布局方案。

参考文献

[1] 王如君．危险化学品生产、储存装置外部安全距离确定方法研究［D］．南京：南京工业大学，2016.

[2] 孟亦飞．化工厂平面布局性能化安全设计研究［D］．南京：南京工业大学，2008.

[3] 赵东风，王文东，章博．冲击波超压引起的多米诺效应［J］．安全与环境工程，2007，14（1）：109-111.

[4] 潘旭海，蒋军成．事故泄漏源模型研究与分析［J］．南京工业大学学报，2004，24（1）：105-110.

[5] Rathnayaka S，Khan F，Amyotte P. SHIPP methodology：predictive accident modeling approach：part I：methodology and model description［J］．Process Safety and Environment Protection，2011，89：151-164.

[6] 吴宗之．国内外安全（风险）评价方法研究与进展［J］．兵工安全技术，1999，2：37-40.

[7] 吴宗之，任常兴，多英全．危险品道路运输事故风险评价方法［M］．北京：化学工业出版社，2014.

[8] 宋占兵，于立见，多英全．定量风险评价在炼化一体化项目中的应用［J］．中国安全生产科学技术，2011，7（5）：91-95.

[9] 刘颖，顾益民，宣美菊．火灾爆炸危险指数法在油库风险评价中的应用［J］．环境科学与管理，2008，33（6）：165-168.

[10] Lees F P. Loss prevention in the process industries［M］，second ed. Oxford（UK）： 1996. Butteworth-Heinemann.

[11] Bagster D F，Pitblado R M. The estimation of domino incident frequencies-an approach［J］．Process Safety & Environmental Protection，1991，69（4）：195-199.

[12] Cozzani V，Gubinelli G，Antonioni G，et al. The assessment of risk caused by domino effect in quantitative area risk analysis［J］．Journal of Hazardous Materials，2005，127（1-3）：14-30.

[13] 郑峰，张明广，左亚雯．基于动态贝叶斯网络的化工装置区多米诺事故情景构建［J］．南京工业大学学报（自然科学版），2019，41（5）：554-560.

[14] Reniers G L L，Dullaert W，Audenaert A，et al. Managing domino effect-related security of industrial areas［J］．Journal of Loss Prevention in the Process Industries，2008，21（3）：336-343.

[15] Gómez-Mares M, Zárate L, Casal J. Jet fires and the domino effect [J]. Fire Safety Journal, 2008, 43 (8): 583-588.

[16] Antonioni G, Spadoni G, Cozzani V. Application of domino effect quantitative risk assessment to an extended industrial area [J]. Journal of Loss Prevention in the Process Industries, 2009, 22 (5): 614-624.

[17] Bahman A, Abbasi T, Rashtchian D, et al. A new method for assessing domino effect in chemical process industry [J]. Journal of Hazardous Materials, 2010, 182 (1-3): 416-426.

[18] Heikkil A, Malmén Y, Nissil M, et al. Challenges in risk management in multi-company industrial parks [J]. Safety Science, 2010, 48 (4): 430-435.

[19] Bahman A, Abbasi T, Rashtchian D. Domino effect in process-industry accidents -an inventory of past events and identification of some patterns [J]. Journal of Loss Prevention in the Process Industries, 2010, 24: 575-593.

[20] Darbra R M, Palacios A, Casal J. Domino effect in chemical accidents: main features and accident sequences [J]. Journal of Hazardous Materials, 2010, 183 (1-3): 565-573.

[21] Zhang X M, Chen G H. Modeling and algorithm of domino effect in chemical industrial parks using discrete isolated island method [J]. Safety Science, 2011, 49 (3): 463-467.

[22] Reniers G. An external domino effects investment approach to improve cross-plant safety within chemical clusters [J]. Journal of Hazardous Materials, 2010, 177 (1-3): 167-174.

[23] Khan F I, Abbasi S A. Models for domino analysis in chemical process industries [J]. Process Safety Progress, 1998, 17 (2): 107-123.

[24] Cozzani V, Salzano E. The quantitative assessment of domino effect caused by overpressure [J]. Journal of Hazardous Materials, 2004, 107 (3): 81-94.

[25] Cozzani V, Gubinelli G, Salzano E. Escalation thresholds in the assessment of domino accidental events [J]. Journal of Hazardous Materials, 2006, 129 (1-3): 1-21.

[26] Cozzani V, Gozzi F, Mazzoni A, et al. Assessment of probabilistic models for the estimation of accident propagation hazards [C] //Proceedings of the European Conference on Safety and Reliability. ESREL: Torino, 2001: 807-814.

[27] Landuccia G, Gubinellia G, Antonionib G, et al. The assessment of the damage probability of storage tanks in domino events triggered by fire [J]. Accident Analysis and Prevention, 2009, 41 (6): 1206-1215.

[28] 张明广. 化工连续工艺装置定量风险评价若干问题研究 [D]. 南京:南京工业大学, 2008.

[29] Hauptmanns U. A procedure for analyzing the flight of missiles from explosions of cylindrical vessels [J]. Journal of Loss Prevention in the Process Industries, 2001, 14 (5): 395-402.

[30] Gubinelli G, Zanelli S, Cozzani V. A simplified model for the assessment of the impact probability of fragment [J]. Journal of Hazardous Materials, 2004, 116 (3): 175-187.

[31] Abbasi T, Abbasi S A. The boiling liquid expanding vapour explosion (BLEVE): mechanism, consequence assessment, management [J]. Journal of Hazardous Materials, 2007, 141 (3): 489-519.

[32] Cozzani V, Antonioni G, Spadoni G. Quantitative assessment of domino scenario by a GIS-based software [J]. Journal of Loss Prevention in the Process Industries, 2006, 19 (5): 463-477.

[33] Mébarki A, Nguyen Q B, Mercier F. Structural fragments and explosions in industrial facilities:

part Ⅱ: projectile trajectory and probability of impact [J]. Journal of Loss Prevention in the Process Industries, 2009, 22 (4): 417-425.

[34] 邢志祥. 火灾环境下液化气储罐热响应动力过程的研究 [D]. 南京: 南京工业大学, 2004.

[35] 罗艳,李骁骅,王晶禹. 破片撞击 LPG 储罐失效数值模拟 [J]. 工业安全与环保, 2008, 34 (1): 46-48.

[36] 杨玉胜,吴宗之. 储罐爆炸碎片最可能抛射距离的 Monte-Carlo (蒙特卡罗) 数值模拟 [J]. 中国安全科学学报, 2008, 18 (3): 15-21.

[37] 张永强,相艳景,毛星等. 多米诺效应的风险分析方法 [J]. 安全与环境学报, 2008, 8 (6): 152-159.

[38] 潘旭海,徐进,蒋军成等. 爆炸碎片撞击圆柱薄壁储罐的有限元模拟分析 [J]. 南京工业大学学报 (自然科学版), 2008, 30 (3): 15-20.

[39] 钱新明,徐亚博,刘振翼. 球罐 BLEVE 碎片抛射的危害性研究 [J]. 高压物理学报, 2009, 23 (5): 389-394.

[40] 陈刚,朱霁平,武军等. 爆炸球罐尺寸对抛射碎片击中相邻罐体概率的影响 [J]. 化工学报, 2010, 61 (6): 1599-1604.

[41] 张津嘉,许开立,王延瞳等. 瓦斯爆炸事故风险耦合分析 [J]. 东北大学学报 (自然科学版), 2017, 38 (3): 414-417.

[42] Cozzani V, Salzano E. Threshold values for domino effects caused by blast wave interaction with process equipment [J]. Journal of Loss Prevention in the Process Industries, 2004, 17 (6): 437-447.

[43] 孙东亮,蒋军成,张明广等. 隔板与保护层对球罐爆炸碎片连锁破坏概率的影响 [J]. 化工学报, 2011, 62: 208-214.

[44] Hauptmanns U. A Monte-Carlo based procedure for treating the flight of missiles from tank explosions [J]. Probabilistic Engineering Mechanics, 2001, 16 (4): 307-312.

[45] 孙东亮,蒋军成,张明广. 池火灾情况下可燃液体储罐孔洞泄漏量的研究 [J]. 工业安全与环保, 2010, (7): 23-25.

[46] 宇德明. 易燃、易爆、有毒危险品储运过程定量风险评价 [M]. 北京:中国铁道出版社, 2000.

[47] 王三明,蒋军成,姜慧. 液化石油气罐区的危险性定量模拟评价技术及其事故预防 [J]. 南京化工大学学报, 2001, 23 (6): 32-36.

[48] 王志荣,蒋军成,潘旭海. 模拟评价方法在劳动安全卫生预评价中的应用 [J]. 石油与天然气化工, 2003, 32 (3): 181-186.

[49] Cowley L T, Johnson A D. Oil and gas fires: characteristics and impact [R]. OTI92596, London: HSE, 1992.

[50] 邢志祥,常建国,蒋军成. 池火灾最小安全距离的确定 [J]. 消防技术与产品信息, 2005, (9): 22-26.

[51] Spyros S, Fotis R. Estimation of safety distances in the vicinity of fuel gas pipelines [J]. Journal of Loss Prevention in the Process Industries, 2006, 19 (1): 24-31.

[52] 上海市标准-建筑钢结构防火技术规程: DGTJ 08-008—2000 [S].

[53] Daniel A C, Joseph F L. 化工过程安全理论及应用 [M]. 蒋军成,潘旭海译. 北京: 化学工业出版社, 2006.

[54] Khan F I, Abbasi S A. DOMIFFECT (DOMIno eFFECT): user-friendly software for domino effect

analysis [J] . Environmental Modelling & Software, 1998, 13 (2): 163-177.

[55] Mercx W P M, van den Berg A C, Hayhurst C J, et al. Developments in vapour cloud explosion blast modeling [J] . Journal of Hazardous Materials, 2000, 71 (1-3): 301-319.

[56] Forcier T, Zalosh R. External pressures generated by vented gas and dust explosions [J] . Journal of Loss Prevention in the Process Industries, 2000, 13 (3-5) : 411-417.

[57] Zhang M G, Jiang J C. An improved probit method for assessment of domino effect to chemical continuous processing equipment caused by overpressure [J]. Journal of Hazardous Materials, 2008, 158 (2-3): 280-286.

[58] Zhang M G, Dou Z, Jiang J C, et al. Study of optimal layout based on integrated probabilistic framework (IPF): case of a crude oil tank farm [J] . Journal of Loss Prevention in the Process Industries, 2017, (48): 305-311

[59] 孟亦飞,蒋军成. 气云爆炸对厂区平面布局的影响分析 [J]. 石油化工高等学校学报, 2008, 21 (1): 60-65.

第六章

化工过程本质安全化评估与设计实例

第一节　过氧化叔丁酯合成工艺本质安全化评估与设计

一、工艺简介

过氧乙酸叔丁酯（*tert*-Butyl Peracetate，TBPA）是一种重要的化工原料，常被用作氧化剂或聚合反应的引发剂。由于TBPA本身含有不稳定的过氧键，在反应体系的热作用或还原剂作用下，过氧键容易断裂并生成自由基O·，体系温度不断升高，导致TBPA发生分解反应，释放热量并产生大量气体，使体系压力急剧上升，发生二次分解反应，导致燃烧爆炸事故[1]。某企业在TBPA生产过程中发生爆炸，导致11人死亡，多人受伤，事故主要原因是TBPA蒸气与空气混合，形成可燃性蒸气云，遇电火花发生燃烧，温度不断升高，最后导致TBPA发生爆炸性分解[2]。TBPA合成反应是放热反应，放热反应系统产热与冷却系统移热的相互作用决定了反应是否会发生热失控。当反应放热速率大于移热速率，会导致热量不断累积，体系温度升高，而温度的升高又进一步加快反应放热速率，导致热平衡失效，出现“飞温”现象[3]。为避免失控情况发生，首先需要了解目标反应和潜在副反应的化学和相关热化学信息，以及反应物、中间体和产物的热稳定性和物理性质[4]。为了保证TBPA在生产、储运过程中的安全，预防和减少危险事故的发生，有必要研究其合成反应热失控危险性，识别TBPA潜在热解危险性。

根据文献［5,6］和实际生产工艺，TBPA合成有两种方式，第一种在酸性条件下进行（反应1），反应温度控制在5.0℃；第二种在碱性条件下进行（反应2），反应温度控制在20.0 ℃。反应1中，首先将乙酸酐和浓硫酸混合形成酸性溶液，加入反应釜。然后按照工艺条件设定测试程序，将温度控制模式设为等温模式，反应温度设为5.0℃，加料速率设为4.5g/min。最后，根据设定的加料速率将叔丁基过氧化氢滴加至反应釜内进行反应。反应 1 的方程式见式（6-1）：

$$CH_3-\overset{\overset{\displaystyle CH_3}{|}}{\underset{\underset{\displaystyle CH_3}{|}}{C}}-O-O-H + H_3C-\overset{\overset{\displaystyle O}{\|}}{C}-\overset{\overset{\displaystyle O}{\|}}{C}-CH_3 \xrightarrow{H^+} H_3C-\overset{\overset{\displaystyle CH_3}{|}}{\underset{\underset{\displaystyle CH_3}{|}}{C}}-O-O-\overset{\underset{\displaystyle \|}{\underset{\displaystyle O}{}}}{C}-CH_3 + CH_3COOH$$

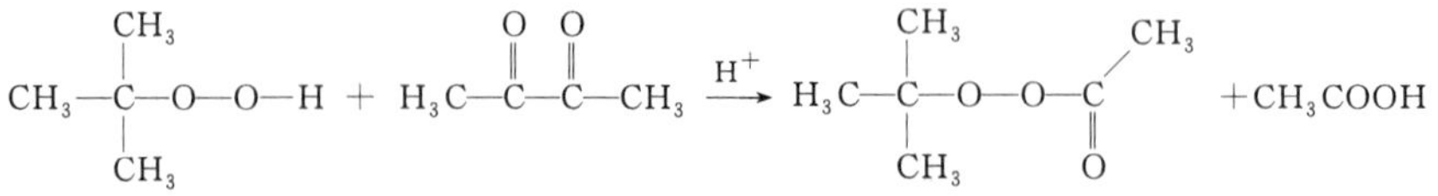

$$(6-1)$$

反应 2 中，碱性条件下 TBPA 合成反应分为两步进行。按照工艺条件设定测试程序，将温度控制模式设为等温模式，反应温度设为 20.0℃，加料速率设为 4.5g/min。第一步是加入叔丁基过氧化氢至反应釜，与氢氧化钠溶液反应生成盐溶液，第二步是以程序设定的加料速率滴加乙酸酐进行反应。反应 2 的方程式见式(6-2) 和式(6-3)：

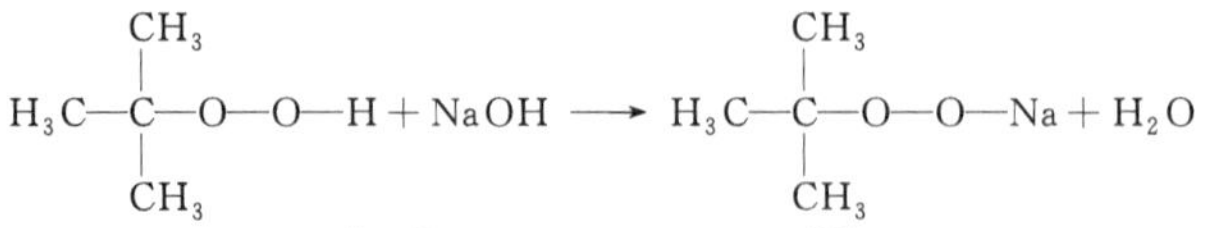

$$H_3C-\overset{\overset{\displaystyle CH_3}{|}}{\underset{\underset{\displaystyle CH_3}{|}}{C}}-O-O-H + NaOH \longrightarrow H_3C-\overset{\overset{\displaystyle CH_3}{|}}{\underset{\underset{\displaystyle CH_3}{|}}{C}}-O-O-Na + H_2O \qquad (6-2)$$

$$H_3C-\overset{\overset{\displaystyle CH_3}{|}}{\underset{\underset{\displaystyle CH_3}{|}}{C}}-O-O-Na + H_3C-\overset{\overset{\displaystyle O}{\|}}{C}-\overset{\overset{\displaystyle O}{\|}}{C}-CH_3 \longrightarrow H_3C-\overset{\overset{\displaystyle CH_3}{|}}{\underset{\underset{\displaystyle CH_3}{|}}{C}}-O-O-\overset{\underset{\displaystyle \|}{\underset{\displaystyle O}{}}}{C}-CH_3 + CH_3COONa$$

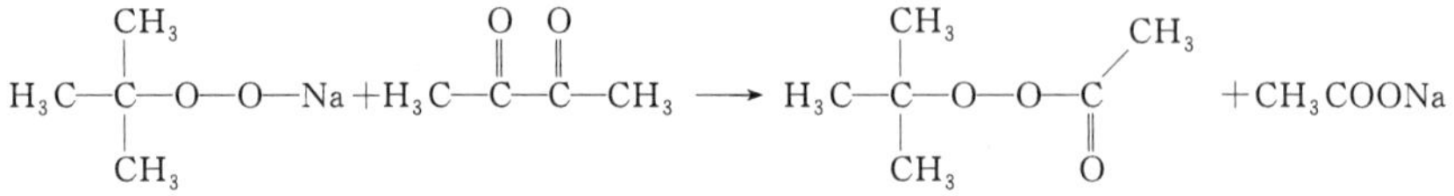

$$(6-3)$$

二、过氧化叔丁酯合成工艺本质安全化评估流程

使用各种仪器对 TBPA 的合成和分解热危害进行研究。使用反应量热仪分析酸性和碱性条件下 TBPA 合成过程中的反应放热情况，根据实验测试结果计算合成反应绝热温升（$\Delta T_{ad,r}$），累积热量导致系统能达到的最高温度（MTSR），评估 TBPA 合成反应的热危险性。使用差示扫描量热仪（DSC）和绝热量热仪测试 TBPA 的热解特性。根据 DSC 中断回扫实验的放热曲线可知，TBPA 分解反应遵循 n 级反应动力学模型。在不同升温速率下进行 DSC 动态升温实验，获得非等温条件下 TBPA 的起始分解温度、峰温、放热量等热解反应参数。基于 Kissinger 模型和 Starink 模型，计算 TBPA 热解反应表观活化能，为后续绝热测试和参数计算提供依据。通过绝热实验获得绝热条件下 TBPA 热解特性参数，根据 n 级反应动力学模型，计算 TBPA 热解动力学参数，即反应级数（n）、活化能（E_a）和指前因子（A）。基于热动力学参数值，推算绝热条件下最大反应速率到达时间（TMR_{ad}）为 24h 时所对应的温度 T_{D24}。气质联用仪（GC/MS）用于分析加热至不同温度时 TBPA 的热解产物，在此基础上，推测 TBPA 热解反应路径。最后根据风险矩阵法评估合成

TBPA 过程的风险等级，根据 Stoessel 临界图评估冷却失效情景下 TBPA 合成反应的危险度等级。

三、过氧化叔丁酯合成工艺本质安全评估与设计

1. TBPA 等温合成工艺的热危险特性

产物产率是反映化学生产有效性的关键参数，也是反应危险性评价的重要数据，因此使用气质联用仪对 TBPA 合成产物进行成分分析。不同条件下合成产物 TIC 图见图 6-1，酸性条件下，产物成分主要有乙酸、乙酸叔丁酯、TBHP、DTBP 以及 TBPA，反应产率为 76%；碱性条件下，产物油水相分层，所得油相产物成分主要有 TBHP、DTBP 以及 TBPA，反应产率为 71%。从产物成分可以看出，两种反应条件下均能生成目标产物 TBPA。

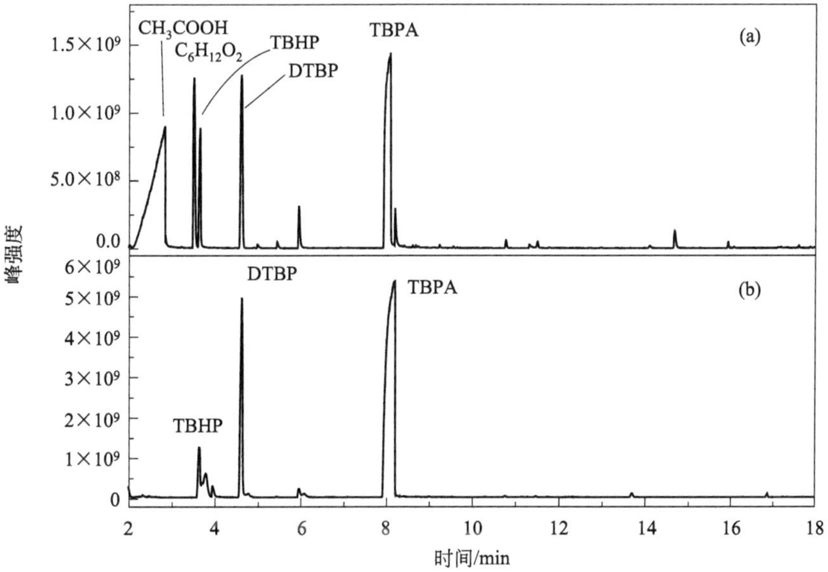

图 6-1　合成产物 TIC 图：(a) 反应 1 产物；(b) 反应 2 产物

图 6-2 为 TBPA 合成反应过程中夹套温度（T_j）、反应釜温度（T_r）和放热速率（q_r）的变化曲线图。可以看出，随着 TBHP 的加入，反应釜温度先增加，放热速率随之增大，达到最大值后减小，然后趋于稳定。加入 TBHP 后，合成反应立即发生。由于冷却系统的工作模式，反应开始时反应釜不能及时移走热量，反应釜温度上升导致反应速率加快。当夹套冷却散热与反应放热基本保持平衡时，反应釜温度、夹套温度以及反应放热速率都基本保持稳定。

加料结束后，放热速率迅速下降至 0W 这是由于加料停止，反应釜内物料累积较少，放热减少，温度降低，反应速率变小直至反应结束。在酸性条件下合成 TBPA 的过程中，反应釜温度最高接近 12.0℃，比设定反应温度高 7.0℃。在放热和散热基本平衡后，反应釜温度稳定在 8.0℃左右，放热速率稳定在 60.0～80.0W。

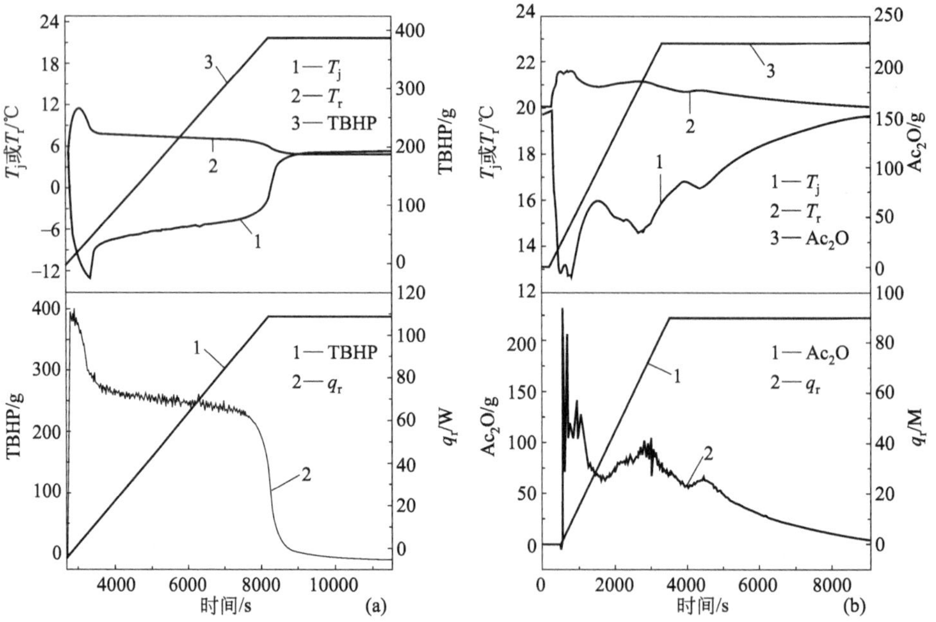

图 6-2 TBPA 合成反应的温度和放热速率曲线图

(a) 反应 1 条件下；(b) 反应 2 条件下

碱性条件下，由于两步反应分开进行，第一步反应完成后经过冷却至反应温度后，才开始滴加乙酸酐进行第二步主反应，因此，对 TBPA 合成中第二步主反应的放热特性进行研究。如图 6-2（b）所示，放热速率曲线的波动较大。可能由于第一步生成的有机盐溶液黏度大，加入的部分 Ac_2O 没有及时与盐溶液反应。加料停止后，随着物料的不断消耗，放热速率不断减小直至为 0W。在碱性条件下合成 TBPA 的过程中，反应釜温度最高接近 22.0℃，比设定反应温度高 2.0℃。在放热和散热基本平衡后，反应釜温度在 20.0～21.0℃之间波动。反应 1 的温度变化大于反应 2。反应 2 放热速率稳定在 20.0～40.0W，约为反应 1 放热速率的一半。结果表明，与反应 2 相比，反应 1 对冷却系统的要求更高。

合成反应的热参数如表 6-1 所示。不同反应条件下校正前后 T_{cf} 曲线和

MTSR 见图 6-3。如图 6-3 所示，在酸性条件下合成 TBPA 过程的初始阶段，T_{cf} 曲线先略微减小，后增加直到反应结束，反应时间达 8000s。在酸性条件下，经反应产率修正后的 $\Delta T_{ad,r}$ 为 207.2℃，远高于碱性条件，修正后的 MTSR 值也很高。当冷却系统发生故障、加料阀没有及时切断时，与碱性条件相比，酸性条件下 TBPA 合成反应更容易造成重大事故。

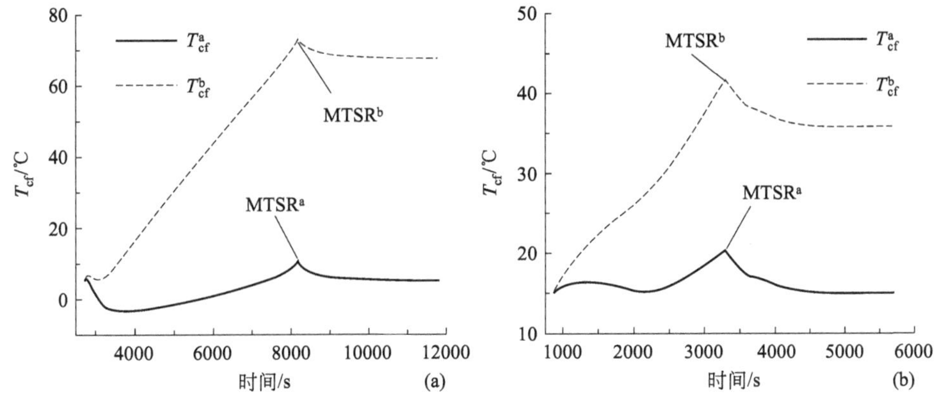

图 6-3 不同反应条件下校正前后 T_{cf} 曲线和 MTSR

(a) 反应 1 条件下；(b) 反应 2 条件下

表 6-1 合成反应的热参数

反应	T_p/℃	$\Delta T_{ad,r}^a$/℃	$\Delta T_{ad,r}^b$/℃	MTSR^a/℃	MTSR^b/℃
1	5.0	187.5	207.2	10.6	73.2
2	20.0	45.4	64.0	43.2	62.5

2. TBPA 的物质热危险特性

图 6-4 为 Kissinger 模型和 Starink 模型动力学线性拟合图。通过 Kissinger 模型计算得到的活化能为 112.90kJ/mol，R^2 为 0.9959，模拟结果与实验值吻合好。由图 6-5 可知，Starink 模型不同转化率下 TBPA 的分解活化能均在 110.49kJ/mol 附近波动，说明 TBPA 热解反应可以用单一的动力学机理来描述[7]。E_a 为(110.49±2.54)kJ/mol，R^2 为 0.99427±0.00293，计算结果与 Kissinger 模型所得活化能数值接近，且拟合度较高，表明两种模型计算所得热解活化能均准确可靠。

绝热条件下的 TBPA 热解动力学非线性拟合结果如图 6-6 所示。R^2 为 0.9911，极为接近 1，拟合结果与实验结果相关程度高；TBPA 热解反应级数 n 为 0.61，活化能 E_a 为 128.55 kJ/mol，指前因子 A 为 2.22×10^{13} $(mol/m^3)^{0.39}/s$，与 Kissinger 模型和 Starink 模型计算结果较为接近。不同实验条

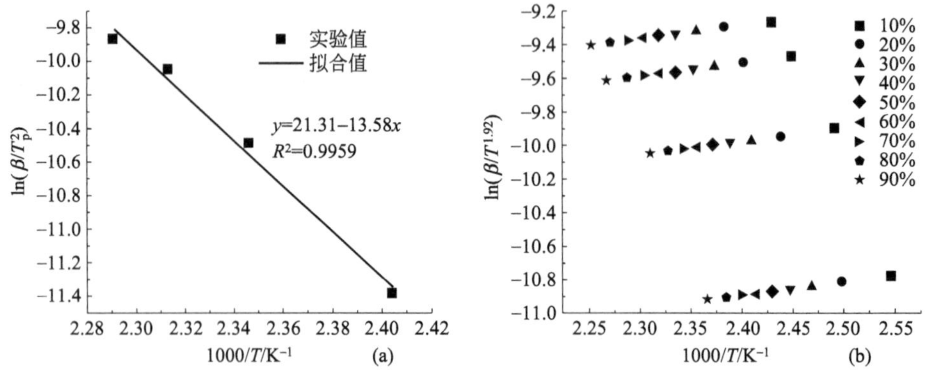

图 6-4 使用 Kissinger 模型和 Starink 模型计算分解活化能

（a）Kissinger 模型；（b）Starink 模型

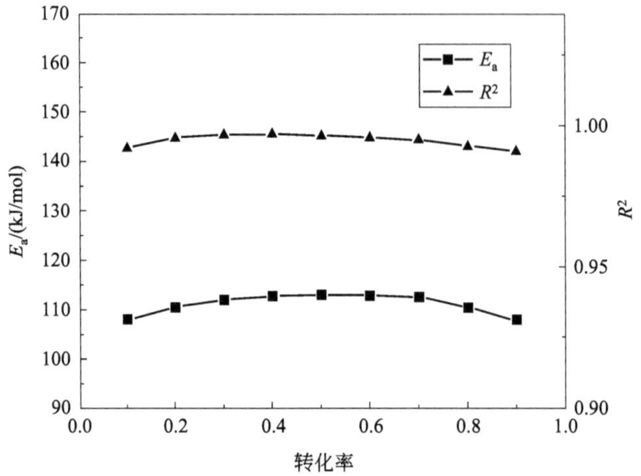

图 6-5 Starink 模型不同转化率下样品分解活化能及 R^2

件下，使用不同动力学方法得到的动力学参数可能存在差异，这是由于随机实验误差[8] 或系统误差[9] 的存在导致的动力学补偿现象。

3. TBPA 合成工艺热危险性评估与本质安全化设计

为评价 TBPA 合成反应的热危险性，计算在冷却失效情形下，物料累积热量导致系统能达到的最高温度 MTSR 所对应的 TMR_{ad} 和 TMR_{ad} 为 24.0h 时所对应的温度 T_{D24}，计算结果见表 6-2 和表 6-3。

使用风险矩阵法对目标反应发生热失控的严重度和目标反应引发二次分解的可能性进行分级评估，结果如表 6-2 所示。其中 MTT 主要根据溶剂的沸点

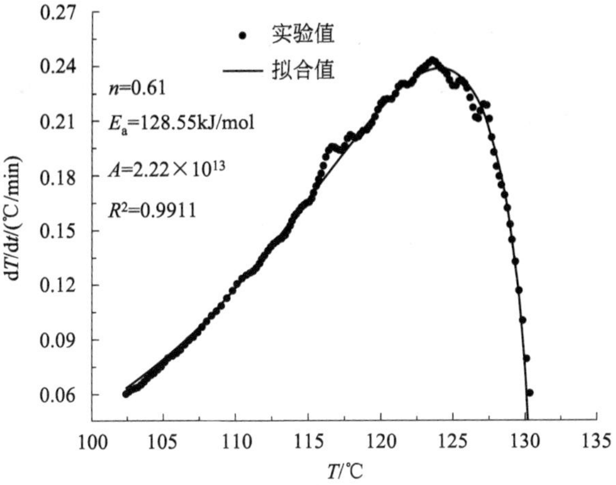

图 6-6　实验数据与动力学结果模拟

选择，酸性反应条件下，选取体系内含量较多的乙酸沸点 117.9 ℃，碱性反应条件下，选取体系内含量较多的水沸点 100.0℃。反应危险性评估结果见表 6-3。

表 6-2　风险评价指数矩阵法对 TBPA 合成反应危险性分级

反应	$\Delta T_{ad,r}$/℃	严重度	TMR_{ad}/h	可能性	等级	热危险评估
1	207.15	危险的	73.2	5.17	很可能发生的	风险不可接受，需要重新设计工艺
2	64	中等的	62.5	18.12	偶尔发生的	需要采取措施减小风险

表 6-3　Stoessel 临界图法对不同条件下 TBPA 合成反应危险性分级[7]

反应	T_p/℃	MTSR/℃	MTT/℃	T_{D24}/℃	危险度等级
1	5	73.2	117.9	60.3	5 级
2	20	62.5	100.0	60.3	5 级

根据风险评价指数矩阵法，酸性条件下 TBPA 合成反应的风险不可接受，根据 Stoessel 临界图，酸性条件下 TBPA 合成反应的危险度等级为 5 级。碱性条件下 TBPA 合成反应的热危险性评估结果是“需要采取措施减小风险”，危险度等级为 5 级。这表明，如果冷却系统发生故障，将发生灾难性事故。Stoessel 临界图中，当 $T_p < T_{D24} <$ MTSR $<$ MTT，定义危险度等级为 5 级。一旦目标反应失控，反应体系内热量累积，导致二次分解反应，且最终温度可能达到 MTT。在这种情况下，只有预先设定的骤冷或足够的紧急排放才能显著降低反应失控危险。因此，为了降低合成反应发生热失控的严重度和目标反应引发二次分解的可能性，有必要主动重新设计工艺。对于碱性条件下 TBPA

合成反应，由于第一步生成的有机盐溶液黏度较高，可能会出现反应物不均匀混合的情况，导致反应釜内热积累量更大。在这种情况下，需要重新设计 TBPA 合成工艺的操作条件，包括改变搅拌速率、叶轮、加料速率，有效降低热累积，从而大幅度降低 TBPA 的合成风险。

第二节 正丁基溴化镁格氏试剂制备工艺本质安全化评估与设计

一、工艺简介

格氏试剂是由法国化学家 Grignard Victor 在 1901 年发现，主要由有机卤代物（卤代烷、卤代芳烃等）和金属镁在干醚或其他惰性溶剂中作用生成[10]。格氏试剂制备目前普遍认可的反应机理是有机卤代物在反应过程中生成的自由基与镁作用生成格氏试剂，在整个过程中可能存在自由基异构化等副反应[11]。

格氏试剂具有高度的化学活泼性，它可以与不同物质反应得到不同产物，包括烃类、醇类、醛类、酮类、羧酸类及金属有机化合物等。因此，格氏试剂是有机化学、材料科学、药物化学等领域非常重要的一种试剂。常见格氏试剂制备反应是强放热反应，具有很高的反应焓，一旦操作工艺控制不好，很容易导致飞温，进而引发反应热失控[12]。2001 年 1 月，绍兴某合成化工厂一台格氏试剂釜在反应保温过程中突然发生视镜炸裂继而燃爆的事故，事故的主要原因是釜内盘管发生渗漏现象，造成反应釜内水分过高，进而引起反应温度、压力急剧上升，发生超温、超压爆炸。2014 年 1 月，南通市某精细化工公司的生产车间 1＃格氏试剂制备釜发生爆燃事故，事故主要原因是车间班组人员未能准确判断反应引发，滴加过程中发现温度下降未立即停止加料，待降温至低于工艺规程要求 10℃左右时用蒸汽升温，且仍继续滴加反应物料，使未反应物料在未能有效引发的情况下大量积聚，最终失控而发生火灾爆炸。2005 年 5 月，日本同样发生了一起由于格氏试剂引发滞后导致的热失控事故[13]。

因此，根据国家安全生产监督管理总局《关于加强精细化工反应安全风险评估工作的指导意见》（安监总管三［2017］1 号），需对该类反应过程进行安全评估，识别其工艺危险性并进行本质安全化设计。格氏试剂种类繁多，以一种正丁基溴化镁格氏试剂的制备过程为例，对其进行安全评估和本质安全化设计。正丁基溴化镁格氏试剂是由正溴丁烷和金属镁在溶剂无水乙醚中作用生成，工艺操作温度为 30℃，反应方程式如图 6-7 所示。实验过程中，先向溶剂无水乙醚中加入除去氧化膜后的金属镁，在操作温度 30℃下，加入一定质量的引发剂碘单质[14] 和 1.37g 正溴丁烷（BuBr），反应引发后，继续滴加剩余的 BuBr（13.7g）和无水乙醚按照一定比例配制的混合溶液，滴加时间为 30min，加料结束后，保温反应一段时间至反应结束。

$$CH_3(CH_2)_3Br + Mg \xrightarrow{Et_2O,30℃} CH_3(CH_2)_3MgBr$$

图 6-7　正丁基溴化镁格氏试剂（Et_2O）合成工艺

二、正丁基溴化镁格氏试剂等温合成工艺的安全性评估

1. 正丁基溴化镁格氏试剂合成工艺的热危险特性

图 6-8 为正丁基溴化镁格氏试剂（Et_2O）等温合成反应过程中，夹套温度（T_j）、反应釜温度（T_r）和放热速率（q_r）随时间的变化曲线图。反应引发后，随着正溴丁烷（BuBr）的加入，反应釜温度先增加，放热速率随之增大，达到最大值后减小，之后稳定反应釜温度。由于冷却系统的工作模式，反应开始时反应釜不能及时移走热量，反应釜温度上升导致反应速率加快。当夹套冷却散热与反应放热基本保持平衡时，反应釜温度、夹套温度以及反应放热速率都基本保持稳定。最后加料结束后，放热速率逐渐下降至 0，这是由于加料停止，反应釜内物料累积较少，放热减少，温度降低，反应速率变小直至反应结束。

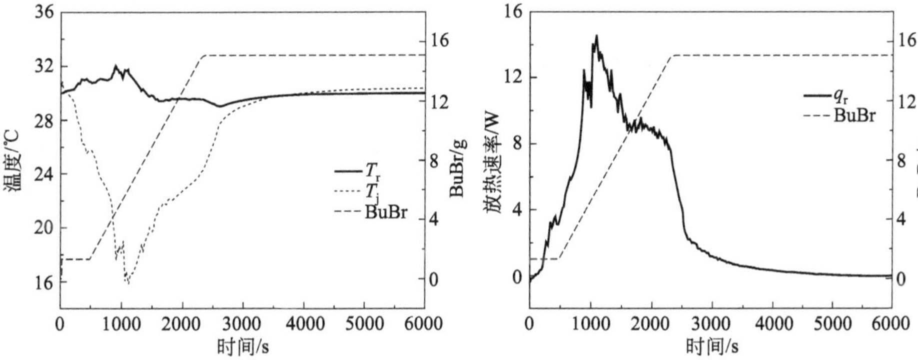

图 6-8　正丁基溴化镁格氏试剂（Et_2O）等温合成过程反应温度和放热速率曲线图

由于该反应为半间歇反应，反应放热速率与反应釜温度和加料过程有关，因此，计算合成反应的 MTSR 时需要考虑反应的热累积率。图 6-9 为正丁基溴化镁格氏试剂在溶剂无水乙醚下等温合成过程反应可能达到的最终温度 T_{cf} 和热累积率曲线图。从图中可以看出，MTSR 曲线和热累积率曲线存在几个峰值，第一段峰的存在是由于反应一开始加入 BuBr 进行反应引发。之后随着

BuBr 的滴加，物料开始累积，MTSR 开始增加，最后随着加料结束，MTSR 开始减小。从图中可以看出，该合成反应 MTSR 为 51.04℃，超过了反应的最高技术温度 MTT（取溶剂无水乙醚在常压下的沸点）34.6℃。当反应冷却系统失效后，若还在持续加料，反应的温度会持续上升，超过系统的 MTT 后，会造成反应物料的沸腾和冲料事故，或者引起超压，造成容器爆炸[15]。

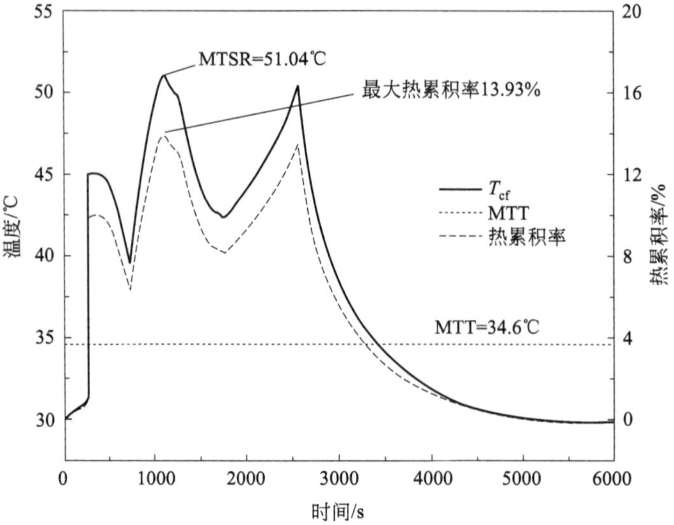

图 6-9 正丁基溴化镁格氏试剂（Et_2O）等温合成过程 T_{cf} 和热累积率曲线图

2. 正丁基溴化镁格氏试剂合成工艺的安全性评估

经 DSC 测试发现，该反应过程的物料在 300℃（高于反应体系所能达到的最高温度）以下不具有自分解放热特性，二次失控反应难以发生，因此在冷却失效情形下，物料累积热量导致系统能达到的最高温度 MTSR 所对应的 TMR_{ad} 大于 24h，TMR_{ad} 为 24h 时所对应的温度 T_{D24} 应大于 MTSR。使用风险矩阵法对目标反应发生热失控的严重度和目标反应引发二次失控反应的可能性进行分级评估，结果如表 6-4 所示。

表 6-4 风险评价指数矩阵法对正丁基溴化镁格氏试剂（Et_2O）合成反应危险性分级

序号	$\Delta T_{ad,r}$/K	严重度	TMR_{ad}	可能性	等级	热危险评估
1	151.04	2 级	大于 24h	1 级	很少发生	可接受风险

表 6-5 Stoessel 临界图法对正丁基溴化镁格氏试剂（Et_2O）合成反应危险性分级

序号	T_p/℃	MTSR/℃	MTT/℃	T_{D24}/℃	危险度等级
1	30	51.04	34.6	>MTSR	3 级

根据风险评价指数矩阵法，30℃下，采用无水乙醚作为反应溶剂合成正丁基溴化镁格氏试剂反应的风险是可接受的，根据 Stoessel 临界图，该条件下，正丁基溴化镁格氏试剂（Et_2O）合成反应的危险度等级为 3 级（表 6-5），如果反应系统冷却和加料控制系统失效，将会造成物料累积和反应温度上升，有冲料的风险。

三、正丁基溴化镁格氏试剂合成工艺的本质安全化设计

为了降低该合成反应的危险度以及冲料风险，需要对该工艺进行重新设计。采用本质安全化设计中的替代原则，在正丁基溴化镁格氏试剂合成过程中，将溶剂替换为沸点更高的干醚，有助于降低物料的冲料风险。重新设计的工艺中将溶剂无水乙醚替换为无水四氢呋喃（THF），实验过程中，先向溶剂无水 THF 中加入除去氧化膜后的金属镁 2.4g，在操作温度 30℃下，加入一定质量的引发剂碘单质和 1.37g 正溴丁烷（BuBr），反应引发后，继续滴加剩余的 BuBr（13.7g）和无水四氢呋喃按照一定比例配制的混合溶液，滴加时间仍为 30min，加料结束后，保温反应一段时间，至反应结束。

图 6-10 为在溶剂无水四氢呋喃下，正丁基溴化镁格氏试剂等温合成过程反应可能达到的最终温度 T_{cf} 和热累积率曲线图。从图中可以看出，该条件下合成反应的 MTSR 为 58.32℃，低于反应的最高技术温度 MTT（取溶剂无水四氢呋喃在常压下的沸点）65.4℃。

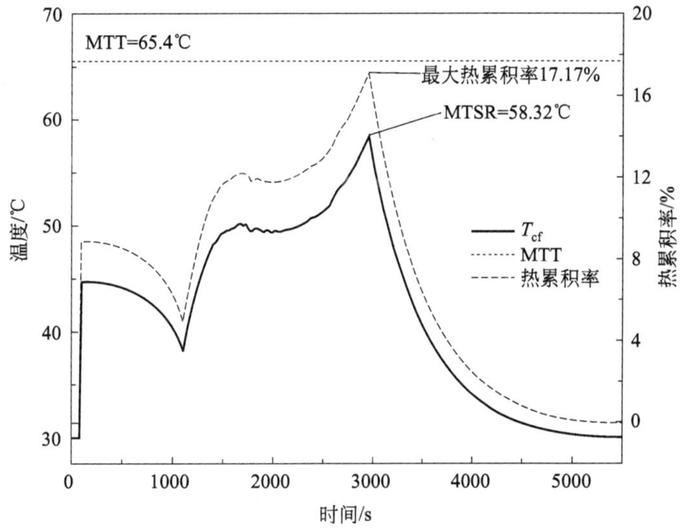

图 6-10 正丁基溴化镁格氏试剂（THF）等温合成过程 T_{cf} 和热累积率曲线图

表 6-6　风险评价指数矩阵法对正丁基溴化镁格氏试剂合成反应危险性分级

序号	$\Delta T_{ad,r}$/K	严重度	TMR_{ad}	可能性	等级	热危险评估
1	164.95	2 级	大于 24h	1 级	很少发生	可接受风险

表 6-7　Stoessel 临界图法对正丁基溴化镁格氏试剂合成反应危险性分级

序号	T_p/℃	MTSR/℃	MTT/℃	T_{D24}/℃	危险度等级
1	30	58.32	65.4	>MTSR	1

根据风险评价指数矩阵法可知，30℃下，采用无水四氢呋喃作为反应溶剂合成正丁基溴化镁格氏试剂的反应风险是可接受的（表 6-6），根据 Stoessel 临界图，该条件下正丁基溴化镁格氏试剂合成反应的危险度等级为 1 级（表 6-7），如果反应系统冷却和加料控制系统失效，将会造成物料累积和反应温度上升，但发生冲料的风险较低。

值得注意的是，格氏试剂由于本身具有很高的化学反应活性，会和水发生反应[16]，因此，如果反应体系中存在水分，会造成反应引发滞后，可能会造成物料累积，反应一旦引发，很容易造成热失控。因此，在利用高沸点溶剂替换原有溶剂进行本质安全化设计时，还需要考虑水在溶剂中的溶解度问题。常见的溶剂无水乙醚含水量非常低，四氢呋喃虽然沸点高，但是和水存在任意比互溶的缺点，因此需要开发新型的、含水量低的高沸点溶剂进行格氏试剂的制备。此外，在格氏试剂制备过程中，改变搅拌速率，降低加料速率，降低反应物料正溴丁烷等反应物的投料量等，都可以有效降低反应的热累积率和 MTSR，从而降低格氏试剂制备过程的风险。

第三节　1-乙酰氨基-3,5-二甲基金刚烷合成工艺的本质安全化评估与设计

一、工艺简介

工艺安全问题在以制药工业为代表的精细化工行业中非常普遍。因此，评估化学物质的热行为（包括原料、中间体、反应混合物、产物）以及反应热行为，是分析工艺安全问题的关键。由于物质本身具有的反应活性，大多数化学反应是放热反应。对强放热反应，通过量热实验对反应的热行为进行详细评估后，进行本质安全化设计，是一种降低工艺危险性的有效手段。

1-乙酰氨基-3,5-二甲基金刚烷（1-乙酰氨基-3,5-DMA）是一种具有高价

值的医药中间体，最初其合成工艺是通过 1,3-DMA 发生溴化反应生成 1-溴-3,5-DMA，进一步反应生成 1-乙酰氨基-3,5-DMA。但该过程用到溴，易产生有毒的溴蒸气，且会产生大量的污水，很难实现商业规模生产[17]。目前常采用不涉及溴化反应的新工艺，1,3-DMA 与 98%硫酸和乙腈直接反应得到 1-乙酰氨基-3,5-DMA，如图 6-11 所示。在工艺开发早期阶段，工艺开发人员尝试以较低的摩尔比进行反应，但转化时间约为 20h，而使用 18mol 的硫酸和 9mol 的乙腈，反应仅需要 6h。反应温度设定在 13℃，在该温度下将乙腈加入到预冷的 1,3-DMA 和 98%硫酸的混合物中。在工艺开发后期，为提高反应转化率，将反应温度稍微升高至 23℃，但在实验中会观察到温度的突然升高。根据 Bretherick 的反应性化学危害手册[18] 可知，加热乙腈和硫酸的混合物至 53℃时会发生不可控的放热，最高温度达 160℃。

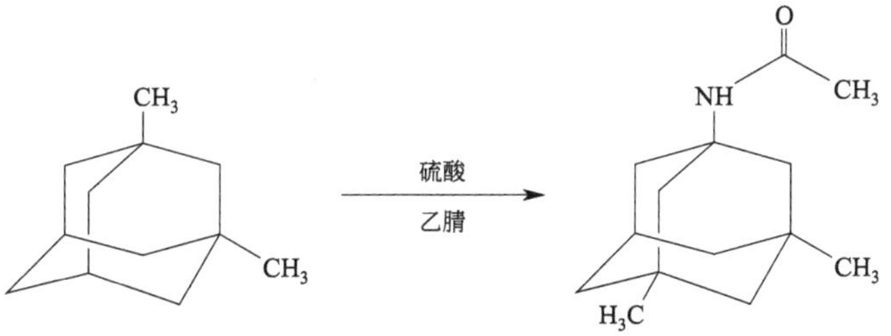

图 6-11 1-乙酰氨基-3,5-DMA 合成工艺

二、医药中间体合成工艺的安全性评估

1. 反应混合物的热稳定性

使用绝热加速量热仪[19] 测试反应混合物在绝热环境下的热稳定性[20]，先将由 1,3-DMA、硫酸和乙腈组成的反应混合物预先冷却至约 13℃，然后加热反应混合物，15min 后，在 30℃时观察到放热信号，且反应体系很快达到最高温度 193℃和最大压力 31.4psi（图 6-12）；最大温升速率为 1277℃/min（图 6-13），最大压升速率为 192psi/min；起始放热温度为 30℃，此温度和最高的目标工艺温度 (23±2)℃很接近。由于反应混合物的热不稳定性，将反应混合物从 (13±2)℃加热至 (23±2)℃存在不安全因素。

2. 加料顺序对反应体系热行为的影响

使用绝热加速量热仪进行不同加料顺序情况下两种反应混合物的测试，评估不同反应物加料顺序对反应放热情况的影响。室温（约 28℃）时，将硫酸加入到 1,3-DMA 和乙腈的混合物中，温度立即上升至 130℃，最大温升速率为 369℃/min（图 6-14）。同样，将乙腈加入到 1,3-DMA 和硫酸的混合物中，最大温度为 100℃，最大自加热速率为 16℃/min（图 6-15）。尽管上述两个反应几乎都是瞬间完成，但对比温升速率可知，将乙腈加入到 1,3-DMA 和硫酸的混合物中更安全。1,3-DMA、硫酸和乙腈的沸点分别为 201.5℃，335℃和 81.6℃。高沸点试剂作为初始反应物料是安全的，可避免由于反应热造成反应体系沸腾或产生蒸气。

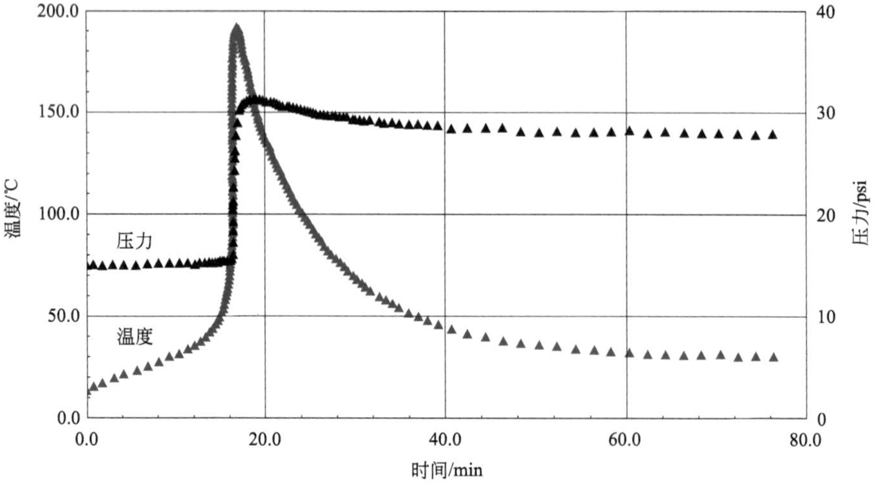

图 6-12　绝热条件下反应混合物 1 分解的温度和压力曲线（1,3-DMA、乙腈和硫酸）

1psi＝6894.76Pa，下同

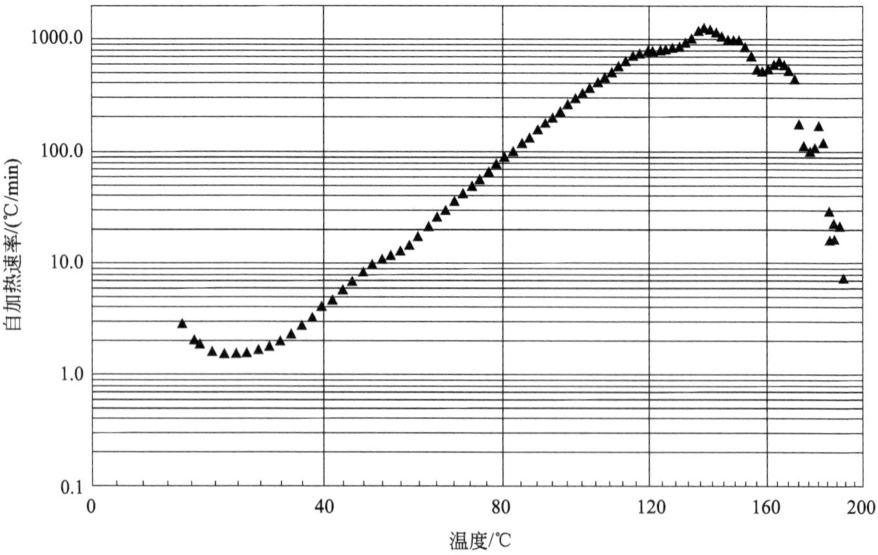

图 6-13　反应混合物 1 的温升速率图（1,3-DMA、乙腈和硫酸）

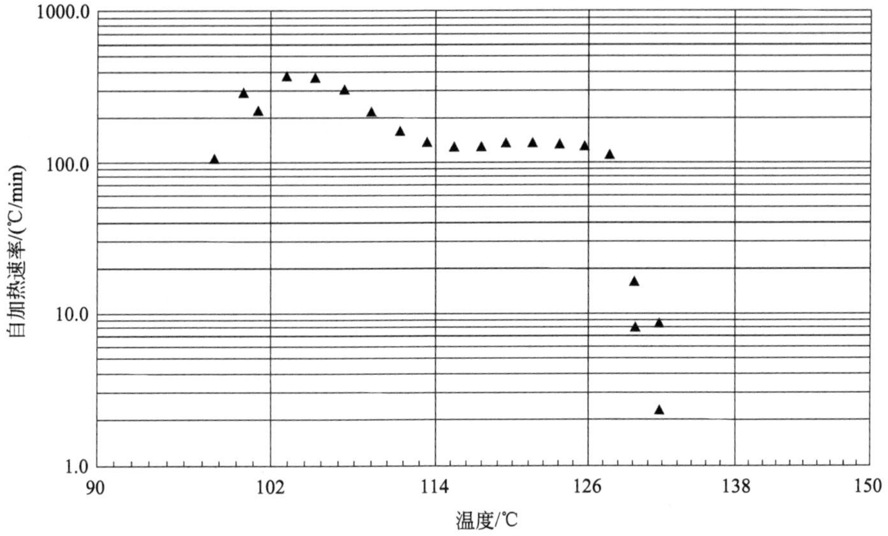

图 6-14 反应混合物 2 的温升速率图（硫酸加入到 1,3-DMA 和乙腈的混合物中）

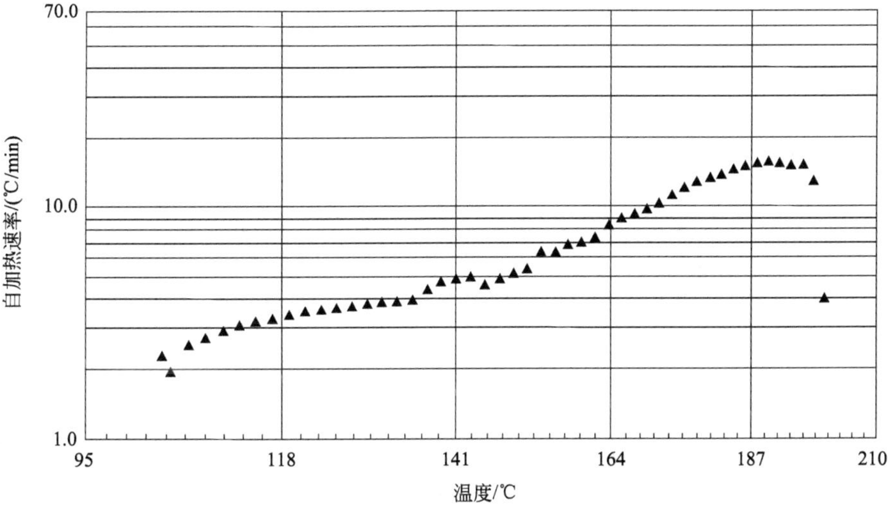

图 6-15 反应混合物 3 的温升速率图（乙腈加入到 1,3-DMA 和硫酸的混合物中）

表 6-8 总结了上述三个实验，用体系最高温度（T_{max}）表征造成危险的严重度。不建议直接加热 1,3-DMA、乙腈和硫酸的反应混合物，因为该过程强烈放热，温升速率最大值高达 1277℃/min。将硫酸加入到 1,3-DMA 和乙腈的混合物中的反应最高温度为 130℃，升温速率最大为 369℃/min，而将乙腈加入到 1,3-DMA 和硫酸的混合物中的反应最高温度为 100℃，升温速率最大为

16℃/min。相比另外两种操作方式，将乙腈加入到1,3-DMA和硫酸的混合物中相对安全。

表6-8 数据总结

样品	$T_{initial}$/℃	T_{onset}/℃	T_{max}/℃	升温速率/(℃/min)
反应混合物(1,3-DMA、乙腈和硫酸)	10	30	193	1277
硫酸加入到1,3-DMA和乙腈的混合物中	30	瞬间的	130	369
乙腈加入到1,3-DMA和硫酸的混合物中	30	瞬间的	100	16

进行等温反应量热实验[21-23]，将乙腈在室温下加入到1,3-DMA和硫酸混合物中。将反应温度（T_r）升高至（38±2)℃，反应温度高于反应混合物起始放热温度30℃，故反应瞬间完成，可避免未反应物料积聚。在38℃下以可控的加料速率加入乙腈（图6-16)，加料时间在3.5h以内。反应量热实验结果表明，在控制加料速率的情况下，可安全放大反应。根据反应放出的总热量（Q_r）计算得到绝热温升（ΔT_{ad}）为193℃，合成反应可能达到的最高温度（MTSR)[24] 为231℃，表明反应放热量大，在加料不受控制、只考虑物料的热积累且无换热的情况下，反应混合物的温度上升非常快，可能超过1,3-DMA（201.5℃）和乙腈的沸点（81.6℃)，造成设备超压，可能引发火灾爆炸事故。

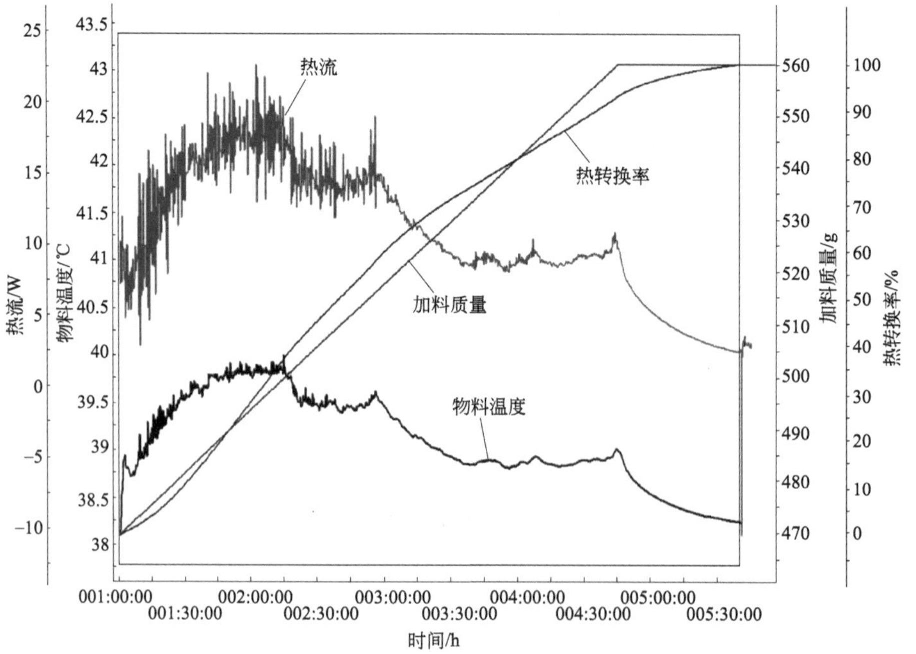

图6-16 反应温度及放热功率（乙腈一次加入）

三、医药中间体合成工艺的本质安全化设计

建议将该反应的加料过程进一步分开，减小绝热温升以及失控反应可能达到的最高温度。因为物料分批加入，能减小可能发生失控的危险物料的质量[25]。反应物料分批次加入，意味着反应分批次进行，每次反应放出的总热量降低，使反应有较低的 ΔT_{ad} 和 MTSR 值。根据本质安全化设计建议，进行等温反应量热实验，反应条件相同，将乙腈分 4 批次加入，测量反应放热量（图 6-17）。

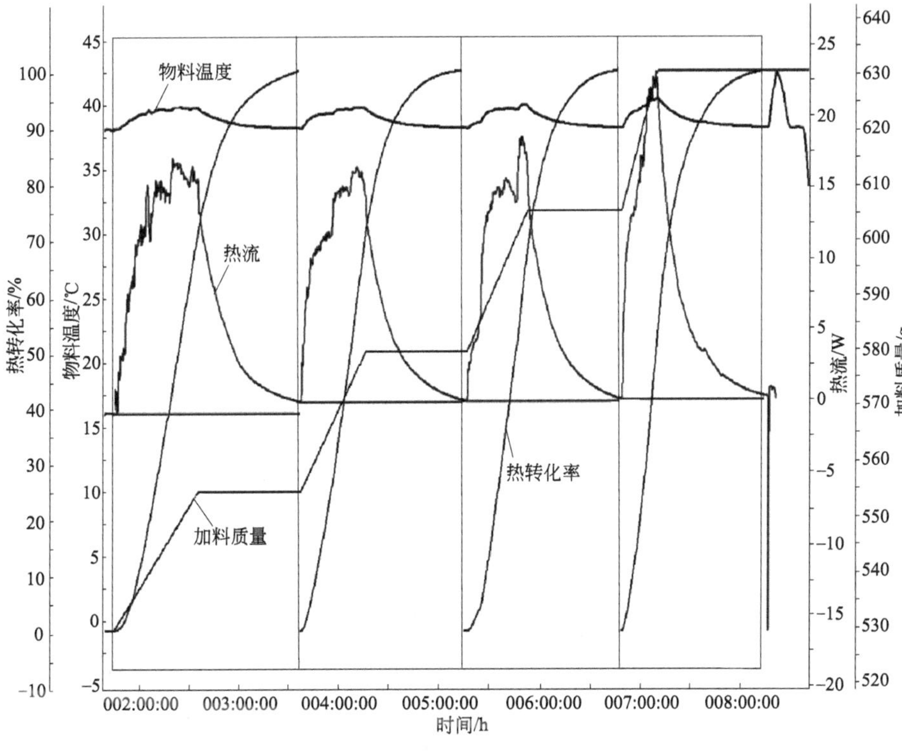

图 6-17　反应温度及放热功率（乙腈分 4 批次加入）

表 6-9　反应量热实验结果（乙腈分 4 批次加入）

乙腈加入	T_r/℃	Q_r/kJ	ΔT_{ad}/℃	MTSR/℃
第 1 批次	38	54.43	65	103
第 2 批次	38	40.48	46	84
第 3 批次	38	38.58	42	80
第 4 批次	38	37.6	39	77

根据表 6-9 总结的反应量热实验结果，乙腈平均分成 4 批次加入，第 1 批

次反应的反应热最大，其他剩余批次的反应热逐渐下降。第 1、第 2、第 3 和第 4 批次的绝热温升分别为 65℃，46℃，42℃和 39℃。第 1、第 2、第 3 和第 4 批次的 MTSR 值分别为 103℃，84℃，80℃和 77℃。这 4 个批次的 MTSR 值均小于 1,3-DMA（201.5℃）和硫酸（335℃）的沸点，反应过程更加安全。

第四节　二环酮合成工艺的本质安全化评估与设计

一、工艺简介

二环酮是一种有价值的药物中间体，其合成工艺如图 6-18 所示。其中第一步反应本质上是狄尔斯-阿尔德反应，由 1-三甲基硅氧基-1,5-环己二烯（TMS-二烯）（1）与两种亲二烯体：α-乙酰氧基丙烯腈（2）或 α-氯丙烯腈（5）发生反应，生产物质（3）或物质（6）；第二步反应将物质（3）或物质（6）合成二环酮[26-29]。

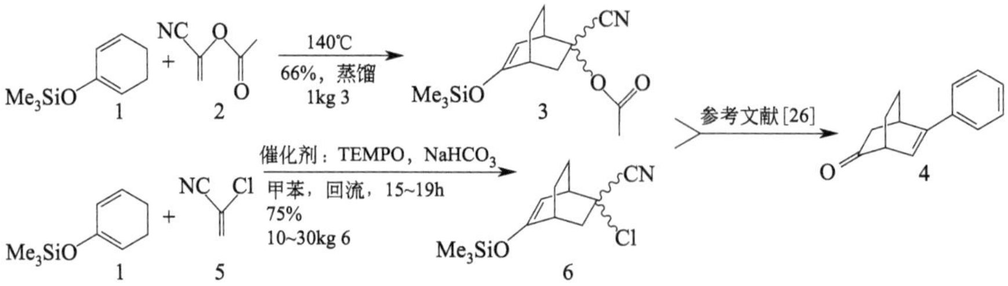

图 6-18　二环酮合成工艺

狄尔斯-阿尔德（Diels-Alder）反应本质上是一种双烯加成反应，由共轭双烯与烯烃或炔烃反应生成六元环，是有机合成中非常重要的形成碳碳键的手段之一。反应中的两种原料 α-乙酰氧基丙烯腈和 α-氯丙烯腈是丙烯酸单体，高温下丙烯酸单体易发生自聚反应，对反应的安全放大提出严峻挑战。研究发现在 1962～1987 年间发生的 134 起事故中，因聚合作用引起反应失控的情形占绝大多数[30]。除了丙烯酸单体的不稳定性外，还应对反应放大过程中的放热情况进行评估[31]。

二、狄尔斯-阿尔德反应过程安全评估

1. 工艺一反应过程安全评估

对含稳定剂［通常是对苯二酚或 2，6-二叔丁基-4-甲基苯酚

(BHT)[32,33]］和不含稳定剂的 α-乙酰氧基丙烯腈［物质（2）］进行 DSC 实验。用热分解放热量衡量物质（2）发生热分解反应的严重度，用绝热条件下最大反应速率到达时间（TMR_{ad}）衡量物质（2）发生热分解反应的可能性。DSC 曲线见图 6-19，分解放热 Q_d 为 1527kJ/kg，绝热温升 ΔT_{ad} 为 900K，比热容 c_p 为 1.7kJ/(kg·K)，因此物质（2）热分解反应严重度较高。

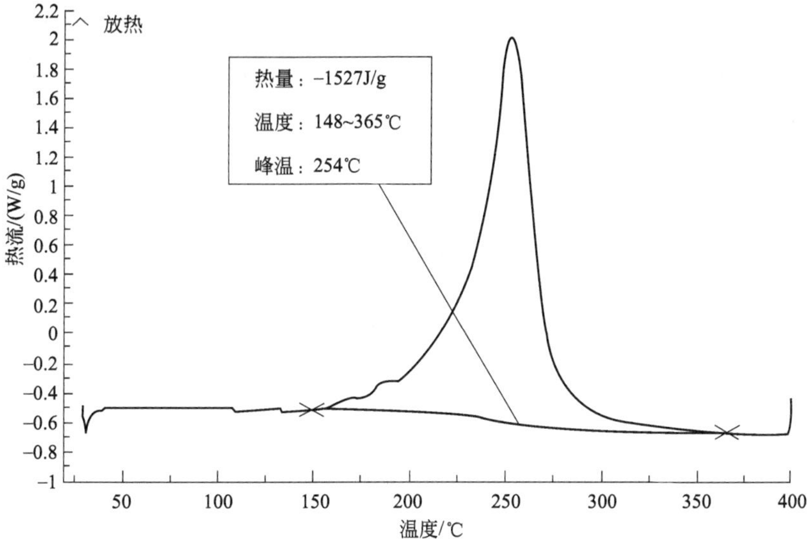

图 6-19 α-乙酰氧基丙烯腈的 DSC 测试曲线

为了获取 TMR_{ad} 值，在四个不同温度下进行一系列等温 DSC 实验，测试含稳定剂的物质（2）的热分解动力学。物质（2）的热分解过程符合零级反应模型，线性拟合 ln（q_T）$_{max}$-1/T 曲线（Arrhenius），确定活化能 E_a。用活化能 E_a 和热释放速率 q_{ref} 计算不同初始温度下的 TMR_{ad} 值，结果如表 6-10 所示。

表 6-10 物质（2）分解反应的动力学参数

参考温度 T_{ref}	160℃
热释放速率 q_{ref}(温度为 T_{ref})	57W/kg
活化能 E_a	68kJ/mol
T_{D24}①，初始温度低于此温度可认为不发生分解	64℃
T_{D8}①，初始温度高于此温度可认为发生快速分解	81℃
75℃(评估温度)对应的 TMR_{ad}	12h

① T_{D24}：TMR_{ad} 为 24h 时所对应的温度；T_{D8}：TMR_{ad} 为 8h 时所对应的温度。

合成过程中，假设反应釜温度为 75℃，物质（2）的热危险性高，在冷却失效后约 12h 内失控。合成过程涉及蒸馏，随着馏分产出，反应釜内为负压环境，若冷凝装置或反应控温装置发生故障，必须迅速冷却反应釜中的物料或将反应物料紧急泄放至安全容器中。

研究了物质（1）和物质（2）在等摩尔比反应条件下进行狄尔斯-阿尔德反应过程的安全性。评估的关键参数主要有工艺温度（T_p），冷却失效后反应系统的温度（T_{cf}），冷却失效后反应系统可达到的最高温度（MTSR），物料在绝热条件下分解最大反应速率到达时间（TMR_{ad}），TMR_{ad} 为 24h 所对应的的温度（T_{D24}）以及技术限制系统能达到的最高温度（MTT），通常是沸点。根据以上参数的排序进行危险度分级，确定该反应的安全措施[34-36]。

DSC 动态升温实验所得曲线有三个放热峰（图 6-20 所示）。与物质（3）单质的 DSC 曲线比较可知，狄尔斯-阿尔德反应的放热峰峰温是 184℃，而物质（3）分解反应的两个峰温分别是 310℃和 334℃，目标反应放热 Q_r 为－468kJ/kg（66～261℃），分解反应放热 Q_d 为－335kJ/kg（261～388℃）。可观察到目标反应和分解反应的 DSC 曲线有重叠，表明目标反应进行过程中同时伴随分解反应的发生。如果反应转化率不是 100%，物质（2）的热分解也必须考虑在内。初步评估结果表明，目标反应可能会触发分解反应并导致反应失控。

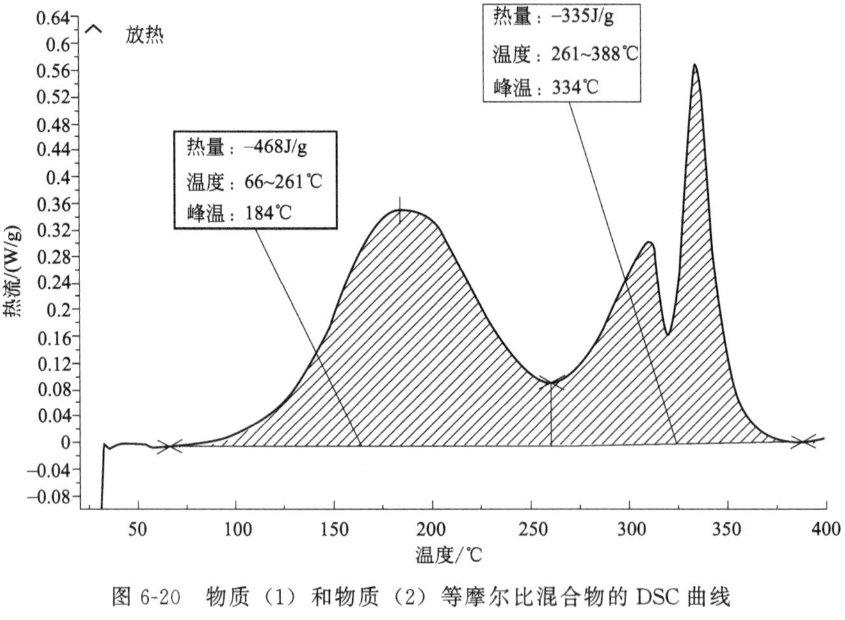

图 6-20 物质（1）和物质（2）等摩尔比混合物的 DSC 曲线

反应量热实验中，物质（1）和物质（2）等摩尔比混合，总质量为 213g，反应操作模式为间歇操作，在加料结束后，反应釜以 0.7K/min 升温至

150℃，在 150℃等温 2h 后，反应结束。图 6-21 为反应过程温度变化、热转化率、热释放速率曲线，以及在冷却失效后，反应系统最终能达到的温度曲线。结果表明，若反应在 2.2h 时发生冷却失效，反应最终温度（T_{cf}）可达到最大值 MTSR 为 245℃。此时反应釜温度为 114℃，热转化率为 15%。

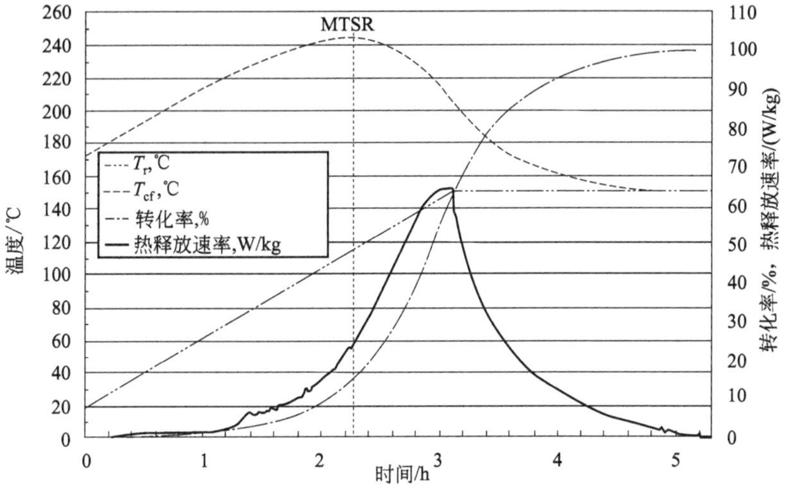

图 6-21 物质（1）和物质（2）间歇反应过程的反应量热数据图

基于 DSC 动态升温实验[37,38] 数据，使用等转化率方法，拟合狄尔斯-阿尔德反应产物绝热失控的动力学，结果如图 6-22 所示，图 6-22 显示了从 250°C 开始，计算得到的绝热条件下温度随时间变化的曲线。反应产物起始分解温度为 250℃时，TMR_{ad} 为 40min，T_{D24} 为 194℃。

物质（1）和物质（2）发生的狄尔斯-阿尔德反应是间歇反应，无溶剂。当反应釜温度达到 MTSR = 245℃时，反应产物发生分解反应，导致最终反应温度大于 400℃。表 6-11 中特征温度按递增序列排序，根据 Stoessel 危险度分级标准得到危险度指数为 4，见图 6-23。在这种情况下，急冷剂、反应抑制剂的注入或紧急泄压可以起到安全保护作用。但如果上述技术措施失效，则会引起产物的二次分解反应。

表 6-11 物质（1）和物质（2）间歇反应的特征温度

T_p	MTT[12]	T_{D24}	MTSR
20～150℃	173℃	194℃	245℃

2. 工艺二反应过程安全评估

由于 α-氯丙烯腈[物质(5)]中含有少量无水盐酸，会催化反应混合物发生

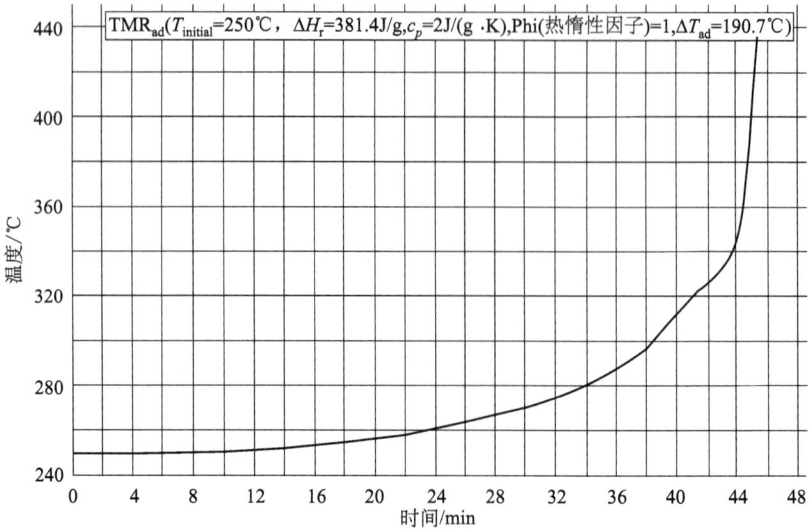

图 6-22 绝热失控情形：绝热温度随时间变化的曲线

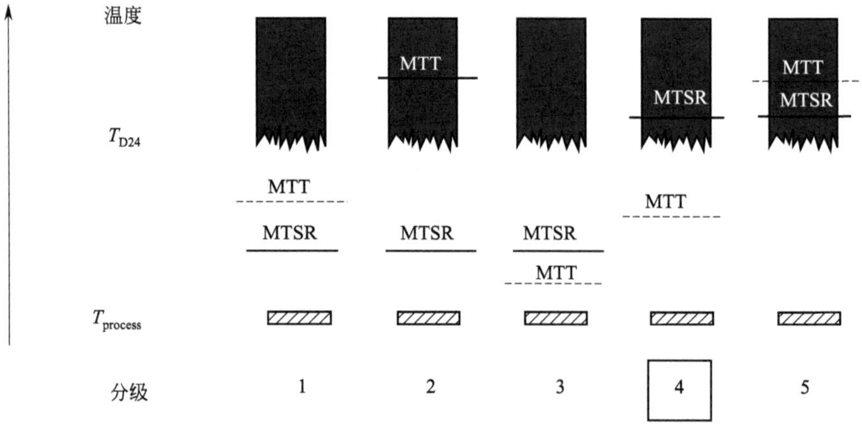

图 6-23 物质（1）和物质（2）间歇反应的 Stoessel 临界图

聚合反应。因此需加入 $NaHCO_3$ 调控反应体系酸碱度。由于 $NaHCO_3$ 不溶于反应物料，因此反应体系呈现出两相：澄清的上层相和含有 $NaHCO_3$ 的下层悬浮液。对比有无 $NaHCO_3$ 反应物料的 DSC 曲线发现，$NaHCO_3$ 不会影响反应物料的热稳定性。反应体系中还需加入微量阻聚剂 2,2,6,6-四甲基哌啶-1-氧基（TEMPO）。因此，在以下所有实验中，物质（1）和物质（5）组成的反应混合物中都含有 0.3%（质量分数）的 $NaHCO_3$ 和 0.01%（质量分数）的 TEMPO。

反应混合物的DSC动态升温实验结果如图6-24所示。温度在64～197℃范围内的放热峰是狄尔斯-阿尔德反应放热导致的。此过程反应放热Q_r＝－341kJ/kg，绝热温升ΔT_{ad}＝200K［假设比热容c_p＝1.7kJ/(kg·K)］。与物质（1）和物质（2）发生的狄尔斯-阿尔德反应（峰温184℃，参见图6-20）相比，物质（1）和物质（5）反应的峰温（131℃）较低，能防止产物在反应过程中分解。从DSC曲线中可知，分解反应的热释放速率高达－3300W/kg，这可能是由于反应混合物发生了聚合反应。

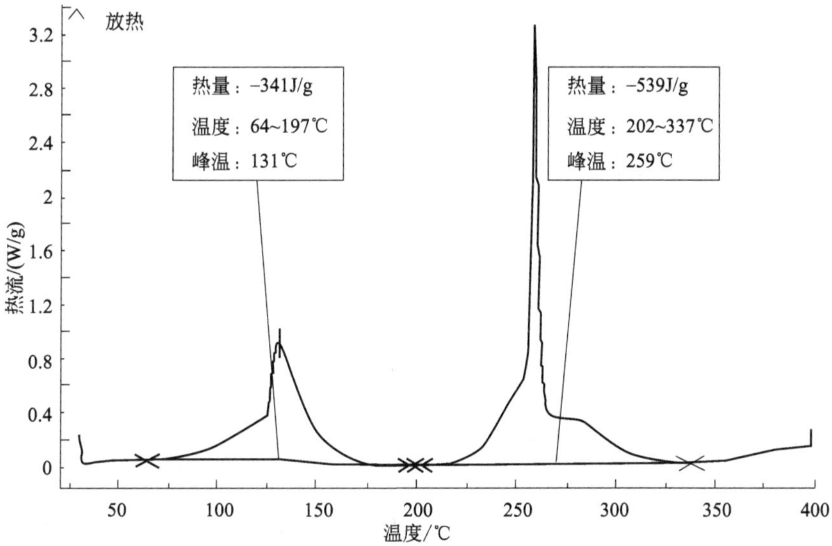

图6-24　物质（1）和物质（5）混合物的DSC动态升温曲线

物质（1）和物质（5）间歇反应过程的反应量热实验条件为：反应混合物总质量300g，升温速率为1K/min，升温范围为20～65℃，在65℃下等温20h，物质（1）和物质（5）间歇反应过程的反应量热实验结果与物质（1）和物质（2）间歇反应过程的反应量热实验结果（见图6-21）相似。反应放热Q_r为300kJ/kg，MTSR为250℃，在这个温度下会发生产物的分解反应。

三、狄尔斯-阿尔德反应过程本质安全化设计

1. 工艺一反应过程本质安全化设计

为减小反应失控可能性，对工艺一反应过程进行本质安全化设计。将间歇操作改为半间歇操作，首先加入1/3反应混合物到反应釜内，操作温度为25℃。随后将反应混合物在3h内加热至工艺温度（T_p＝140℃），

控制温度恒定，将剩余反应物料在 3h 内加入反应釜中。图 6-25 为反应过程温度变化、转化率、加料率曲线，以及在冷却失效后，反应系统最终能达到的温度。半间歇过程的 MTSR 与间歇过程相同，但相应时间内反应物料量只有间歇过程的三分之一，因此即便产生危险情况，事故后果严重度也将大大降低。

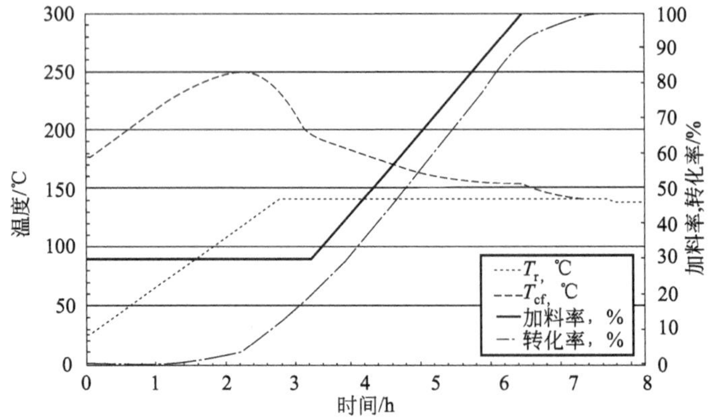

图 6-25 本质安全化设计后半间歇反应过程的反应量热数据图

2. 工艺二反应过程本质安全化设计

为减小反应的绝热温升（ΔT_{ad} = 201K），针对工艺二反应过程，用甲苯稀释反应混合物。甲苯稀释后的反应量热实验结果如图 6-26 所示。实验使用的物料摩尔比与改进前相同，但每千克反应混合物用 2.2L 甲苯稀释。与未稀释情况下的实验结果相比，反应混合物稀释 3 倍后，反应放热量减小为原来的 1/3，稀释情况下 MTSR 为 132℃。此外，因为反应混合物有更大的比热容[稀释后为 1716J/(kg·K)，稀释前为 1650 J/(kg·K)]，导致 T_{D24} 变大，提高了反应的安全性。

为评估改进后反应失控的可能性，基于 DSC 动态升温实验数据，使用等转化率方法拟合产物分解动力学，计算获得 T_{D24} = 162℃。表 6-12 为特征温度按递增序列排序，根据 Stoessel 危险度分级标准得到危险度指数为 3，见图 6-27。

表 6-12 稀释后物质（1）和物质（5）间歇反应的特征温度

T_p	MTT	MTSR	T_{D24}
20～80℃	112℃	132℃	162℃

3 级危险度的工艺，其安全性取决于温度为 MTT 时合成反应的热释放速

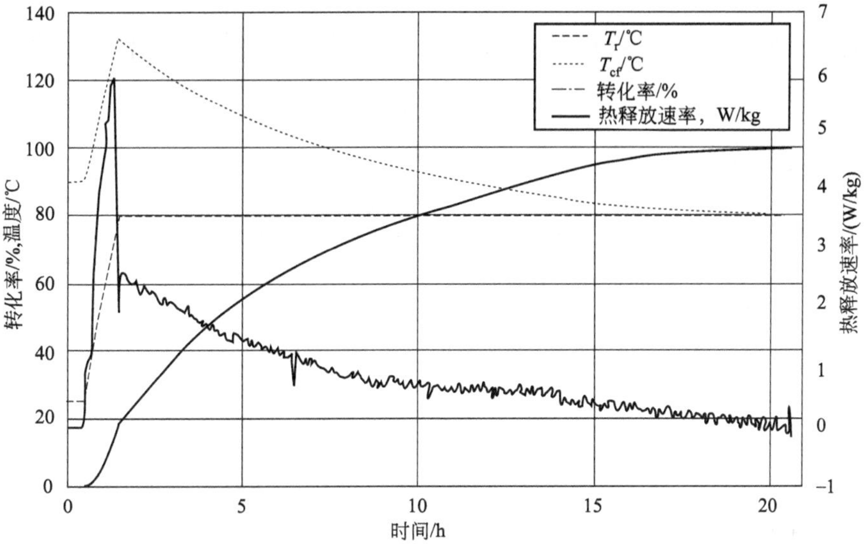

图 6-26 稀释后物质（1）和物质（5）间歇过程的反应量热实验

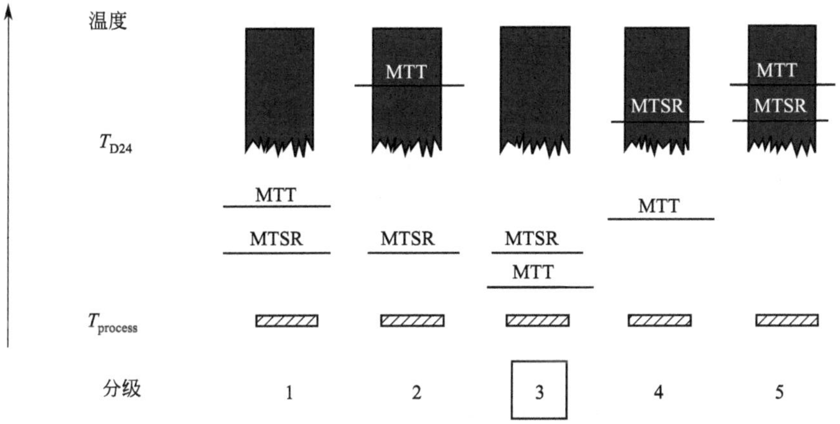

图 6-27 稀释后物质（1）和物质（5）间歇反应的 Stoessel 临界图

率。反应失控发生后，温度逐步升高达到 MTT，此时甲苯溶剂蒸发能够吸收一部分反应系统的热量，控制反应温度上升速率，这就要求反应釜内有足够的甲苯溶剂通过蒸发冷却移热控制反应体系的温度。同时，建议反应釜应配置冷凝器，用来在紧急情况下冷凝甲苯蒸气，形成蒸发冷凝循环，确保反应釜内温度不超过甲苯的沸点，从而实现工艺过程的本质安全化。

第五节 基于微化工技术的二硝基萘合成工艺优化设计

一、工艺简介

萘的硝基化合物主要包括α-硝基萘（α-NN）、β-硝基萘（β-NN）、1,5-二硝基萘（1,5-DNN）及1,8-二硝基萘（1,8-DNN）等，都是重要的化学中间体，被广泛应用于染料、颜料及高能材料等的制备。其中，1,5-DNN可制备1,5-萘二异氰酸酯（1,5-NDI），进而作为合成高性能聚氨酯材料的主要原料；1,8-DNN可制备1,8-萘二胺（1,8-NDA），1,8-NDA是一种重要的染料中间体，主要用于生产溶剂型染料C.I.溶剂橙60和C.I.溶剂红135。

目前，生产二硝基萘的工艺（图6-28）仍是以萘或硝基萘为原料，采用传统的硝硫混酸硝化法在间歇反应釜中进行硝化反应。硝化反应是一种液液非均相的快速强放热反应，温度越高反应速度越快，反应产生的大量气体以及热量则会在短时间内释放，极易因温度失控而导致爆炸事故。相对间歇式反应器，微通道反应器具有微型化的通道尺寸，能够保证物料快速混合而缩短反应时间，倍增的换热比表面积可以实现快速传热并保持反应过程，反应温度的精确控制可以很好地消除局部过热现象。因此，利用微通道反应器能够有效降低间歇式反应器中强放热反应的工艺危险性。

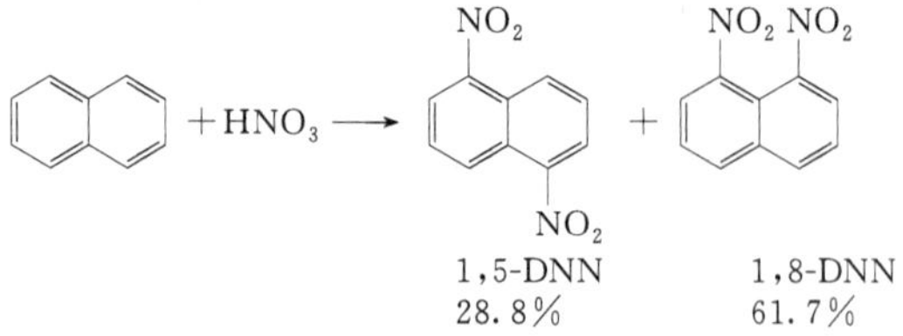

图6-28 二硝基萘的合成

二、微通道中二硝基萘合成工艺设计

张跃等人[39] 采用G1型脉冲混合结构的微通道反应器为实验装备，以萘和硝酸为原料硝化制备二硝基萘，开发其连续化生产工艺。研究硝酸浓度、反应温度、物料的摩尔比、进料流速等因素对二硝基萘收率及选择性的影响，优化工艺参数，以获得最佳的合成条件，为其实际生产应用提供基础。

将微通道模块（图6-29）按图6-30流程串、并联连接，与计量泵一起构成微通道反应器系统。配制2种不同质量分数的萘-二氯乙烷溶液（反应温度

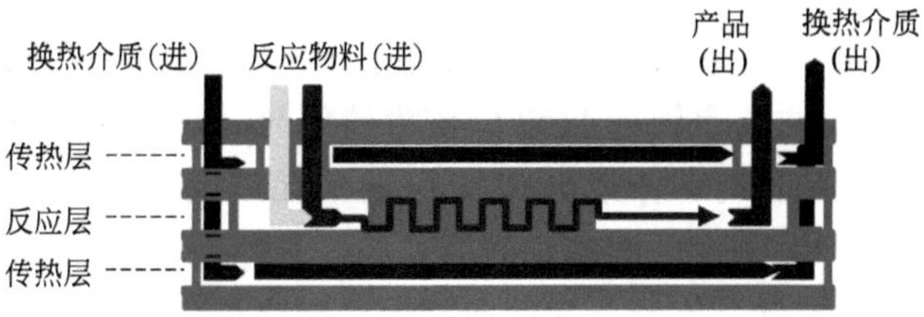

图 6-29 G1 微通道反应模块结构示意图

60℃时质量分数 12.7%的溶液，反应温度 70℃时质量分数 20.2%的溶液）。萘-二氯乙烷溶液和硝酸分别经计量泵 A 和 B 输入 G1 微通道反应器的 1 和 2 号模块中进行预热，在 3 号模块混合并开始进行反应，直至 8 号模块反应结束。通过调节计量泵的流速可调整物料反应的摩尔比。待系统运行稳定后，取样分析。取样时将反应液直接流入冰水中淬灭反应，加入适量二氯乙烷将析出固体完全溶解，取下层有机相分析，以产物中一硝基萘及二硝基萘含量变化来评价整个工艺过程。

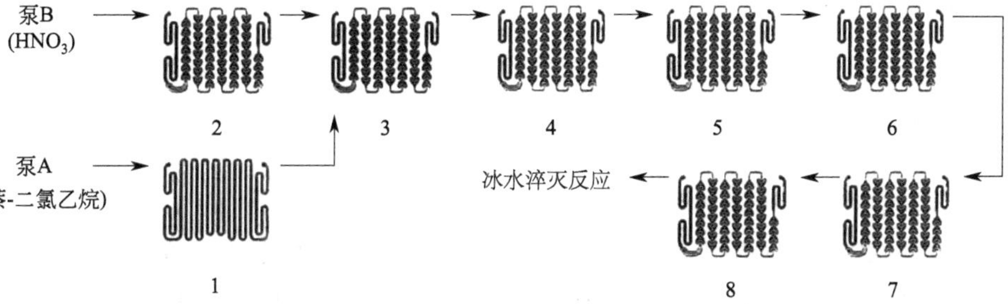

图 6-30 G1 微通道反应器流程示意图

三、工艺参数对二硝基萘收率及选择性的影响

1. HNO_3 浓度对反应的影响

在反应温度 60℃、*n*（萘）∶*n*（HNO_3）=1∶6 的条件下，考察 HNO_3 质量分数（80%、85%、90%、95%）对反应的影响。与苯及其硝基化合物相比，萘及其对应的硝基化合物的硝化更容易，萘的一硝化反应采用浓硝酸（68%左右）作为硝化剂即可快速完成。反应产物中未检测出原料萘的残留，产物组成主要为 α-NN、1,5-DNN 以及 1,8-DNN，说明萘的一硝化反应极其快速。由表 6-13 可见，HNO_3 浓度的增加有利于 α-NN 的深度硝化，促进二硝基萘的生成。当采用 95%HNO_3 作为硝化剂时，体系中 α-NN 的质量分数

为 23.7%，1,5-DNN 和 1,8-DNN 的总质量分数为 65.7%；而采用 80% HNO_3 作为硝化剂时，硝化进程基本停留在单硝化阶段，产物组成以 α-NN (79.8%) 为主。这主要是因为 HNO_3 作为硝化剂时，浓度越高，硝化能力越强。随着硝化反应的进行，体系中 HNO_3 的消耗以及水的生成都在不断降低 HNO_3 的浓度，使得 HNO_3 的硝化能力降低。此外由于惰性基团硝基的引入，降低了萘环的硝化活性，因而上述硝化能力已经降低的硝化剂体系较难将活性较低的 α-NN 进一步硝化生成二硝基萘。由于采用了连续流微通道反应工艺，反应速率较快，采用较低浓度 HNO_3 作为硝化剂，在反应停留时间为 140s 时，也能达到较高的转化率，与间歇低浓度硝酸硝化工艺相比，硝化反应速率大幅度提升。为了获得较高的二硝基萘生成速率，优先选取 95% HNO_3 作为优选硝化剂。

表 6-13　质量分数对反应的影响

$w(HNO_3)$/%	进料流速/(mL/min)		停留时间/s	产物质量分数/%		
	泵 A	泵 B		α-NN	1,5-DNN	1,8-DNN
80	30	12.0	68	79.8	4.8	8.6
85	30	11.1	70	76.4	4.0	13.7
90	30	10.5	71	55.3	12.2	23.0
95	30	9.8	72	23.7	25.2	40.5

2. 温度对反应的影响

萘的硝化反应为强放热快速反应，在常规釜式反应器中通常采用较低的反应温度以避免失控而“飞温”。微通道反应器具备较大的比传热面积，能够有效克服常规反应器散热差的缺陷，避免“热点”现象，在较高反应温度下使反应可控进行。

采用 95% HNO_3 作为硝化剂，在 n（萘）：n（HNO_3）=1：6 的条件下，研究温度对反应的影响。随着反应温度升高，α-NN 的转化率提高，产物 1,5-DNN 和 1,8-DNN 的质量分数增加，总选择性约 80%。60℃时萘-二氯乙烷溶液质量分数为 12.7%，体系中溶剂量较多，稀释了硝酸，降低了硝酸的硝化能力，因而 α-NN 的质量分数较高。70℃时萘-二氯乙烷溶液质量分数为 20.2%，溶剂量相对减少，对硝酸的稀释作用降低，硝化能力相对较强，因而产物中 α-NN 的质量分数较低。见表 6-14。考虑到反应温度越高，硝酸分解越严重，反应温度较低时需要增加溶剂的用量，且硝化产物可能析出，增加了微通道反应器堵塞的风险。经综合考虑，二硝基萘硝化工艺最佳反应温度为 70℃。

表 6-14 反应温度对反应的影响

反应温度/℃	w(萘-二氯甲烷)/%	进料流速/(mL/min)		停留时间/s	产物质量分数/%		
		泵 A	泵 B		α-NN	1,5-DNN	1,8-DNN
60	12.7	30	9.8	72	23.7	25.2	40.5
70	20.2	30	15.3	63	5.0	25.9	53.9

3. 摩尔比对反应的影响

采用 95% HNO_3 作为硝化剂，在反应温度 70℃ 的条件下，研究萘与 HNO_3 的摩尔比（1∶3、1∶4、1∶5、1∶6）对反应的影响。见表 6-15。随着 HNO_3 用量的增加，硝化反应进程逐渐加深，α-NN 进一步被硝化生成产物二硝基萘，当 n（萘）∶n（HNO_3）=1∶6 时，二硝基萘产物总选择性近 80%。提高原料中硝酸的摩尔比可以促进剩余 α-NN 的转化，但过高的硝酸摩尔比将降低其利用率，并增加废酸量。通过对物料流速（停留时间）、反应温度及原料摩尔比的组合调节，以达到将 α-NN 完全转化的目的。因此，二硝基萘硝化最优的物料摩尔比为 n（萘）∶n（HNO_3）=1∶6。

表 6-15 物料摩尔比对反应的影响

n(萘)∶n(HNO_3)	进料流速/(mL/min)		停留时间/s	产物质量分数/%		
	泵 A	泵 B		α-NN	1,5-DNN	1,8-DNN
1∶3	30	7.7	76	42.7	15.7	30.8
1∶4	30	10.2	71	32.0	22.8	36.3
1∶5	30	12.8	67	18.0	25.0	45.3
1∶6	30	15.3	63	5.0	25.9	53.9

4. 进料流速对反应的影响

反应原料的流速直接关系到反应的停留时间以及整个系统装置的生产能力。采用 95%HNO_3 作为硝化剂，在反应温度 70℃，n（萘）∶n（HNO_3）=1∶6 的反应条件下，研究原料进料流速（停留时间）对反应的影响。见表 6-16。当泵 A 流速为 25mL/min、泵 B 流速为 12.8mL/min（对应的停留时间为 76s）时，α-NN 几乎可以完全被转化成二硝基萘，1,5-DNN 和 1,8-DNN 总选择性约 90%。进一步按比例增加总流速时，反应会因物料停留时间不足而转化不完全。过分降低流速时，则由于物料进料通量不在 G1 反应器的最佳通量范围内而影响非均相反应的混合效果。因而确定最佳流速：泵 A 为 25mL/min、泵 B 为 12.8mL/min。

表 6-16 原料进料流速对反应的影响

进料流速/(mL/min)		停留时间	产物质量分数/%		
泵 A	泵 B	/s	α-NN	1,5-DNN	1,8-DNN
20	10.2	95	12.4	25.9	48.4
25	12.8	76	0.1	28.8	61.7
30	15.3	63	5.0	25.9	53.9
35	17.9	54	8.3	25.6	52.5

四、微反应器中二硝基萘硝化的最优工艺

通过对流速的进一步优化，确定最终优化条件为：反应温度 70℃，反应器系统最佳进料流速 42.4mL/min（其中泵 A 流速为 28mL/min、泵 B 流速 14.4mL /min），n（萘）：n（HNO_3）=1：6，硝化剂为 95%HNO_3。采用上述优化的反应条件进行连续 10min 合成取样，产物中一硝化产物 α-NN 未检出，产物二硝基萘的粗品收率为 95%，1,5-DNN 和 1,8-DNN 的总选择性为 90%左右，工艺过程的本质安全度显著提升。

参考文献

[1] Liu S H，Hou H Y，Shu C M. Thermal hazard evaluation of the autocatalytic reaction of benzoyl peroxide using DSC and TAM Ⅲ [J]. Thermochimica Acta，2015，605：68-76.

[2] Martin J J. *tert*-butyl peracetate：an explosive compound [J]. Industrial & Engineering Chemistry Research，1960，52 (4)：65A-68A.

[3] Ni L，Jiang J C，Mannan M S，et al. Thermal runaway risk of semi-batch processes：esterification reaction with autocatalytic behavior [J]. Industrial & Engineering Chemistry Research，2017，56 (6)：1534-1542.

[4] Yang J Z，Jiang J J，Jiang J C，et al. Thermal instability and kinetic analysis on *m*-chloroperbenzoic acid [J]. Journal of Thermal Analysis and Calorimetry，2019，135：2309-2316.

[5] Moriarty R M，Kosmeder J W，Zhdankin V V，et al. e-EROS encyclopedia of reagents for organic synthesis [M]. New York：John Wiley Sons，Ltd，Publication，2012.

[6] Donchak V A，Voronov S A，Yur' ev R S. New synthesis of *tert*-butyl peroxycarboxylates [J]. Russian Journal of Organic Chemistry，2006，42 (4)：487-490.

[7] Yao X Y，Ni L，Jiang J C，et al. Thermal hazard and kinetic study of 5- (2-pyrimidyl) tetrazole based on deconvolution procedure [J]. Journal of Loss Prevention in the Process Industries，2019，61：58-65.

[8] Barrie P J. The mathematical origins of the kinetic compensation effect：1. the effect of random experimental errors [J]. Physical Chemistry Chemical Physics，2012，14 (1)：318-326.

[9] Barrie P J. The mathematical origins of the kinetic compensation effect：2. the effect of systematic

errors [J] . Physical Chemistry Chemical Physics, 2012, 14 (1): 327-336.
[10] Orchin M. The Grignard reagent: preparation, structure, and some reactions [J] . Journal of Chemical Education, 1989, 66 (7): 586.
[11] Garst J F, Soriaga M P. Grignard reagent formation [J] . Coordination Chemistry Reviews, 2004, 248 (7): 623-652.
[12] Kryk H, Hessel G, Schmitt W. Improvement of process safety and efficiency of Grignard reactions by real-time monitoring [J] . Organic Process Research & Development, 2007, 11 (6): 1135-1140.
[13] Kumasaki M, Mizutani T, Fujimoto Y. The solvent effects on Grignard reaction [C] //IChemE Symposium Series, 2007.
[14] Eckert T S. An improved preparation of a Grignard reagent [J] . Journal of Chemical Education, 1987, 64 (2): 179.
[15] Jiang J C, Cui F S, Shen S L, et al. New thermal runaway risk assessment methods for two steps synthesis reactions [J] . Organic Process Research & Development, 2018, 22: 1772-1781.
[16] Changi S M, Wong S. Kinetics model for designing Grignard reactions in batch or flow operations [J] . Organic Process Research & Development, 2016, 20 (2): 525-539.
[17] Manne S R, Sajja E, Ghojala V R, et al. Improved process for memantine hydrochloride [P]: 057140. 2009.
[18] Urben P. Bretherick's handbook of reactive chemical hazards [M] . Amsterdam: Elsevier, 1999: 281.
[19] 宋源,蒋军成,倪磊等．基于 VSP2 的液体有机过氧化物不稳定性分级研究 [J]．化学研究与应用，2015，27 (6): 829-835.
[20] Ni L, Jiang J C, Wang Z R, et al. The organic peroxides instability rating research based on adiabatic calorimetric approaches and fuzzy analytic hierarchy process for inherent safety evaluation [J] . Process Safety Progress, 2016, 35: 200-207.
[21] Zhang Y, Ni L, Jiang J C, et al. Thermal hazard analysis for the synthesis of benzoyl peroxide [J] . Journal of Loss Prevention in the Process Industries, 2016, 43: 35-41.
[22] Ni L, Jiang J C, Mebarki A, et al. Thermal risk in batch reactors: case of peracetic acid synthesis [J] . Journal of Loss Prevention in the Process Industries, 2016, 39: 85-92.
[23] Sun Y, Ni L, Papadaki M, et al. Process hazard evaluation for catalytic oxidation of 2-octanol with hydrogen peroxide using calorimetry techniques [J] . Chemical Engineering Journal, 2019, 378: 122018.
[24] Zhang L, Yu W D, Pan X H, et al. Thermal hazard assessment for synthesis of 3-methylpyridine-*N*-oxide [J] . Journal of Loss Prevention in the Process Industries, 2015, 35: 316-320.
[25] Ni L, Mebarki A, Jiang J C, et al. Semi-batch reactors: thermal runaway risk [J] . Journal of Loss Prevention in the Process Industries, 2016, 43: 559-566.
[26] Funel J A, Schmidt G, Abele S. Racemic synthesis of bicyclic ketone via Diels-Alder reactions [J] . Organic Process Research & Development, 2011, 15: 1420-1427.
[27] Abele S, Inauen R, Funel J A, et al. Catalytic enantioselective synthesis of bicyclic ketone

[J]. Organic Process Research & Development, 2012, 16: 129-140.

[28] Abele S, Inauen R, Spielvogel D, et al. Organocatalytic enantioselective synthesis of bicyclic ketone [J]. Journal of Organic Chemistry, 2012, 77: 4765-4773.

[29] Abele S, Höck S, Schmidt G, et al. Use of a flow reactor for the Diels-Alder reactions of MS-diene (cyclohexa-1, 5-dien-1-yloxy) trimethylsilane with α-acetoxyacrylonitrile (2) and acrylonitrile [J]. Organic Process Research & Development, 2012, 16: 1114-1120.

[30] Wang W J, Fang J L, Pan X H, et al. Thermal research on the uncontrolled behavior of styrene bulk polymerization [J]. Journal of Loss Prevention in the Process Industries, 2019, 57: 239-244.

[31] 崔富陞,蒋军成,张文兴等. 过氧化苯甲酸叔丁酯合成反应热危险性分析 [J]. 中国安全科学学报, 2017, 27 (11): 85-90.

[32] Becker H. Polymerisationsinhibierung von (meth-) acrylaten [D]. Darmstadt: Technische Universität Darmstadt, 2003.

[33] Li Y, Padias A B, Hall H K J. In a study of the Diels-Alder reaction of acrylonitrile with dienes, TEMPO was mentioned to suppress copolymerization [J]. Journal of Organic Chemistry, 1993, 58: 7049-7058.

[34] 姜君,江佳佳,蒋军成等. 过氧化苯甲酰合成工艺热危险性分析 [J]. 安全与环境学报, 2017, 17 (2): 439-445.

[35] Hua M, Qi M, Pan X H, et al. Inherently safer design for synthesis of 3-methylpyridine-*N*-oxide [J]. Process Safety Progress, 2018, 37 (3): 355-361.

[36] Jiang J C, Jiang W, Ni L, et al. The modified Stoessel criticality diagram for process safety assessment [J]. Process Safety and Environmental Protection, 2019: 129, 112-118.

[37] Ni L, Yang J, Feng Z, et al. Preparation, crystal structure and thermal hazard analysis of [aqua (μ5-*N*- (tetrazole-5-ylacetato) -*N*- (tetrazole-5′-yl-2′-acetato) amine-κ7O1: O1′, O2, N3, N4, O4: O4′) lead (Ⅱ)] [J]. Thermochimica Acta, 2019, 672: 9-13.

[38] Huang J X, Jiang, J C, Ni L, et al. Thermal decomposition analysis of 2, 2-di- (*tert*-butylperoxy) butane in non-isothermal condition by DSC and GC/MS [J]. Thermochimica Acta, 2019, 673: 68-77.

[39] 倪伟,马晓明,陈代祥等. 微通道反应器中合成二硝基苯的连续流工艺 [J]. 南京工业大学学报 (自然科学版), 2016, 38 (3): 120-125.

索　引

E

F

G

H

J

其他